ハードウェア制御の大本命！ Androidにも挑戦！
Linuxガジェット BeagleBone BlackでI/O

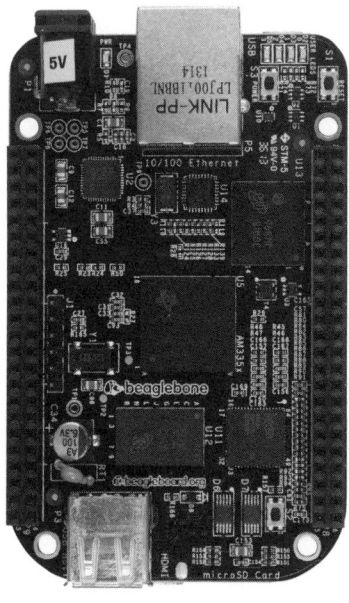
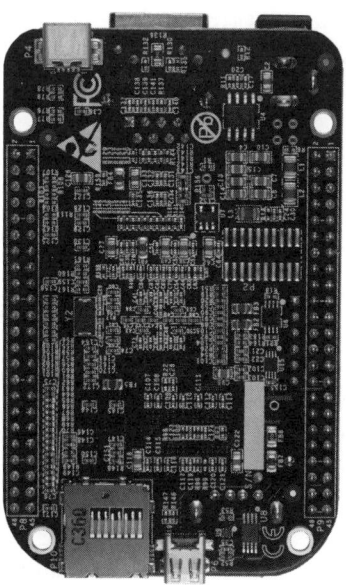

CQ出版社

インターフェース SPECIAL
Linux ガジェット BeagleBone Black で I/O

第1部 Cloud9，BoneScriptお試しコース

セットアップからLED点滅プログラムの作成まで
第1章 BeagleBone Blackスタートアップ 桑野 雅彦 ………… 6
- クロック1GHz，低価格，Linux & Cloud9 インストール済み —— 6
- BeagleBone Black の準備 —— 7
- セットアップの手順 —— 8
- プレインストール済み総合開発環境 Cloud9 —— 11
- LED 点滅プログラムの作成と実行 —— 14

非同期I/Oの動作がよく分かる
第2章 Node.js ＋ BoneScriptでI/Oプログラミング 桑野 雅彦 ………… 17
- Node.js で作る簡易ウェブ・サーバ —— 18／第1章のLED点滅プログラムの解説 —— 18
- シェルの実行結果をウェブ・ブラウザに表示 —— 22
- column Node.js のマルチコア対応 —— 20
- column 今，非同期I/Oが注目されている理由 —— 22

イメージ・ファイルをダウンロードしてコピーするだけ！
第2章APPENDIX プレインストールOSをアップデートする方法 桑野 雅彦 ………… 24
- eMMCのOSを更新するために必要なもの —— 24
- eMMCのOSを更新する手順 —— 25

1GHz ARM Cortex-A8 搭載！
第3章 BeagleBone Blackのハードウェアを知る 桑野 雅彦 ………… 28
- BeagleBone Black のハードウェア構成 —— 28
- 搭載 SoC AM3359 の特徴と性能 —— 29
- 電源電圧は＋5V．USB，ACアダプタ，拡張端子から供給可能 —— 30
- ハイ・スピードUSB，100Mbpsイーサネット，HDMIビデオ出力 —— 30
- ユーザLED×4，ユーザ・スイッチ×1 —— 31
- 外部I/Oに便利な拡張端子 —— 32
- column BeagleBone Blackの終了方法 —— 33

第2部 組み込みAndroid入門コース

スマート・デバイスの機能を手軽に実現
イントロダクション1 BeagleBone Black ＋ Androidの魅力 出村 成和 ………… 34
- スマート・デバイスが作りたい！ —— 34／手軽に使えるシングル・ボード・コンピュータ —— 35
- 高機能で低価格！BeagleBone Black —— 36／Androidのメリットは絶大！ —— 37
- いろいろなデバイスを作ってみよう —— 38

Raspberry Pi，初代 BeagleBoneとどこが違う？
イントロダクション2 BeagleBone Blackはここがスゴイ 出村 成和 ………… 40
- BeagleBone Black の特徴 —— 40／Raspberry Piと比較する —— 41
- 初代 BeagleBone と比較する —— 42
- 購入先 —— 43
- column BeagleBoardと比較する —— 43

BeagleBone Blackがスマート・デバイスに変身する
イントロダクション3 Androidはここがスゴイ！ 出村 成和 ………… 44
- Android とは —— 44／Android の特徴 —— 44
- スマートフォン以外にも利用できるAndroid —— 46／まとめ —— 47

CONTENTS

手軽さナンバ・ワン！
第1章 プレビルド・イメージを使ったAndroidのインストール　出村 成和 …… 48
- テキサス・インスツルメンツ製SoC用Androidプロジェクトrowboat ── 48
- インストール環境，利用する機材，機材の接続方法 ── 49
- Androidが起動するmicroSDカードを作成 ── 51
- 機器の接続 ── 53／シリアル端末用ソフトウェアminicomの設定 ── 54
- microSDカードを使ってAndroidを起動 ── 57／Androidの使い方 ── 58
  - column　SoCとは ── 49
  - column　Android書き込み後のmicroSDカードの内容 ── 52
  - column　設定ファイルuEnv.txtの詳細 ── 54

機能拡張したい場合の必須テクニック
第2章 ソース・コードからAndroidをビルドする　出村 成和 …… 59
- ビルド環境の構築 ── 59
- ソース・コードの取得 ── 60
- ビルドするファイルと起動の流れ ── 62
- ブートローダをビルド ── 63
- Linuxカーネルをビルド ── 63
- ユーザ・ランドのビルドとパッケージ化 ── 63
- 起動用microSDカードを作る ── 65
  - column　押さえておきたいLinuxの基礎知識 ── 60
  - column　CPUを有効活用してビルドを高速化するテクニック ── 64

カーネルのデバイス・ファイルを直接制御
第3章 LED点灯/消灯アプリケーションの製作　出村 成和 …… 66
- 使用するGPIO ── 66／接続方法 ── 66
- ターミナルからLEDを制御する ── 67
- Androidアプリケーション開発環境の構築 ── 69
- AndroidアプリケーションからLEDを制御する方法 ── 73
- Androidアプリケーションの作成 ── 76
- まとめ ── 80
  - column　ネットワーク経由でADBコマンドを使う方法 ── 72
  - column　もう一つのデバイスの制御方法 ── 74

5分で分かる！
第3章APPENDIX Androidのアーキテクチャ　出村 成和 …… 81
- Androidの構成 ── 81／ソース・コードの構成 ── 85
  - column　ソフトウェア・スタックとは ── 82
  - column　Androidの内部ドキュメント ── 84
  - column　Android RunTimeが追加されたAndroid 4.4（KitKat） ── 86

Android搭載組み込み機器開発にチャレンジ！
第4章 3軸加速度センサ・アプリケーションの製作　出村 成和 …… 87
- 標準で扱えるセンサ ── 87／製作するアプリケーションの概要 ── 88
- センサ・インターフェースに必要な処理 ── 89
- I²Cのデバイス・ドライバを有効化する ── 89
- 拡張端子の設定を確認する ── 93
- i2c-toolsを使った加速度センサの動作確認 ── 93
- 加速度を取得するコマンドの作成 ── 96
- HALモジュールの作成 ── 99
- アプリケーションの作成 ── 108／まとめ ── 109
  - column　モバイル機器とセンサの関係 ── 87
  - column　OSの有無による割り込み処理の違い ── 90
  - column　I²Cのデバイス・ドライバはどれを選べばよいのか？ ── 92
  - column　スケジューラと優先順位 ── 104

第3部　Linux & Android環境構築コース

イントロダクション　遊び倒しは環境構築から始まる
BeagleBone Black を使い切るために　　石井 孝幸 ……110
- パワフル・ボード・コンピュータ BeagleBone Black —— 110
- まずは PC と繋いでみよう —— 110
- 周辺機器を用意して活用範囲を広げよう —— 113

第1章　最新Ångström環境の構築
プレインストール環境で物足りない！　　石井 孝幸 ……114
- eMMC 上の Ångström を最新版にしたい！ —— 114
- PC Linux 環境の構築 —— 114
- eMMC 上の Ångström をアップデートする方法 —— 115
- eMMC のアップデートに失敗？？？ —— 117

第2章　Linux SDKクロス開発環境の構築
NFS と tftp を使ったネットワーク・ブートで開発効率アップ！　　石井 孝幸 ……119
- Linux SDK のダウンロードとインストール —— 119
- Linux SDK のセットアップ —— 123
- U-Boot や Linux カーネルをビルドする —— 125
- Linux アプリケーションを効率的に開発するには？ —— 128
- PC Linux と BeagleBone Black 用 LAN の構築 —— 128
- BeagleBone Black で tftp ブートして NFS マウント —— 132
- BeagleBone Black 上の Linux プログラムの作成と実行 —— 137
- **column** Ubuntu 12.04 派生ディストリビューションで Linux SDK を使用する場合 —— 123
- **column** ブート・シーケンスとモードの変更方法 —— 128
- **column** AX88179 使用 USB 有線 LAN アダプタのインストール —— 131
- **column** Ubuntu で DHCP サーバを動かす —— 138

第2章APPENDIX　ARM Ubuntuを使ってNFCタグの認識実験
USB 接続，カーネル・ドライバそれぞれで試す！　　石井 孝幸 ……140
- ARM Ubuntu で Linux カーネルのアップデート —— 140
- ARM Ubuntu で NFC を試す —— 142

第3章　Androidアクセサリ開発環境の構築
BeagleBone Black を Android 端末として利用　　石井 孝幸 ……144
- Android の特徴と開発キットの現状 —— 144 ／開発環境構築のための準備 —— 144
- プレビルド・イメージを動かしてみる —— 145
- 開発環境を構築して BeagleBone Black と接続する —— 151
- まとめ —— 157
- **column** Ubuntu 12.04 の DHCP サーバで固定 IP アドレスの設定方法 —— 152

第4章　JTAGアダプタ＋OpenOCDを使ったデバッグ環境の構築
U-Boot のカスタマイズやドライバの作成に必須！　　袴田 祐幸／菅原 大 ……158
- JTAG の機能と BeagleBone Black —— 158
- デバッグに必要なハードウェアとソフトウェア —— 158
- HJ-LINK/USB と BeagleBone Black の接続方法 —— 160
- ソフトウェアのインストール —— 161
- U-Boot プロジェクトの設定 —— 166
- U-Boot のデバッグ —— 167
- Linux カーネル，StarterWare のデバッグ —— 171

CONTENTS

第4部　I/O制御，実験，製作コース

第1章　GPIO，A-D コンバータ，PWM，I²C の使い方　　芹井 滋喜 ……………………**172**
拡張端子を使って外部機器と接続
- BeagleBone Black セットアップ —— 172
- BeagleBone Black にログイン —— 173
- GPIO の使い方 —— 174
- A-D コンバータの使い方 —— 177
- PWM の使い方 —— 178／I²C の使い方 —— 180
- まとめ —— 182

第1章APPENDIX　拡張端子の使用制限　　芹井 滋喜 ……………………**183**
付属の Ångström を使うなら知っておきたい
- オンボード eMMC で使用されている端子がある —— 183
- LCD 端子は LCD4_Cape 用に占有されている —— 183
- SPI は microSD と HDMI で使用済み —— 183
- UART はシリアル・デバッグ・ポート —— 184

第2章　HDMI インターフェースから簡単オーディオ再生　　橋本 敬太郎 ……………………**188**
Ubuntu の ALSA/McASP ドライバを使った
- 汎用オーディオ・シリアル・ポート McASP —— 188／I2S のフォーマット —— 188
- McASP のデータ・フォーマット —— 189／McASP のクロック設定 —— 189
- BeagleBone Black でオーディオ再生 —— 189

第3章　USB マイコン基板を使った USB-UART 変換器の製作　　石井 孝幸 ……………………**192**
シリアル・コンソールを賢く安く使う！
- いろいろ選べるインターフェース —— 192
- USB マイコン基板で USB-UART 変換 —— 193

第4章　McASP ＋外付けコーデックを使ったオーディオ入出力　　袴田 祐幸／菅原 大幸 ……**197**
AM3359 内蔵マルチチャネル・オーディオ・インターフェース
- I2S や S/PDIF などをサポートする McASP —— 197／ハードウェアの構成 —— 197
- ソフトウェアの構成 —— 198／ソフトウェアの編集 —— 199
- 動作確認 —— 202
- **column** BeagleBone Black の機能を拡張する方法 —— 204

第5章　BeagleBone Black ＋ FPGA ボードで作るロジック・アナライザ　　岩田 利王 ………**206**
50MHz，16 チャンネル，Android を使って波形表示
- Android で動くロジック・アナライザを作ろう！ —— 206
- BeagleBone Black と FPGA ボードで作る理由と方法 —— 206
- Linux カーネルに CP2102 のドライバを組み込む —— 211
- Android アプリケーションの開発手順 —— 217
- FPGA ボードの開発手順 —— 220
- Android アプリケーションから FPGA を制御する —— 226
- 16 ビット× 256 サンプルのデータをいったん RAM に取り込んで観測する —— 227
- 現場で使える実用的なロジック・アナライザにする —— 232
- **column** JNI の決まりごと —— 212
- **column** UART とロジックの間に立つ Nios II —— 214
- **column** LCD を使った効率的なデバッグ —— 238

◆ 本書の第1部は，インターフェース 2013 年 12 月号特集記事の一部を再編集したものです．

第1部 Cloud9, BoneScript お試しコース

セットアップからLED点滅プログラムの作成まで

第1章 BeagleBone Black スタートアップ

桑野 雅彦

クロック1GHz，低価格，Linux&Cloud9インストール済み

● 1GHz動作のARM Cortex-A8内蔵SoCを搭載

BeagleBone Black（開発元：BeagleBoard.org）は，32ビットRISC CPU ARM Cortex-A8（1GHz）内蔵のSoC（System-on-a-chip）を搭載したシングル・ボード・コンピュータです．

オープン・ソースのハードウェアなので，回路図やボードのガーバ・データなどの製造資料が公開されています．写真1に，BeagleBone Blackの外観を示します．

● 5,000円で買える！

BeagleBoard.orgがリリースしているシングル・

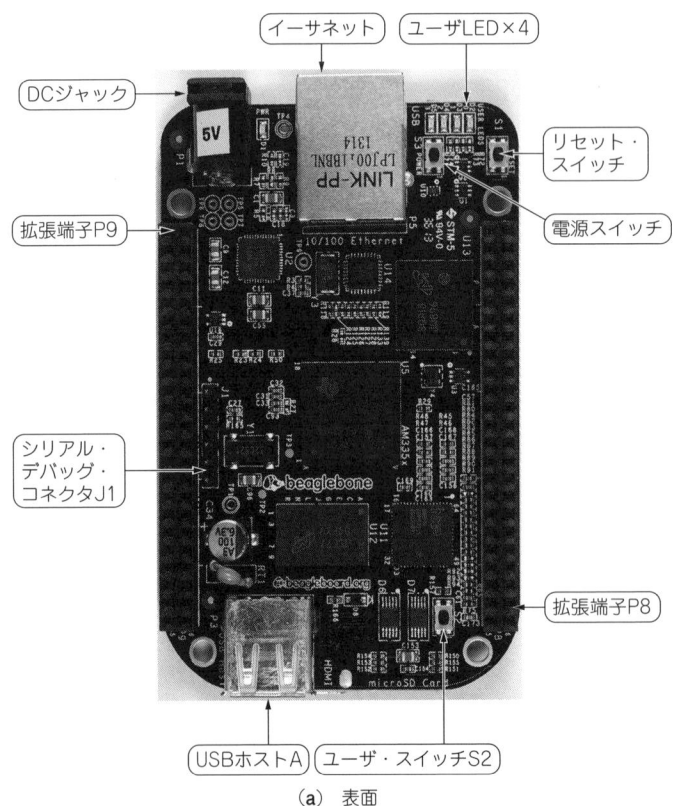

(a) 表面　　　(b) 裏面

写真1　シングル・ボード・コンピュータBeagleBone Blackの外観

BeagleBone Blackの入手先としては，Digi-Key，アールエスコンポーネンツ，Mouser Electronics，秋月電子通商，Amazon.com，TechShareなどがある．

ボード・コンピュータには，これまでにもいろいろ種類がありました．

リリース順に見ると，BeagleBoard（OMAP3530 720MHz ARM Cortex-A8），BeagleBoard-xM（AM37x 1GHz ARM Cortex-A8互換），BeagleBone（AM335x 720MHz ARM Cortex-A8），そして，BeagleBone Blackとなります．

最初のBeagleBoardが13,000円程度でしたが，小型／低価格化したBeagleBoneが9,000円程度となり，そして今回紹介するBeagleBone Blackでは5,000円程度と（2014年1月1日現在），一気に低下価格化が進み，大きな注目を集めています．個人での複数台まとめ買いも十分視野に入るくらいの価格になってきたと言えるでしょう．

● Linux，統合開発環境Cloud9がインストール済み

BeagleBone Blackには，あらかじめLinux（Ångström Distribution）がインストールされており，電源を入れるとすぐに動作するようになっています．

また，JavaScriptのオンライン統合開発環境であるCloud9もインストールされており，ウェブ・ブラウザ上でNode.jsのプログラムの作成やデバッグが行えるようになっています．ハードウェア依存部分については，BoneScriptという専用ライブラリが追加されており，これによって，LEDの点滅やアナログ入出力などが簡単に記述できるようになっています．

第1章では，BeagleBone Blackのセットアップ，Cloud9を使ったLEDの点滅プログラムの作成までを解説します．

1-1 BeagleBone Blackの準備

それでは，BeagleBone Blackを実際に動かしてみることにしましょう．図1に，実験のための接続を示します．

● 対応OSは，Windows，Mac OS X，Linux

対応OSは，Windows，Mac OS X，Linuxとなっています．筆者は，Windows 7下のXPモード環境で作業しました．ドライバのインストールによってPCの中身が"汚される"ような気がする方は，筆者のように仮想マシンを作って作業されるのもよいと思います．

● Internet Explorerは使えないので注意

ウェブ・ブラウザとして，Google Chrome，またはFirefoxを用意しておきます．ホストがWindowsの場合にはここが要注意ポイントです．

後述するとおり，BeagleBone Blackはウェブ・ブラウザ上からプログラミングなどが行えるようになっていますが，サポートされているウェブ・ブラウザはChromeまたはFirefoxで，Internet Explorerは対象外にされています．

● Ångströmがオンボード・フラッシュにインストール済み

BeagleBone Blackのデフォルトの起動ディスク・ドライブは，ボード上に直付けされた2Gバイトのフラッシュ・メモリ（直付けMMCデバイス：eMMC）です．microSDカード・ソケットは拡張用の外付けハードディスク・ドライブのような扱いになっています．

BeagleBone Blackのオンボードのフラッシュ・メモリには，Ångström Distribution（以下，Ångström

BeagleBone Blackは機能が盛りだくさん

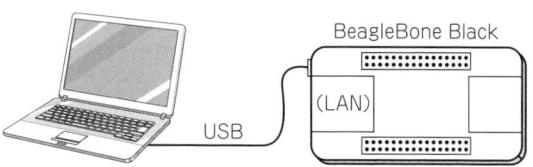

図1 BeagleBone BlackはPCとUSBでつなぐだけで開発を始められる

と表記）がインストール済みなので，電源を入れればすぐに動かすことができます．最新版への更新方法については第2章Appendixを参照してください．

セットアップの手順

セットアップの手順は次のようになります．
1. PCと接続（マス・ストレージ・デバイスとして認識される）
2. ドライバのインストール（USBネットワーク・ドライバと仮想COMポート・ドライバをインストール）
3. 動作確認

1と2のステップの順番が少し変な感じがするかもしれませんが，BeagleBone Blackのマス・ストレージ上に用意されているドライバ・ファイルを利用するためです．

ドライバ・ファイルはBeagleBoard.orgのウェブ・サイトからもダウンロードできるので，そちらを使うのであれば逆にすることもできます．

● ステップ1：PCと接続
▶ 同梱のUSBケーブルで繋ぐ

ではセットアップを開始しましょう．先ほどの図1のように，BeagleBone BlackとPCをUSBで接続します．USBケーブルは，BeagleBone Blackに同梱されています．USB mini Bコネクタは，ボード裏面にあります．

BeagleBone Blackに電源が入ると，しばらくユーザLEDがパラパラと点滅します．起動したらすぐにメイン・プログラムが動き出すワンチップ・マイコンと異なり，Linuxがブートしているため少々時間がかかります．

この後デバイスが認識されて，ハードウェア検索ウィザードが現れますが，ドライバは後でインストールするのでこの段階で現れるウィザード画面はすべてキャンセルしてかまいません．

▶ RNDISドライバ（キャンセルする）

図2のように，ハードウェアの検索ウィザードが開始されますが，RNDISドライバは後からインストールするのでここではキャンセルしておきます．

試しに「いいえ、今回は接続しません」を選択して「次へ」としてみると，図3のようにRNDIS（USBネットワーク）ドライバをインストールしようとしていることが分かります．

▶ CDCシリアル（キャンセルする）

NDISドライバの組み込みをキャンセルすると，続けてまた同じようにハードウェアの検索ウィザードが表示されます．これもキャンセルします．

これも同じように次に進んでみると，図4のようにCDC（Communication Device Class）シリアル（仮想COMポート）であることが分かります．

▶ マス・ストレージ・デバイス（自動組み込み）

最後に，マス・ストレージ・デバイス（USBメモリ

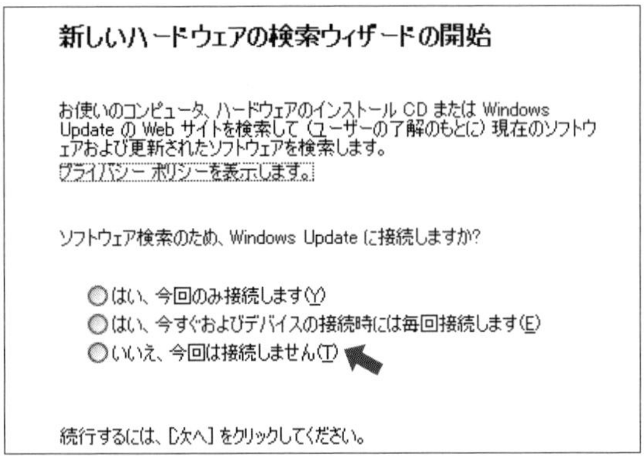

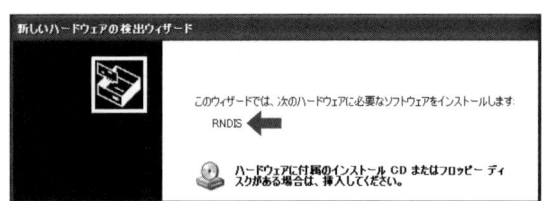

図3 この時点ではRNDISドライバのインストールをキャンセルする

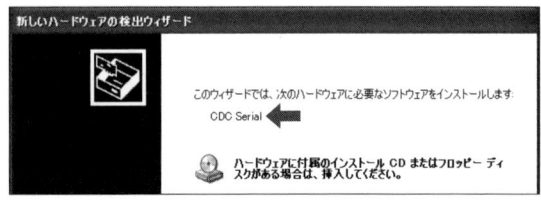

図4 この時点ではCDC Serialドライバのインストールをキャンセルする

図2 BeagleBone BlackをUSBでPCと接続するとハードウェアの検索ウィザードが表示される

と同じ)が認識されます．

　Windows，Mac OS X，LinuxともにUSBマス・ストレージ・デバイス・ドライバは最初から持っているので，特別なドライバをインストールしなくても利用できるようになります．

● ステップ2：ドライバのインストール
▶「Open BeagleBone Getting Started Guide」をクリック

　ここまで終わると，BeagleBone Blackがマス・ストレージ・デバイスとして，通常のUSBメモリと同じように扱われ，図5のように，コンテンツに応じた動作選択画面が現れます．

　ビーグル犬のアイコンが付いた「Open BeagleBone Getting Started Guide」をクリックしましょう．これで，図6のような"Getting Started"画面が現れます．ここにドライバのインストール手順などが書かれています．

▶ドライブを開いてSTART.htmをダブルクリックでもOK

　Getting Started Guideではなく，「フォルダを開いてファイルを表示する」をクリックするか，キャンセ

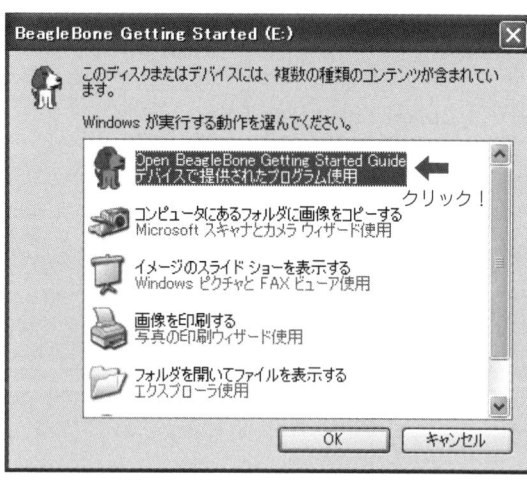

図5　動作方法をたずねるウィンドウ（Windowsで自動起動が設定されている場合に表示される）

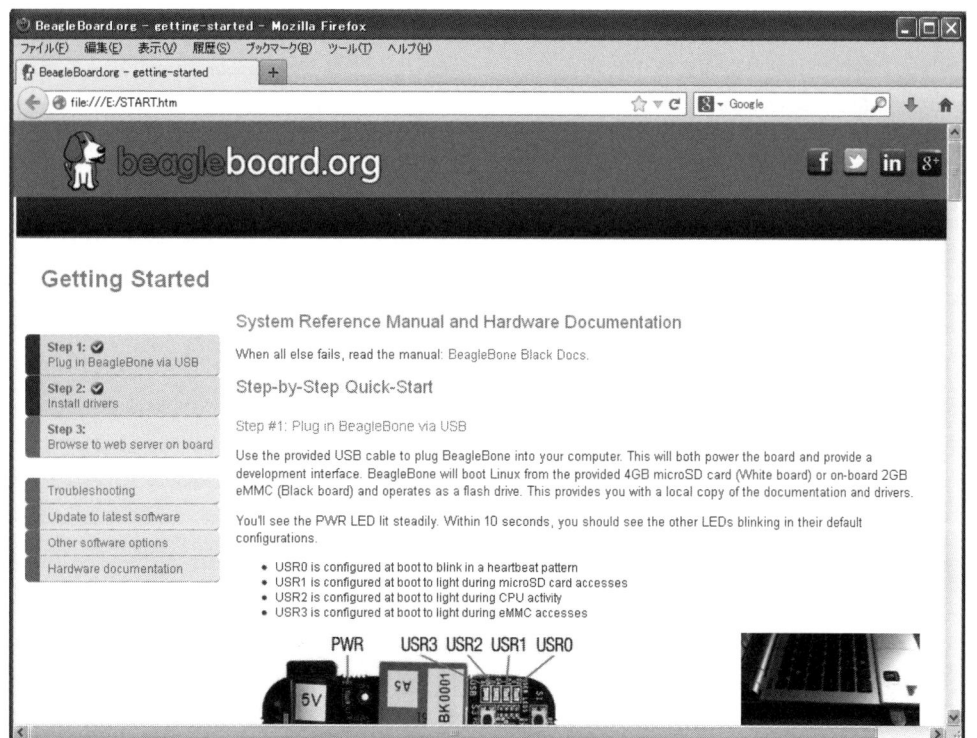

図6　BeagleBone Blackに入っているスタート画面（START.htm）が開かれる
BeagleBone Blackへのドライバのインストール方法の説明が得られる

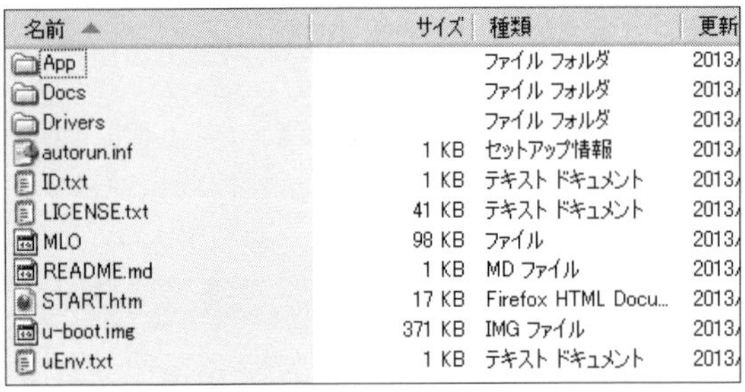

第1部 Cloud9, BoneScript お試しコース

図7 BeagleBone Blackドライブの中身

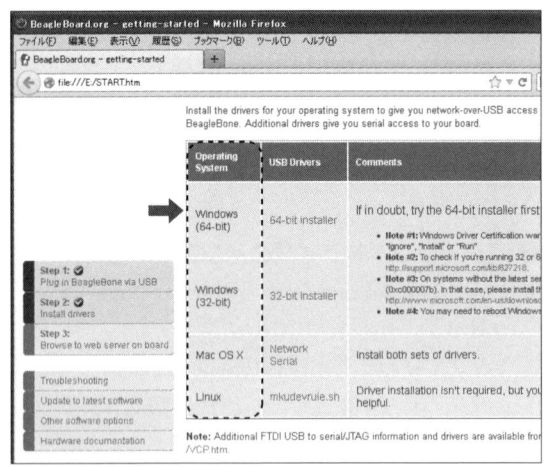

図8 使用するOSに合わせてドライバを選択

ルしてからドライブを開いてみると，図7のようにBeagleBone Blackのドライバやマニュアルなどが入ったディスク・ドライブのように見えています．このドライブを，ここでは仮に「BeagleBoneドライブ」と呼ぶことにします．

BeagleBone BlackではLinuxが動いていますが，Linuxのファイル・システムのルート・ディレクトリが見えるわけではなく，図7のようなマニュアルやドライバ類の入ったディスク・ドライブのように見えます．ここにあるSTART.htmをダブルクリックしてウェブ・ブラウザで開けば，先ほどGetting Started Guideをクリックしたのと同じ画面になります．

なお，本家のBeagleBone.orgのサイトにもGetting Startedページが用意されています．URLは本稿執筆時点ではhttp://beagleboard.org/Getting Startedです(Gettingの後にスペースが入る)．

▶対応するOSを選択

Getting Started画面を少しスクロールしていくと，図8のように"Step#2 Install Drivers"の項目があります．ここで対応するOSを選択します．本章ではWindows XP 32ビットを使っているので，「Windows (32-bit)」を選択しました．

図9のようなダイアログが出るので保存します．保存といっても，ドライバ・ファイルの実体はBeagleBoneドライブのDriversディレクトリの下にあるので，BeagleBoneドライブからの単なるコピーです．

▶RNDISとCDCシリアルのドライバをインストール

ダウンロード先のフォルダを開いてみたのが図10です．このBONE_DRV.exe（フォルダの表示オプションによって拡張子が省略されている）をダブルクリックして，RNDISとCDCシリアルのドライバを組み込みます．

ドライバをインストールした後に「デバイス マネージャ」を開くと，図11のように，「ネットワーク アダプタ」のところに，「Linux USB Ethernet/RNDIS Gadget」が，「ポート（COMとLPT）」のところに「Gadget Serial（COM3）」が見えています．

RNDISドライバによって，BeagleBone Blackがネットワーク経由で繋がっているサーバ機のように扱うことができるようになっているわけです．

また，CDCシリアルのドライバによって，仮想

図9 BONE_DRV.exeを保存する

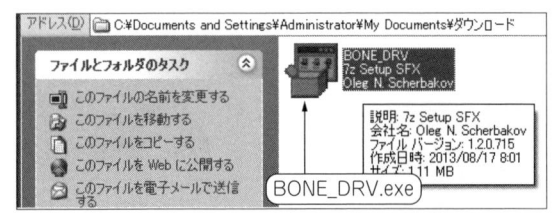

図10 ダウンロードされたBONE_DRV.exeをダブルクリック

第1章　BeagleBone Black スタートアップ

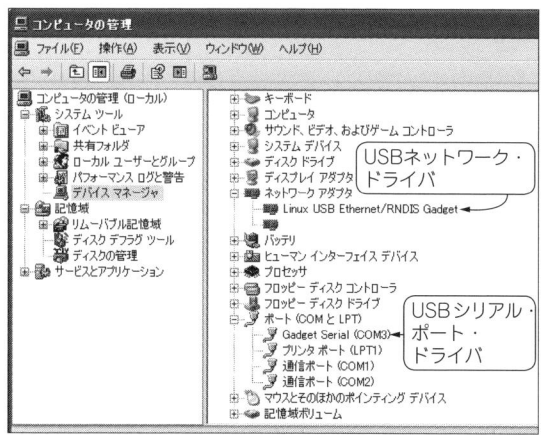

図11　ドライバが組み込まれたことを「デバイスマネージャ」で確認

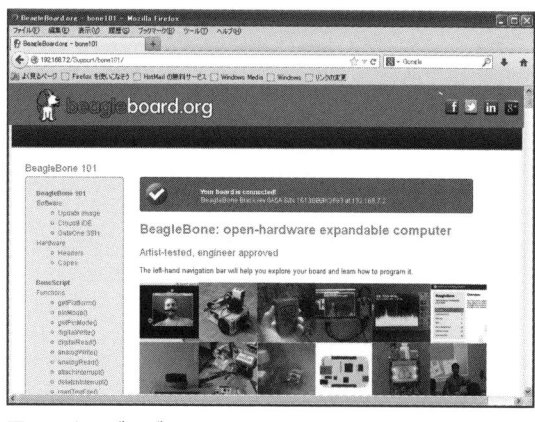

図12　ウェブ・ブラウザから RNDIS 経由で BeagleBone Black にアクセスしてみた（アドレスは http://192.168.7.2）

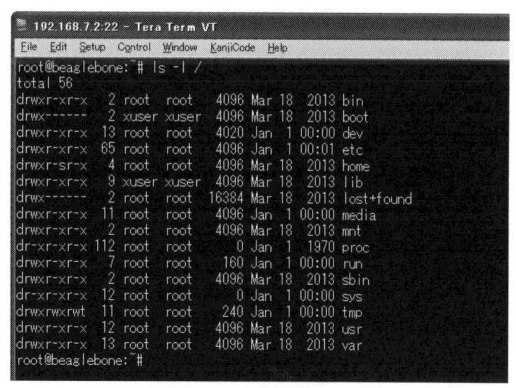

図13　Tera Term を使って SSH で接続

COMポートが使えるようになっています．

● ステップ3：動作確認

　RNDISドライバの組み込みによってUSBネットワークが，CDCシリアルのドライバによって仮想COMポートが動作するようになったはずです．本当に動くのか，試しに接続してみましょう．

▶ウェブ・ブラウザで確認

　RNDIS経由で見えるBeagleBone BlackのIPアドレスは192.168.7.2です．

　ウェブ・ブラウザ（ChromeやFirefoxを使用）でアドレス欄にhttp://192.168.7.2と入力すると，**図12**のような画面が現れます．

▶SSH，SCPで動作確認

　Tera TermなどのSSH対応のターミナル・ソフトウェアやWinSCPなどのSFTP対応のファイル転送ソフトウェアがあれば，同じように192.168.7.2に接続してみると，LAN上のLinux機にアクセスしたときと同じように利用できることが確認できます（Usernameはroot，Passwordはなし）．

　図13はTera Termで接続してみた画面，**図14**はWinSCPで接続した画面です．ウインドウ上端のタイトル・バーのところを見ると，192.168.7.2に接続していることが示されています．

▶Tera Termでコンソールの動作確認

　仮想COMポートは「Gadget Serial」という名称で認識され，コンソールとして使うことができます．筆者の環境では**図11**のように，COM3として認識されています．

　図15は，TeraTermで接続ポートとしてCOM3を選択したところです．

　これで，ターミナルを起動して，Enterキーを押すと，**図16**のようにログイン画面が出るので，「root」と入力するとシェルが起動します．

プレインストール済み総合開発環境 Cloud9

● ウェブ・ブラウザで動作する Cloud9

　図12を少し下にスクロールすると，**図17**のようにCloud9の説明があります．

　Cloud9は，ウェブ・ブラウザがGUIとして利用できる利点を生かしたオンライン統合開発環境（IDE）

11

第 1 部 Cloud9, BoneScript お試しコース

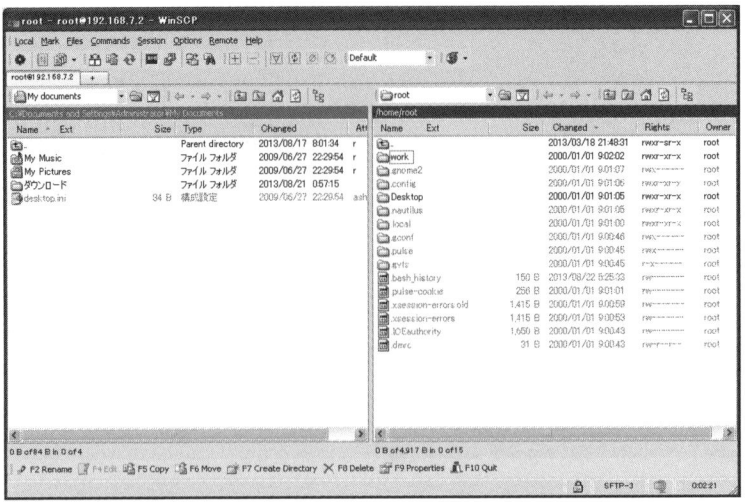

図14 WinSCP を使って SFTP で接続

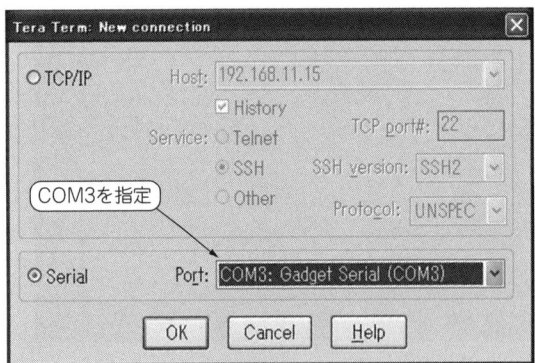

図15 Tera Term のポート設定画面

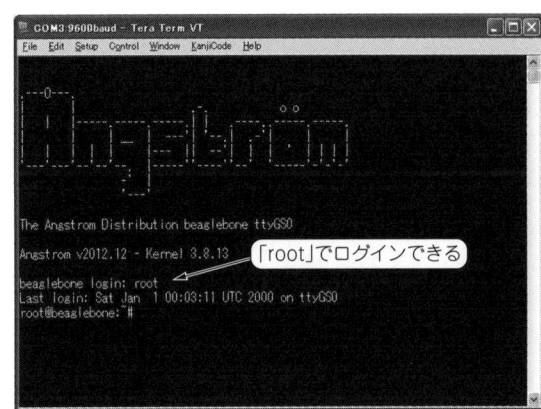

図16 コンソール画面

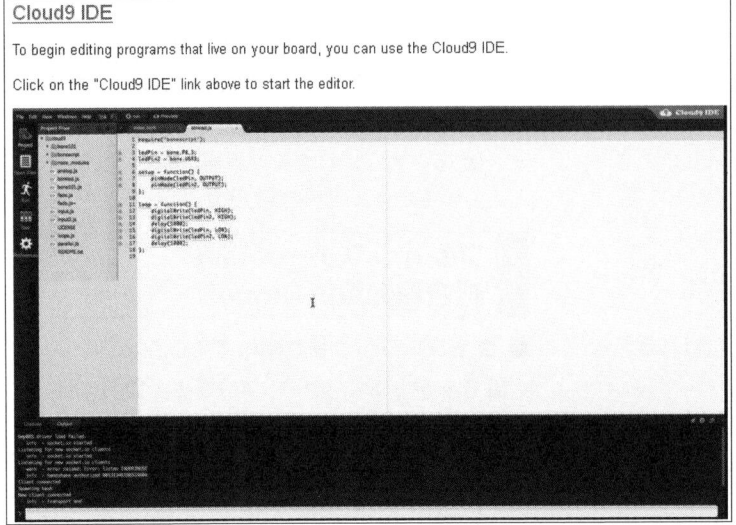

図17 JavaScript 開発ツール Cloud9 IDE の説明

第1章　BeagleBone Black スタートアップ

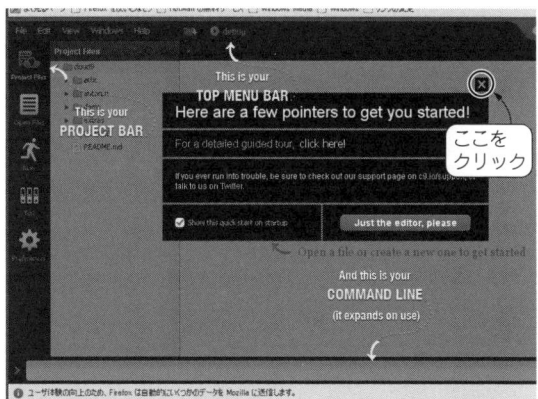

図18　BeagleBone BlackのIPアドレスのポート番号3000を開く

図19　Cloud9 IDEの画面

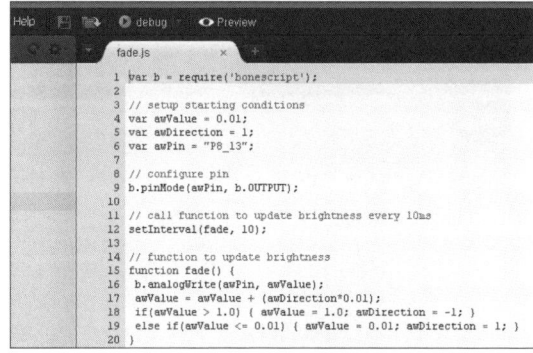

図20　サンプル・プログラムfade.jsを表示してみたところ

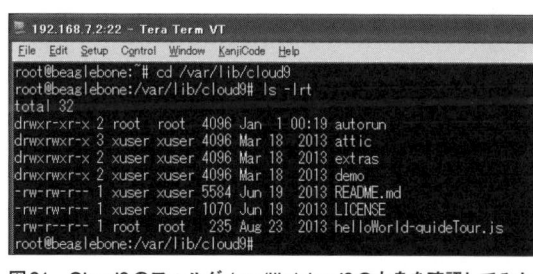

図21　Cloud9のフォルダ/var/lib/cloud9の中身を確認してみた
（SSH対応のターミナル・ソフトウェアを使用）

です．クライアントのウェブ・ブラウザ上でサーバ・サイドJavaScriptのプログラムの作成やデバッグを行えるようにしています．

なお，Cloud9の本家はhttps://c9.ioですが，ここでアカウントを作成すると，c9.ioサイト上でもJavaScriptプログラムのデバッグなどが行えるようです．BeagleBone Blackはまだ持っていないけど，サーバ・サイドJavaScriptを体験してみたいという方は試してみるのもよいでしょう．

● Cloud9はポート3000で起動

それでは実際にCloud9を起動してJavaScriptでプログラミングしてみましょう．まず，Cloud9を起動します．ウェブ・ブラウザを立ち上げて，アドレス・バーに，

```
http://192.168.7.2:3000
```

と入力して，BeagleBone BlackのIPアドレスのポート番号3000を開きます．図18のような画面になります．中央部分の黒い四角い枠の×印をクリックすると，図19のようなCloud9の画面が現れます．

左側に並んだアイコンのうち，「Project Files」が選択された状態になっており，ファイル一覧が表示されています．いくつかフォルダが見えますが，demoフォルダを開くと，サンプル・プログラムが収録されています．試しにfade.jsというサンプルを開いてみたのが図20です．

このCloud9フォルダはLinuxのファイル・システム上では/var/lib/Cloud9にあります．図21はSSHで接続してみたものです．Cloud9のファイル・リストと同じディレクトリやファイルがあることが分ります．

第1部 Cloud9, BoneScript お試しコース

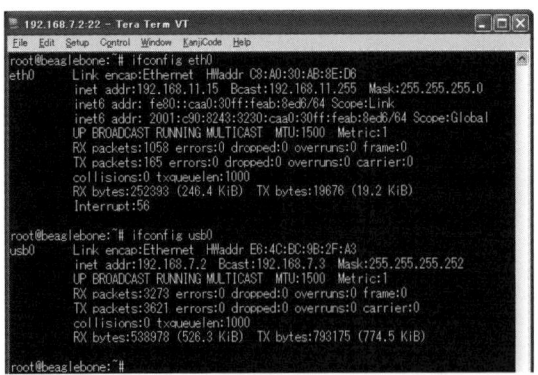

図22 ifconfigでeth0 (LANポート) のIPアドレスを確認

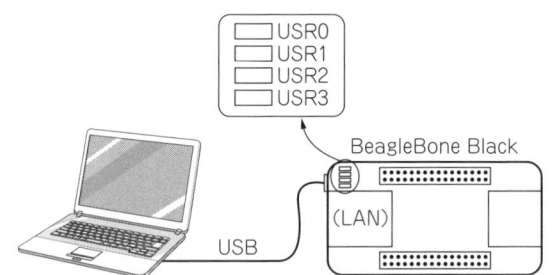

図23 BeagleBone Blackには四つのLEDがありプログラミングで制御できる

● Cloud9をイーサネット経由で開く

Cloud9はLANポート側からでも開くことができます．試しに家庭内のLANに繋いでifconfigで調べると図22のように，eth0 (LANポート) には192.168.11.15が割り付けられていたので，試しに別のPCから192.168.11.15:3000にアクセスするとUSB経由と同じようにCloud9が起動します．

もちろん，同じLAN上にあるほかのPCやタブレットなどからもアクセスできます．OSの種類などに関係なく，ウェブ・ブラウザが動作しさえすればどのPCからでも利用できるというのは，実際にやってみるとなかなか便利なものでしょう．

LED点滅プログラムの作成と実行

Cloud9が起動したので，まずは定番とも言えるLED点滅プログラムを作成してみましょう．

BeagleBone Blackには図23のようにUSR0～USR3の四つのLEDがあり，ユーザが利用できます．このうちボードの端側にある，USR0 LEDを1秒ごとに点灯/消灯を繰り返すようにしてみます．

● 新規プログラムの作成

まず，Cloud9のFileメニューから「NewFile」を選択します (図24)．図25のように「Untitled1」という仮のファイル名でタブが作られます．ここにプログラムを書いていけばよいわけです．図25はCloud9上でプログラムを書き終わったところです．

図24 「File」-「NewFile」で新規ファイルを作成

一見したところ，C言語にかなり似ているという感じを持たれると思います．JavaScript固有の表記部分などもありますが，C/C++の感覚がかなり使えると思ってよいでしょう．今回は使用しませんでしたが，try～catchによるエラー・ハンドリングも行えるので，エラー発生時の後始末も比較的スマートに記述できます．

C言語のmain()関数に相当するような特殊なメイン関数というものはなく，最初に実行される部分はグローバル変数と同様に，関数定義外の部分に直接記述します．このサンプルでは，

```
ev = flashoff();
```

の行から実行されます．

● ファイルのセーブと画面リフレッシュ

作成したプログラムをセーブしておきましょう．図26のように，Fileメニューから「Save」を選択します．図27のファイル・セーブ用のダイアログが表示されるので，ファイル名のところに「myblink.js」と入力しておきます．

第1章 BeagleBone Black スタートアップ

```
 1  var b = require('bonescript');
 2  var evnt = require('events').EventEmitter;
 3  var exec = require('child_process').exec;
 4  var state = 0;
 5  var ev;
 6  function flashoff()
 7  {
 8      var ev = new evnt();
 9      exec("echo none>/sys/class/leds/beaglebone:green:usr0/trigger",
10              function(err,stdout,stderr) {ev.emit('done');})
11      );
12      return(ev);
13  }
14
15  function ledblink() {
16      if (state & 1)
17          b.digitalWrite("USR0", b.HIGH);
18      else    b.digitalWrite("USR0", b.LOW);
19      state ^= 0x1;
20  }
21
22  ev = flashoff();
23  ev.once('done', function() {
24      b.pinMode("USR0", b.OUTPUT);
25      setInterval(ledblink, 1000);
26  });
27
```

図25　JavaScriptで記述したLED点滅プログラム

図26　「File」-「Save」で作成したファイルを保存

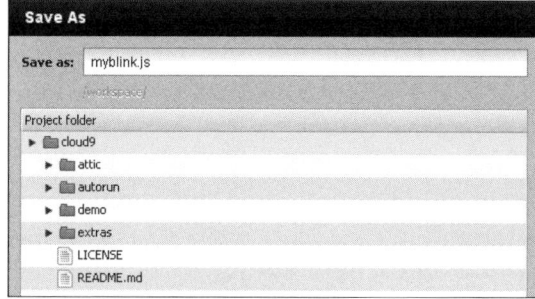

図27　ファイル名を指定して保存する

図28　作成したばかりのファイルが表示されないときはリロードしてみる

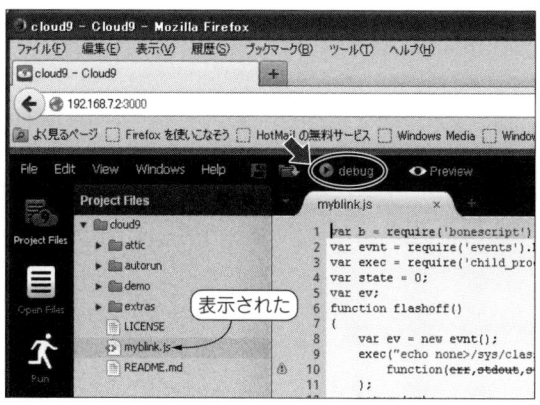

図29　リロードすると作成したファイルが表示された

第1部 Cloud9, BoneScript お試しコース

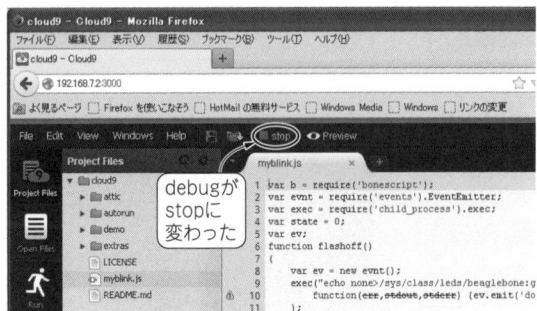

図30 [debug]をクリックすると表示が[stop]に変わる

写真2 ボードの端にあるUSR0のLEDが1秒ごとに点滅を繰り返す

　これで，ファイルがセーブされて元の画面に戻りますが，**図28**のように，今セーブしたファイルが左側のファイル・ツリーのところに表示されません．単にダイアログが消えただけなので，画面はキャッシュされた旧画面ののままになっているわけです（10行目の警告マークは無視してよい）．

　ここで，画面のリロード（通常，ウェブ・サイトを閲覧しているときと同じ）を行います．Firefoxでは，アドレス・バーの右側にある右回りの矢印アイコンをクリックします．これで**図29**のようにmyblink.jsが現れます．

　Cloud9を使っていると，時々このように変な現象に出会いますが，リロードすると期待したとおりの動作をするようになることがたびたびあります．プログラミング中にファイルをこまめにセーブするのと同じように，画面をこまめにリロードした方がよいようです．

● 実行と確認

　それでは実際に動かしてみましょう．ファイルのタブのすぐ上に「debug」と書かれたアイコンがあるのでこれをクリックします．**図30**のように表示が「stop」に変わります．

　BeagleBone Black側では実行開始まで少し時間がかかります．数秒待つとLEDの点滅のぐあいが変わり，**写真2**のように，ボードの端にあるUSR0のLEDが1秒ごとに点滅を繰り返します．

　プログラムの詳細は，第2章で説明します．

第2章

非同期I/Oの動作がよく分かる

Node.js + BoneScriptで I/Oプログラミング

桑野 雅彦

BeagleBone Blackのソフトウェア開発環境として特徴的なのは，ウェブ・ブラウザを利用した統合開発環境であるCloud9が組み込まれており，この上でJavaScript (Node.js) を使ったプログラミングが行えるようになっていることでしょう．

本章では，Node.jsの特徴と第1章で作成したLED点滅プログラムの説明を行います．

● JavaScriptとは

JavaScriptというと，ウェブ・ページを開いたときにクライアント側（ウェブ・ブラウザ上）でいろいろな動作をさせるものを思い浮かべる方も多いと思います．

しかし，実は，JavaScript自体は単なるプログラミング言語であり，汎用的に利用できるものなのです．

実行時に必要に応じてコンパイルして実行するJIT (Just In Time) コンパイルが行われるようになってから，実行速度も格段に向上し，実用的なプログラミングにも利用できるようになりました．

● Node.jsとは

JavaScript処理プログラム (JavaScriptエンジン) をサーバ側でも動かそうという発想で作られたのがNode.jsです．

今までサーバ側のプログラミング言語というと，PHPやRuby，Perlなどといったものが使われていましたが，これらと同じようにJavaScriptが使えるようになれば，サーバ側もクライアント側もJavaScriptで統一できるので便利です．

サーバ上でのJavaScript（サーバ・サイドJavaScript）処理系はいろいろなものが作られていますが，その中でも注目されているのがBeagleBone Blackでも利用されているNode.jsです．

● Node.jsはV8＋サーバ用ライブラリ

Node.jsを一言でいえば，JavaScript処理エンジンにサーバ向けの標準ライブラリ（モジュール）を追加したものということになります．

Node.jsのJavaScript処理エンジンは，グーグルが配布しているウェブ・ブラウザのChromeに内蔵されているV8（高性能な自動車用のV型8気筒エンジンの名称を拝借したそうである）というものです．V8はオープン・ソースで，ソース・コードはhttp://v8.googlecode.com/svn/trunk/から入手できます．

V8エンジンがウェブ・ブラウザから切り離されたことで，JavaScriptで書いたプログラムをシェル（コマンドライン）から動かすこともできるようになりました．例えば，hello.jsというJavaScriptのプログラムを書いて，シェル上から，

```
node hello.js
```

というぐあいにすればhello.jsが実行できます．

● CommonJSとは

サーバ側で動くJavaScript環境はNode.js以外にもいろいろとありますが，基本的なライブラリ（モジュール）部分は標準化が図られています．

この共通部分は，「CommonJS」と名付けられています．

● BeagleBone専用ライブラリ BoneScript

BeagleBone Blackでは，CommonJSに加えてBoneScriptというBeagleBone専用ライブラリを追加しています．

これによって，LEDの点滅やアナログ入出力などのハードウェア依存部分についても簡単に記述できます．

Node.jsで作る簡易ウェブ・サーバ

Node.jsが特に注目されている用途の一つが、簡易ウェブ・サーバです。BeagleBone Blackでも、httpモジュールが最初からインストールされており、簡単にクライアントのウェブ・ブラウザにデータ表示などを行うことができるようになっています。

● httpモジュールを使う

httpモジュールを使って、ごく単純なウェブ・サーバを作成してみたのが**リスト1**(smallsvr.js)です。わずか7行ですが、これだけで、ウェブ・ブラウザでhttp://192.168.7.2:8000にアクセスすると、「Hello Beagle Bone Black!」と表示されます。

Content-Typeをtext/htmlにすると、HTMLタグが使えるので、「Beagle Bone Black!」の部分をボールド(太字)にしてみました。

createServer().listen(8000)によって、ポート番号8000を受信状態にしています。要求が到達するたびに()内のfunction(req,res)が実行されます。

引き数はクライアントからのリクエストを示すreqと、クライアント側に戻すためのresオブジェクトがありますが、今回はクライアント(ウェブ・ブラウザ)側にデータを返すだけなので、res側のみ使っています。

Cloud9でこのプログラムを入力し、実行した状態でウェブ・ブラウザから192.168.7.2:8000にアクセスしてみたのが**図1**です。メッセージが表示されていることが分かります。

● Node.jsのプログラムはターミナルでも実行できる

Tera TermなどのSSH対応のターミナル・ソフトウェアを使い、BeagleBone BlackのIPアドレスに接続(ポート番号22)すると、通常のLinux機と同じようにシェルが利用できます。

作成したNode.jsのプログラムは/var/lib/Cloud9の下にあるので、**図2**のように、/var/lib/Cloud9に移動して、node smallsvr.jsのようにすれば、Cloud9から動かすのと同じように動作させることができます。

第1章のLED点滅プログラムの解説

● Node.jsは非同期I/Oが基本

Node.jsの大きな特徴はイベント駆動型の非同期I/Oをベースにしていることです。

イベント駆動とは、簡単に言えば「仕掛けたタイマがタイムアップした」「httpの要求があった(クライアントがウェブ・ページにアクセスしにきた)」「起動したチャイルド・プロセスが終了した」などの事象(イベント)が発生するたびに、それらを「イベント発生情報」として蓄積しておいて、それらを一つずつ抜き出しては順番に処理していくという手法です(**図3**)。

リスト1 httpモジュールを使った簡易ウェブ・サーバ (smallsvr.js)

```
var http = require('http');
http.createServer(
    function(req,res) {
        res.writeHead(200, {'Content-Type' : 'text/html'});
        res.end('Hello <b>Beagle Bone Black!</b>');
    }
).listen(8000);
```

図1 リスト1を実行し、ウェブ・ブラウザでアクセスしたところ

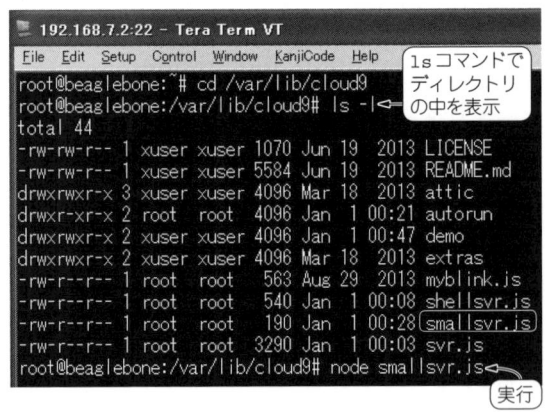

図2 リスト1のプログラムをターミナルで実行

第2章　Node.js ＋ BoneScript で I/O プログラミング

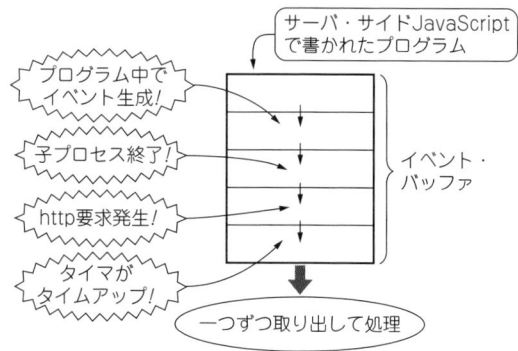

図3　Node.js はイベントが生じると処理を一つ進める

リスト2　第1章のLED点滅プログラム（myblink.js）

```
var b = require('bonescript');
var evnt = require('events').EventEmitter;
var exec = require('child_process').exec;
var state = 0;
var ev;

function flashoff()
{
    var ev = new evnt();
    exec("echo none > /sys/class/leds/beaglebone:green:usr0/trigger",
        function(err,stdout,stderr) {ev.emit('done');}
    );
    return(ev);
}

function ledblink() {
    if (state & 1)
        b.digitalWrite("USR0", b.HIGH);
    else
        b.digitalWrite("USR0", b.LOW);
    state ^= 0x1;
}

ev = flashoff();
ev.once('done', function() {
    b.pinMode("USR0", b.OUTPUT);
    setInterval(ledblink, 1000);
});
```

サーバのように，いろいろなところからいろいろな要求が発生するものを処理する手法としては，比較的シンプルな考え方です．

これをふまえて，第1章のLED点滅プログラム（リスト2）を説明していきましょう．

● bonescriptでI/Oピンの操作も簡単

bonescriptモジュールにはBeagleBoneのハードウェア固有部分の操作をサポートする関数などがまとめられています．先頭部分にある，

　　var b = require('bonescript');

がbonescriptモジュール（ライブラリと考えてよい）を取り込んだところです．これで，bを使ってbonescriptのライブラリが利用できるようになります．

例えば，b.pinMode("USR0", b.OUTPUT);とすれば，USR0ピンが出力モードになりますし，b.digitalWrite("USR0", b.HIGH);とすれば，USR0ピンがHighレベルになるというぐあいです．

この例では，ディジタル出力（digitalWrite()）だけを利用しましたが，digitalRead()やanalogRead，analogWrite()なども用意されているので，スイッチの状態読み込みや，アナログ入出力も簡単に行うことができます．

● exec関数にはコールバック関数が必要

▶シェルの起動はexec関数

USR0 LEDは，デフォルト状態ではhertbeat（Linuxカーネルの心音計）になっているので，シェルを起動し，echo none>/sys/class/leds/beaglebone:green:usr0/triggerとして止めます．

シェルの起動はリスト2のようにchild_processモジュールのexec関数を使用します．

▶終了時点で呼ばれるコールバック関数を登録する

JavaScriptのexec関数がCのexec関数と異なるのは，終了時点で呼ばれるコールバック関数を登録するという点です．

Cのexec関数は実行した時点で終了してしまうので，処理を継続したいときは事前にfork関数でチャイルド・プロセスを生成し，exec関数を実行したチャイルド・プロセス側の終了イベント待ちにするなどの工夫が必要です．

これに対してNode.jsのexecは，自動的に別プロセスとして実行され次の処理に移ります．リスト2で言えば，execによるechoコマンドの終了を待つことなく，return(ev);が実行されます．

Node.jsはシングル・スレッドで動作するので，条件成立待ちなどをループで待つと，すべての処理が滞ってしまいます．このため，exec関数によるコマンドは別プロセスで起動されます（column1参照）．

ただし，このままではコマンド実行でエラーが出たときの対応や，コマンド終了後の結果を受け取って処理するなどの後始末ができません．このため，exec

19

の第2引き数でコールバック関数を登録し，コマンド終了時点でこの関数が呼ばれるようにしておくわけです．

▶警告マークについて

さて，第1章図28の10行目に警告マークが付いていますが，これは無視してかまいません．Node.jsでは，execでコマンドが実行されたときのエラー情報（err.codeが終了コードなど）や，シェルで実行したときに標準出力，標準エラー出力に出力されたメッセージを蓄積しており，コールバック関数呼び出し時に引き数として渡しています．

今回はこれらを利用していないので，「使用されていない引き数がある」ということで警告が出されているわけです．

▶コールバック関数は引き数に定義できる

コールバック関数は，Cのように普通に関数として定義したものを指定してもかまいませんが，この例のように，いきなり引き数のところに処理関数を記述することもできます．

外部で定義される関数と異なり，関数名がないので「匿名関数」や「無名関数」などと呼ばれます．

● イベント処理はEventEmitterクラスを使う

▶「イベント」がNode.jsのツボ

Cのような一筆書き的な処理に慣れ親しんでいると，このようなコールバック方式は，あちらこちらが同時に動くような感じがして難しく感じられるかもしれませんが，所詮はシングル・スレッドで動いている

だけですし，それほど難しいことをやっているわけではありません．

Node.jsのプログラミングで鍵となるのが，「イベント」です．このイベントの考え方がNode.jsのツボとも言える部分なので，ここで説明しておきます．

▶eventsモジュールのEventEmitterクラス

イベントの基本処理はeventsモジュールのEventEmitterクラスで用意されています．プログラム中では，

　　var evnt = require('events').EventEmitter;

がEventEmitterの取り込みを行っている部分です．あとはnewでオブジェクトを生成すると，EventEmitterの機能が使えるようになります．

▶イベントの発生方法とイベントを受け取る関数「リスナ」

イベントの発生は，emitter.emit('done');などというぐあいにします．リスト2のように，var ev = new evnt();でオブジェクトを生成した場合はev.emit('done');となります．

このとき，引き数の'done'がイベントのID（識別子）です．この例では引き数は一つですが，複数個指定すると，2個目以降はイベントを受け取る関数［イベント・リスナ（event listener），または単にリスナ（listener）と呼ぶ］の引き数になります．

▶リスナの管理

リスナの管理が，Node.jsのイベント動作を理解する上のポイントになります．

Node.jsのイベント受け付けの考え方を簡単にイメージしたのが図4です．イベントのIDの下に，そのイベントのリスナが芋づる式のリストで繋がっています．

ここで基本となるリスト操作が，

column1　Node.jsのマルチコア対応

現在，マルチコアのSoCが一般的になっています．これを利用して全体のスループットを上げられるよう，Node.jsではclusterモジュールが用意され，複数のプロセスを同時に（ソケットなども共有した状態で）起動することができるようになっています．

シングル・スレッドが基本のNode.jsですが，どうしても時間の掛かりそうな処理については，clusterモジュールを使って別コアにやらせておくという方法がとれるようになったわけです．

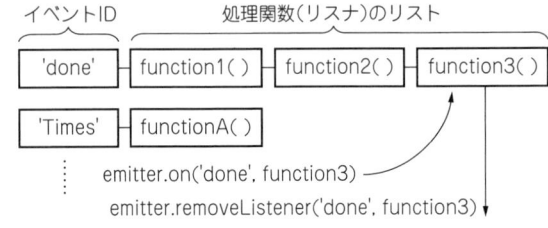

図4　Node.jsのイベント受け付けのイメージ

- emitter.on(event, function)
- emitter.addListener(event, function)
- emitter.removeListener(event, function)

です．

▶リスナの追加

リスナの追加は，emitter.on(event, function)，emitter.addListener(event, function)で行います．

emitter.on(event, function)もemitter.addListener(event, function)も内容は同じです．対応するイベントのリストの後ろに，関数（イベント・リスナ，またはリスナ）を追加します．

イベントが発生すると，Node.jsはイベントのIDに対応するリスナのリストを探し出し，そこに並んでいるリスナを順次実行していきます．実行しているプログラムがなく，発生しているイベントがなく，またイベント待ちになっているものもなくなったら処理終了です．

一度，emitter.on(event, function)，emitter.addListener(event, function)によって接続されたリスナは，次に説明するemitter.removeListener(event, function)されるまで接続されたままになります．

つまり，リスナを明示的に取り外さない限り，イベントが発生するたびに，リストにあるリスナすべてが何度も呼ばれるわけです．同じリスナを何度も接続することもできます．同じ物が複数接続されていれば，イベントが1回発生するたびに，同じ関数が2回，3回と繰り返し実行されることになります．

マルチタスク的な感覚だと，グローバル変数などの共有リソースにアクセスするときにセマフォなどが必要になりそうですが，Node.jsはシングル・タスクで順繰りに実行するだけなので，排他制御に気を使う必要はありません．

▶リスナの削除

リスナの削除は，emitter.removeListener(event, function)で行います．

▶リスト2ではon()ではなくonce()を使用

今回はリスナの接続にはon()ではなく，once()を使用しました．その名のとおり，1回限りのリスナ接続です．once()で接続した場合には，1回イベントが発生しリスナが実行された後，自動的にremoveListener()が行われ，リストから取り外されるわけです．

exec()のコールバック関数などもこれと同じ考え方で，コールバック関数をexec()の終了イベントで起動されるリスナとして登録したと考えればよいでしょう．

● イベントを使ってシェルのコマンド終了待ち

今回はこのイベント機能を使って，コマンドの終了を待ってからピンのモード設定やLEDの点滅操作を始めるようにしてみました．

falshoff()関数の中で，EventEmitterのオブジェクトを生成して，それを戻り値として設定します．一方，exec()のコールバック関数ev.emit('done');で，'done'イベントを発生します．一方，flashoff()を呼び出した側では，

```
ev = flashoff();
ev.once('done', function() {･･･});
```

というぐあいに，'done'イベントを待たせます．'done'という文字列に特別な意味はありません．単なるIDに過ぎないので，'owari'でも'byebye'でも何でもかまいません．

「execが先に終わってしまって，ev.once()が間に合わなかったら？」と一瞬思われるかもしれませんが，心配ありません．「Node.jsはシングル・スレッドで動作する」というのがポイントです．先に説明したように，exec()は別プロセスとして実行させるだけで，Node.jsの処理自体は先に進みます．つまり，仮にflashoff()から抜けるよりも前にexecによるコマンドの実行が終了していたとしても，execの終了イベントの処理を始められるのは，現在進行しているプログラムの処理が終わってからなのです．

つまり，このプログラムでは，ev.once()によるリスナの登録が終わり，メインのプログラムの実行が終了した後にはじめて次のイベントの受け付けが行われます．このため，必ずリスナの登録が行われてからイベントが発生することになるのです．

execが終了すると，コールバック関数が実行され，ここからev.emit()でメッセージが送られます．このメッセージによって，イベント・リスナとして登録されている，ev.once()のコールバック関数が呼び出され，ピンのモード設定（b.pinMode()）と，タイマのセット（setInterval()）が実行されるのです．

column2　今，非同期I/Oが注目されている理由

Node.jsのようなシングル・タスクの処理方法は，せっかくのマルチタスクの世界から先祖帰りしてしまったような感じもあるかもしれません．

複数の要求を効率良く処理するために，マルチタスクという手法が考えられたのに，何をいまさらシングル・タスクに戻るのだ，と思うのはごく自然なことです．

● C10K問題

Node.js自体や，非同期I/Oが注目されている要因は，俗にC10K問題［クライアントが1万（10k）台を示している］として知られている，クライアント数増加に伴うパフォーマンスの低下問題です．

現在多くのサーバで利用されているApacheなどでは，接続するクライアントごとにスレッドを生成します．このため，接続しているクライアント数の増加に従って，メモリなどのリソースを大量に消費し始めます．

例えば，一つのスレッドで1Mバイトのメモリを使っただけでも，クライアントが10k（1万）個になると，10Gバイトのメモリを食いつぶすことになります．10Mバイトずつなら100Gバイトです．

● 接続を切らないアプリケーションの増加

昔のウェブ環境では，クライアントは毎回接続を切っていたので，完全に同時に多数のクライアントが接続することはまれでした．

しかし，近年のようにクライアントの数が膨大になり，さらにソケットを接続したままにしてサーバとクライアントの間で相互通信するようなアプリケーションが増えたことで，サーバに同時接続されるクライアントの数も急増しています．

クライアントの増加によりパフォーマンスが著しく低下したり，サーバ自身がダウンしてしまうという問題が現実味を帯びてきているのです．

● Node.jsのメリット，デメリット

これに対してNode.jsは，基本的にシングル・スレッドで動作するので，クライアント増加によってリソースを大きく食われることがなく，パフォーマンスの極端な低下も起こり難いわけです．

一方，シングル・スレッドであるために，時間の掛かる処理を行ってしまうと，終了するまでほかのクライアントからのリクエストすべてが待たされてしまう点には注意が必要です．

● タイマを使って一定間隔で点灯する

組み込み用途では，一定間隔で動かしたいことが多々あります．割り込みなどが使いにくい場合には，外部ステータスをポーリングして状態チェックするということもあるでしょう．このようなときに便利なのがタイマ機能です．

setInterval(function, delay, ・・・)で，delay(ms)ごとにfunctionで指定したコールバック関数が呼ばれます．第3引き数以降があれば，コールバック関数の引き数になります．

ちなみに，タイムアウト監視のように，一定時間たった後に呼び出したいだけの場合にはsetTimeout(function, delay, ・・・)も用意されています．

今回は1秒ごとにLEDを点灯/消灯を繰り返したいので，

```
setInterval(ledblink,1000);
```

として，ledblink関数が1秒ごとに呼び出されるようにしてみました．

シェルの実行結果をウェブ・ブラウザに表示

LED点滅プログラムでは，exec()でechoコマンドを使うだけでしたが，exec()のコールバック関数は，シェルからコマンドやユーザ・プログラムを実行したときに画面に表示される文字列を受け取ることもできます．

試しに，シェルでls -lah /として，ルート・ディレクトリの内容を取り込んで表示させてみたのが図5（shellsvr.js）です．

レスポンスは，exec()のコールバック関数の中で生成してもよかったのですが，せっかくなのでイベントを使ってみました．console.logでコンソールにもメッセージが出るようにしてみました．

第2章　Node.js ＋ BoneScript で I/O プログラミング

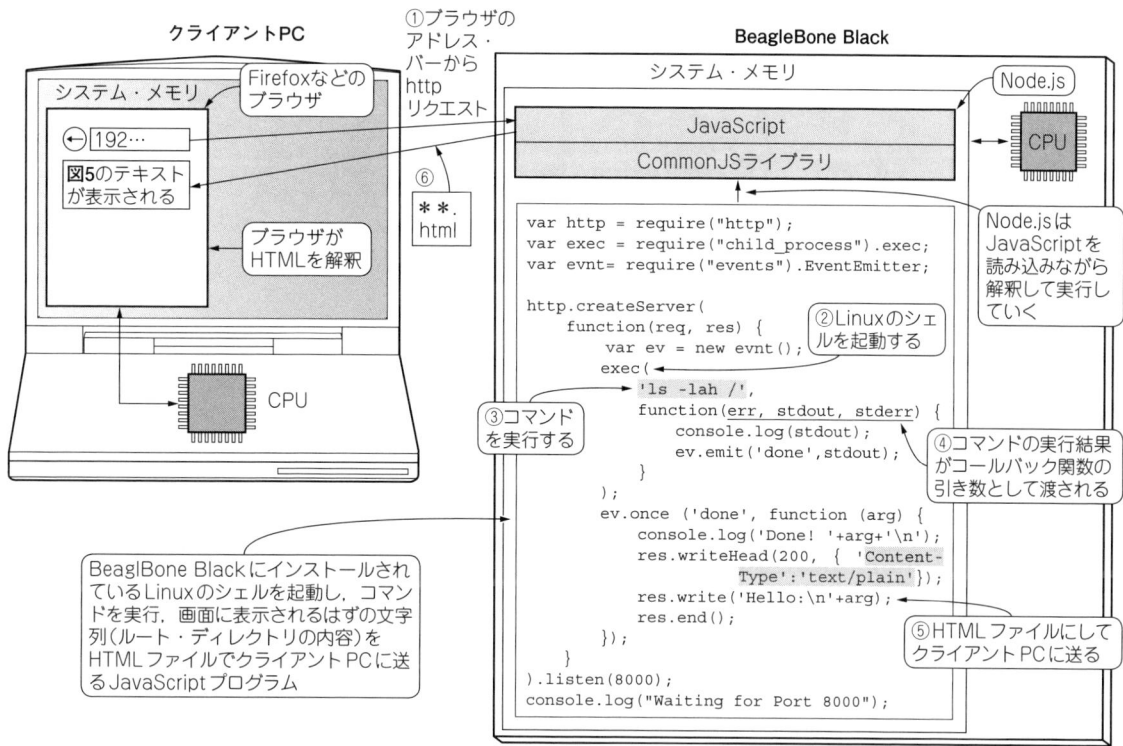

図5　ルート・ディレクトリの内容をクライアントPCのブラウザに表示するプログラムをNode.jsで実行してみる (shellsvr.js)

Cloud9に入力して起動した後，ウェブ・ブラウザから192.168.7.2:8000にアクセスしてみると，**図6**のようにHello:の後，シェルの出力が表示されています．

今回は'Content-Type' : 'text/plain'としました．text/plainとすると，文字列中にHTMLタグのフォーマットと一致するものが混ざっていてもタグとしては扱われず，単なる文字列としてそのまま表示されるようになります．

C言語などで自分で作成したプログラムでも，実行結果を標準出力に出せばNode.js経由でクライアントに渡すことができます．

◆参考URL◆

(1) node.js

　http://nodejs.org/（本家）

(2) Node.js 日本ユーザグループ

　http://nodejs.jp/（日本のユーザ・グループ）

＊補足

・下記に日本語のnode入門がある．

　http://www.nodebeginner.org/index-jp.html

図6　クライアント側（ブラウザ）にルート・ディレクトリの内容が表示された

・BoneScriptに関しては，BeagleBoneの本家であるbeagleboard.orgにマニュアルが用意されている．

　http://beagleboard.org/Support/BoneScript

23

第1部 Cloud9，BoneScript お試しコース

イメージ・ファイルをダウンロードしてコピーするだけ！

第2章 APPENDIX
プレインストールOSを アップデートする方法

桑野 雅彦

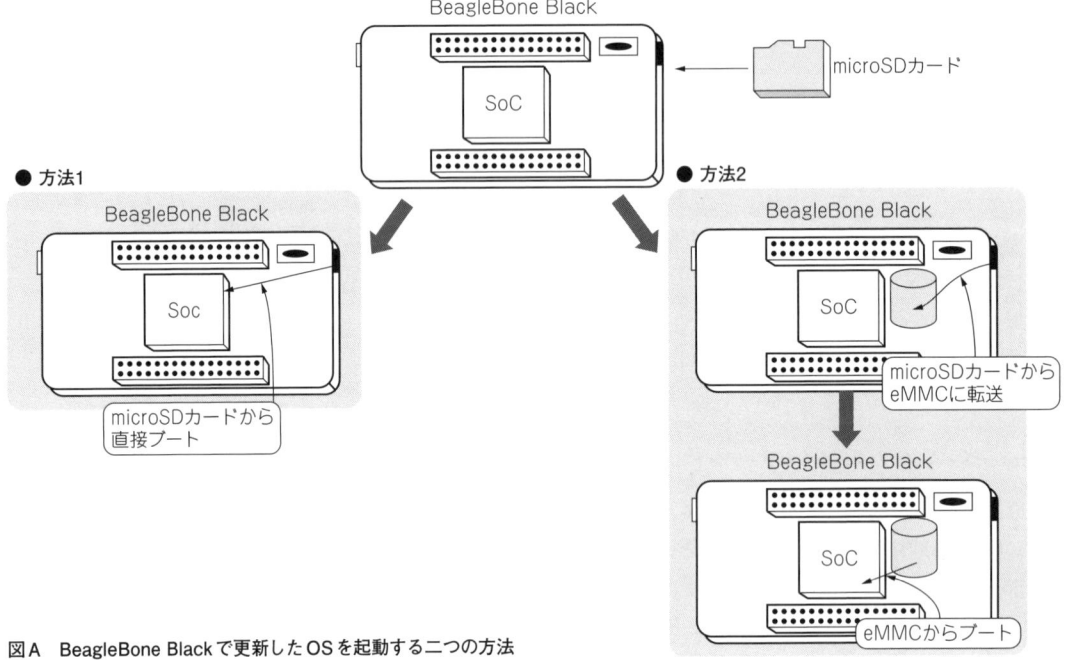

図A BeagleBone Blackで更新したOSを起動する二つの方法

BeagleBone Blackの起動ディスクは，オンボードのフラッシュ・メモリeMMC（Embedded MultiMediaCard），またはmicroSDカードです．

eMMCのOSを更新したり変更したりする場合は，microSDカードにOSのイメージ・ファイルを用意してmicroSDカードから起動し，eMMCにコピーしてeMMCから再起動します．何らかの原因でeMMCのOSが起動しなくなったようなときにも，この方法で対応することになります（**図A**の方法2）．

eMMC上に書き込まれているOSを温存したまま，microSDカードに書き込んだOS上でいろいろなテストを行いたい場合は，microSDカードにOSを用意して起動することになります（**図A**の方法1）．

ここでは，microSDカードを使って，eMMCのOS（Ångström Distribution）を更新する方法を紹介します．

eMMCのOSを更新するために必要なもの

次の五つを準備してください．

・microSDカードのリーダ/ライタ
・microSDカード（4Gバイト以上のもの）
・イメージ・ファイルの圧縮ファイル
・解凍/圧縮ツール7-Zip
・イメージ・ファイルの書き込みツールWin32 Disk Imager

筆者は，microSDカードをSDメモリーカード変換アダプタに取り付けて，100円ショップで売られてい

第2章 Appendix　プレインストールOSをアップデートする方法

たSDメモリーカードのリーダ/ライタで書き換えました．

OSイメージの圧縮ファイルは，http://beagleboard.org/latest-imagesからダウンロードできます．

解凍/圧縮ツール7-Zipは，http://www.7-zip.org/からダウンロードできます．Mac OS X用の7-Zipツールはkeka（http://www.kekaosx.com/ja/）があります．Linuxならp7zipのパッケージを持ってくればよいでしょう．

Win32 Disk Imagerは，http://sourceforge.jp/projects/sfnet_win32diskimager/からダウンロードできます．

eMMCのOSを更新する手順

eMMCのOSを更新する手順は次のとおりです．

1. 7-ZipのインストールとWin32 Disk Imagerの解凍
2. OSの圧縮ファイルのダウンロードと解凍
3. 解凍したOSのイメージ・ファイルをWin32 Disk ImagerでmicroSDカードに書き込む
4. BeagleBone BlackにmicroSDカードを挿入し，S2（ユーザ/ブート用）スイッチを押しながら電源を入れると（USBケーブル，またはACアダプタを接続），eMMCの更新が始まる．LEDが動かなくなるまで待ち（1時間くらいかかる），電源をOFFしてmicroSDカードを抜く
5. 電源を再投入して再起動

それでは，この手順に沿って進めていきましょう．

● ① 7-ZipのインストールとWin32 Disk Imagerの解凍

7-Zip説明に従ってインストールしておきます．Win32 Disk ImagerはZIP形式で圧縮されているので，解凍しておきます．

どちらもダウンロードできるサイトはいろいろありますが，サイトによってはダウンロード・マネージャを勝手に組み込もうとするものがあります．便利なようですが，勝手にウェブ・ブラウザの設定が変更されたり，常駐されたままになってうまく削除できないなどのトラブルも少なからず見聞きします．ダウンロード・マネージャを使わずに直接ダウンロードした方が手堅いでしょう．

● ② OSイメージの圧縮ファイルのダウンロードと解凍

OSの圧縮ファイルはhttp://beagleboard.org/latest-imagesに置かれています．BeagleBone Black用には次の二つが用意されています．

1. BeagleBone（Runs on BeagleBone Black as well without flashing the eMMC）
2. BeagleBone Black（eMMC flasher）

1はmicroSDカードから直接起動するもの，2はeMMCを更新するものです．ここではOSの更新を行うので，2の「eMMC flasher」の方をダウンロードしてください．

ダウンロード・ファイルは，BBB-eMMC-flasher-2013.06.20.img.xzです（本稿執筆時．後日BBB-eMMC-flasher-2013.09.04.img.xzで確認済み）．サイズは400Mバイト弱程度です．これを7-Zipで解凍します．圧縮ファイルを右クリックすると，図Bのように，7-Zipの解凍メニューが現れます．

ここではサブディレクトリを作ってその下に展開させることにしたので，図Bのように「Extract to "BBB-eMMC-flasher-2013.06.20.img¥"」を選択しました．これで，BBB-eMMC-flasher-2013.06.20.imgというぐあいに，BBB_eMMC_flasher-の後に日付が付いたイメージ・ファイルが生成されます．解凍後のサイズは3.4Gバイト程度でした．

● ③ 解凍したファイルをWin32 Disk ImagerでmicroSDカードに書き込み

これをWin32 Disk ImagerでmicroSDカードに書

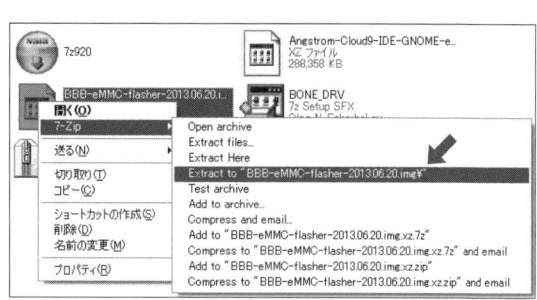

図B　7-Zipの解凍メニューから選択する

き込みます．Win32 Disk Imagerを起動すると，**図C**のような画面が出ます．ここで，microSDカードを挿入したリーダ/ライタを接続すると，上段右端にドライブ番号が表示されます．

ここで，「Image File」の欄の横のアイコンをクリックして，イメージ・ファイルを指定します（**図D**）．これで[Write]ボタンが押せるようになるのでクリックします（**図E**）．大容量デバイスへの書き込みということもあって，**図F**のように中身が書き換えられるという警告が出ます．ドライブ番号が正しいか，もう一度チェックして，[Yes]ボタンをクリックします．

書き込みが**図G**のように進行します．サイズが大きいので時間がかかりますが気長に待ってください．これでOS更新用microSDカードの完成です．

● ④ OSの更新

図Hのように，microSDカードを挿入して，S2スイッチを押しながらUSBケーブル経由で（ACアダプ

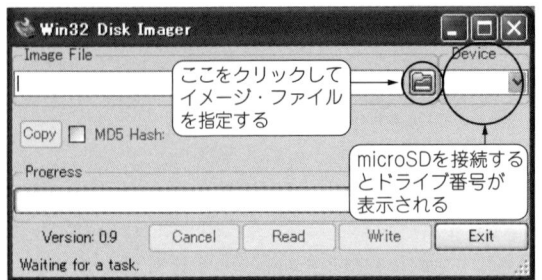

図C　Win32 Disk Imagerを起動したところ

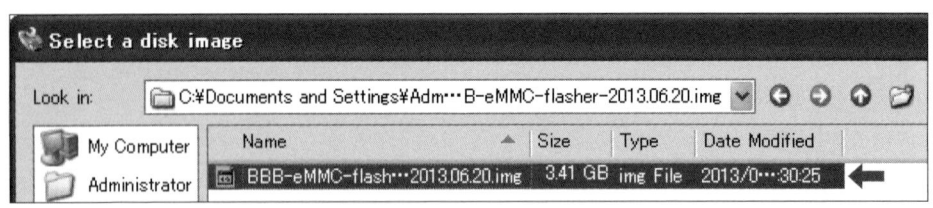

図D　書き込むイメージ・ファイルを指定する

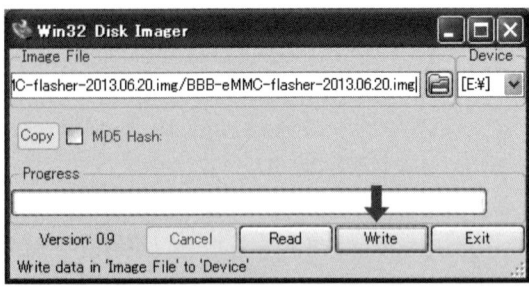

図E　[Write]ボタンをクリック

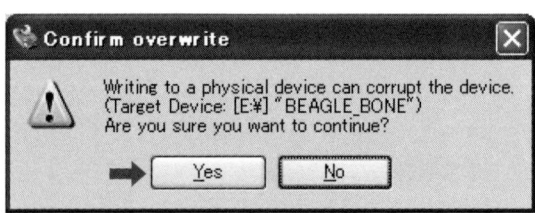

図F　書き込む先のドライブ番号をもう一度チェックして[Yes]をクリック

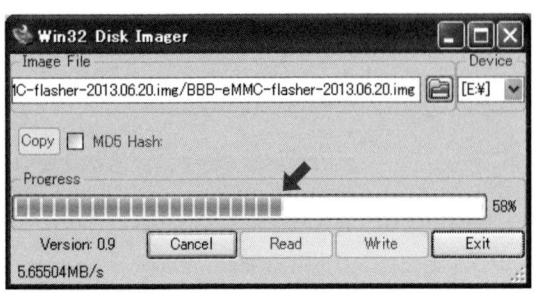

図G　イメージ・ファイルの書き込みが始まる

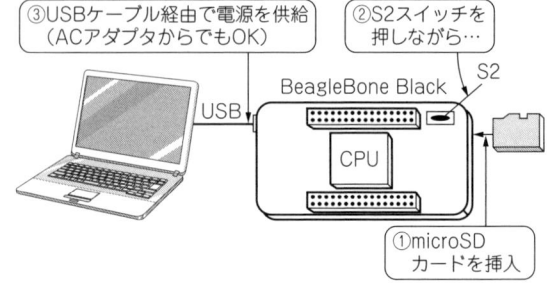

図H　オンボード・フラッシュ・メモリeMMCの更新手順

タからでもよい）電源を供給します．

　少し待つとLEDが点滅し始めます．S2から手を離してそのままLEDの点滅が止まる（四つ並んだLEDが全部点灯する）まで待ちます．

　microSDカードの性能などにもよると思いますが，筆者の環境では1時間以上かかりました．PCのUSBポートから電源を供給していると，PCがサスペンド状態に入ってUSBの電源を切られてしまう可能性もあるので，USB端子出力型のACアダプタを使った方がよいかもしれません．

● ⑤ 電源を再投入して再起動

　LEDの点滅が止まったら，電源を切ってmicroSDカードを抜いておきます．

　USBケーブルでPCと接続すると，最初のBeagleBone Blackの接続と同じように，マス・ストレージ・デバイスやネットワーク・アダプタが接続された状態になります．

第3章 BeagleBone Blackのハードウェアを知る

1GHz ARM Cortex-A8搭載！

桑野 雅彦

本章では，BeagleBone Blackのハードウェアの構成と各部の機能について解説します。

BeagleBone Blackのハードウェア構成

BeagleBone Blackのブロック図を図1に示します。主なハードウェア仕様を表1に示します。

アプリケーション・プロセッサは，テキサス・インスツルメンツのSoC「Sitara AM3359AZCZ」を使っています。

BeagleBone BlackはこのAM3359を中心に，512MバイトのDRAM，2Gバイトのオンボード・フラッシュ・メモリ（eMMC：Embedded MultiMediaCard），電源管理ICやLEDなどを搭載しています。

外部入出力端子は，USBのホスト（タイプA），USBデバイス（mini B），microSDカード・ソケット，

表1 BeagleBone Blackのハードウェア仕様（＊：最大1.8V）

項　目	仕　様	備　考
CPU	Sitara AM3359AZCZ100	テキサス・インスツルメンツ製
	Cortex-A8/1GHz	2DMIPS/MHz
3Dグラフィック・コア（CPU内蔵）	SGX530	20Mポリゴン／秒
メモリ	512Mバイト	DDR3L，800MHz
フラッシュ・メモリ	2Gバイト	8ビット Embedded MMC
電源	＋5V	mini USB，DCジャック，拡張ヘッダ
基板	3.4×2.1インチ	6層基板
LED	電源表示（×1），LAN（×2）	―
	ユーザ（×4）	―
USBターゲット（USB0）	USB 2.0 ハイ・スピード対応	mini B
USBホスト（USB1）	USB 2.0 ハイ・スピード対応	―
イーサネット	10M/100Mbps	RJ-45コネクタ
SD/MMCコネクタ	microSD 3.3V用	―
スイッチ	リセット・スイッチ	―
	電源スイッチ	―
	ブート・スイッチ	―
ビデオ出力	HDMI	最大1280×1024ドット　マイクロHDMIコネクタ
オーディオ出力	HDMI経由	ステレオ出力
電源	5V/3.3V/1.8V	1.8VはVDD_ADC
信号レベル	3.3V系	＋5V系信号を接続しないこと
拡張コネクタ信号	McASP0，SPI，I²C，GPIO（最大65），LCD，GPMC，MMC，アナログ入力（最大7）＊，タイマ（最大4），UART（最大4），CAN	―
ブート・モード	eMMCブート	オンボード・フラッシュ・メモリからのブート
	SDカード・ブート	microSDカードからのブート
	シリアル・ポート・ブート	未サポート
	USBブート	未サポート

イーサネット（RJ-45），HDMIポート，拡張端子などが用意されており，組み込みサーバのような使い方のほか，図2のように，超小型Linux PCとしても利用できるでしょう．

搭載SoC AM3359の特徴と性能

AM3359の主な仕様を表2に示します．AM3359は，テキサス・インスツルメンツから一般に市販されているデバイスです．Technical Reference Manual（4000ページ以上ある）などのドキュメントも，テキサス・インスツルメンツのサイトから無償でダウンロードできます（本稿執筆中の製品ページのURLはhttp://www.tij.co.jp/product/jp/am3359）．

● PC並みの豊富な機能を内蔵

表2に示すように，AM3359は1GHz動作のARM Cortex-A8をCPUコアとして採用し，GPU（Graphics Processing Unit）やUSBやイーサネットなど，いろいろなI/Oを内蔵したSoCデバイスです．

この仕様を見ても分かるとおり，小型PCなどとして使う上で必要なものは，メモリを除いてほぼすべて

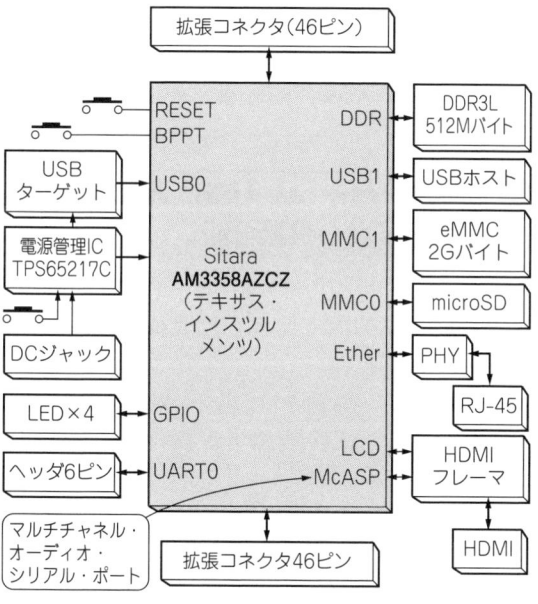

図1 BeagleBone Blackのハードウェア構成

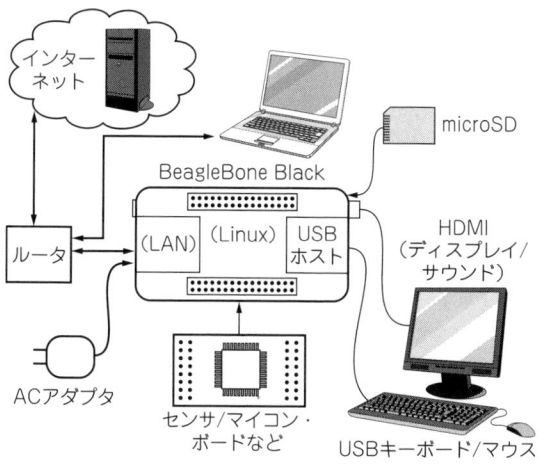

図2 BeagleBone Blackは超小型Linux PCとしても利用できる

表2 搭載SoC Sitara AM3359の主な仕様（BeagleBone Blackで使用していない機能も含む）

項目		仕様
C P U	CPUコア	Cortex-A8
	クロック	最大1GHz
	L1キャッシュ	コード：32Kバイト，データ：32Kバイト，パリティ・チェックあり
	L2キャッシュ	256Kバイト，ECCチェックあり
	DMA	64チャネル
DRAMコントローラ		mDDR（LPDDR），DDR2/3/3Lサポート
メモリ・コントローラ		NAND/NOR/SRAMサポート，16ビットECC可
ペリフェラル	グラフィック	SGX530 3Dグラフィックス・エンジン，20Mポリゴン/秒
		LCD/タッチスクリーン・コントローラ，最大2048×2048ドット×24ビット
	周辺制御	PRU-ICSS
	時計（RTC）	年月日，曜日，時分秒
	USB	ハイ・スピード/OTG対応×2ポート
	イーサネット	10M/100M/1000Mbps×2ポート
	CAN	CAN Version2 PartA/B対応×2ポート
	McASP	最大5MHz，TDM，I²Sなどサポート
	UART	IrDA，CIRサポート×6ポート
	McSPI	最大48MHz×2ポート
	メモリ・カード	MMC/SD/SDIOサポート×3ポート
	I²C	400kHz/100kHz動作サポート×3ポート
	GPIO	最大4バンク×32ビット，割り込み発生可
	タイマ	32ビット・タイマ×8チャネル
	A-Dコンバータ	12ビット，200ksps，入力8チャネル
		4/5/8線式タッチ・パネル対応
	PWM	16ビット×3チャネル
	セキュリティ	AES，SHA，PKA，RNG暗号化サポート

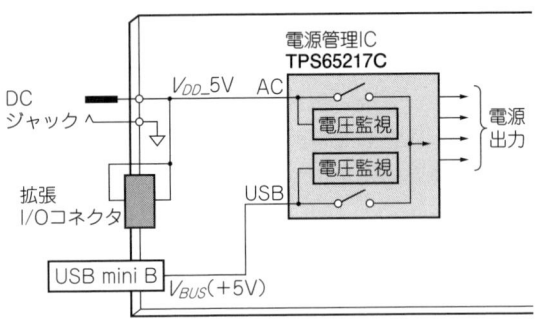

図3 BeagleBone Blackの電源供給系統

内部に取り込んでいると言ってよいでしょう．

なお，BeagleBone Blackがこれらのすべてをサポートしているわけではありません．

● CPU性能はRaspberry Piの約2倍

BeagleBone Blackとともに人気のあるRaspberry Piは，700MHz動作のARM11コアを使用したSoC BCM2835（ブロードコム）を使っています．

BeagleBone Blackに使われているCortex-Aは，Raspberry PiのARM11よりも1世代進んだコアです．1MHzあたりの処理性能も，最高動作クロック周波数も引き上げられています．

クロック1MHzあたりの性能はARM11がおおむね1.25DMIPS/MHz（DMIPS：Dhrystoneベンチマーク・テストによる処理性能値），Cortex-A8が2DMIPS/MHzとされます．さらに動作クロック周波数の比率（1GHz対700MHz）の差もあるので，トータルでの性能比はおおむね2：1程度でしょう．

● GPU性能は20Mポリゴン/秒

SoCに内蔵されているGPUはSGX530（英国PowerVR社）で，20Mポリゴン/秒となっています．

製品としてはややクラシックな部類に入りますが，このクラスの組み込みボードに使うのには十分過ぎるくらいの性能でしょう．

● ブート・モードはeMCC，またはmicroSDカード

AM3359のブート・モードは，大きく分けて，メモリ・ブート（メモリ・デバイスから）・ペリフェラル・ブート（イーサネット，USB，シリアルから）の2種類がサポートされています．

BeagleBone Blackのブート・モードは，そのうち，

・eMMC（オンボードのフラッシュ・メモリ）
・microSDカード
・USB
・シリアル

の四通りが考えられていますが，ボードをデフォルトの状態で使用する限りにおいては，

・eMMC（オンボードのフラッシュ・メモリ）
・microSDカード

の二通りのブートがサポートされています（2013年8月現在）．

電源電圧は+5V．USB，ACアダプタ，拡張端子から供給可能

BeagleBone Blackの電源電圧は+5Vです．供給系統図は図3のようになっています．供給源となるのは，以下の3系統です．

・DCジャック・コネクタ
・拡張端子（ピン・ソケット）
・USB（mini B）

これらのうち，DCジャックと拡張端子の+5V入力は直結されて，電源管理IC TPS65217C（テキサス・インスツルメンツ）のAC入力（ACアダプタ入力）端子に接続されています．

USB mini BコネクタのVBUS端子はこれらとは分離されており，TPS65217CのUSB入力に接続されています．USBから拡張端子へは電源が供給されない回路になっています．

TPS65217Cの内部には電源制御スイッチが内蔵されていて，DCジャックで動作中にUSBが接続されても，電源どうしの衝突が起こらないようになっています．

ハイ・スピードUSB，100Mbpsイーサネット，HDMIビデオ出力

● ハイ・スピード対応USBホスト/デバイス

USBポートは，AM3359の2チャネルのうち一方をホスト用，もう一方をデバイス用として使用していま

す．いずれも，USB 2.0のハイ・スピード（480Mbps）に対応しています．

BeagleBone Blackにインストール済みのOS（Ångström Distribution）では，PCとUSBで接続すると，PCからはIPネットワークに繋がっているように見えます．ウェブ・ブラウザやSSH（Secure Shell）ターミナル・ソフトウェア，SFTP（SSH File Transfer Protocol）ファイル転送アプリケーションなどでアクセスすることができます．

プログラミングやデバッグ，シェルの起動などもこのUSBネットワーク経由で行うことができます．

● 10/100Mbpsイーサネット

イーサネット・ポートは10/100Mbps（10/100Base-T）対応です．1000Mbpsはサポートしていません．

AM3359のイーサネット・コントローラは1000Mbps（1Gbps）のいわゆるギガビット・イーサネットに対応していますが，イーサネットPHY LAN8710A（マイクロチップ・テクノロジー）が10/100Mbpsのデバイスなので，10/100Mbpsの対応となります．

● HDMIビデオ出力

ビデオ出力は，最大1280×1024ドットで，micro HDMIコネクタに出力されています．HDMIトランスミッタはTDA19988BHN（NXPセミコンダクターズ）を使用しています．

先に触れたように，AM3359には20Mポリゴン/秒のGPUが内蔵されているので，これを利用することでかなり高性能のグラフィックスを実現することができます．

HDMI対応ディスプレイと接続して電源を入れれば，**写真1**のようなビーグル犬が特徴的なGUI画面が表示されます．なお，オーディオ出力もHDMIポートに出力されています．

ユーザLED×4，ユーザ・スイッチ×1

● ユーザ用LEDは4個

LEDは，電源LED（緑）が1個，LAN8710A用が2個（黄色と緑），そしてGPIO経由で駆動できるユーザ用（緑）が4個用意されています．

電源LEDは，**図4**のように，電源管理IC TPS65217C（テキサス・インスツルメンツ）の内蔵低ドロップアウト（Low Drop-Out，LDO）レギュレータの出力で点灯するようになっています．

LAN8710AからのLED信号出力は，**図5**のように，RJ-45コネクタに付いているLEDに配線されています．黄色のLEDは100Mbpsで接続されたときに点灯します．緑色の方はリンクが確立したときに点灯し，伝送動作中に点滅するようになっています．

ユーザ用LED USR0～USR3は，**図6**のように，AM3359のGPIO1_21～GPIO1_24に，トランジスタ経由で接続されています．これらは，起動後にユーザ・プログラムで使用することができます．

● ユーザ用スイッチは1個

スイッチは，
・リセット・スイッチ
・電源スイッチ
・microSDカード・ブート・スイッチ

写真1　HDMI出力の画面

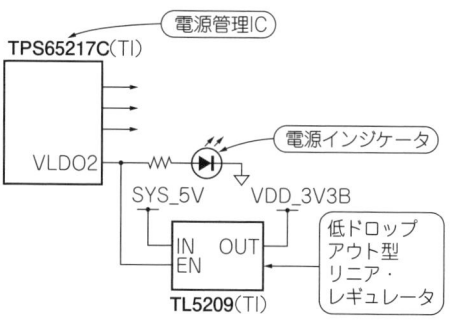

図4　電源LEDの接続個所とその周辺回路

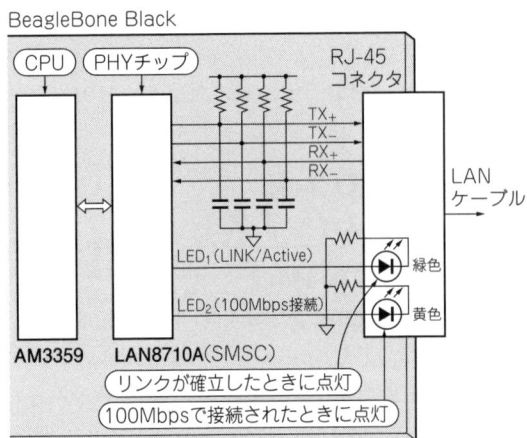

図5 イーサネットLEDの接続個所とその周辺回路

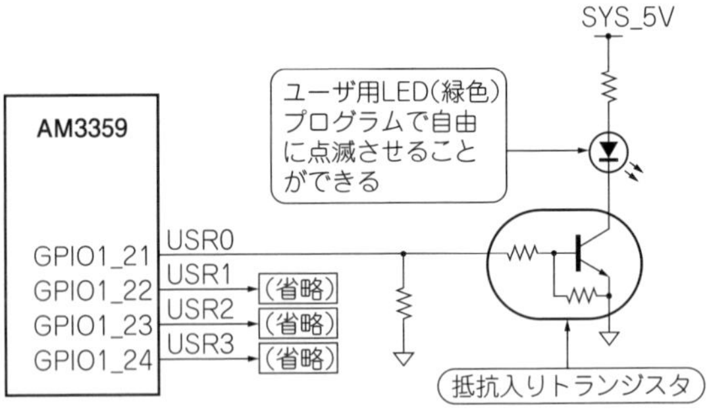

図6 ユーザ用LEDの接続個所とその周辺回路

の三つが用意されています．

リセット・スイッチはSoCのリセット用です．押すとSoCがリセットされます．

電源スイッチは，電源ON状態のときに8秒以上押し続けると電源が切れ，再度押すと電源が入ります．これらは専用スイッチで，ユーザが自由に利用することはできません．

残るmicroSDカード・ブート・スイッチは，電源OFF/ON時に押していると，強制的にmicroSDカードからブートするというものです．これはGPIO2_8に接続されています．

起動後はGPIO2_8をほかの目的に使用していなければ（例えば，AM3359のグラフィックLCDコントローラを使用するときはLCD_DATA2になる），ユーザ用として自由に使用できます．

外部I/Oに便利な拡張端子

● 46ピン，2.54mmピッチの ピン・ソケット ×2

汎用I/Oとして，46ピン（23ピン×2列），2.54mmピッチのピン・ソケット2個（P8とP9）が用意されています．

46ピンというピン数が半端で，対応するピン・ソケットが入手しづらいと思います．50ピンのものを切断して使うか，あるいは16ピン＋30ピンという組み合わせにするなど，入手性の良いもので工夫する方がよいかもしれません．

● 拡張端子のインターフェース

拡張端子は，次のようなインターフェースがサポートされています．

なお，AM3359のピンはマルチファンクションになっており，排他的にしか使えないものもあります．詳細はマニュアルなどを参照してください．

・GPIO
・SPI
・I^2C
・UART
・CAN
・McASP（Multichannel Audio Serial Port）
・アナログ入力
・タイマ
・GPMC（General-Purpose Memory Controller）
・MMC（Multimedia Card）

SPI，I^2C，UART，CANなど，シリアル系のインターフェースが充実しているのが特徴です．

GPMCの一部信号は，BeagleBone Blackの内蔵フラッシュ・メモリ（eMMC）と共通になっています．このため，eMMCを使う場合にはGPMCとしては利用できません．BeagleBone Blackでは通常eMMCをルート・ファイル・システム（WindowsでいうCドラ

column BeagleBone Blackの終了方法

BeagleBone Blackは非常に小型で，ついOSレスで走っているワンチップ・マイコンと同じようなつもりで，電源をいきなり切断したくなるかもしれません．しかし，そこはやはりLinuxです．eMMCなどのストレージの書き換え中に電源が切られると，ファイル・システムが壊れるなどの影響が出る可能性があります．

BeagleBone Blackの使い道の多くは，一般のLinux機に比べると小規模で，それほど頻繁にファイルの書き換えをしないシステムの方が多いとは思いますが，習慣として必ずシャットダウンしてから電源を切る習慣を身に付けておいた方がよいでしょう．

● シャットダウンの方法

BeagleBone Blackでは，次の二つの方法でシャットダウンさせることができます．
1. ボード上の電源スイッチを押す
2. シェルからシャットダウン・コマンド（shutdown -h now）を入力する

▶電源スイッチを押す

この方法は，BeagleBone Blackの上のスイッチを短く1回押すという方法です．HDMIディスプレ

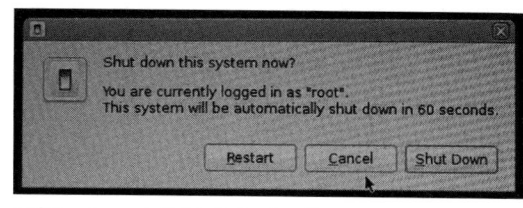

写真A　シャットダウンのメッセージ

イが繋がっていれば，**写真A**のようなダイアログが表示され，60秒で自動的にシャットダウンして電源が切れます．再度電源を入れたいときは電源スイッチを押すか，電源コネクタを抜き差しします．

▶シャットダウン・コマンド

この方法は，シャットダウン・コマンドによって終了させるというものです．

引き数の「-h」は，最後にホルト（HALT）状態で停止するという指示ですが，BeagleBone Blackの場合には電源OFFも行われます．

最後の「now」は今すぐシャットダウンしろという指示で，ここに数値を入れれば，指定した分数だけ経過してからシャットダウンが始まります．

「-h」を「-r」にすると，リブートの指示になります．

イブ）として使用するので，GPMCインターフェースとしては使えないと思っておいた方がよいでしょう．

● 信号レベルに注意！アナログは1.8V，ディジタルは3.3V

BeagleBone Blackの供給電源は＋5Vですが，ディジタル系の信号レベルは基本的に3.3V系です．

ワンチップ・マイコンなどでは，まだ＋5V系で動作しているものも数多くありますが，＋5V系の信号をBeagleBone Blackに直結しないよう注意が必要です．接続にあたっては，次のような工夫が必要です．
・接続される外部回路も3.3Vで動かす

・レベル変換を行う（抵抗による分圧やレベル変換ICを使用）
・信号線を3.3Vにプルアップして，オープン・ドレインで駆動する

このほか，アナログ入力レンジが1.8Vという点にも注意してください．電子工作などでは，マイコンのアナログ電源をチップの電源と同じ3.3Vや5Vにして入力レンジを広くとっている場合が多いのですが，BeagleBone Blackでは1.8Vが上限です．

アナログ・グラウンドを入力レンジの中間にとれば，入力レンジは0.9V±0.9Vとなります．アナログ回路設計時には気をつけてください．

第2部 組み込みAndroid入門コース

イントロダクション 1 introduction

スマート・デバイスの機能を手軽に実現

BeagleBone Black + Androidの魅力

出村 成和

■ スマート・デバイスが作りたい！

　私たちは，日頃からいろいろな家電製品，電子製品を利用して生活しています．
　そのような機器でここ数年増加しているのが，タッチ・パネルを利用した操作や，インターネットと連携して動作する機器です．
　ここでは，例として，タッチ・パネルを取り上げます．

● タッチ・パネルは操作が単純で操作時間が短い

　スマートフォンをはじめとして，銀行のATM，コンビニエンス・ストアの情報端末，駅の券売機などの操作が，機械式ボタン・スイッチからタッチ・パネルへと移行しています（図1）．
　操作方法をタッチ・パネルに移行することで，より多くの人に分かりやすい操作方法を提供できるようになります．そのことを，銀行のATMで考えてみましょう．
　今でこそタッチ・パネル操作のATMが主流ですが，以前は内容や操作方法を表示するためのモニタと，操作するための機械式スイッチが独立して配置されていました．
　以前のATMであれば，ある操作を行う際は，「モニタに表示された"○○ボタンを押してください"という指示の確認」→「配置されている多数のボタンから一つのボタンを選択して押す」といった流れで二つの操作が必要でした．
　これがタッチ・パネルに置き換えられたことで，操作方法が「目的の操作を指定してください」→「タッチする」といったように，目的に応じて画面をタッチするだけで操作を行うことができるようになりました．
　このため，タッチ・パネル・モニタで操作するATMは，モニタと機械式スイッチで構成されたATMに比べると，操作がシンプルになります（図2）．
　特に，ATMのような機器は短時間に大勢のリクエ

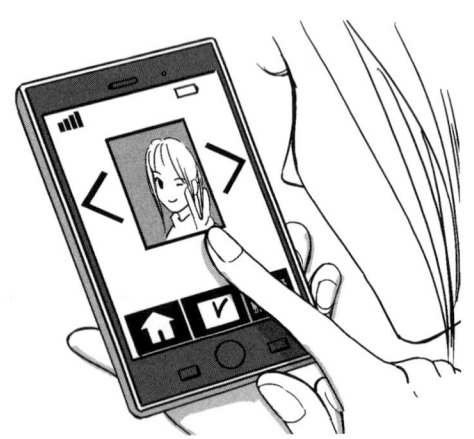

図1　身近なタッチ・パネル操作の電子機器

図2　タッチ・パネルは操作がシンプル

● 身近になったタッチ・パネル

タッチ・パネルを搭載した機器は，公共の機器のみならず，家電製品でも普及してきました．

家電量販店で販売されているスマートフォン，タブレット，そのほかにも，冷蔵庫や電子レンジといったいわゆる白物家電でも，タッチ・パネルは採用され始めています．

家電量販店などで販売されている機器に，タッチ・パネルが搭載される比率はどんどん上がってきており，タッチ・パネルは以前にも増して身近な入力方法となっています．

● スマート・デバイスの機能を個人レベルで実現できないか？

ここでは，一例としてタッチ・パネルを取り上げましたが，そのほかにも，最近のデバイスは，動画による操作説明，音声による操作案内，インターネット連携（自動データ取得など）といったことを行うデバイスも増えています．自分でこのようなデバイスを製作してみたいと考える人も多いことでしょう．

では，そのようなデバイスを個人レベルで製作するのは難しいのでしょうか？

手軽に使えるシングル・ボード・コンピュータ

ここで，個人がタッチ・パネル，動画による操作説明，インターネット連携といった処理を行うデバイスを開発することを考えてみます．

● マイコン電子工作では処理能力の点，手軽さに難点がある

ソフトウェア制御を利用する電子工作と言えば，PICなどのマイコンを利用した電子工作が最初に思い浮かぶ方も多いことでしょう．

タッチ・パネルを利用した機器の制御はマイコンでも可能ですが，きれいなグラフィックスを表示したストを処理しなければならないので，1人当たりの操作時間を短縮することは非常に意味があります（会社の休み時間に銀行へ行った際，長い列で待たされた経験がある方も多いことでしょう）．

り，インターネット連携といった処理は難しいものがあります．

● 低価格/高性能シングル・ボード・コンピュータの台頭

このような場合，マイコンの代わりにシングル・ボード・コンピュータを検討するのがよいでしょう．ここで言うシングル・ボード・コンピュータは，1～2世代前程度のスマートフォンのスペックを持ったコンピュータを指しています．

というのも，ここ数年はシングル・ボード・コンピュータがぐっと身近なものとなっているからです．

価格の低下による初期導入コストの低下，店頭で購入できる入手性の良さなど，いろいろな点において身近なコンピュータとなり，個人でも容易に入手できるようになっています．

● シングル・ボード・コンピュータの変遷

ここで，シングル・ボード・コンピュータのここ数年の流れについて見ていきましょう．

▶価格はそのままで性能が向上しているPC

コンピュータの世界では，日進月歩で技術革新が行われています．しかし，それはデバイスの平均販売価格はそのままで，その価格帯の性能が向上する，という流れが主流でした．

例えばPCの世界で考えてみると，今でこそ5万円程度のノートPCは珍しくありませんが，PCの平均価格という視点で見てみるとその平均価格は大きく変化していません．ただ，1万円当たりの価格性能比といった単価当たりの性能を見ると確かに年々向上しています．これは，価格が安定（＝高い）した水準のまま推移していると言えます．

▶性能はそのままで価格が低下してきたシングル・ボード・コンピュータ

これは，長い間シングル・ボード・コンピュータの世界も同じでした．しかし，ここ数年には，性能は旧来のままで，その販売価格は低下する製品が出てきています．

この代表的なものが，本書で紹介するBeagleBone Blackを含むBeagleシリーズです．最初に出たのはBeagleBoardでしたが，これが発売されたインパクト

図3 シングル・ボード・コンピュータはスマートフォンと同じことができる

は大きかったのです．

▶BeagleBoard登場以前

BeagleBoardが登場する以前のシングル・ボード・コンピュータは，先に解説したPCと同様に，（理由はいろいろあるにしろ）販売価格は高価なままで推移するものが主流でした．もちろん，その価格対性能比は年々向上しました．ただ高価であることは，いろいろな弊害が生まれます．

例えば，大学の研究室などでも1人1台利用することは難しく，数人で1台を共有して利用する，また，故障した場合に備えた予備を持っておくことが難しい，などといったことがあげられます．

また，購入する場合も，電子部品を販売しているような店で購入することは難しく，販売代理店などを通して購入する必要がありました．そういった意味では，このようなシングル・ボード・コンピュータを使って何かを開発するのは容易なことではありませんでした．

▶BeagleBoard登場以後

しかし，この状況はBeagleBoardというシングル・ボード・コンピュータが発売されてから大きく変化しました（**図3**）．

BeagleBoardは，当時の最新のスマートフォンに引けを取らないほどの性能であるにもかかわらず，125ドルと，当時としては破格と言える価格で販売され，学生や電子工作を趣味とする社会人などに大変人気が出ました．

このように人気を博したため，いろいろなOSがBeagleBoard向けに対応，リリースされるようになりました（Androidもそれらの OSの一つである）．

▶そしてBeagleBone Black登場

BeagleBoardは，BeagleBoard-xM，BeagleBoneなど，幾度も改良や性能向上が図られ，今のBeagleBone Blackがあります．

高機能で低価格！
BeagleBone Black

本書で紹介しているBeagleBone Blackは，先に解説したBeagleシリーズの流れをくむシングル・ボード・コンピュータの最新版です．

● 1GHz Cortex-A8のSoC搭載，HDMI標準装備

BeagleBone Blackは，名刺サイズ程度のシングル・ボード・コンピュータです（**図4**）．プロセッサはARM Cortex-A8+PowerVR SGX530のテキサス・インスツルメンツ製Sitara AM3359AZCZ100（1GHz），インターフェースとしては，microHDMI（High-Definition Multimedia Interface），USB（Universal Serial Bus），10/100Mbpsイーサネットのほか，独自の46ピンの拡張端子を二つ持っているため，その拡張性で困ることは少ないでしょう．

microHDMIやUSBといった一般的に流通しているインターフェースが搭載されているので，市販の液晶テレビやPC用周辺機器など，さまざまな機器が接続できます．これによって，手のひらに載るような小さ

なディスプレイから，100インチ・クラスのプロジェクタに接続するなど，画面の出力先を自由に選ぶことができます．

また，出力装置と同様に入力装置も自由に選ぶことができます（マウスのほかにも，指先で操作できるトラック・ボールもある）．

● 約5000円で買える！

こういったシングル・ボード・コンピュータは数万円する製品も珍しくありませんが，BeagleBone Blackは45ドル（約5000円）程度で購入できます．

演算性能は最新のスマートフォンに劣りますが，それでも十分な演算性能を持っていることには変わりありません．

これだけ安価であるため，例えば，研究室などで1人1台のBeagleBone Blackを用いて研究に活用する，また故障に備えて予備をあらかじめ持っておくことも容易になります．

試作品を数台製作するに当たっても，BeagleBone Blackであれば，このシングル・ボード・コンピュータの価格が導入のための障害になる，といったことはないでしょう（ほかの部品の価格が障害になることはありうるが）．

● 多機能な拡張端子

BeagleBone Blackは消費電力が小さく，バッテリ駆動で長時間動作させることも可能です．拡張端子は，GPIO（General Purpose Input/Output），I^2C（Inter-Integrated Circuit），UART（Universal Asynchronous Receiver Transmitter），などを使っていろいろなデバイスを接続できるので，拡張性に困るといったこともないでしょう．

この拡張端子にいろいろなセンサを接続し，それらのセンサを利用してソフトウェアを操作する，といったことも可能です．

接続するセンサは選択できるわけですから，精度重視で選んだり価格重視で選んだり，そのあたりは方針に合わせて柔軟に対応できます．

● 拡張ボードCape

BeagleBone Blackは，拡張端子に直接接続できる

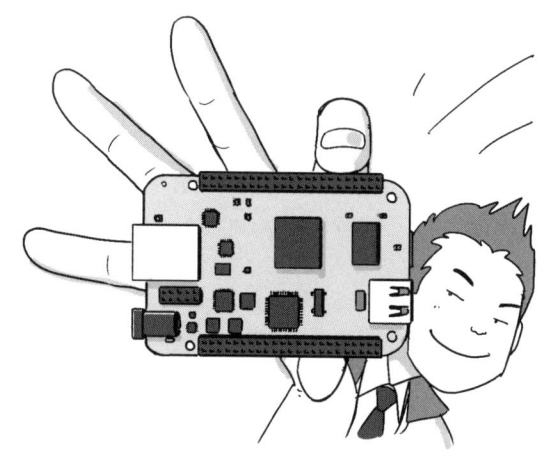

図4 手のひらサイズのシングル・ボード・コンピュータBeagleBone Black

拡張ボードがいくつかあります（ちょうど親亀の上に子亀が乗るように）．このような拡張ボードのことを，BeagleBoneではCapeと呼びます．

Capeには，カメラを接続するなど特定の目的で利用する物のほかに，拡張端子とユニバーサル基板が一体化したCapeがあります．このCapeを利用することで，目的に応じた拡張ボードが自作できます．

自作の回路をCapeとして製作しておくことで，BeagleBone Blackにさまざまな Capeを載せ替えて利用することもできます．これよって，BeagleBone Blackを多目的に利用できるようになります．

Androidのメリットは絶大！

本稿では，BeagleBone Blackの上で動作させるOSとしてAndroidを利用します．Android自身については，スマートフォンなどに搭載されており，ご存知の読者も多いことでしょう．

まず最初に，このAndroidを利用するメリットについて見ていきましょう．

● AndroidはGUIだけでなく，ブラウザはもちろん，メールもOK，動画再生もOK

Androidは，オープン・ソース・ソフトウェアであり，無償でソース・コードが入手可能です．オープ

ン・ソースなので，自由にソース・コードの閲覧，変更ができます．

そのため，必要な機能を追加することもできますが，その必要性を感じることはないかもしれません．

というのも，AndroidはLinuxなどのほかのOSと比べると，グラフィカル・ユーザ・インターフェース（GUI），豊富な外部入力（センサ，タッチ・パネル，キーボード，マウスなど）のサポート，ブラウザ・アプリケーション，メール・アプリケーションなどを搭載しているなど，豊富な機能を標準でサポートしており，それらの機能だけでも，十分にさまざまなことが可能だからです．

また，MP3（MPEG Audio Layer-3）に代表される各種音楽フォーマットや，各種動画フォーマットに対応しているため，そのようなマルチメディアを生かしたアプリケーションを実行することも可能です．

● BeagleBone BlackのI/OもAndroidから制御できる

BeagleBone Blackと組み合わせて利用することで，拡張端子に接続した機器をAndroidアプリケーションから制御する，といったことも可能です．

これは，ソース・コードが公開されているおかげで，BeagleBone Blackの仕様（ハードウェア）に合わせたソフトウェアの変更ができるためです．

● ソフトウェア開発の情報も充実

OSがオープン・ソースであることも重要ですが，OS上で動作するソフトウェアの開発ができなければ意味がありません．これについてもAndroidでは心配する必要がありません．

アプリケーションの開発環境は無償で入手できますし，アプリケーションの開発に必要な情報も書店に行けば，Androidアプリケーション開発の書籍が多数並んでおり，インターネットでも同様に多数の開発情報があります．そういった意味では開発できない，情報が少ないといったことはないでしょう．

マニュアルなどに掲載されていない情報は，Androidのソース・コードを読めば分かります．このようにソース・コード・レベルで内容が確認できるのも，オープン・ソース・ソフトウェアのメリットの一つと言えるでしょう．

● Androidは組み込みLinuxの入門にもなる

デバイスやその上でアプリケーションを動作させて理想とするデバイスを作るだけではなく，そのデバイスを開発する過程においても得るものがいろいろあります．

組み込みLinuxの経験がない場合は，今回のようにAndroidをBeagleBone Blackで動作させてみるのはとてもよい経験になります．Androidは，組み込みLinuxと同様にLinuxカーネル上で動作しています．これは，Androidにおいても，最初のステップの手順はほかの組み込みLinuxと大きな違いがありません．

それよりも，いろいろ開発環境などが整っている分，組み込みLinuxを扱う場合よりも環境はよいとも言えます．最初の動作までは，手順通り行えば比較的スムーズに行えるので，あとは自由に改造できるし，もしAndroidが起動しなくなった場合でも，またインストールし直せばよいだけです．そのため，初めての組み込みLinuxの題材としてもAndroidは適していると言えるでしょう．

このAndroidで得た経験は，今後組み込みLinuxでの開発を行うときに，その知識はきっと役に立つでしょう．また，その逆にこれまで組み込みLinuxなどを経験したことがある方にとっては，Androidを動作させるのは比較的スムーズにできるでしょう．

いろいろなデバイスを作ってみよう

BeagleBone BlackとAndroidを利用することで，筐体の大きさ，消費電力，タッチ・パネルやセンサなどの入出力装置を自由に選ぶことができるので，これまでの既存デバイスの枠にとらわれずに，いろいろなデバイスを製作できる可能性が広がります．

では，どのようなデバイスが製作できるのか，いくつか例をあげて考えてみましょう．

● 人感センサを使った防犯装置

人感センサを使った防犯装置を考えてみます．この場合は，BeagleBone Blackにウェブ・カメラとセンサを接続し，Androidとその上で動くアプリケーショ

ンで制御すると考えてみましょう．

　例えば，人感センサをトリガにして，写真を撮影，サーバへアップロードすることができます．この場合，人物以外，例えば野良猫を撮影した場合でもサーバに転送されてしまいますが，これをAndroidのアプリケーションで人とそれ以外を判別して，人が撮影された場合のみアップロードするといったこともできるようになります．

● 電子教育教材

　もう一つの例として，タッチ・パネルとAndroidを利用した電子教育教材を想定して製作してみたとしましょう（このような試作でもBeagleBone BlackとAndroidは有効である）．

　このような電子教育教材では，インターネットなどの通信は，問題データや返答などといった教育教材に必要な最小限の通信に抑える，有害サイトに接続できないようにするのが一般的でしょう．また，子供が利用できるようにボタンにさまざまな色を付けるなど，GUIを工夫する必要があります．このように，既存のAndroidの仕様にはそぐわない点が出てくることでしょう．

　しかし，このような場合でも，Androidを元にオープン・ソースで構築することで対応可能です．また，オープン・ソースでライセンス料も発生しないため製造コストを抑えることもできます．

● 既存の機器の置き換え

　Androidをベースに改造して新たなデバイスを開発することを例にあげました．

　次に，BeagleBone BlackとAndroidをそのまま使って既存の機器と置き換えることもできます．では，その点について考えてみましょう．

　公共施設に設置するタッチ・パネル操作の街案内端末を考えてみます．このような端末でもAndroidが活用できます．従来，このような端末であれば，Windows PCを利用してシステムを構築することが多かったと思われます．

　この場合，起動時間の問題（起動時間が長い），OSのライセンス，PCの故障時の対応（ハードディスクや電源まわりの故障率の問題，故障時の代替品手配など）などが問題としてあげられます．

　しかし，これをBeagleBone BlackとAndroidといった機器に置き換えることで，起動時間の短縮，故障率の減少，電源ONで起動直後にすぐに目的のソフトウェアを起動させる，といったメンテナンスの手間を減らすことができます．

　また，故障した場合でも，BeagleBone Black（シングル・ボード・コンピュータ）が安価なので，修理ではなく交換して対応することも可能となります（機器の停止時間が短くなる）．

　このように，従来PCが活用されていた用途が，BeagleBone BlackとAndroidでまかなうといったことができるようになります（図5）．

図5　端末機器もBeagleBone BlackとAndroidで置き換え可能に

第2部　組み込みAndroid 入門コース

イントロダクション 2 introduction

Raspberry Pi，初代 BeagleBone とどこが違う？

BeagleBone Black はここがスゴイ

出村 成和

イントロダクション1で，BeagleBone Black について概要を解説しましたが，ここでおさらいも兼ねてもう少し詳しく見ていきましょう．

BeagleBone Black は2013年5月に発売されたクレジット・カードほどのサイズのシングル・ボード・コンピュータです（写真1）．BeagleBone Black の前には，同じ形状の1世代前の BeagleBone が発売されていました．

つまり，BeagleBone Black は BeagleBone シリーズでは2代目となります（BeagleBone と BeagleBone Black は同時に表記すると見分けにくいので，最初に発売された BeagleBone を初代 BeagleBone と表記する）．

BeagleBone Black の特徴

BeagleBone Black の大きな特徴として以下の点があげられます．

・クレジット・カード・サイズ
・ARM Cortex-A8 1GHz
・45 ドルという価格
・いろいろなOS に対応
・豊富な接続インターフェース

ではこれらについて詳しく見ていきましょう．

● クレジット・カード・サイズ

BeagleBone Black のサイズはクレジット・カード大（85mm×48mm）です．かなりコンパクトなサイズですが，そのなかには，USB，microHDMI，イーサネット，46ピンの拡張端子など，いろいろなインターフェースが実装されています．また，このサイズだとミント缶をケースにすることもできます．

● ARM Cortex-A8 1GHz

BeagleBone BlackのCPUは，初代BeagleBone より性能が強化されており，Cortex-A8 1GHzとなっています．このCPUは，一昔前のスマートフォンと同じ性能です．そのため，Android 4.xを搭載した場合はサクサク動作…とまではいきませんが，実用できる程度には動作します．

● 45 ドルという価格

これだけの性能でありながら米国での販売価格は

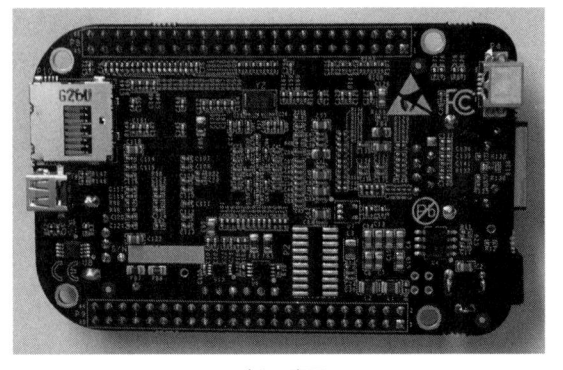

(a) 表面　　　　　　　　　(b) 裏面

写真1　BeagleBone Black の外観

イントロダクション2　BeagleBone Black はここがスゴイ

45ドルです．この手のシングル・ボード・コンピュータの価格で比較すると破格とも言えるような価格です．

● いろいろなOSに対応

BeagleBone Blackは，いろいろなOSがサポートされています．Ångström，Ubuntu，Androidといった Linux系OSやRISC OSが動作します．そして，Free BSDといったBSD系のOSを動作させるプロジェクトも進行しています．

● 豊富な接続インターフェース

BeagleBone Blackには，USB端子，イーサネット端子，microHDMI端子など，一般的に使われる端子が用意されています．そのほかにも，二つの46ピンの拡張端子が備わっています．この拡張端子を使って，GPIO，タイマ，PWM，UART，SPI，I²Cが利用できます．

また，この二つの拡張端子に，Capeと呼ばれる拡張ボードを接続することも可能です（**写真2**）．Capeは，Beagle（犬）がマント（Cape）を身につける姿に由来します．このCapeには，RS-232-C接続用，LCD接続用など用途に応じていろいろなものがあり，それらのCapeを接続することで，対応した機能を追加できます．

Capeには，ブレッドボード・タイプのものもあるので，回路を試作するのも容易です．

Raspberry Piと比較する

この低価格帯のシングル・ボード・コンピュータと言えば，Raspberry Piが有名です．実際に，Beagle Bone BlackとRaspberry Piの比較記事などもインターネット上で見かけます．

ただ，Raspberry Piは教育用コンピュータとして開発されたのに対し，BeagleBone Blackは組み込み機器開発向けに開発されたという経緯があります．そういった設計思想は，これらハードウェア設計にも色濃く反映されています．

では，このRaspberry PiとBeagleBone Blackとはどの点が異なるのでしょうか．搭載されているSoCの種類が異なるなどいくつか異なる点がありますが，大

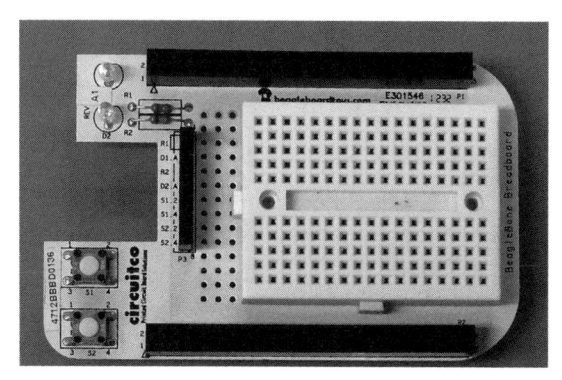

写真2　Capeの一例（BeagleBone Breadboard）

きく分けると以下の点で異なります．
・搭載されているSoC
・拡張端子の数
・公開されているハードウェア情報の量
では，これらを順に見ていきましょう．

● 搭載されているSoC

搭載されているSoCが異なります．Raspberry PiはブロードコムのBCM2835であり，BeagleBone Blackはテキサス・インスツルメンツのAM3359です．

これらは，どちらも内部にはARMアーキテクチャCPUコアが搭載されていますが，CPUコアのアーキテクチャはRaspberry PiではARM11ベースであるのに対し，BeagleBone BlackはARM11の次の世代であるCortex-A8ベースとなっています．

● 拡張端子の数

拡張端子は，BeagleBone Blackは46ピンが二つなのに対し，Raspberry Piは，26ピン・コネクタのみです（拡張端子自体は二つあるが，どちらも同じ機能を備えている）．

また，Raspberry Piは，UART，GPIO，I²Cのみが接続できるようになっています．そのため，BeagleBone Blackほどは多数の機器を接続することはできません．

● 公開されているハードウェア情報の量

この点から言うと，Raspberry PiよりBeagleBone Blackの方が多くの情報が公開されています．

BeagleBone Blackはハードウェアの回路図や，搭

載されているSoC（テキサス・インスツルメンツ製AM3359）の詳細なリファレンス・マニュアルも公開されています．また，ブートローダ（OSを起動させるために必要なソフトウェア）といった基本的なソフトウェアのソース・コードも公開されています．これらは，ハードウェアを細かく制御するためには必須の情報と言えます．

Raspberry Piでもハードウェアの回路図は公開されていますが，SoCのリファレンス・マニュアルは最低限の情報しか公開されていません．

また，Raspberry PiもBeagleBone Black同様にブートローダを利用してOSを起動していますが，このブートローダのソース・コードは公開されていません．

これは，Raspberry Piは決まったOSを動作させて利用することが前提となっているハードウェアであるためだと考えられます．

▶ 組み込み用途ならBeagleBone Blackがベター

先ほどから解説している通り，BeagleBone Blackは，元々組み込み用途で用いることを前提としているため，回路図も含めて公開されています．そういった意味では，今回のような組み込み用途で利用するのであれば，Raspberry PiよりはBeagleBone Blackを利用するのがよいと言えるでしょう．

公開されていないのはGPUのドライバぐらいですが，これはプロプライエタリな製品でドライバ（バイナリ・ファイル）のみ公開されており，ほかの情報は公開されていません．

初代BeagleBoneと比較する

BeagleBone Blackが初代BeagleBoneとどのように異なるのか見てみましょう．基板の色が白から黒へ変化しただけではなく，初代BeagleBoneに比べてBeagleBone Blackは以下の点が強化，変更されました．

● クロック向上，メモリ増強，HDMI装備

BeagleBone Blackは，プロセッサのクロック周波数が720MHz→1GHz，メイン・メモリが256Mバイト（DDR2）→512Mバイト（DDR3）と強化されています．また，ディスプレイへの出力端子としてはmicro HDMI端子が標準実装されました．

● Linux書き込み済みeMMCを実装

BeagleBone Blackには内蔵2Gバイトのフラッシュ ROM（eMMC）が実装されています．

eMMCには工場出荷時はÅngström Linuxが書き込まれており，microSDが接続されていないときはeMMCに書き込まれているOSをブートします．また，eMMCの内容は自由に書き換えることも可能です．

● 初代BeagleBoneの約半額

BeagleBone Blackになって価格は約半額となっています（初代BeagleBoneは89ドルに対してBeagleBone Blackは45ドル）．

● Cape使用時には要注意

初代BeagleBone向けのCapeをBeagleBone Blackで利用する際には，Capeの互換性に注意する必要があります．大半の初代BeagleBone向けCapeはBeagleBone Blackでも動作します．

しかし，BeagleBone Blackでの機能追加（microHDMIなど），電池接続の削減など，拡張端子の仕様に変更があったため，それらの機能を利用したCapeは動

表1 BeagleBoardとBeagleBone Blackの比較

	BeagleBone Black	BeagleBone
プロセッサ	AM3359AZCZ100, 1GHz	AM3358ZCZ72, 720MHz
ビデオ出力	HDMI	なし
DRAM	512MバイトDDR3L	256MバイトDDR2
ブート用フラッシュ・メモリ	2GバイトeMMC, microSDカード	microSDカード
シリアル	ピン・ヘッダ	USB経由
消費電流	210〜460mA@5V	300〜500mA@5V
価格	45ドル	89ドル

column1　BeagleBoardと比較する

　BeagleBone Blackは，"Beagle"と名前が付いていることからも分かるとおり，BeagleBoard，BeagleBoard-xMなどの流れをくむボードです．

　BeagleBoardが発表された当初（2008年）は，ARM Cortex-A8コアという当時高性能なSoCを搭載しつつボードの価格が破格とも言えるような低価格だったため，世界中のホビイストに好評を博し，あっという間に大流行しました．読者のなかにも，BeagleBoardに触れたことがある方も多いことでしょう（筆者もそのうちの一人）．

　BeagleBoardからBeagleBone Blackまで，どのように変化していったのか見てみましょう（表A）．このように比較してみると，いろいろ感慨深いものがあります．

表A　BeagleBoardからBeagleBone Blackまでの移り変わり

	BeagleBone Black	BeagleBone	BeagleBoard-xM	BeagleBoard
プロセッサ	AM3359AZCZ100, 1GHz	AM3358ZCZ72, 720MHz	DM3730, 1GHz	OMAP3530, 720MHz
ビデオ出力	HDMI	なし	DVI-D	DVI-D
DRAM	512Mバイト DDR3L	256Mバイト DDR2	512Mバイト	128Mバイト（後に256Mバイト）
ブート用フラッシュ・メモリ	eMMC（2Gバイト），microSDカード	microSDカード	microSDカード	SDメモリーカード NAND
シリアル	ピン・ヘッダ	USB経由	RS-232-C	RS-232-C
アナログ（ピン数）	7	7	0	0
ディジタル（ピン数）	65（3.3V）	65（3.3V）	53（1.8V）	24（1.8V）
価格	45ドル	89ドル	150ドル	125ドル
発売時期	2013年	2012年	2010年	2008年

作しません．

　BeagleBone Blackに初代BeagleBone向けCapeを接続する場合は，事前にCapeの互換性を公表したサイト（http://www.elinux.org/BeagleBone_Black_Capes）を確認しておきましょう．

　互換性のないCapeを接続すると，最悪の場合BeagleBone Blackにダメージを与える場合があります．注意しましょう．

● その他の違い

　その他，BeagleBone Blackでは以下の点が異なります．

・シリアル・デバッグ・ポートがピン・ヘッダとなった
・USB経由のJTAGエミュレーションが削除された
・GPIOのピン数が10本削減された（これは，eMMCを搭載したためで，eMMCを利用しない場合は初代BeagleBoneと同様に利用できる）
・電池接続コネクタが削減された
・消費電力が減少した

　また，これ以外のBeagleBone Blackの詳細な情報は「BeagleBone Black System Refernece Manual」（http://circuitco.com/support/index.php?title=BeagleBoneBlack）を参考にしてください．BeagleBoardとの比較はcolumn1を参照してください．

購入先

　BeagleBone Blackを購入可能な通販サイトには，Digi-Key（http://digikey.jp），RSオンライン（http://jp.rs-online.com），秋月電子通商（http://akizukidenshi.com/）などがあります．

　在庫，販売価格，送料は，それぞれの通販サイトで異なるので，詳細はそれらのサイトで確認してください．

BeagleBone Blackがスマート・デバイスに変身する
Androidはここがスゴイ！

イントロダクション 3 introduction

出村 成和

Androidとは

Androidは，グーグルが主体となって開発してきたモバイル機器向けのOSです．現状，AndroidはスマートフォンにOS搭載されることが多いので，Androidはスマートフォン専用OSだと思っている方も多いことでしょう．

しかし，Androidがスマートフォン向けOSというのは，Androidの一面を見ているにすぎません．実際は，スマートフォンも含めたモバイル機器全般に搭載できるOSなのです(図1)．

Androidの特徴

Androidはほかの組み込みOSとどのような点において異なるのでしょうか．そのほかの組み込みOSと比較するとAndroidには次のような特徴があります．

・モバイル機器向けOS
・オープン・ソース・ソフトウェア
・タッチ操作を前提とした設計
・マルチメディア対応(動画や音声の再生に強い)
・いろいろなセンサに対応
・無償のアプリケーション開発環境
・組み込みLinuxの知識や応用できる

では，これらについて順番に見ていきましょう．

● モバイル機器向けOS＝組み込みOS

Androidは，モバイル機器向けOSとして開発されました．モバイル機器向けOSは，組み込みOSとほぼ同義です．

組み込みOSは，PC向けOS(Windowsなど)と異なり，特定用途に必要な機能のみが実装されています．特定用途に特化されている分，要求されるハードウェア・スペックもPCに比べてずっと低くても，十分に高速に動作します．

● オープン・ソース・ソフトウェア

Androidは，オープン・ソース・ソフトウェアであり，ライセンスに従う限りソース・コードを自由に閲覧，編集，配布ができます(Androidは，Apacheライセンス2.0で公開されている)．

つまり，Androidを搭載したスマートフォンのソース・コードを，特定企業と契約などをすることなくソース・コードのライセンスに従って閲覧，編集，配布することができます．iOSやWindows Phoneなどのほかのスマートフォン OSは，ソース・コードは公開されていないのでこの点は大きな特徴と言えるでしょう．

図1 Androidはモバイル機器向け組み込みOS

例えば，ライブラリの挙動（動き）に疑問があった場合，ソース・コードが公開されていないOSでは，その動きを追求していくのは困難を伴いますが，Androidのようにオープン・ソースとして公開されていれば，そのソース・コードを確認できます．

またAndroidは利用するのにライセンス料は発生しません．そのためAndroidを搭載したデバイスを製造，販売してもグーグルには一切ライセンス料を支払う必要がありません．

● タッチ操作を前提とした設計

Androidは，タッチ操作を前提としたUI（ユーザ・インターフェース）設計となっています．タッチ・パネルを搭載することで，デバイスのサイズをさほど変えずに画面を大きくでき，また，数字キーのようなハードウェア・キーを極力減らすことができます．

デバイスの大きさを変えずに画面を大きくすることで，表示できる情報量が増えます．

● マルチメディア対応

大半の組み込み機器OSでは，素の機能では，音声や動画の再生は考慮されていないものが多いです．

しかし，Androidでは，当初より動画再生，音楽再生を考慮したライブラリ設計となっています．そのため，動画の再生や音楽の再生を行うアプリケーションが開発できます．そういった意味では，一般的なユーザのニーズに十分応えられる機能を既に持っていると言えるでしょう．

● いろいろなセンサに対応

Androidは，当初から加速度，ジャイロ，気圧などいろいろなセンサに対応できる設計がされています（図2）．これらセンサを利用することで，簡易歩数計やゲーム操作など，入力をタッチ・パネルからではなく，機器全体を使って行えます．

このようないろいろなセンサを組み合わせて利用することで，タッチ・パネル操作を行わずにデータ入力ができます．

センサを使った入力方法の例としては，加速度センサとジャイロ・センサを使ったテキスト・ボックスの全文クリアがあります（図2）．

途中まで入力した文章を全文クリアする際に，タッチ・パネル上の削除キーを使って全文を削除する方法のほかに，スマートフォンを2, 3回振ってスマートフォン本体に全文クリアを行う方法を用意できます．

● 無償のアプリケーション開発環境

Androidのアプリケーション開発環境はEclipse,

図2　Androidはいろいろなセンサに対応

Android SDKなど，いろいろなソフトウェアを利用しますが，これらはすべて無償で用意することができます．

そういった意味では，開発開発にかかる費用が抑えられるので，開発を始めるための心理的な障壁が低くなっています．

▶開発言語はJava

Androidアプリケーションの開発言語はJavaです．Javaは従来からある開発言語で，Javaが扱える開発者も世界中に多数います．Androidアプリケーションの開発に必要な情報は，書籍やインターネットなどで大量に世間にあふれています．

書籍を取り上げてみても，書店にはAndroidアプリケーション開発の棚があり，多数の関連書籍が販売されていることが分かるでしょう．このように必要な情報が大量にあるのは，これから初めて開発を始めるに当たっても非常に心強く感じることでしょう．

また，このようなAndroidアプリケーションの開発は，基本的にはAndroidの端末の特性に依存することは少ないです．Androidアプリケーションは，大半のAndroid端末で動作します．言い換えると，スマートフォン向けに開発したAndroidアプリケーションは，独自で開発したAndroidデバイスでも同様に動作します．

このような自分で作成したアプリケーションが，スマートフォン以外のデバイスでも動作する姿を見るのは，スマートフォンで動作したときとはまた違った感動があります．

● 組み込みLinuxの知識が応用できる

Androidは，その根幹においてLinuxカーネルが動作しており，ファイル・システムやデバイスの制御などは，基本的にLinuxカーネルの機能を利用しています．

正確には，AndroidのLinuxカーネルはUbuntuなどの一般的なLinuxカーネルとは内部機能が異なりますが，デバイス・ドライバなど，よく利用される機能やカーネルの再構築の方法などは，通常のLinuxカーネルの扱いと何ら変わりはありません．

そのため，Linuxカーネル向けのデバイス・ドライバの情報や再構築などは，これまでのLinuxカーネル

の知識や情報がそのまま通用します．そういった意味では，これまで組み込みLinuxで開発をされていた方にとっては，これまでの知識を生かすことができます．

また，初めて組み込みAndroid（組み込みLinux）を扱う方にとっても，世間に豊富にあるLinuxカーネルの開発の情報を元に進めることができるので，Androidアプリケーション開発と同様に，これらの情報があるのは非常に心強いことでしょう．

スマートフォン以外にも利用できるAndroid

Androidは，モバイル機器向けOSなので，スマートフォン以外にも搭載できます．

では，スマートフォン以外に搭載されているAndroidの実例について見てみましょう．

● Kindle Fire

例えば，Amazonから販売されている電子書籍リーダであるKindle Fireがあります．見た目はAndroidっぽくないのですぐには分かりませんが，このKindle Fireの基幹OSは，Androidをベースに独自に改良したOSを利用しています．

このような開発を行うことで，Androidを自分のところの都合に合わせたUIを提供し，また，既存のAndroidアプリケーションがほぼそのまま動作させることができるというデバイスにすることができます．

また，既存のAndroidのソース・コードをベースにしているので，一から開発するよりは開発コストを抑えることができるというメリットがあります．

● ウォークマンZ

Androidが搭載されている機器はほかに，ソニーの「ウォークマンZ」があります．「ウォークマン」は基本的にはiPod touchのAndroid版と言えるでしょう．

「ウォークマンZ」は音楽の再生，動画の再生はもちろんのこと，playストアからアプリケーションをダウンロード，動作させることができます．このようにAndroidを利用することでその機器の利用価値を高めることができます．

まとめ

BeagleBone BlackとAndroidを組み合わせることで，理想とするデバイスを製作できます．

みなさんも，スマートフォンがこのように使えたらいいな，と考えたことがあるでしょう．しかし，通常のスマートフォンではハードウェアを改造することはできず，すべてをソフトウェアで対応する必要がありました．

BeagleBone BlackとAndroidを利用すると，スマートフォンを利用していたときはあきらめざるをえなかったようなハードウェアとデバイスを直接接続し，アプリケーションからデータを取得するなどといったことができるようになります．

これまでスマートフォンでは難しかったような機器が，製作できる可能性が広がるのです．

第2部 組み込みAndroid入門コース

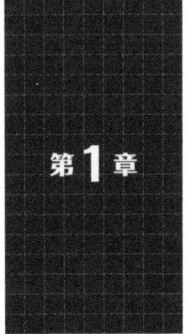

手軽さナンバ・ワン！

第1章 プレビルド・イメージを使った Androidのインストール

出村 成和

BeagleBone Blackは，Linuxカーネルを利用したいろいろなOS（Ångström，Ubuntu，Android）が動作します．

ここでは，そのなかの一つであるAndroidを，テキサス・インスツルメンツが公開しているrowboat（BeagleBone Blackなどに対応したAndroidのソース・コード・パッケージ）を利用して動作させてみます．

テキサス・インスツルメンツ製SoC用Androidプロジェクトrowboat

まず最初に，Androidとrowboatの関係を解説します．

● AOSP：Android Open Source Project

一般的に，Androidのソース・コードと言われると，グーグルが主体となって開発，公開しているAOSP（Android Open Source Project）を指します．

AOSPでは，Android向けLinuxカーネルやAndroidのユーザ・ランド（Linuxカーネル以外のOSが動作するのに必要なソフトウェア群）のソース・コードを配布しており，特定のSoCなどのハードウェアに依存したソース・コードはほとんど含まれていません．

そして，各種Android機器ベンダは，このAOSPを元に，スマートフォンなどのハードウェアに搭載するSoC（**column1**参照），GPU（Graphics Processing Unit），センサなどに合わせてソース・コードの追加，変更などを行って製品に搭載しています．

● AOSPをベースにAndroidを移植するには高いスキルが要求される

もちろんこのように，各種ハードウェアで動作するようにソフトウェアで対応する必要があるのは，スマートフォンに限らず，BeagleBone Blackなどのシングル・ボード・コンピュータでも同じです．

しかし，このような特定ハードウェアの対応作業を，AOSPをベースにSoCなどの各種リファレンス・マニュアルを参考に移植作業を行うのはたいへんですし，高いスキルが要求されます．

● Beagleシリーズ用Androidはrowboatから入手すべし

そこで，これらボード・メーカは，AOSPを元に自社のシングル・ボード・コンピュータ上で正常に動作するAndroidのソース・コードを公開しています．

このような特定のシングル・ボード・コンピュータに対応して動作するAndroidのソース・コードはいくつかありますが，それらのうちBeagleBone Blackも含む一連のBeagleシリーズ（BeagleBoard，BeagleBoard-xM，BeagleBone，BeagleBone Black）に対応したAndroidのソース・コードは，rowboatと名付けられています．

これらBeagleシリーズは，すべてテキサス・インスツルメンツのSoCを搭載しているのが共通点です．

● 現在はJellyBeanに対応しBeagleBone Black上でも動く

rowboatは，現在JellyBean（Android 4.2）に対応しており，BeagleBone Black上でも動作します．

ただし，JellyBeanが動作しているスマートフォンのスペックは，ARM Cortex-A9ベースのデュアル・コア，メイン・メモリ1Gバイトが主流となっており，BeagleBone BlackのARM Cortex-A8 1GHz シングル・コア，メイン・メモリ512Mバイトでは，少々スペックが足りず，さすがにスマートフォンと同じようにサクサクとは動作しません．

図1 BeagleBone Black上で動作するAndroid (JellyBean)

インストール環境，利用する機材，機材の接続方法

システムを開発するにはまず開発環境が必要ですから，最初に，rowboatを編集，開発，ビルドする開発用PC環境を用意します．

まずOSは，公式にはUbuntu Desktop（64ビット）が推奨されているので，今回はUbuntu 12.04 Desktop（64ビット）を利用します．ハードディスクは最低50Gバイト以上の空きが必要です．

また，このビルドに利用するPCのスペックですが，できるだけ高速なCPU，潤沢なメモリを積んだPCがあるとよいです．

開発用PC（ホストPCとも言う），BeagleBone Black以外にも次の機材が必要となります（**表1**）．

---

column1　SoCとは

SoCとは，System on a Chipの略で，1チップの上にCPU，GPU，周辺機器制御などの各種回路を搭載した半導体を指します．ARMアーキテクチャのCPUは，インテル系CPUのように単体では存在せずに，SoCの一部である場合が一般的です．

また，このSoCは，フリースケール・セミコンダクタ，サムスン電子，テキサス・インスツルメンツといった半導体メーカが，ARM社からライセンスを受けたCPUの設計とともに，さまざまな周辺機器回路も含めて設計，製造しています．

またLinuxカーネルは，同じARMアーキテクチャのCPUを採用していてもSoC別に用意する必要があります．というのは，これらのSoCでは，同一のARMアーキテクチャCPUを搭載していても，GPUや周辺モジュールなどのCPU以外の回路は，それぞれのSoCで異なります．つまり，そのようなCPU以外の回路を制御するためのドライバが含まれたLinuxカーネルが必要なのです．

第2部 組み込みAndroid入門コース

表1 必要な機材

名称	備考
microSDカード	class 6以上，4Gバイト以上
USB－シリアル変換ケーブル	TTL-232R-3V3推奨
ACアダプタ	5V/2A以上，内径2.1mm，センタが+のもの
USBハブ	セルフ・パワー推奨
キーボード	USB接続
マウス	USB接続
HDMI－microHDMIケーブル	タイプAオス－microタイプDオス

写真1 HDMI－microHDMIケーブル（タイプA/オス － microタイプD/オス）の外観

● microSDカード

microSDカードは，4Gバイト class 6以上のものが推奨されています．

購入する際には，4Gバイト，8Gバイトの価格差は小さいので，予算が許せば大容量のmicroSDカードを購入するのがよいでしょう．

● ACアダプタ

ACアダプタは，5V/2.0A以上 内径2.1mm センタが+のものを使います．

ACアダプタの代わりに，USB（USBクライアント）端子を利用した給電も可能です．この場合は，BeagleBone Blackへの供給電流がUSB規格通りとなるため，CPUの動作クロックが低下する，USB機器はセルフ・パワーUSBハブを経由する必要があるなど，いろいろな制約が発生します．

● USBキーボード，USBマウス

USBキーボード，USBマウスは，PC用として販売されているものが利用できます．

ただし，Androidで利用する際，キーボードはデフォルトで英語キーボードが指定されているので注意しましょう．

● USB － シリアル変換ケーブル

USB － シリアル変換ケーブルは，BeagleBone BlackとホストPCを接続する際に利用します．

BeagleBone Blackでは，シリアル・コンソールを使うために，基板上のシリアル・デバッグ・コネクタ（ピン・ヘッダ）にUSB － シリアル変換ケーブルを接続して使用します．このシリアル・デバッグ・コネクタの出力はTTLレベル（3.3V）であり，PCに接続するにはレベル変換が必要です．

手軽な方法としては，FTDI社の3.3V対応USB － シリアル変換ICを搭載した各種ケーブルを使うことです．

BeagleBone Blackのリファレンス・マニュアルでは，FTDI社のTTL-232R-3V3が推奨されており，このケーブルならばシリアル・デバッグ・コネクタに直接接続できます．本稿でも利用します．

もちろん，TTL-232R-3V3以外も利用できます．シリアル・デバッグ・コネクタのピン配置については，後述します．

● USBハブ

BeagleBone Blackには，USB（USBホスト）端子は一つしかありません．そのため，マウスとキーボードを接続するにはUSBハブが必要です．

この際，接続するUSBハブはセルフ・パワー（ACアダプタから電力が供給されるタイプ）タイプのものがよいでしょう．家電量販店で広く販売されているUSBハブはバス・パワー（PCのUSB端子から電源を供給する）タイプのものが主流ですが，BeagleBone Blackのようなシングル・ボード・コンピュータに接続するのは不向きです．

これは，バス・パワー・タイプのハブでは接続された機器によって電圧低下を招き，OS起動中に突然再

リスト1　dmesgコマンドを使ってLinuxカーネルのメッセージを表示する

```
$ dmesg

（中略）

[65194.492111] sd 5:0:0:1: [sdc] 15564800 512-byte logical blocks: (7.96 GB/7.42 GiB)
[65194.494307] sd 5:0:0:1: [sdc] Write Protect is off
[65194.494320] sd 5:0:0:1: [sdc] Mode Sense: 03 00 00 00
[65194.496487] sd 5:0:0:1: [sdc] No Caching mode page present
[65194.496492] sd 5:0:0:1: [sdc] Assuming drive cache: write through
[65194.499654] sd 5:0:0:0: [sdb] Attached SCSI removable disk
[65194.505028] sd 5:0:0:1: [sdc] No Caching mode page present
[65194.505033] sd 5:0:0:1: [sdc] Assuming drive cache: write through
[65194.506316]  sdc:
[65194.511614] sd 5:0:0:1: [sdc] No Caching mode page present
[65194.511619] sd 5:0:0:1: [sdc] Assuming drive cache: write through
[65194.511622] sd 5:0:0:1: [sdc] Attached SCSI removable disk
```

microSDカードが/dev/sdcに割り当てられたことが分かる

リスト2　プレビルド・イメージをインストールする

```
$ unzip beagleboneblack-jb.zip
$ cd beagleboneblack-jb
$ sudo ./mkmmc-android.sh /dev/sdc
[sudo] password for user:
Assuming Default Locations for Prebuilt Images
All data on /dev/sdc now will be destroyed! Continue? [y/n]
y
[Unmounting all existing partitions on the device ]
umount: /dev/sdc: マウントされていません
[Partitioning /dev/sdc...]
ディスク /dev/sdc は正常なパーティションテーブルを含んでいません
DISK SIZE - 7969177600 bytes

(... 中略 ...)

[Copying all clips to data partition]
[Done]
$ sync
```

microSDカードのデバイス・ファイルを引き数として渡す
ここでユーザのパスワードを入力する
ここで「y」を入力した後にEnterキーを押す
ここでmicroSDカードを抜き取る

起動するなど動作不安定を招く恐れがあるためです．

● HDMI-microHDMIケーブル

BeagleBone Blackには，microHDMI端子が標準で装備されており，ディスプレイ出力と音声出力はこのmicroHDMI端子を通して行われます．

このHDMI‐microHDMIケーブルにはいくつか種類がありますが，BeagleBone Blackに接続できるのは，「タイプA/オス‐microタイプD/オス」のものです．購入する際には注意しましょう（**写真1**）．

また，HDMI端子を持ったPCモニタがない場合は，HDMI‐DVI変換アダプタを利用して，DVI接続することができます．ただし，この場合は音声が出力されません．

Androidが起動するmicroSDカードを作成

機材がそろったところで，Androidが起動するmicroSDカードを作成します．

プレビルド・イメージ（すでにビルド済みのソフトウェア群のことで，コピーするだけで使えるようになる）をインストールする前に，microSDカードを開発用PCに接続した際に割り当てられるデバイス・ファイルを確認しておく必要があります．

デバイス・ファイルとは，Ubuntuが自動的に割り当てるドライブ名のようなもので，プレビルド・イメージのコピー先として必要です．また，このデバイス・ファイルは，開発用PCに接続されている機器の

column2　Android書き込み後のmicroSDカードの内容

　mkmmc-android.shファイルを実行したあとのmicroSDカードの内容を見てみましょう．

　mkmmc-android.shファイルによって書き込まれたmicroSDカードには，パーティションが三つ作成されます．それぞれのパーティションには，boot，data，rootfsとラベルが付けられています．

　では，これらのパーティションについて詳しく見ていきましょう．

● bootパーティション

　bootパーティションは，Androidの起動（boot）に必要なファイルが格納されています．起動に必要なファイルとは，ブートローダ（電源投入直後に実行されるソフトウェア），Linuxカーネル，uEnv.txt（設定ファイル）です．

　uEnv.txtには，ブートローダの起動時の設定，Linuxカーネルに渡されるパラメータが定義されているため，これらの起動時の設定を変更する場合は，uEnv.txtファイルに定義されているパラメータを変更します（column3参照）．

● dataパーティション

　dataパーティションは，写真やビデオなどのデータを保存するための領域です．スマートフォンで例えると，microSDカードなどの外部ストレージに相当します．BeagleBone BlackではmicroSDカードのスロットが一つしかないので，写真や動画などの外部ストレージに対して保存されるデータは，このパーティションに対して行われます．

● rootfsパーティション

　rootfsパーティションは，Androidのユーザ・ランドで必要なファイル群が格納されています．ユーザ・ランドとは，Linuxカーネルを除く，Androidの起動に必要なファイル，ライブラリ，フレームワーク，アプリケーションなどの基本的なファイル群のことです．

　UbuntuなどのほかのLinuxディストリビューションにもユーザ・ランドは存在していますが，Androidのユーザ・ランドとUbuntuなどのPC向けLinuxディストリビューションでは，ディレクトリ構成ファイル構成が異なります．

数などで変化するので，必ず自分の開発用PCで確認し，そのデバイス・ファイルを指定してください．

● デバイス・ファイルの確認方法

　デバイス・ファイルを確認するにはいくつか方法がありますが，ここではdmesgコマンド（Linuxカーネルが出力するログが閲覧できるコマンド）で出力されたログを元に確認します．

　まず，SDメモリーカード・リーダなどを使って，microSDカードを開発用PCに接続します．次に，Ubuntuのターミナルでdmesgコマンドを実行します．大量のログが表示されますが，ここで必要な情報は最後の10行程度です（リスト1）．

　ここで，microSDカードの容量が表示された行に書かれているmicroSDカードのデバイス・ファイル（[sd?]，?はa～zのアルファベット1文字）を探します．この[sd?]は，/dev/sd?ファイルを指しています．

　リスト1は，8GバイトのmicroSDカードを認識した際のログの一例です．この例ではmicroSDカードは/dev/sdcに割り当てられていますが，この割り当ては開発用PCによって異なるので，必ず自分の開発用PCで確認しましょう．

　ここでは，microSDカードのデバイス・ファイルを/dev/sdcとして解説を進めていきます．

● プレビルド・イメージをダウンロード，展開

　次に，BeagleBone Blackで動作するJellyBeanのプレビルド・イメージをダウンロード，展開します．本来は，rowboatで公式に配布されているプレビルド・イメージ（http://rowboat.googlecode.com/files/beaglebone-jb.tar.gz）を利用するのですが，このファイルは執筆段階（2013年12月）でBeagleBone Blackに対応してないため，筆者の方でBeagleBone Blackに対応したプレビルド・イメージbeagleboneblack-jb.zipを用意しました（http://www.cqpub.co.jp/toragi/bbb/index.htmから入手可）．

第1章　プレビルド・イメージを使ったAndroidのインストール

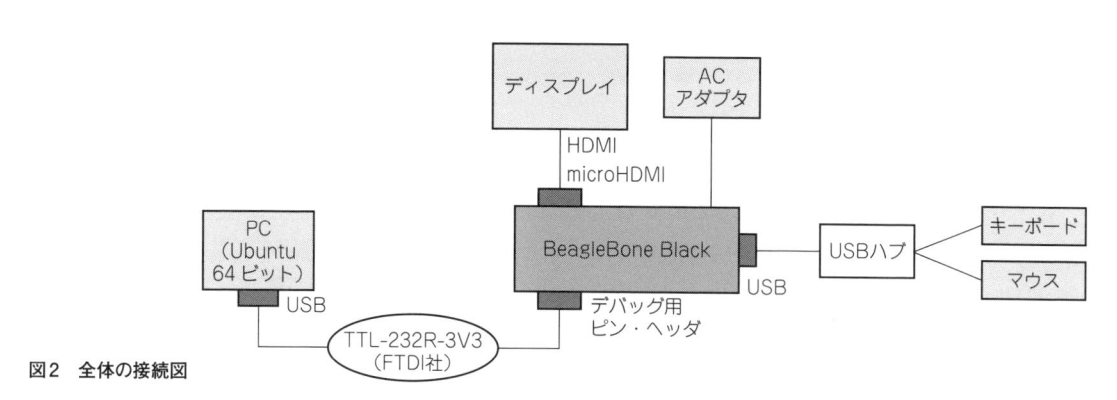

図2　全体の接続図

ここでは，このプレビルド・イメージを利用してインストールをしていきます．またインストール方法については，公式のプレビルド・イメージのインストール方法と同じです．

● mkmmc-android.shにデバイス・ファイルを指定して実行

beagleboneblack-jb.zipを展開したあと，展開後のファイルに含まれているmkmmc-android.shファイルにmicroSDカードに割り当てられたデバイス・ファイルを指定して実行します（リスト2）．

実行後は，インストール・メッセージが表示され，[Done]という表示とともにコピーが完了します．コピー完了後は，syncコマンド（メモリ上のデータを強制的にメディアに書き込む）を一度実行して，microSDカードを抜き取ります．これで，Androidが起動するmicroSDカードが出来上がりました（column2参照）．

■ 機器の接続

次に，BeagleBone Blackと各種周辺機器との接続を行います．あらかじめBeagleBone Blackの電源がOFFになっていることを確認しておきましょう（電源ON中に接続すると，最悪BeagleBone Black自体を破損する）．接続順序が決まっているわけではありませんが，ここでは次の順序で行います（接続図は図2）．

- microSDカードをBeagleBone Blackに挿入する
- USBハブにUSBキーボード，マウスを接続し，USBハブをBeagleBone Blackに接続する
- HDMI‐microHDMIケーブルでディスプレイと

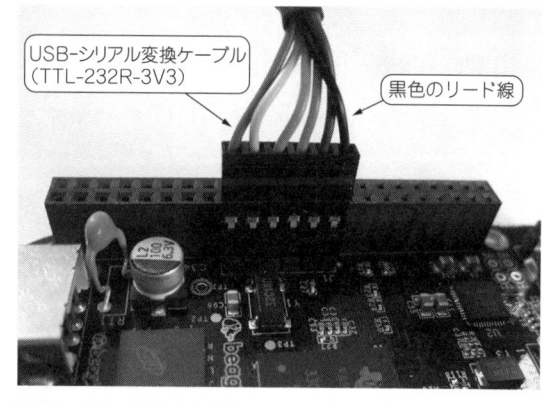

写真2　TTL-232R-3V3とシリアル・デバッグ・コネクタを接続する

表2　シリアル・デバッグ・コネクタのピン配置

ポート側ピン番号	機能
1	GND
4	受信（Rx）
5	送信（Tx）

BeagleBone Blackを接続する
・USB‐シリアル変換ケーブル（TTL-232R-3V3）を接続する

このUSB‐シリアル変換ケーブル（TTL-232R-3V3）とBeagleBone Blackを接続する際は，TTL-232R-3V3の1番ピン（黒色のリード線）とシリアル・デバッグ・コネクタの1番ピン（J1と書かれてある側のピン）が接続されているかを確認してください（写真2）．なお，Windowsのようにデバイス・ドライバをインストールする必要はありません．

TTL-232R-3V3以外のUSB‐シリアル変換器をBeagleBone Blackに接続する場合は，シリアル・デバッグ・コネクタのピン配置（表2）を参考に接続して

シリアル端末用ソフトウェア minicom の設定

ください.

次に，minicom（シリアル端末用ソフトウェア）の設定を行います.

minicom は，開発用 PC と BeagleBone Black をシリアル経由で接続し，BeagleBone Black（Android）が出力したログを閲覧したり，Android のターミナルに入力するのに必要なソフトウェアです．では，minicom の設定を行いましょう．

● デバイス・ファイルの確認

まず，USB‐シリアル変換ケーブルのデバイス・ファイル（/dev/ttyUSB?（? は 0 ～ 9 のいずれかが入る））を調べます．USB‐シリアル変換ケーブルを接続後，dmesg コマンドで割り当てられたデバイス・ファイルを確認します．

---

column3　設定ファイル uEnv.txt の詳細

設定ファイル uEnv.txt には，OS のブートに必要な設定が記述されており，ブートローダによって，読み込み，実行されます．

uEnv.txt の記述は 1 行に，

<パラメータ名>=<値>

で登録します（リストA）．

Android の起動で利用している uEnv.txt では，bootarg，bootcmd，uenvcmd の三つのパラメータに値を設定しています．では，これらを順に見ていきましょう．

● パラメータ bootargs

パラメータ bootargs は，Linux カーネルのパラメータを設定します．Linux カーネルのブート・パーティションの指定など，Linux カーネルや Android（ユーザ・ランド）の起動に必要な設定を行っています．

ここで設定しているパラメータは，基本的には一般的に利用されている Linux カーネルのパラメータと同じです．

ただし，androidboot.console など androidboot か

リストA　uEnv.txt の内容

```
bootargs=console=ttyO0,115200n8 androidboot.console=ttyO0 mem=512M root=/dev/mmcblk0p2 rw rootfstype=ext4 rootwait init=/init ip=off
bootcmd=mmc rescan ; fatload mmc 0 81000000 uImage ; bootm 81000000
uenvcmd=boot
```

表A　bootargs の詳細

パラメータ名	値	内容
console	ttyO0,115200n8	シリアル・コンソールのデバイス・ファイルとシリアル通信設定
androidboot.console	ttyO0	シリアル・コンソールのデバイス・ファイル（Android 向け）
mem	512M	利用するメモリ容量
root	/dev/mmcblk0p2 rw	ユーザ・ランド・パーティションの指定と読み書き設定
rootfstype	ext4	ユーザ・ランド・パーティションのファイル・フォーマット
init	/init	init ファイル（Linux カーネル起動後に実行するファイル）を指定
ip	off	IP アドレスの指定をしない

表B　bootcmd の詳細

実行コマンド	内容
mmc rescan	mmc（microSD カード）を再スキャン
fatload mmc 0 81000000	FAT 領域（microSD カードの第 1 パーティション）から Linux カーネルを呼び出し　メモリの 0x81000000 番地にロードする
bootm 81000000	メモリの 0x81000000 番地から実行する

リスト3　USB‐シリアル変換ケーブル認識時のログ

```
$ dmesg
(中略)
[67719.978802] usb 2-2.1: FTDI USB Serial Device converter now attached to ttyUSB0
(中略)
```

/dev/ttyUSB0に割り当てられた

　リスト3は，USB‐シリアル変換ケーブル（TTL-232R-3V3）を認識し，デバイス・ファイルを割り当てたメッセージです．これによって，/dev/ttyUSB0に割り当てられたことが分かります．

　/dev/ttyUSB0のファイルは，PCに接続されているシリアル接続を行うUSB機器の数や状態によって

図A　ブートローダ・コンソール

「Hit any key to stop autoboot:」の表示とともに数値がカウントダウンしている途中で，スペース・キーなどを押す．

図B　ブートローダのコマンド詳細を調べる

ら始まるパラメータは，Android向けLinuxカーネルでのみ有効な設定となります．また，Linuxカーネル向けのパラメータを追加設定もできます（**表A**）．

● パラメータbootcmd

　パラメータbootcmdは，セカンド・ブートローダで実行するブートローダ向けコマンドの実行順序を定義しています（**表B**）．

　個々のコマンドは；（セミコロン）で区切られています．ここで実行している内容はLinuxカーネルをメモリにロード，実行を指定しています．

● パラメータuenvcmd

　パラメータuenvcmdは，ブート方法の指定をしています．ここでは，値としてbootを指定しておりデフォルトのブート方法を指定しています．これは，先に指定したbootcmdの内容に従ってLinuxカーネルがブートする意味です．

● コンソールを利用した設定

　このようなブートローダの設定，起動は，uEnv.txtファイルのみならず，コンソールを利用して対話的な設定もできます．

　この対話的なコンソールを表示するためには，microSDカードからAndroidをブートしている途中で「Hit any key to stop autoboot:」の表示とともに数値がカウントダウンしている途中で，スペース・キーなどを押します（**図A**）．

　すると，uEnv.txtファイルを参照したブートが中断され，「U-Boot#」とともにブートローダのコマンド入力を受け付けるコンソールに切り替わります．このコンソールを使って，uEnv.txtに書かれていない設定でLinuxカーネルを起動させるといったこともできます．

　この画面では，「help」と入力することで利用できるコマンド一覧が表示されます．「help mmc」といったようにhelpコマンドに続いて，詳細な情報を知りたいコマンド名を指定すると，そのコマンドの詳細な説明が表示されます（**図B**）．

リスト5 ユーザyamamotoがシリアル・デバイスにアクセスできるようにする

```
$ sudo gpasswd -a yamamoto dialout     ← dialoutグループに追加した
$ groups
smith adm dialout cdrom sudo dip plugdev lpadmin sambashare   ← dialoutグループに属したことが確認できた
```

リスト4 シリアル・デバイスは，rootかdialoutグループのユーザのみアクセス可能

```
$ ls -la /dev/ttyUSB0
crw-rw---- 1 root dialout 188, 0  7月  14 09:06 /dev/ttyUSB0
```

変化するので，必ず自分の開発用PCで確認しましょう．

めです（リスト4）．

ここでは，サンプルとしてyamamotoというログインIDをdialoutグループに追加しています（リスト5）．

このyamamotoは，自分のログインIDで読み替えて実行してください．groupsコマンドでdialoutグループが表示されなかった場合は，一度ログアウトし再度ログインしてください．

● minicomのインストール

minicomをインストールします．minicomは，Ubuntuのパッケージを利用してインストールします．

```
$ sudo apt-get install minicom
```

次に，自分のユーザ・アカウントをdialoutグループに追加します．これは，先のデバイス・ファイルにアクセスするには，ユーザがrootである，もしくはユーザがdialoutグループに属している必要があるた

● minicomの初期設定

minicomの初期設定を行います．ここでは，minicomを英語表記で利用します（minicomは日本語化されているが，表示位置が崩れて見づらくなるため）．起動直後は図3のようになります．

minicomの設定画面は，-sオプションを付けて起動

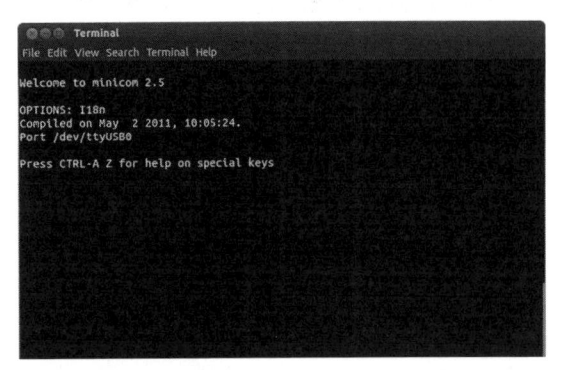

図3 minicom起動直後

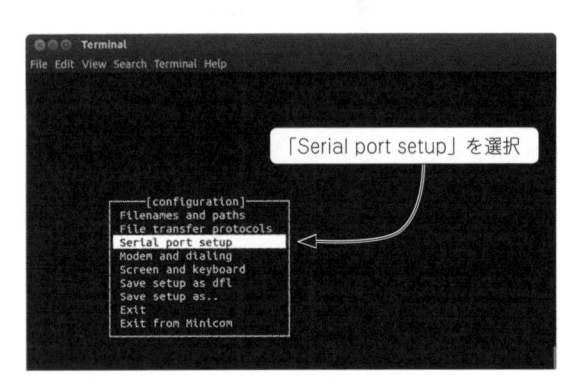

図4 minicomのシリアル・ポートを設定するメニュー

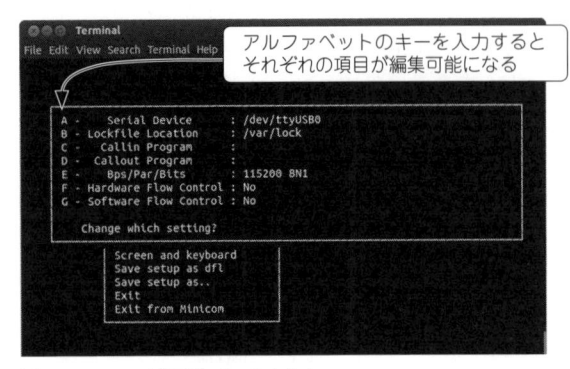

図5 minicomを設定しているようす

表3 minicomに設定するパラメータ一覧

設定項目	値
Serial Device	/dev/ttyUSB0
Lockfile Location	/var/lock
Callin Program	
Callout Program	
Bps/Par/Bits	115200 8N1
Hardware Flow Control	No
Software Flow Control	No

することで表示されます．

```
$ LANG=C sudo minicom -s
```

メニューから「Serial port setup」を選択し（**図4**），シリアル・ポートの設定（**図5**，**表3**）を行います．各項目を編集するには，項目の左側に書かれている大文字のアルファベットのキーを入力すると編集可能となります．

編集終了後，「Save setup as dfl」を選択し，設定を保存します．ここで設定した内容は，次回以降のminicom起動時のデフォルト設定となります．

microSDカードを使ってAndroidを起動

先ほどAndroidをインストールしたmicroSDカードを使ってAndroidを起動します．

BeagleBone BlackにmicroSDカードを挿入し，ケーブルを接続しminicomを起動します（**図6**）．

```
$ LANG=C minicom
```

minicomの起動を確認した後に，接続されているACアダプタをコンセントに接続します．

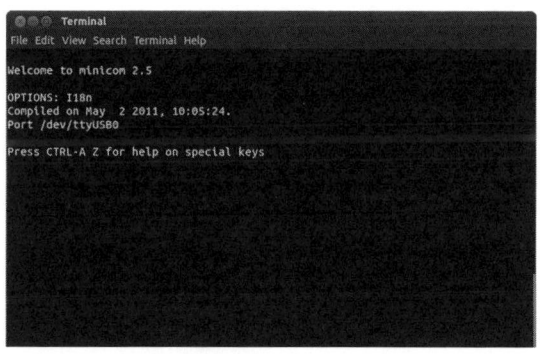

図6 minicom起動直後の画面

図7 Androidが起動しているログのようす

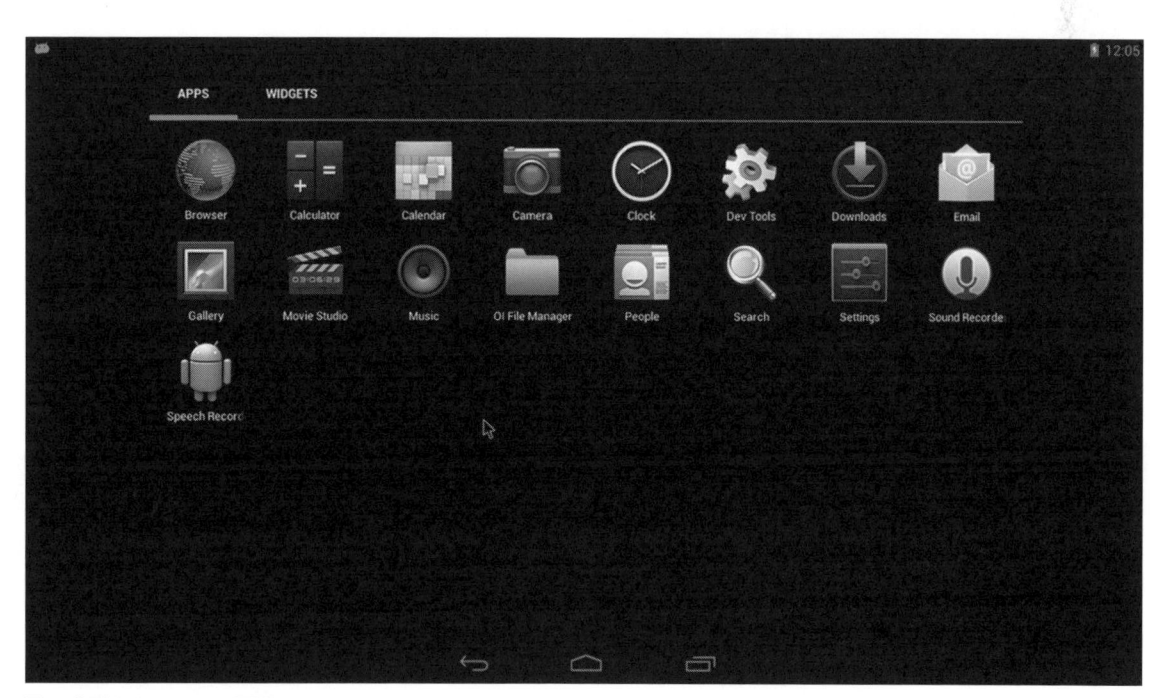

図8 起動したAndroidの画面

起動後は，minicomにAndroidのブート・ログが表示され（図7），しばらくたった後にBeagleBone Blackに接続されたディスプレイにAndroidの画面が表示されます（図8）．

minicomの起動やログの取得は，Androidを起動する上で必須ではありませんが，このログを表示しておくと，何かしらの原因でトラブルが発生した際の原因追及の第一歩となるので，基本的には表示させておくとよいでしょう．

Androidの使い方

起動したところで，インストールしたAndroidを操作してみましょう．

基本的に，接続されたマウスとキーボードを利用して操作します．

この今回インストールしたJellyBean（Android 4.2）はタブレット・モードで動作しています［Androidは，IceCreamSandwith（Android 4.0）以降，画面サイズや解像度によって，タブレット・モードとスマートフォン・モードが切り替わるように設計されており，そのモードの違いによって，アプリケーションの動きも画面サイズに合わせて異なるように設計されている］．

まず，マウスの右クリックは，タッチ操作に相当し，左クリックでアプリケーションの起動やメニューの選択などを行います．左クリックは，コンテキスト・メニューなどが表示されます．

また，戻るボタン，ホーム・ボタン，履歴ボタンがスクリーン上に表示されているので，マウスのみで操作可能です．

DHCPサーバが有効なネットワークにイーサネット・ケーブルを使って接続すると，自動的にIPが割り当てられ，外部ネットワークと接続できるようになります．

機能拡張したい場合の必須テクニック

第2章 ソース・コードからAndroidをビルドする

出村 成和

BeagleBone Black上でAndroidを動作させるだけならば，先に紹介したプレビルド・イメージを使う方法で実行可能です．

しかし，素のAndroidを使うだけではなく，Androidで標準対応していないデバイスに対応する場合，Androidそのものを拡張する場合など，ソース・コードからビルドしなければならない場面がよくあります（通常の組み込み開発ではソース・コードは必須である）．

ここでは，ソース・コードからビルドしたAndroidをBeagleBone Black上で実行します．

ビルド環境の構築

Androidのソース・コードをビルドするための環境を構築します．

● JDK6をインストール

まず，オラクルが配布しているJDK6をインストールします．JDK6はすでにオラクルによるサポートが終了していますが，Androidのソース・コードのビルドではJDK6を利用します．また，Ubuntuにデフォルトでインストールされている OpenJDKは利用できません．

では，JDK6をセットアップしましょう．まず，オラクルのサイトから，Linux x64向けJDK6をダウンロードします（**図1**）．執筆時点では，jdk-6u45-linux-x64.binが最新版なので，このバージョンを元に解説を続けます．

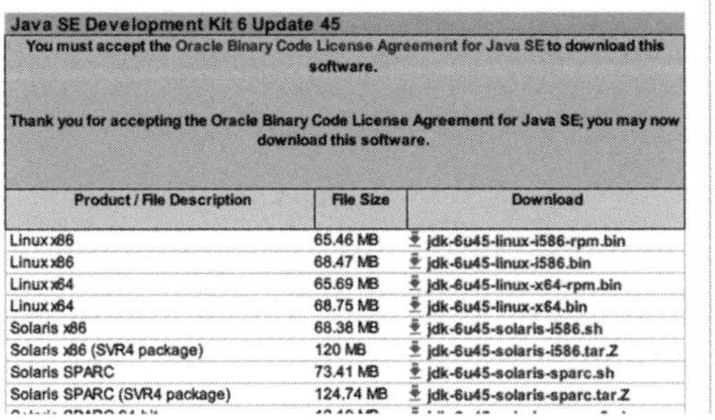
Java SE Development Kit 6 Update 45

You must accept the Oracle Binary Code License Agreement for Java SE to download this software.

Thank you for accepting the Oracle Binary Code License Agreement for Java SE; you may now download this software.

Product / File Description	File Size	Download
Linux x86	65.46 MB	jdk-6u45-linux-i586-rpm.bin
Linux x86	68.47 MB	jdk-6u45-linux-i586.bin
Linux x64	65.69 MB	jdk-6u45-linux-x64-rpm.bin
Linux x64	68.75 MB	jdk-6u45-linux-x64.bin
Solaris x86	68.38 MB	jdk-6u45-solaris-i586.sh
Solaris x86 (SVR4 package)	120 MB	jdk-6u45-solaris-i586.tar.Z
Solaris SPARC	73.41 MB	jdk-6u45-solaris-sparc.sh
Solaris SPARC (SVR4 package)	124.74 MB	jdk-6u45-solaris-sparc.tar.Z

図1　オラクルのサイトからJDK6をダウンロードする

JDK6をホーム・ディレクトリの直下に展開します．ダウンロードしたファイルを実行することでJDKが展開されます．

```
$ cp jdk-6u45-linux-x64.bin $HOME
$ cd $HOME
$ chmod a+x jdk-6u45-linux-x64.bin
$ ./jdk-6u45-linux-x64.bin
$ mv jdk1.6.0_45 jdk6
```

ファイルの展開後，JDK6のコマンドがターミナルから利用できるようパスを設定します．ホーム・ディレクトリにある.bashrcファイルを開き，ファイルの最後に，

```
export PATH=$HOME/jdk6/bin:$PATH
```

を追加します．.bashrcファイルを有効化するため，ターミナルを一度閉じ，再度開きます．これで，パスの設定は有効化されているので，パス設定を行った後は必ずコマンドが実行できるかどうか動作を確認しましょう（**リスト1**）．

リスト1　.bashrcファイルの設定結果を確認する

```
$ java -version
java version "1.6.0_45"
Java(TM) SE Runtime Environment (build 1.6.0_45-b06)
Java HotSpot(TM) 64-Bit Server VM (build 20.45-b01, mixed mode)
```

●ビルドに必要なソフトウェアをapt-getでインストール

次に，ビルドに必要なソフトウェアを，apt-getコマンドを使ってインストールします（リスト2）．

ここでは，Ubuntu 12.04 Desktop 64ビット版での例を示しています．それ以外のUbuntuのバージョンでは，指定するパッケージ名が異なる場合があります．

ソース・コードの取得

●repoコマンドをインストール

ソース・コードの取得にはrepoコマンドを利用するので，最初にインストールします（リスト3）．

repoコマンドはpythonで書かれており，repoコマンドの内部ではgit（分散型バージョン管理システム，

---

column1　押さえておきたいLinuxの基礎知識

Android，UbuntuともにベースがLinuxカーネルで動作しています．そのため，操作については，Linuxにおけるユーザやグループ，ファイル・アクセス権限など，いくつか知っておかないといけないことがあります．それらについて解説します．

●ファイルの権限

まず，ファイルの権限について解説します．Linuxでは，ファイルに対して，ファイルの内容が閲覧できる「読み込み権限」，ファイルの内容を変更できる「書き込み権限」，ファイルを実行ファイルとして扱うための「実行権限」の三つがあります．

これらの権限を設定することで，ファイルを読み込み専用として扱う，実行ファイルとして扱うことができます．

また，これら三つの権限は，特定ユーザのみ読み書き可能で，それ以外のユーザは読み込みのみといったように，ユーザ別のファイルへのアクセス権限が設定可能です．このユーザというのは三つに分類でき，ファイルを生成した「所有者」，特定ユーザの集合体を示した「グループ」，第三者（所有者とグループ以外）の「その他」です．

LinuxやAndroidにおいても，これらのファイル・アクセスの権限を正しく設定しないと，ファイルの読み込みや実行ができず，ファイルが読み込めない，実行ファイルの実行を拒否されるといった結果を引き起こします．

●ユーザ

次に，ユーザについて解説します．Linuxでは，大きく分けて「管理者」と「一般ユーザ」に分けられます．

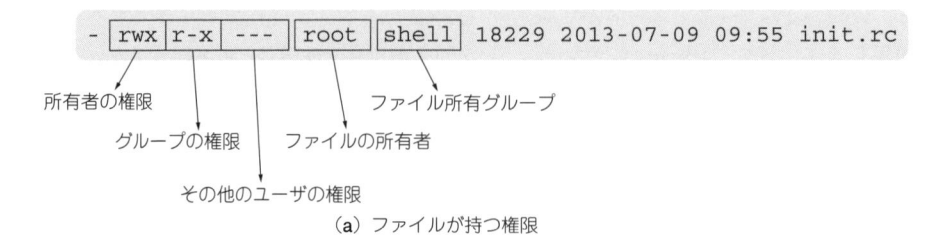

```
- rwx r-x --- root shell 18229 2013-07-09 09:55 init.rc
```

- 所有者の権限
- グループの権限
- その他のユーザの権限
- ファイルの所有者
- ファイル所有グループ

（a）ファイルが持つ権限

	読み込み	書き込み	実行
ファイルの所有者	○	○	○
shellグループに所属しているユーザ	○	―	○
その他のユーザ	―	―	―

（b）所有者別のアクセス権限

権限は，ファイルの所有者が管理者権限を持つユーザであれば変更可能である．変更するには，chmodコマンドを利用する

図A　ファイルの権限

第2章　ソース・コードからAndroidをビルドする

リスト2　開発に必要なソフトウェアをインストールする

```
$ sudo apt-get install git gnupg flex bison gperf build-essential \
  zip curl libc6-dev libncurses5-dev:i386 x11proto-core-dev \
  libx11-dev:i386 libreadline6-dev:i386 libgl1-mesa-glx:i386 \
  libgl1-mesa-dev g++-multilib mingw32 tofrodos \
  python-markdown libxml2-utils xsltproc zlib1g-dev:i386 uboot-mkimage
$ sudo ln -s /usr/lib/i386-linux-gnu/mesa/libGL.so.1 /usr/lib/i386-linux-gnu/libGL.so
```

リスト3　repoコマンドをインストール

```
$ mkdir $HOME/bin
$ curl http://commondatastorage.googleapis.com/git-repo-downloads/repo > $HOME/bin/repo
$ chmod a+x $HOME/bin/repo
```

▶管理者

「管理者」とは，そのシステムにおいて，そのシステムの管理を行うユーザです．例えば，一般ユーザの管理，システムに関するファイルの操作などが行えます．

ただし，「管理者」は，操作ミスにより起動に必要なファイルを削除してしまうこともできるので，利用には注意が必要です．

▶一般ユーザ

「一般ユーザ」は，通常利用するユーザです．ユーザの権限で，ファイルの操作やソフトウェアのインストール，実行などが行えます．ただし，「管理者」と異なり，根幹となるソフトウェアをインストールするといったことはできません．

● ファイル編集

次にファイル編集について解説します．ファイル編集を行う際にはテキスト・エディタを利用します．

Linuxの扱いに慣れている方であれば，emacs，viなど好みのテキスト・エディタを使えばよいですが，筆者は初めてLinuxを使う方にはnanoを勧めています．これは，nanoはDebian/Ubuntuでは最初からインストールされており，ターミナルでも利用できるためです．

▶テキスト・エディタnanoの基本的な使い方

nanoの基本的な使い方を解説します．例として，.bashrcファイル（設定ファイル）を変更してみます．変更するには，「nano -w <ファイル名>」と起動します．この-wオプションは，1行が長い（80文字以上）場合は，自動的に改行コードが含まれないようにするためです．設定ファイルで自動的に折り返しが含まれてしまうと，設定ファイルの意味が違ってくるためです．

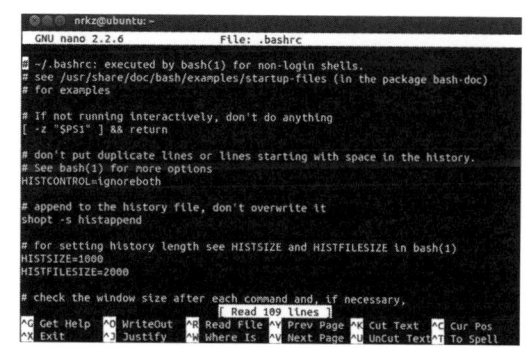

図B　nanoを使って設定ファイルを編集する

▶.bashrcファイルをnanoで編集

では，.bashrcファイルをnanoで編集してみましょう．次のように起動します．

```
$ nano -w .bashrc
```

nanoでの.bashrcファイルの編集画面は，図Bのようになります．

nanoでは，主要な操作方法は画面下側に表示されています．ここに書かれている^はCtrlキーを示しており，例えば^Xは，Ctrlキーを押しながらXキーを押す操作を指します（大文字，小文字は関係ない）．

カーソルは，カーソル・キーで移動します．あとは，通常のテキスト・エディタのように内容を編集することができます．ファイルの編集を終了するには，^Xを押します．すると，変更したファイルを保存するか尋ねてくるので，「Y」と入力すると編集したファイルは保存され，nanoが終了します．また，文字列検索（^w），カット＆ペーストもできます．

61

元はLinuxカーネルのソース・コード管理のために開発されたソフトウェア）でソース・コードの管理，取得などが行われています．

では，repoコマンドの取得と利用するための設定を行います．

また，repoコマンドをインストールしたディレクトリをパスに追加します．.bashrcファイルの最終行に，

```
export PATH=$HOME/bin:$PATH
```

を追加します．

.bashrcファイルを有効化するためターミナルを一度閉じ，再度開きます．

● rowboatを取得

続いて，repoコマンドでrowboatのソース・コードを取得します（**リスト4**）．rowboatはAOSP同様に，ソース・コードと開発ツール（ツールチェイン）が含まれています．ここでは，ホーム・ディレクトリ直下に作成したbeaglebone-androidディレクトリにrowboatのすべてを格納します．

rowboatは全部で4Gバイト程度あり，インターネット回線によっては取得が完了するまでに時間がかかります．気長にダウンロードが完了するのを待ちましょう．

Androidのソース・コード取得では，最初に，「repo init」を実行して，どのリポジトリ（ソース・コードの管理領域）のソース・コードを取得するのか指定します．ここでは，BeagleBone Black向けに対応したJelly Beanのrowboatを取得するように指定しています．

次に，「repo sync」で，rowboatの取得を開始します（**リスト4**）．「repo sync」は本来は，文字通り同期するための処理ですが，今回は同期元のソース・コードが存在していないため，実質ダウンロードとなっています．

● ツールチェインにパスを通す

ダウンロードしたrowboatには，ビルドに必要なコンパイラなども含まれています．

そのため，rowboat取得後，rowboatのツールチェインにパスを通します．.bashrcファイルの最終行に**リスト5**を追加します．.bashrcファイルを有効化するためターミナルを一度閉じ，再度開きます．

ビルドするファイルと起動の流れ

ここからビルドしていきます．ビルドするファイルはいくつかの種類に分けられます．先に何をビルドするのかを解説します．ここでビルドするファイルは次のように分けられます．

・ファースト・ブートローダ（MLOファイル）
・セカンド・ブートローダ（U-Bootファイル）
・Linuxカーネル（uImageファイル）
・Androidのユーザ・ランド

これらのファイルの役割をAndroidの起動の流れと合わせて解説します（**図2**）．

電源ON
↓
MLOファイル — 最初のブートローダ．次のブートローダを実行するために最低限の初期化を行う（実行領域の制約のため）
↓
U-Bootファイル — 2番目のブートローダ．Linuxカーネルをブートするのに必要な初期化などを行う
↓
Linuxカーネル（uImageファイル） — Linuxカーネルの起動．ハードウェアの認識と初期化などを行う
↓
Androidユーザ・ランド — Androidのシステムの初期化．Androidが利用できるように初期化と設定を行う

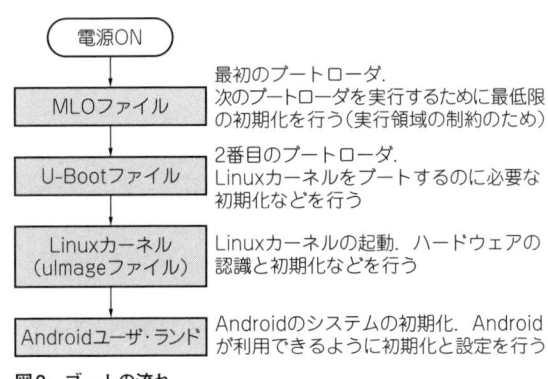

図2 ブートの流れ

リスト4 rowboatの取得

```
$ mkdir $HOME/beaglebone-android
$ cd $HOME/beaglebone-android
$ repo init -u git://gitorious.org/rowboat/manifest.git -m rowboat-jb-am335x.xml
$ repo sync
```

リスト5 ツールチェインへパスを通す

```
export PATH=$HOME/beaglebone-android/prebuilts/gcc/linux-x86/arm/arm-eabi-4.6/bin:$PATH
```

リスト6 ブートローダをビルド

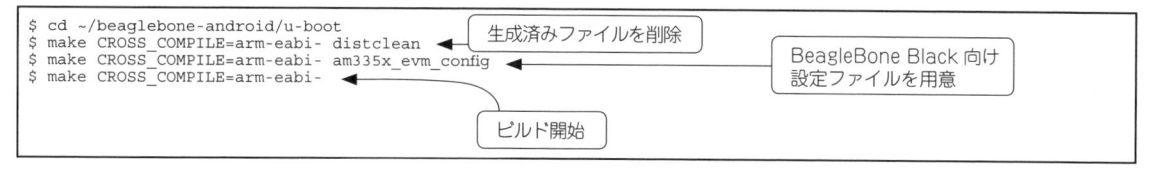

```
$ cd ~/beaglebone-android/u-boot
$ make CROSS_COMPILE=arm-eabi- distclean       ← 生成済みファイルを削除
$ make CROSS_COMPILE=arm-eabi- am335x_evm_config   ← BeagleBone Black向け
$ make CROSS_COMPILE=arm-eabi-                        設定ファイルを用意
                                               ← ビルド開始
```

リスト7 Linuxカーネルをビルド

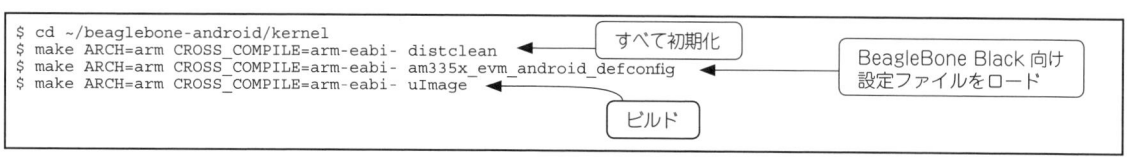

```
$ cd ~/beaglebone-android/kernel
$ make ARCH=arm CROSS_COMPILE=arm-eabi- distclean                      ← すべて初期化
$ make ARCH=arm CROSS_COMPILE=arm-eabi- am335x_evm_android_defconfig   ← BeagleBone Black向け
$ make ARCH=arm CROSS_COMPILE=arm-eabi- uImage                            設定ファイルをロード
                                                                       ← ビルド
```

● ファースト・ブートローダ（MLOファイル）

まず，電源ON直後は，SoCの内部にあるブートROMにあるソフトウェアが起動します．ブートROMのソフトウェアでは，microSDカードの第1パーティションにあるファースト・ブートローダ（MLOファイル）をSoCの内部メモリ（SRAM，64Kバイト）にロードされ実行されます．

ファースト・ブートローダは，メインRAMの初期化など必要最小限の初期化を行い，セカンド・ブートローダ（U-Bootファイル）をメインRAMにロードし実行します．

● セカンド・ブートローダ（U-Bootファイル）

セカンド・ブートローダは，ファースト・ブートローダで処理できなかった初期化など，Linuxカーネルを実行するための準備を整え，Linuxカーネル（uImageファイル）をロードし実行します．

● Linuxカーネル（uImageファイル）とAndroidのユーザ・ランド

Linuxカーネルでは，各種デバイスの初期化や有効化を行い，Androidユーザ・ランドを起動します．Androidのユーザ・ランドの起動後に，ユーザがAndroidを利用できるようになります．

ブートローダをビルド

まず，ブートローダからビルドします（**リスト6**）．ここでは，環境変数CROSS_COMPILEで，ビルドで利用するクロスコンパイラを指定しています．

ビルドの準備で，makeコマンドにam335x_evm_configを渡してBeagleBone Black向けのブートローダを生成するために必要な設定ファイルを用意しています．

そして，最後にビルドを行います．ビルド後は，ファースト・ブートローダのMLOファイルとセカンド・ブートローダのu-boot.imgファイルが生成されています．

Linuxカーネルをビルド

次に，Linuxカーネルをビルドします（**リスト7**）．

Linuxカーネルをビルドするには，設定ファイルをロードする際に必ずAndroid向けのLinuxカーネルの設定ファイルam335x_evm_android_defconfigをロードします．

リスト7を実行すると，最終的にkernel/arch/arm/bootディレクトリに，uImageファイル（Linuxカーネル）が生成されます．

ユーザ・ランドのビルドとパッケージ化

次にユーザ・ランドをビルドします．ユーザ・ランドのビルドは，**リスト8**のように行います．ビルドが終了するまで非常に時間が掛かるので，気長に待ちましょう．

また，開発用PCのCPUがCore i7シリーズなどマルチコア対応ものであれば，ジョブ数を指定すること

リスト8　ユーザ・ランドをビルド

```
$ cd $HOME/beaglebone-android
$ make TARGET_PRODUCT=beagleboneblack droid
```

で，ソース・コードの並列ビルドが行えるため，総合的にビルド時間の短縮を図ることができます（column2参照）．

ユーザ・ランドのビルド後は，BeagleBone Blackに搭載されているCPUであるSGX（2D/3Dアクセラレータ）に必要なドライバやライブラリをビルド，インストールします（リスト9）．

これによって，画面描画が高速に行われるようになります．GPU関連のドライバはライブラリとして提供されるため，公開されているソース・コードは限定的なものとなっています．

これでビルドが終了しました．次に，microSDカー

---

column2　CPUを有効活用してビルドを高速化するテクニック

Linuxカーネルとユーザ・ランドのビルドには時間がかかります．特にユーザ・ランドには時間がかかります．

最近のPCはマルチコアCPUが搭載されているものが多く，例えばCore i7シリーズでは，八つの処理（スレッド）が並列して動作します．しかし，リスト8では，ビルドされる場合は一つのスレッドしか利用されず，ほかの7スレッドはビルド以外の処理に使われています．

● スレッドを活用するには-jオプションで

ほかのスレッドも活用するには，並列に処理する数を-jオプション（ジョブ数指定）で指定します（リストA）．これでビルド時間が短縮できます．

指定するジョブ数は，CPUのコア数，スレッド数で調整します．JellyBeanのユーザ・ランドのビルドではジョブ一つ当たりメイン・メモリを2Gバイト消費するので，CPUのスペックと搭載しているメイン・メモリ容量を考慮してビルド時に指定するジョブ数を決めます．

● 2回目以降のビルドの高速化はCCACHE

また，2回目以降のビルドを高速化させる方法に，CCACHEを有効化してビルドする方法があります．

これは，CCACHEを有効化してビルドすることで，ビルド時にオブジェクト・ファイルとは別にCCACHEがビルドのキャッシュ・ファイルを残し，2回目以降のビルド時には，ソース・コードに変更がない場合は，ソース・コードではなくキャッシュ・ファイルを元にオブジェクト・ファイルを生成するためです．

CCACHEを有効に利用するには，キャッシュ領域として，50Gバイトから100Gバイトの領域を割り当てなければなりません．そのため，ハードディスクの空き容量には注意する必要があります．

CCACHEを有効化するには，ビルド前に次の手順で有効化します．

.bashrcファイルで環境変数USE_CACHE，CCACHE_DIRの設定を追記します（リストB）．.bashrcファイルを有効化するためターミナルを一度閉じ，再度開きます．

次に，ccacheに割り当てるキャッシュ容量を指定します（リストC）．

これでCCACHEが有効になりました．あとは通常通りにビルドすることで，CCACHEがバックで活用されます．

リストA　ジョブ数を4に設定してビルドする

```
$ make TARGET_PRODUCT=beagleboneblack droid -j4
```

リストB　環境変数USE_CACHE，CCACHE_DIRの設定を追記

```
export USE_CCACHE=1
export CCACHE_DIR=<キャッシュを保存するディレクトリ>
```
→ CCACHEを有効化
→ キャッシュを保存するディレクトリを指定する

リストC　ccacheに割り当てるキャッシュ容量を指定

```
$ $HOME/beaglebone-android/prebuilts/misc/linux-x86/ccache/ccache -M 50G
```

第2章 ソース・コードからAndroidをビルドする

リスト9 SGXのドライバ，ライブラリをビルドする

```
$ cd $HOME/beaglebone-android/hardware/ti/sgx
$ make TARGET_PRODUCT=beagleboneblack OMAPES=4.x ANDROID_ROOT_DIR=$HOME/beaglebone-android
$ make TARGET_PRODUCT=beagleboneblack OMAPES=4.x ANDROID_ROOT_DIR=$HOME/beaglebone-android install
```

リスト10 ユーザ・ランドをパッケージ化する

```
$ cd $HOME/beaglebone-android
$ make TARGET_PRODUCT=beagleboneblack fs_tarball
```

リスト11 これまで生成されたバイナリ・ファイルをmicroSDカードにコピーする

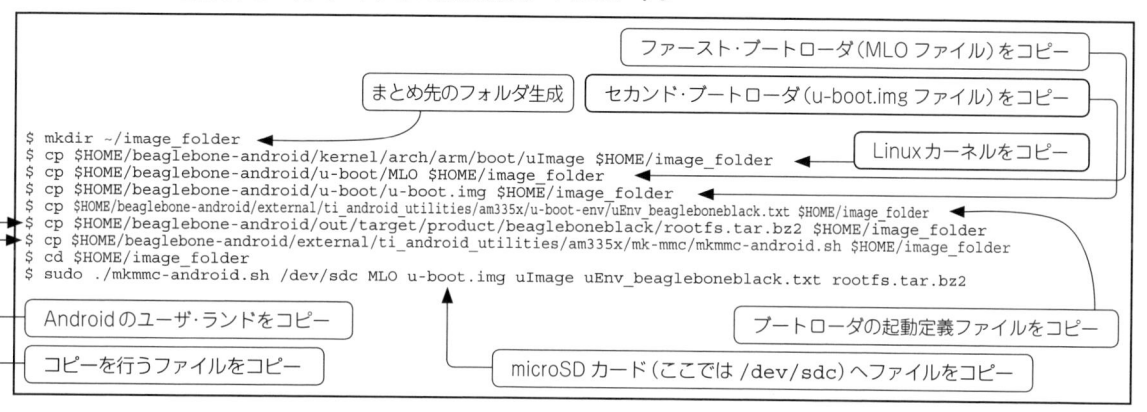

```
$ mkdir ~/image_folder                                          ←まとめ先のフォルダ生成
$ cp $HOME/beaglebone-android/kernel/arch/arm/boot/uImage $HOME/image_folder                     ←Linuxカーネルをコピー
$ cp $HOME/beaglebone-android/u-boot/MLO $HOME/image_folder                                      ←ファースト・ブートローダ(MLOファイル)をコピー
$ cp $HOME/beaglebone-android/u-boot/u-boot.img $HOME/image_folder                               ←セカンド・ブートローダ(u-boot.imgファイル)をコピー
$ cp $HOME/beaglebone-android/external/ti_android_utilities/am335x/u-boot-env/uEnv_beagleboneblack.txt $HOME/image_folder  ←ブートローダの起動定義ファイルをコピー
$ cp $HOME/beaglebone-android/out/target/product/beagleboneblack/rootfs.tar.bz2 $HOME/image_folder     ←Androidのユーザ・ランドをコピー
$ cp $HOME/beaglebone-android/external/ti_android_utilities/am335x/mk-mmc/mkmmc-android.sh $HOME/image_folder   ←コピーを行うファイルをコピー
$ cd $HOME/image_folder
$ sudo ./mkmmc-android.sh /dev/sdc MLO u-boot.img uImage uEnv_beagleboneblack.txt rootfs.tar.bz2   ←microSDカード(ここでは/dev/sdc)へファイルをコピー
```

ドへコピーするため，ユーザ・ランドのファイルすべてを一つのファイルにパッケージ化します(リスト10)．

起動用microSDカードを作る

ブートローダ，Linuxカーネル，ユーザ・ランドなどをmicroSDカードへコピーし，起動用microSDカードを作ります(リスト11)．

最初に，ブートローダ，Linuxカーネル，ユーザ・ランドを一つのフォルダ(ここでは，image_folderフォルダ)に集約し，mkmmc-android.shファイルを使ってmicroSDカードへコピーしています(このmkmmc-android.shファイルを利用せずに，手動でmicroSDカードへファイルをコピーしてAndroidが起動するmicroSDカードを作ることもできる)．

mkmmc-android.shファイル実行する際は，コピー先のデバイス・ファイルとコピーするファイルを指定します．

あとは，この生成されたmicroSDカードでAndroidを起動します．この後の起動手順は，第1章で解説した通りです．

65

第3章 カーネルのデバイス・ファイルを直接制御
LED点灯／消灯アプリケーションの製作

出村 成和

Androidが動作するようになったところで，次に，このBeagleBone Blackとrowboatならではの処理を行ってみます．

ここでは，BeagleBone Blackの拡張端子にあるGPIO（General Purpose Input/Output）にLEDを接続し，アプリケーションからLEDの点灯と消灯ができるようにします（図1）．

このようなGPIOの制御は，Androidのアプリケーション開発キットであるAndroid SDKではサポートされていません．そこで，アプリケーションから，Linuxカーネルのデバイス・ファイルを直接制御して実現します．

使用するGPIO

まず，BeagleBone BlackのGPIOについて確認しましょう．GPIOは，拡張端子P8，拡張端子P9のどちらにも割り当てられています．ここでは，P9のGPIOを利用します．拡張端子P9の詳細は，表1のとおりです．

BeagleBone Blackの拡張端子はピンごとに役割は固定化されておらず，複数の役割が割り当てられています．これらの役割を切り替えるには，ソフトウェアでピンごとにモードを指定します．

ここでは，LEDを拡張端子P9の12番ピンのGPIO（GPIO1_28）を利用し，LEDを接続，制御します．

接続方法

今回は，拡張端子P9の12番ピン（GPIO1_28）を利用します．なお，BeagleBone Blackの拡張端子のI/O電圧は3.3Vとなっており，12番ピンからLED，抵抗（100Ω）を接続し，P2（GND）に接続しています（図2，写真1）．

図1 LEDを制御するAndroidアプリケーションの画面

表1 拡張端子P9の配置（13番ピンまでの抜粋）

ピン番号	プロセッサのピン番号	名称	モード0	モード1	モード2	モード3	モード4	モード5	モード6	モード7
1, 2						GND				
3, 4						DC_3.3V				
5, 6						VDD_5V				
7, 8						SYS_5V				
9						PWR_BUT				
10	A10					SYS_RESET				
11	T17	UART4_RXD	gpmc_wait0	mii2_crs	gpmc_csn4	rmii2_crs_dv	mmc1_sdcd		uart4_rxd_mux2	gpio0[30]
12	U18	GPIO1_28	gpmc_ben1	mii2_col	gpmc_csn6	mmc2_dat7	gpmc_dir		mcasp0_aclkr_mux3	gpio1[28]
13	U17	UART4_TXD	gpmc_wpn	mii2_rxerr	gpmc_csn5	rmii2_rxerr	mmc2_sdcd		uart4_txd_mux2	gpio0[31]

第3章 LED点灯／消灯アプリケーションの製作

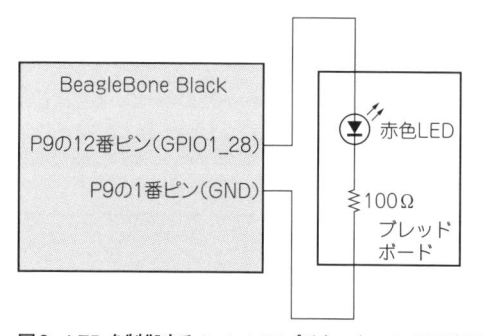

図2 LEDを制御するAndroidアプリケーションの回路図

(BeagleBone Black
P9の12番ピン(GPIO1_28)
P9の1番ピン(GND)
赤色LED
100Ω
ブレッドボード)

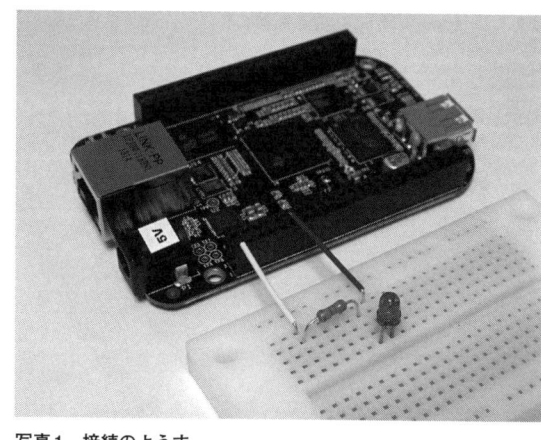

写真1 接続のようす

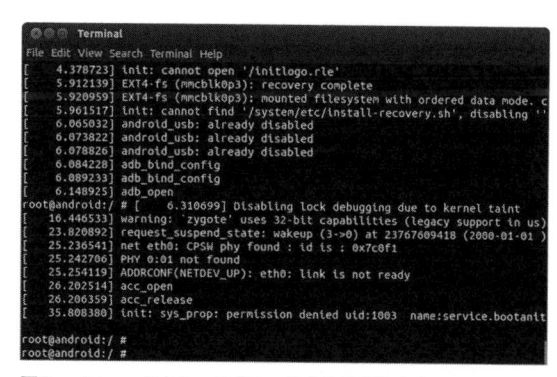

図3 minicomからシェルのターミナルを操作する

ターミナルからLEDを制御する

ソフトウェアを開発する前に，Androidのシェル（Windowsでいうコマンドラインのように操作する環境）から手動でLEDの点灯／消灯を行ってみます．手動で動作の流れを確認したあと，この制御方法を元にして同様の処理をアプリケーションで行うようにソフトウェアを作成します．

なお，このLEDの制御方法は，Android固有の方法というわけではなく，UbuntuなどのほかのLinux環境と同じです．そういった意味では，Androidのデバイス制御は，組み込みLinuxで行われる手法とほぼ同じです．

● GPIOのドライバを確認

まず最初に，LinuxカーネルにおいてGPIOのドライバが有効化されていることを確認します．有効化されていないと，LinuxカーネルをとおしてGPIOを制御することができません．

しかし，今回利用したrowboatのLinuxカーネルでは，最初からGPIOのデバイス・ドライバが有効化されているので，Linuxカーネルの再構築は必要ありません．

● minicomでAndroidのシェルを操作

では，Androidのシェルを通して，接続されたLEDを制御してみましょう．ここでは，minicomを通してAndroidのシェルを操作します．

まず，以下のコマンドでminicomを起動し，Androidのシェルを表示します（**図3**）．

```
$ LANG=C minicom
```

rowboatの実行環境では，操作できるシェルはあらかじめ管理者権限でログインした状態となっています．そのためどのような操作も制限されていません．

このシェルから，LEDの点灯／消灯を行ってみましょう．ここで行うことは以下の三つです．

1. 12番ピンのモードを確認（GPIOが扱えるように）
2. GPIOを「入力」から「出力」に変更
3. 値の書き込み（LEDのON/OFF）

では，これらを順に実行していきましょう．

● 拡張端子P9の12番ピンのモードを確認

最初に，P9の12番ピンのモードを確認します．拡張端子のモードの変更や状態の確認を行うには，/sys/kernel/debug/omap_muxディレクトリ以下にあ

67

リスト1　gpmc_ben1の内容を確認する

```
root@android:/ # cat /sys/kernel/debug/omap_mux/gpmc_ben1
name: gpmc_ben1.gpio1_28 (0x44e10878/0x878 = 0x0037), b NA, t NA
mode: OMAP_MUX_MODE7 | AM33XX_PIN_INPUT_PULLUP       ← モード7になっている
signals: gpmc_ben1 | mii2_col | NA | mmc2_dat3 | NA | NA | mcasp0_aclkr | gpio1_28
```

リスト2　gpmc_ben1をモード3に変更する

```
root@android:/ # echo 3 > /sys/kernel/debug/omap_mux/gpmc_ben1
root@android:/ # cat /sys/kernel/debug/omap_mux/gpmc_ben1
name: gpmc_ben1.mmc2_dat3 (0x44e10878/0x878 = 0x0003), b NA, t NA
mode: OMAP_MUX_MODE3 | AM33XX_PIN_OUTPUT             ← モード3に変更された
signals: gpmc_ben1 | mii2_col | NA | mmc2_dat3 | NA | NA | mcasp0_aclkr | gpio1_28
```

るデバイス・ファイルにアクセスします．

/sys/kernel/debug/omap_muxディレクトリ以下のデバイス・ファイルは，モード0の名称がデバイス・ファイルとして割り当てられています．そこで，表1で調べていくと，12番ピンのデバイス・ファイルは，gpmc_ben1だと分かります（リファレンス・マニュアルにはgpmc_be1nと書かれているが，Androidで生成されているデバイス・ファイルはgpmc_ben1である．恐らく，リファレンス・マニュアルの記述ミスだろう）．

では，現在の拡張端子のモードを確認します．モードを確認するには，catコマンドでデバイス・ファイルの内容を出力します（リスト1）．

catコマンドで出力した内容のうち，"mode:"が示す内容を確認します．ここでは，OMAP_MUX_MODE7となっています．つまり，この状態ではP9の12番ピンはモード7（GPIO1_28）となっており，変更の必要がありません．

ただ，場合によってはモードの変更が必要な場合もあるでしょう．モードの変更を行うには，①U-Bootのソース・コードを書き換えてモードを変更する，②デバイス・ファイルにモードを指定する，という二つの方法があります．ここでは手軽に試すことができる，②の方法を行ってみます．

例として，モード3（MMC2_DAT3）に変更してみます．変更するには，echoコマンド使って，先ほどのデバイス・ファイルにモード番号を書き込みます（リスト2）．

echoコマンドで書き込んだ後は，書き込みに成功/失敗といったメッセージは表示されません．書き込みが終わった後，再度catコマンドでモードを確認しておきましょう．

なお，本章は，この先モード7（GPIO1_28）である前提で進めていきます．読み進める前に再度12番ピンのモードを確認しておいてください．

● GPIOのデバイス・ファイルを生成

次に，GPIOのデバイス・ファイルを生成します．GPIOの制御には，デバイス・ファイルが必要です．GPIOのデバイス・ファイルを生成するには，/sys/class/gpio/exportにGPIOのピン番号を書き込みます．

12番ピンのGPIO（GPIO1_28）のデバイス・ファイルを作成するには，

```
# echo 60 > /sys/class/gpio/export
```

とします．

▶数値の意味

ここでは，GPIO1_28といった指定ではなく，60という数値を書き込んでGPIO1_28のデバイス・ファイルを生成しています．では，この60という数値はどのように決まったのでしょうか？

そもそもLinuxカーネルで特定のGPIOのピン番号を指定する際，GPIOコントローラの仕様に依存しないように通し番号を指定する設計となっており，GPIOを16個のピン，32個のピンで一つの単位として扱うようになっています．

このBeagleBone BlackのSoC（AM335x）のGPIOは，GPIO32個で一つの単位で扱うようになっており，全部で四つあります（32×4＝最大128個のGPIOが扱える）．この場合はGPIOの通し番号は，GPIO0_0は0，GPIO1_0は32，GPIO2_0は64，GPIO3_0は96から始まります．これを汎用的な式にすると，以下の

ようになります．

$GPIOm\_n = m \times 32 + n$

今回扱うのは，GPIO1_28なので$1 \times 32 + 28 = 60$となるため，60を書き込んでいます．

● デバイス・ファイルdirectionとvalue

先のechoコマンドを実行すると，/sys/class/gpio/gpio60ディレクトリが生成されます．

このディレクトリ以下にはいくつかのデバイス・ファイルが生成されていますが，重要なデバイス・ファイルがdirectionとvalueです．directionは，GPIOの入力 (in)，出力 (out) を決定します．valueは値を取得・設定を行います．

これらのファイルの内容を順に確認していきましょう．

▶ direction

directionの内容を確認すると，初期状態で入力 (in) となっています．

```
# cat /sys/class/gpio/gpio60/direction
in
```

今回はLEDの点灯・消灯の指定，つまり出力を行うのでoutを設定します．

```
# echo out > /sys/class/gpio/gpio60/direction
# cat /sys/class/gpio/gpio60/direction
out
```

LEDを接続した状態で，上記を実行すると，最初はぼんやりと点灯していたLEDが消灯します．これは，入力 (in) から出力 (out) にし，その時点で出力がゼロになるためです．

▶ value

では，デバイス・ファイルvalueの内容を確認してみましょう．

```
# cat /sys/class/gpio/gpio60/value
0
```

0となっているので出力されていないことが確認できました．

● LEDの点灯

では，LEDを点灯させてみましょう．

```
# echo 1 > /sys/class/gpio/gpio60/value
```

LEDが点灯し (**写真2**)，valueの内容も1となって

写真2　LEDが点灯しているようす

います．

```
# cat /sys/class/gpio/gpio60/value
1
```

● デバイス・ファイルの無効化

最後にデバイス・ファイルの無効化を行います．デバイス・ファイルを無効化するには，unexportファイルにGPIOのピン番号を渡します．

```
# echo 60 > /sys/class/gpio/unexport
```

これで先ほど生成された/sys/class/gpio/gpio60ディレクトリが消滅します．

これで，Androidのシェルを使って，GPIOの有効化/無効化，制御方法が分かりました．以降で作成するソフトウェアは，これらシェルでの操作をアプリケーションから行う処理となります．

Androidアプリケーション開発環境の構築

Androidアプリケーションの開発環境を構築します．利用する開発環境は，Eclipse（統合開発環境），ADT（Eclipse向けのAndroidアプリケーション開発用プラグイン），Android SDK（Javaを利用したAndroidアプリケーション開発キット），Android NDK（C/C++を利用したAndroidアプリケーション開発キット）です．

● デバイス・ファイルの操作はC言語を使う

Androidのアプリケーションは通常Javaで開発し

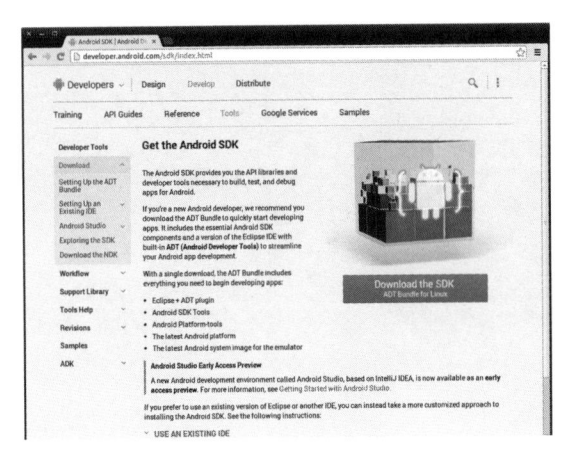

図4　ADT Bundle をダウンロードするサイト

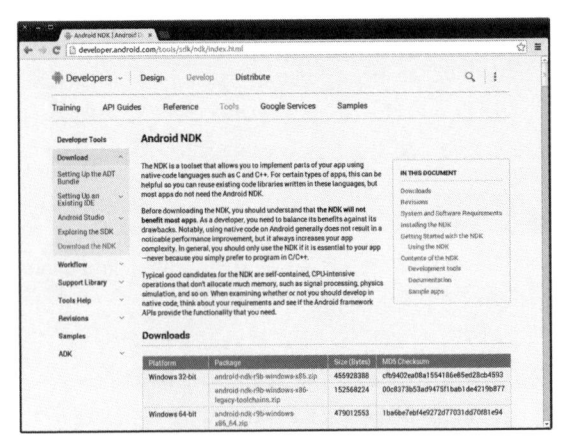

図5　Android NDK をダウンロードする

リスト3　ADT パッケージの展開と名称変更

```
$ unzip adt-bundle-linux-x86_64-20131030.zip
$ mv adt-bundle-linux-x86_64-20131030 adt-bundle-linux
```

リスト4　Android NDK の展開，名称変更，移動

```
$ tar xvf android-ndk-r9b-linux-x86_64.tar.bz2
$ mv android-ndk-r9b $HOME/adt-bundle-linux/
```

ます．通常アプリケーション開発ではJavaで十分ですが，先のようなデバイス・ファイルの操作はJavaから直接行うことはできません．C言語を介して行います．

Androidには，JavaとともにC/C++を利用してアプリケーションが開発できる環境（Android NDK）が用意されているので，それを利用して，Androidアプリケーションからデバイス・ファイルを操作していきます．

アプリケーション開発環境は，通常のスマートフォン向けの開発環境と同じです．

では，アプリケーション開発環境を構築していきましょう．ここでは，先ほどのrowboatのビルドに利用したUbuntu 12.04 Desktop（64ビット）上に開発環境を構築します．

● 開発環境のダウンロード

まず，Androidアプリケーションの開発環境をダウンロードします．Androidの開発者サイト（http://developer.android.com/sdk/index.html）には，Eclipse とADTが一つになったパッケージが配布されているので，これをダウンロードします．

ダウンロードする際には，「Download the SDK」のアイコンをクリックして，後は画面の指示に従っていくと，ダウンロードできます（図4）．

ダウンロードしたファイルはホーム・ディレクトリに展開し，ディレクトリ名を（この後で説明しやすくするために）adt-bundle-linuxに変更します（リスト3）．

adt-bundle-linuxディレクトリの中には，eclipse

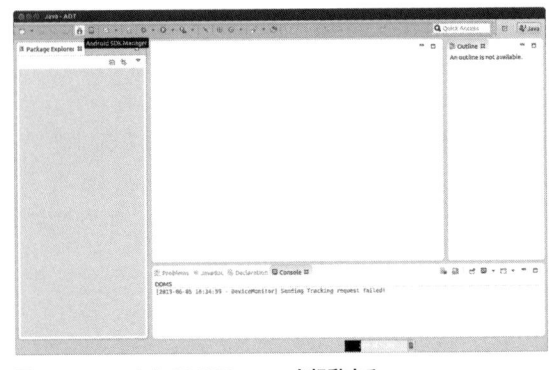

図6　Eclipse から SDK Manager を起動する

リスト5　SDK と NDK のコマンドにパスを設定する

```
export=$HOME/adt-bundle-linux/sdk/tools/:$HOME/adt-bundle-linux/sdk/platform-tools/:$HOME/adt-bundle-linux/android-ndk-r9b:$PATH
```

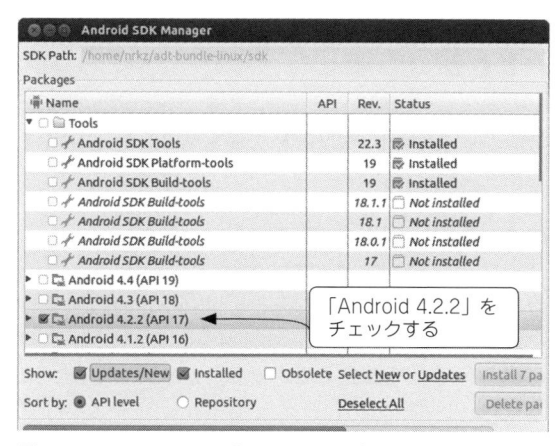

第3章　LED点灯/消灯アプリケーションの製作

図7　Android 4.2のSDKをインストールする

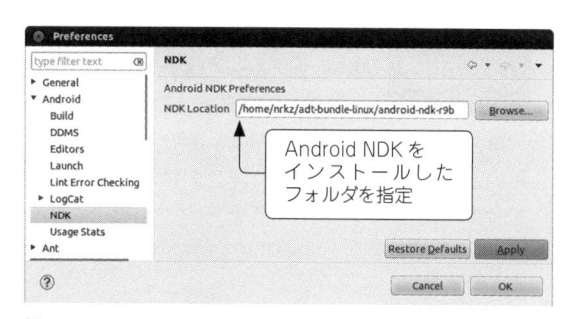

図8　EclipseにAndroid NDKのインストール先を設定する

ディレクトリ，sdkディレクトリがあります．この eclipseディレクトリには，Eclipseが含まれており，sdkフォルダには，Androidのアプリケーション開発に必要なSDK（Software Development Kit）が含まれています．

● Android NDKの設定

次に，Android NDKの設定を行います．まずAndroid NDKのサイト（http://developer.android.com/tools/sdk/ndk/index.html）からLinux x86 64ビット版（執筆段階でandroid-ndk-r9b-linux-x86_64.tar.bz2）をダウンロードします（図5）．

ダウンロード後は，先のadt-bundle-linuxディレクトリで展開します（リスト4）．

次に，Android SDKやAndroid NDKのコマンドがシェルで扱えるようパスを設定します．パスは，先ほどと同様に.bashrcファイルの最終行に以下の設定を追加します（リスト5）．

.bashrcファイルを有効化するためターミナルを一度閉じ，再度開きます．

● Eclipseの設定

次にEclipseの設定を行います．

EclipseからAndroid SDK Managerを起動します（図6）．

ここでは，Android SDK Tools，platform-tools，Build-toolsのバージョン確認を行います．古い場合は最新版にしておきましょう．

また，今回作成するアプリケーションは，JellyBeanつまりAndroid 4.2.2向けに作成するので，Android 4.2.2向けのライブラリをあらかじめインストールしておきます（図7）．

次にAndroid NDKをEclipseから扱えるように設定を行います．Eclipseのメニューから「Window」-「Preferences」を選択し，そのあと，「Android」-「NDK」を選択します．「NDK Location」のテキスト・ボックスに，Android NDKをインストールしたフォルダを指定します（図8）．これでEclipseの設定が終了しました．

● ADB接続を有効にする

次に，BeagleBone BlackとPC（Ubuntu）がADB（Android Debug Bridge）コマンドを通してリモート操作できるようにします．

ADBコマンドは，開発用PCからAndroid機器（本稿の場合はBeagleBone Black）を制御するためのソフトウェアです．このADBコマンドが利用できるようになれば，シリアル・ケーブルを利用せずにUSBケーブル接続でAndroid機器へのいろいろな操作（シェル操作，ソフトウェアのインストールなど）が行えるようになります．

また，このADBコマンドが利用できるようになっていないと，EclipseからAndroid機器へソフトウェアをインストール，デバッグができません．

では，ADBコマンドが利用できるように設定していきましょう．そのために，開発用PCが接続されたUSB機器を正確に認識できるように設定します．

これらの手順は以下のとおりです．

71

column1　ネットワーク経由でADBコマンドを使う方法

組み込みAndroid，Androidアプリケーション開発のどちらでも，ADBコマンドを頻繁に利用します．ADBコマンドは，ホストPCからBeagleBone Black上で動作しているAndroidを制御するための仲介役を果たしています．

ADBコマンドを利用することで，ホストPCからBeagleBone Blackへのソフトウェアのインストール，データの取得，シェル操作といったいろいろなことが行えるようになっています(**表A**)．

ADBコマンドは，ネットワーク(TCP/IP)経由で使用することもできます．この機能を利用すると，USB接続の端子ない場合や遠隔地にあるAndroidでもADBによる操作ができるようになります．

ここでは，Android(ターゲット)側が，DHCPサーバがネットワーク上に存在しているネットワークに接続されているものとして使い方を解説します．

● IPアドレスを調べる

まず最初に，minicomを使ってAndroidのシェルでnetcfgコマンドを実行します．

loはローカル，usb0がイーサネットのポートを指しているので，usb0に割り当てられているIPアドレスを調べ，メモしておきます(**リストA**)．

● TCP/IPのポート番号を指定する

次に，ADB接続で利用するTCP/IPのポート番号(5555)をプロパティservice.adb.tcp.portに指定します．

ポート番号を設定したあとは，adbd(ADBデーモン)を再起動します(**リストA**)．

● 開発用PCの設定

次に，開発用PCにADBで制御するAndroidのIPアドレスを設定します．先ほど調べたIPアドレスを環境変数ADBHOSTに設定して，ADBを再起動すると，TCP/IP経由で開発用PCからAndroidを制御できるようになります．

以下の設定では，開発用PCの設定でIPアドレス192.168.1.10が割り当てられたBeagleBone BlackをADBコマンドで操作できるように設定しています．

```
$ export ADBHOST=192.168.1.10
$ adb kill-server
$ adb start-server
```

表A　ADBコマンドの主な機能一覧

コマンド	機　能
adb push <local> <remote>	PC内部のファイルを，Androidへ転送する
adb pull <remote> [<local>]	Android内部のファイルを，PCへ転送する
adb shell <command>	Androidのシェルでコマンドを実行する
adb emu <command>	Androidエミュレータ・コンソールで実行する
adb logcat	デバイス・ログを表示する
adb install <package>	Androidアプリケーション<APKファイル>をインストールする
adb uninstall <package>	Androidアプリケーション<APKファイル>をアンインストールする
adb start-server	ホスト側のADBデーモンを起動する
adb kill-server	ホスト側のADBデーモンを停止する
adb reboot	ターゲット側を再起動する

リストA　IPアドレスの確認．ポート番号の指定．再起動

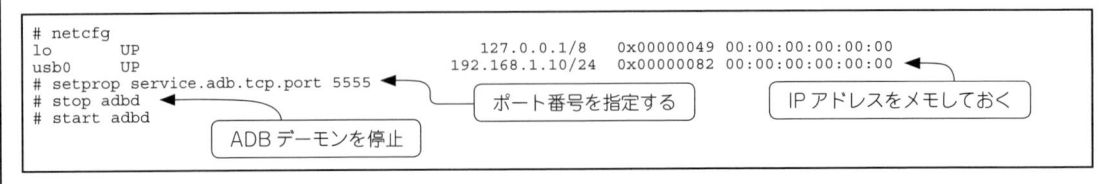

```
# netcfg
lo         UP                              127.0.0.1/8      0x00000049 00:00:00:00:00:00
usb0       UP                              192.168.1.10/24  0x00000082 00:00:00:00:00:00
# setprop service.adb.tcp.port 5555
# stop adbd
# start adbd
```

（IPアドレスをメモしておく）
（ポート番号を指定する）
（ADBデーモンを停止）

第3章　LED点灯/消灯アプリケーションの製作

リスト6　接続されているUSB機器一覧

```
$ lsusb
Bus 001 Device 001: ID 1d6b:0002 Linux Foundation 2.0 root hub
Bus 002 Device 001: ID 1d6b:0001 Linux Foundation 1.1 root hub
Bus 002 Device 002: ID 0e0f:0003 VMware, Inc. Virtual Mouse
Bus 002 Device 004: ID 0e0f:0002 VMware, Inc. Virtual USB Hub
Bus 002 Device 013: ID 0403:6001 Future Technology Devices International, Ltd FT232 USB-Serial (UART) IC
Bus 001 Device 011: ID 18d1:d002 Google Inc.
```
(1)
(2)

1. 開発用PCに認識させるUSB機器（ここではBeagleBone Black）のID（ベンダID，プロダクトID）を調べる
2. USB機器のIDを開発用PCに登録し，再起動

▶ BeagleBone BlackのベンダID，プロダクトIDを調べる

BeagleBone BlackのUSBクライアント端子（mini USB端子）と開発用PCを接続し，BeagleBone Blackに電源を入れます．次に，開発用PCのターミナルで，lsusbコマンドを入力し，接続されているUSB機器の一覧を取得します（**リスト6**）．

(1)はUSB‐シリアル変換ケーブルを認識しているのが分かります．(2)は，Google Inc.となっていますが，これは，Androidが起動しているBeagleBone Blackを指します．

ここで注目するのは，(2)の"ID 18d1:d002"です．コロンより左側の数値（18d1）はベンダID，コロンより右側の数値（d002）がプロダクトIDです．ベンダIDは，USB機器を製造したメーカ，プロダクトIDはメーカに製造されたUSB機器のIDを示しています．これらのIDをメモしておきます．

▶ USB機器のIDを開発用PCに登録し再起動

/etc/udev/rules.dディレクトリに，51-android.rulesファイルを新規作成し設定し，保存します（**リスト7**，**リスト8**）．保存したあとは，Ubuntuを再起動しましょう．

再起動後，ADB接続が有効になっているか確認します．Androidが起動しているBeagleBone Blackを認識すると，デバイスとして，IDが0123456789ABCDEFというデバイスが表示されます．

```
$ adb devices
```

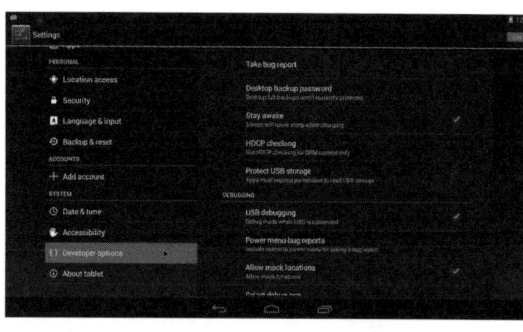

図9　デバッグ接続が有効化されているか確認する

```
List of devices attached
0123456789ABCDEF        device
```

また，初めて接続した際には，「0123456789ABCDEF offline」と表示されることがあります．この場合は，ADB接続では認識しているが正常に通信できない場合に表示されます．

このときは，以下のようにADBコマンドを再起動します（ADBコマンドは内部で常駐プログラムが動作しているため）

```
$ adb kill-server
$ adb start-server
```

また，起動しているAndroidのSettingsアプリケーションを起動し，左側のメニューからDeveloper Optionsを選択して「USB debugging」にチェックが入っているか確認してください（**図9**）．

Androidアプリケーションから LEDを制御する方法

アプリケーションの開発を始める前に，アプリケーションがどのような流れでLEDを制御するかを解説

リスト7　ファイルの新規作成を行う

```
$ sudo nano -w /etc/udev/rules.d/51-android.rules
```

リスト8　51-android.rulesに追加する内容

```
SUBSYSTEM=="usb", ATTR{idVendor}=="18d1", MODE="0666"
```

73

します．

● C言語で書いたネイティブ・メソッドを通してデバイス・ファイルにアクセス

先ほど，LEDの制御をAndroidのターミナルからコマンド操作によって行いました．アプリケーションでは，そのコマンド操作と同等の処理内容をソース・コードで行います．

そのために，ここでは，AndroidアプリケーションからC言語で書かれたネイティブ・メソッドを通してLinuxカーネルのデバイス・ファイルにアセクスしてLEDを制御します．

● Androidアプリケーションは 一般ユーザ権限で実行される

この時点で一つ注意しなければならない点があります．それは，先ほどのターミナルの操作はすべて"管理者権限があるユーザが操作することを前提に"行っていた点です．つまり，特別な設定をせずに，デバイス・ファイルの内容を参照したり，LEDの点灯/消灯を行うためにデバイス・ファイルに値を書き出すことができました．

しかし，Androidアプリケーションは，管理者権限ではなく一般ユーザ権限で実行されます．つまり，先ほどシェルで行った処理と全く同じ処理内容をAndroidアプリケーションでは行うことはできません（図10）．

● ユーザ・ランドの設定を変更

AndroidアプリケーションからLEDを制御するために，ユーザ・ランドの設定を少し変更していきます．

まず最初に，「（Android起動時）GPIOのデバイス・ファイルの作成とアセクス権限の設定変更」した後に「（アプリケーション）GPIOのデバイス・ファイルへの書き込み」を行います．

詳細について順に解説していきましょう．

▶（Android起動時）GPIOのデバイス・ファイル作成とアクセス権限の設定変更

初期設定時では，これらGPIOデバイスは管理者権限を持つユーザしか書き込むことができません．このままではアプリケーションから書き込みできないため（アプリケーションは一般ユーザ権限で実行される），アプリケーションからでも制御できるように（一般ユーザからも行えるように），GPIOデバイスの権限を変更します．

また，先ほどコマンド操作で行った場合は，手動によるシェルの操作によってデバイス・ファイルの生成

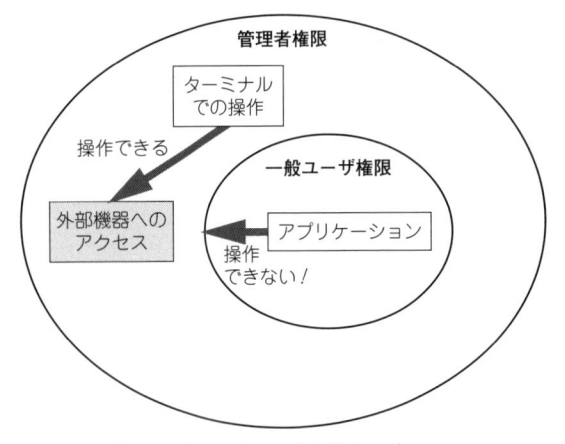

図10 管理者とアプリケーション実行権限は別

---

column2　もう一つのデバイスの制御方法

ここでは，Android NDKを利用してLEDを制御しています．これはあくまで一例です．本格的に外部デバイスを制御したいのであれば，アプリケーションから直接制御するのではなく，そのような外部デバイスを制御するためにApplication Framework（AndroidのUIやシステムを司るライブラリ）にクラス・ライブラリを追加し，そのクラス・ライブラリを利用してアプリケーションを開発するのがよいでしょう．

これは，デバイスを制御するソース・コードと，アプリケーションを制御するコードは別になっていた方がよりメンテナンス性が向上するためです．ただ，この方法は，アプリケーションから制御するより手間がかかります．

そのため，ここでは，分かりやすさを重視してアプリケーションのみでデバイス制御する方法を紹介しています．

第3章　LED点灯/消灯アプリケーションの製作

を行いましたが，これをAndroidの起動時に行うようにします．

Androidの起動時には，ユーザ・ランドのルート・ディレクトリにあるinit.rcファイルの内容に従って起動処理が行われています．そこに，GPIOのデバイス・ファイルを生成する処理を追加することで実現できます．また，アクセス権限の変更もinit.rcファイルの定義で行います．

▶（アプリケーション）GPIOのデバイス・ファイルへの書き込み

今回のアプリケーションは大きく分けて，JavaのコードとCのコードに分かれます．Javaのコードは主にユーザ・インターフェースを制御するために利用します．Cのコードではデバイス・ファイルの制御を行います．

このCのコードは，通常のLinuxでのデバイス制御と同じ方法となります．また，JavaからC言語のコード（ネイティブ・メソッド）を呼び出すために，JNI（Java Native Interface）という機構を利用します．

● init.rcファイルの設定

Androidの起動時にGPIOのデバイス・ファイルが生成されるように設定します．この設定は，Androidの起動時に読み込まれるinit.rcファイルで設定を行います．

▶init.rcは起動時に読み込まれる定義ファイル

まず，このinit.rcファイルがどのような意味を持つファイルであるのか解説します．init.rcファイルは，Androidが起動する際に読み込まれる定義ファイルで，Androidの起動時に必要な最初の設定などは，すべてこのinit.rcファイルの定義に従って行われます．

Androidのinit.rcファイルは，起動処理を記述した

リスト9　init.rcに追加するコード

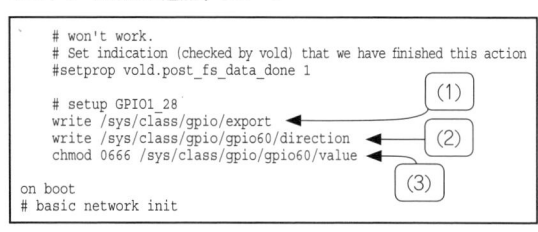

```
# won't work.
# Set indication (checked by vold) that we have finished this action
#setprop vold.post_fs_data_done 1

# setup GPIO1_28
write /sys/class/gpio/export          ← (1)
write /sys/class/gpio/gpio60/direction ← (2)
chmod 0666 /sys/class/gpio/gpio60/value ← (3)

on boot
# basic network init
```

init.rc向けの独自定義ファイルです．そのため，実行する処理をコマンドなどで拡張するといったことはできません．init.rcファイルの記述の定義に合わせて記述しなくてはなりません．このinit.rcファイルの内容は管理者権限で実行されます．

▶デバイス・ファイルの新規作成と権限変更

init.rcファイルに，GPIO1_28のデバイス・ファイルの新規作成と権限変更を追加します（**リスト9**）．

ここでは，デバイス・ファイルに書き込みをするwrite，ファイルのアクセス権限を変更するchmodの二つのコマンドを利用しています．

(1)では，GPIO1_28のアクセスに必要なデバイス・ファイルを作成しています．処理内容は，先の"echo 60 > /sys/class/gpio/export"と同じです．

(2)では，GPIO1_28を入力/出力を設定しています．処理内容は，先の"echo out > /sys/class/gpio/gpio60/direction"と同じです．

(3)では，GPIOのデバイス・ファイルの権限を変更する処理を行います．この処理は先のコマンドでは行っていないので詳しく解説します．

(1)を実行後，先のターミナルではvalueファイルに0や1を書き込むことでLEDのON/OFFを行いました．ただ，このvalueファイルのアクセスは，本来は管理者権限が必要です．しかし，アプリケーション

リスト10　GPIO valueファイルのアクセス権限を変更する

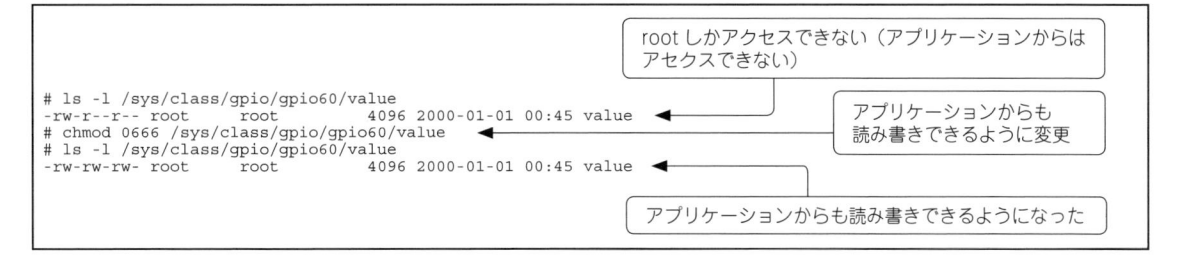

```
# ls -l /sys/class/gpio/gpio60/value
-rw-r--r-- root     root         4096 2000-01-01 00:45 value  ← rootしかアクセスできない（アプリケーションからはアセクスできない）
# chmod 0666 /sys/class/gpio/gpio60/value                     ← アプリケーションからも読み書きできるように変更
# ls -l /sys/class/gpio/gpio60/value
-rw-rw-rw- root     root         4096 2000-01-01 00:45 value  ← アプリケーションからも読み書きできるようになった
```

リスト11　シェルからLEDを制御する

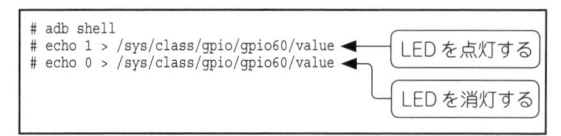

```
# adb shell
# echo 1 > /sys/class/gpio/gpio60/value  ← LEDを点灯する
# echo 0 > /sys/class/gpio/gpio60/value  ← LEDを消灯する
```

からは，そのような管理者権限が必要なファイルへはアクセスできません．

そこで，アプリケーション（一般のユーザ権限）からもvalueファイルにアクセスできるよう権限を変更しています（**リスト10**）．

では，**リスト9**を追加したinit.rcファイルを使ってAndroidで起動してみましょう．すると，init.rcファイル変更前のときと違って，Androidが起動中に，薄ぼんやり点いていたLEDが消えます．

この段階で，ターミナルからLEDの制御ができるようになっています．では一度試してみましょう．ADB接続でシェルを呼び出した後，コマンドを呼び出してみます（**リスト11**）．あとは，/sys/class/gpio/gpio60/valueに0や1を書き込むことでLEDが制御できます．

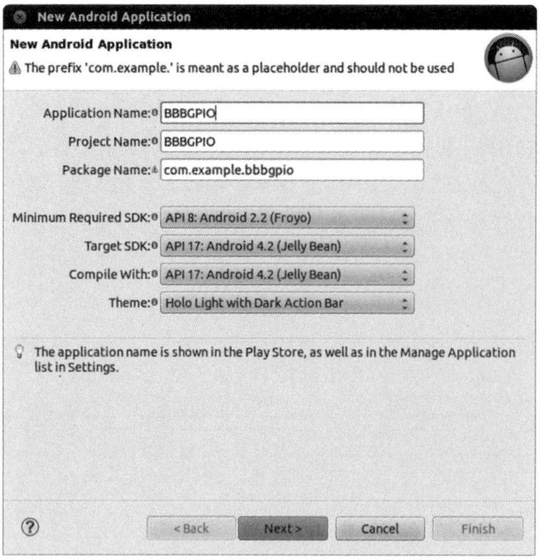

表2　作成するアプリケーションの設定（パッケージ名など）

Application Project	BBBGPIO
Project Name	BBBGPIO
Package Name	com.example.bbbgpio
Minimum Required SDK	API 8：Android 2.2（Froyo）
Target SDK	API 17：Android 4.2（Jelly Bean）
Compile With	API 17：Android 4.2（Jelly Bean）
Theme	Holo Light with Dark Action Bar

Androidアプリケーションの作成

では，アプリケーションを作成します．ここで作成するアプリケーションは，一つのLEDをトグル・ボタン（ONとOFFが交互に切り替わるボタン）を配置して，LEDをON/OFFするアプリケーションを作成します．

Eclipseのメニューから「File」-「New」-「Other」を選択し，「Android」-「Android Application Project」を選択します．すると，入力するウィンドウが表

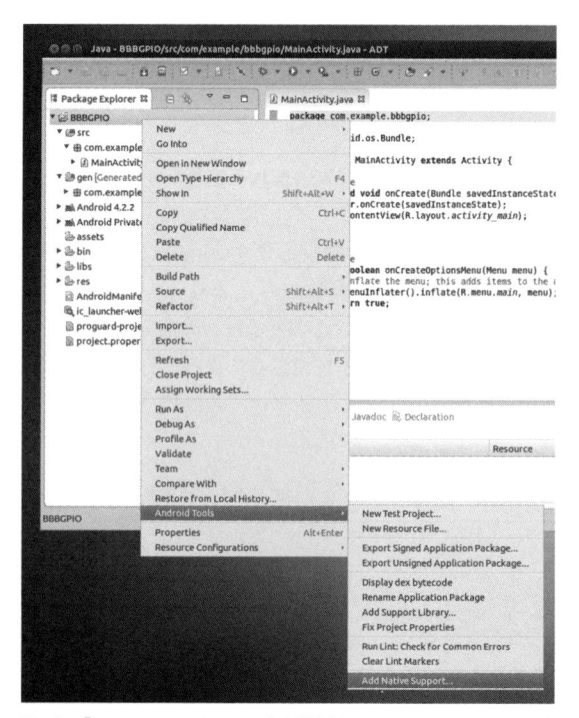

図11　作成するアプリケーションを新規作成しているようす

図12　「Add Native Support」を選択してC/C++のコードが追加できるようにする

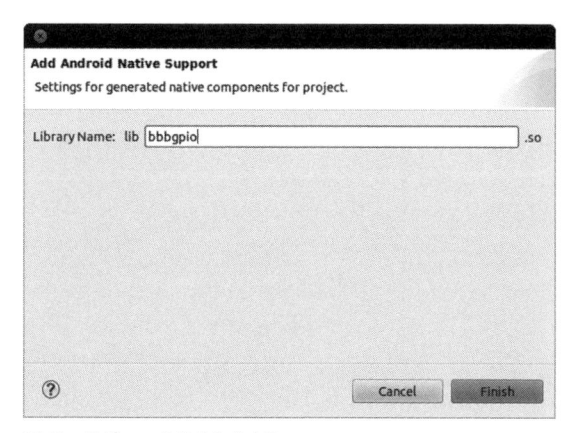

第3章　LED 点灯 / 消灯アプリケーションの製作

図13　モジュール名を入力する

リスト12　Androidアプリケーション用定義ファイル（Android.mk）

```
LOCAL_PATH := $(call my-dir)

include $(CLEAR_VARS)

LOCAL_MODULE    := bbbgpio        # 出力されるモジュール
LOCAL_SRC_FILES := bbbgpio.c      # ソース・コード
LOCAL_LDLIBS    += -llog          # リンクされるライブラリ

include $(BUILD_SHARED_LIBRARY)
```

示されるので，そこで，表2に従って設定して［Next］ボタンを押します（図11）．ほかの設定項目はデフォルトままにします．

次に，プロジェクトにC言語のソース・コードが追加できるようにします．Eclipseの左側に表示されているプロジェクトを右クリックして「Android Tools」-「Add Native Support」を選択します（図12）．選択するとモジュール名を入力するウィンドウが開きま

す．ここではbbbgpioとします（図13）．

追加後は，jniフォルダとその中にbbbgpio.cppファイルとAndroid.mkファイルが追加されます．

● フォルダの構成

この段階でいろいろなフォルダが生成されました．多くのフォルダが生成されるので最初は戸惑いますが，今回はこれらフォルダにあるファイルをすべて扱うわけではありません．これら自動生成されたフォルダのなかでも，重要なフォルダについて解説します（図14）．

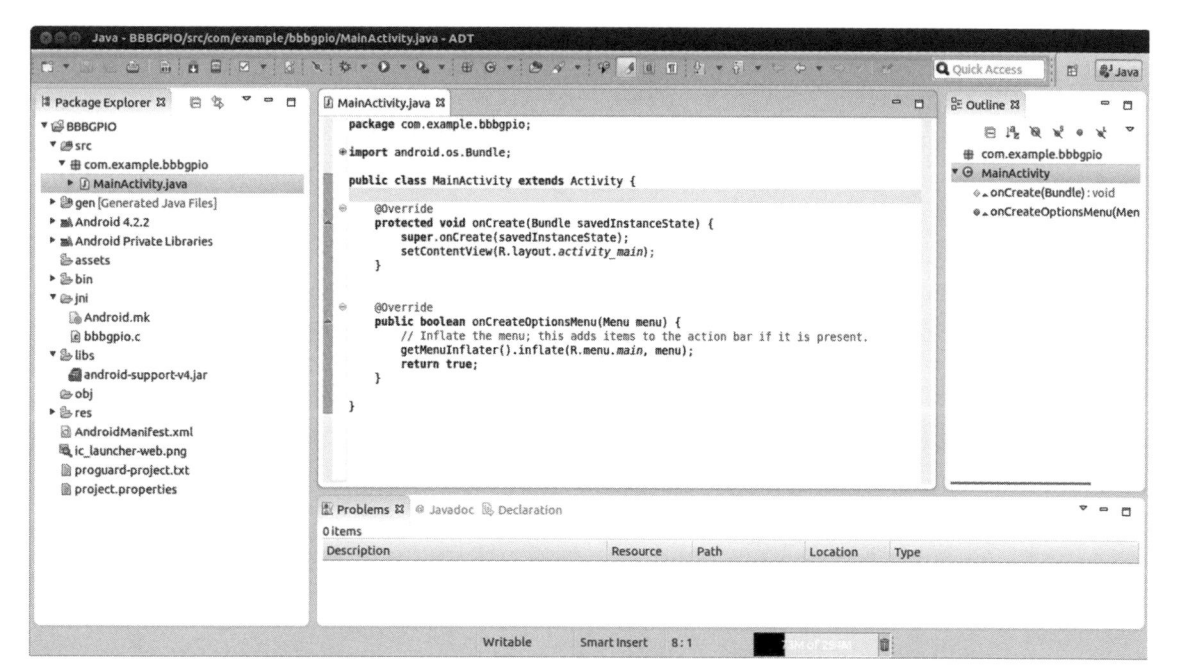

図14　プロジェクトが生成されたようす

第2部 組み込みAndroid入門コース

リスト13 レイアウト・ファイル(activity_main.xml)

```xml
<ToggleButton
    android:id="@+id/toggleButton1"
    android:layout_width="wrap_content"
    android:layout_height="wrap_content"
    android:layout_alignLeft="@+id/textView1"
    android:layout_below="@+id/textView1"
    android:onClick="toggleButtonOnClick"
    android:text="LED ON/OFF" />
```

トグル・ボタンを押すとtoggleButtonOnClickメソッドが呼び出しされる

リスト14 Javaのソース・コード(MainActivity.java)

```java
public class MainActivity extends Activity {
  ToggleButton mToggleButton;
  (中略)
  /* トグル・ボタン クリック時の処理 */
  public void toggleButtonOnClick(View v){
    ToggleButton btn = (ToggleButton)v;
    int value = 0;
    if (btn.isChecked()){
      value = 1;     // ONの時
    } else {
      value = 0;     // OFFの時
    }
    // LEDを制御する(ネイティブ・メソッド呼び出し)
    controlLED(value);
  }
  // LEDを制御する(ネイティブ・メソッドとして定義)
  native protected void controlLED(int value);
  // ロードするモジュール(ネイティブ・メソッドが含まれているモジュールを指定する)
  static {
    System.loadLibrary("bbbgpio");
  }
}
```

▶ src フォルダ

srcフォルダは，Javaのソース・コードを格納されているフォルダです．このsrcフォルダには，パッケージ名のフォルダが階層構造で作成されており，順にたどると最終的にMainActivity.javaファイルが見つかります．ここで作成するアプリケーションでは，このMainActivity.javaファイルを編集します．

▶ res フォルダ

resフォルダは，リソース(ウィンドウのレイアウトやボタンのレイアウト，また表示するメッセージなど)が格納されています．

▶ jni フォルダ

jniフォルダは，C/C++のソース・コードを配置します．Android.mkファイルは，いわゆるmakefileの役割を果たします．ただし，このAndroid.mkファイルは，makefileそのものではなく，ビルドしたいソース・コードや出力するモジュールの名前，ライブラリの名前などを定義するためのファイルです(**リスト12**)．

また，このAndroid.mkファイルの文法は独自のものではなく，GNU Make 3.81の文法に従います．というのも，このAndroid.mkファイルは最終的にはgnu makeのmakefileの一部として取り込まれて実行されるためです．

● ソース・コードを編集

では，実際にアプリケーションを作成していきましょう．ここでは，Androidのアプリケーションを開発するにあたっての基礎的な事柄は解説しません．そのあたりについては，市販の書籍などをあたってください．

ここでは，これら作成したアプリケーションのなかでも，今回のLED制御を行うにあたって重要な個所のみを解説していきます．プロジェクト一式BBBGPIO.ZIPは，CQ出版社のウェブ・サイト(http://www.cqpub.co.jp/bbb/index.htm)にあるので，そこからダウンロードしてください．

では，実際のアプリケーションを作成していきましょう．まず，完成したアプリケーションは**図1**のようになります．

作成するアプリケーションはLEDのON/OFFを切り替えるためのトグル・ボタン一つというシンプルな構成です．ソース・コードの抜粋を**リスト13**～**リスト15**に示します．

▶ ユーザ・インターフェース

最初にユーザ・インターフェースから追っていきましょう．まず，ボタンを押すと，toggleButtonOnClickメソッドが呼ばれます(この設定は，ボタンの属性としてandroid:onClickで設定している)．

トグル・ボタンを押すと，トグル・ボタンの状態(結果)に合わせて，変数valueの値が代入されます(ONのときはvalue=1，OFFのときはvalue=0)．

そして，valueの値はcontrolLEDメソッドに渡されます．このcontrolLEDメソッドは，ネイティブ・メソッド(C言語で定義されたJavaのメソッド)です．ネイティブ・メソッドを定義する際，Javaでの定義

リスト15 Cのソース・コード (bbgpio.c)

```c
#include <stdio.h>
#include <stdlib.h>
#include <fcntl.h>
#include <jni.h>
#include <android/log.h>

#define EXPORT __attribute__((visibility("default")))

#define LOG_TAG "native"
#define log_info(...) __android_log_print(ANDROID_LOG_INFO, LOG_TAG, \
__VA_ARGS__)
#define log_error(...) __android_log_print(ANDROID_LOG_ERROR, LOG_TAG, \
__VA_ARGS__)

#define NELEM(x) ((int) (sizeof(x) / sizeof((x)[0])))

/* LEDの制御を行う */
void controlLED(JNIEnv* env, jobject thiz, jint value) {

  /* 数値から文字コードへ変換 */
  char val = value + '0';

  int fd;
  /* GPIO1_28のデバイス・ファイルを開く */
  fd = open("/sys/class/gpio/gpio60/value", O_WRONLY);
  if (fd < 0){
       return;
  }

  /* デバイス・ファイルについて値を書き込む */

  write(fd, &val, 1);

  /* デバイス・ファイルを閉じる */

  close(fd);
}
/* ネイティブ・メソッドを登録する */
int jniRegisterNativeMethods(JNIEnv *env, const char *className,
         const JNINativeMethod *gMethods, int numMethods)
{
  jclass klass;
  log_info("Registering %s natives¥n", className);
  klass = (*env)->FindClass(env, className);
  if(klass == NULL){
   log_error("Native registration unable to find class %s¥n", className);
   return -1;
  }
  if((*env)->RegisterNatives(env, klass, gMethods, numMethods) < 0){
   log_error("RegisterNatives failed ofr %s¥n", className);
   return -1;
  }
  return 0;
}
/* 登録するネイティブ・メソッド一覧 */
static JNINativeMethod sMethods[] = {
/*   Javaメソッド名    シグネチャ    Cの関数    */
  {"controlLED", "(I)V", (void*)controlLED},
};
/* ロードされたときに最初に処理される関数 */
EXPORT jint JNI_OnLoad(JavaVM* vm, void* reserved)
{
 JNIEnv* env;
 if((*vm)->GetEnv(vm, (void**)&env, JNI_VERSION_1_6) != JNI_OK)
    return -1;

 jniRegisterNativeMethods(env, "com/example/bbgpio/MainActivity",
sMethods, NELEM(sMethods));
 return JNI_VERSION_1_6;
}
```

ではnativeと接頭語を付け，staticメソッド内でSystem.loadLibraryメソッドでネイティブ・メソッドのコードが含まれている共有モジュールをロードしなくてはなりません．

▶C言語で書いたネイティブ・メソッド

では，Cのコードを見てみましょう．ファイル名は初期に生成されるbbgpio.cppからbbgpio.cへ変更し，Android.mkファイル (Makefileとほぼ同等の役割) の定義も合わせて変更します．

ここでは，ネイティブ・メソッドの定義をJNI_OnLoad関数で行い，実際のLEDの制御をcontrolLED関数で行っています．

JNI_OnLoad関数は，JNIが開始した最初に呼ばれる関数なので，そこでDalvikVM（Android特有の仮想マシン．JavaVMの親戚のようなもの）へのcontrolLEDメソッド（ネイティブ・メソッド）の登録を行っています．controlLED関数は，JavaのコードでcontrolLEDメソッドが呼び出されたとき実行されます．

contorlLED関数は，引き数としてvalueを取っており，1で点灯，0で消灯します．処理内容は先ほどコマンド行った"echo ? > /sys/class/gpio/gpio60/value"と同様の処理を，C言語のコードで行っています．/sys/class/gpio/gpio60/valueファイルを開き，write関数で1文字書き込み，最後にファイルを閉じています．Javaではこのようなデバイス・ファイルを直接操作するのは難しいので，ネイティブ・メソッド（C言語）で書いています．

● アプリケーションの実行

ソース・コードの編集後，Eclipseからアプリケーションを実行します．すると，BeagleBone Blackで実行しているAndroidに自動的に転送，実行されます．そこで，トグル・ボタンのON/OFFを切り替えることでLEDが点灯/消灯します．

まとめ

このように組み込みAndroidは，これまで組み込みLinuxでの開発経験がある方にとっては，それまでの知識を生かしつつ開発を行うことができます．また，これから組み込みAndroidを学ぼうという方にとっても，必要な機材をひととおりそろえるのは，以前に比べると非常に安価にそろえることができます．

このようなBeagleBone Blackは，いろいろな機器に組み込むなどの応用も可能となります．この機会にBeagleBone Blackを使って組み込みAndroidにチャレンジしてみてはいかがでしょうか．

第3章 APPENDIX

5分で分かる！
Androidのアーキテクチャ

出村 成和

```
┌─────────────────────────────────────────────────────────────┐
│                    アプリケーション                          │
│  [ホーム]  [連絡先]  [電話]  [ブラウザ]  [...]              │
├─────────────────────────────────────────────────────────────┤
│              アプリケーション・フレームワーク                │
│  [アクティビティ・マネージャ] [ウィンドウ・マネージャ]       │
│  [コンテンツ・プロバイダ] [ビュー・システム]                 │
│  [パッケージ・マネージャ] [テレホニ・マネージャ]             │
│  [リソース・マネージャ] [ロケーション・マネージャ] [ホーム] │
├──────────────────────────────────┬──────────────────────────┤
│        ライブラリ                │     Androidランタイム    │
│ [メディア・フレームワーク]       │   [コア・ライブラリ]     │
│ [サーフェス・マネージャ] [SQLite]│                          │
│ [FreeType] [OpenGL ES] [WebKit]  │     [Dalvik VM]          │
│ [SSL] [SGL] [libc]               │                          │
├─────────────────────────────────────────────────────────────┤
│                         HAL                                  │
│   [SSL]  [オーディオ]  [カメラ]  [Bluetooth]  [...]         │
├─────────────────────────────────────────────────────────────┤
│                     Linuxカーネル                            │
│ [ディスプレイ・ドライバ] [カメラ・ドライバ]                  │
│ [フラッシュ・メモリ・ドライバ] [Binder(IPC)ドライバ]         │
│ [キーパッド・ドライバ] [Wi-Fiドライバ]                       │
│ [オーディオ・ドライバ] [電源管理]                            │
└─────────────────────────────────────────────────────────────┘
```

図A Androidのソフトウエア・スタック図

　Androidは，Linuxカーネルをはじめとして，いろいろなソフトウェア・スタック（**column1**参照）で構成されています．そのため組み込みAndroidを使った開発では，これらソフトウェア・スタックの理解が必要です．

　次章では，加速度センサへの対応を行いますが，その場合でも一つのソフトウェア・スタックではなく，いくつかのソフトウェア・スタックに対してソース・コードを修正，追加していかなければなりません．

　そのため，組み込みAndroid開発を行う際には，まずAndroidの全般的なソフトウェア・スタックの構成を最初に覚えておくとよいでしょう．

　Androidが，どのようなソフトウェア・スタックによって構成されており，それら一つ一つのソフトウェア・スタックがどのような役割を果たしているかを把握しておくことで，Androidの拡張やいろいろなハードウェアに対応する際など，どのスタックを確認，修正していけばよいのかが見えてきます．

Androidの構成

　では，Androidを構成しているソフトウェア・スタックを見ていきましょう（**図A**）．

　Androidは，ハードウェア側からLinuxカーネル，

第2部 組み込みAndroid入門コース

> **column1　ソフトウェア・スタックとは**
>
> ソフトウェア・スタックとは，ソフトウェアの階層を指します．Androidも含む，ほとんどのOSはスタックごとに役割が決まっています．そのためOSのしくみを早く理解するのには，まずこういった内部のしくみの全体像を把握して，その後必要に応じて個別のソース・コードで確認するのが近道と言えます．
>
> 　ソフトウェア・スタックをチェックせず，すべてのソース・コードを一度目を通して内部の機構を理解する，という手もありますが，Androidはソース・コードだけで4Gバイトあり，すべてのソース・コードに目を通すことは事実上不可能です．
>
> 　そういった意味では，オープン・ソース・ソフトウェア，特にAndroidのように規模が大きなものを扱うには，ソース・コードを理解する能力，他人のソース・コードを読む能力が要求されます．

図B　Linuxカーネルの役割

HAL，ライブラリ，DalvikVM，アプリケーション・フレームワーク，アプリケーションの順に構成されています．

● Linuxカーネル

　LinuxカーネルはAndroidの根幹をなすソフトウェアです（**図B**）．デバイスの制御，ファイル・システムの制御，いろいろなプロセス制御，通信などといった，ハードウェアとソフトウェアの境目の役目を担っています．

▶デバイスの制御はカーネルが対応

　Linuxカーネルは，デバイス・ドライバによってデバイスを直接制御する役目を持っています．つまり，Androidで扱う外部デバイスは，Linuxカーネルが対応していなければなりません．

　また，対応しているデバイス・ドライバが存在しないのであれば，デバイス・ドライバから開発する必要があります．

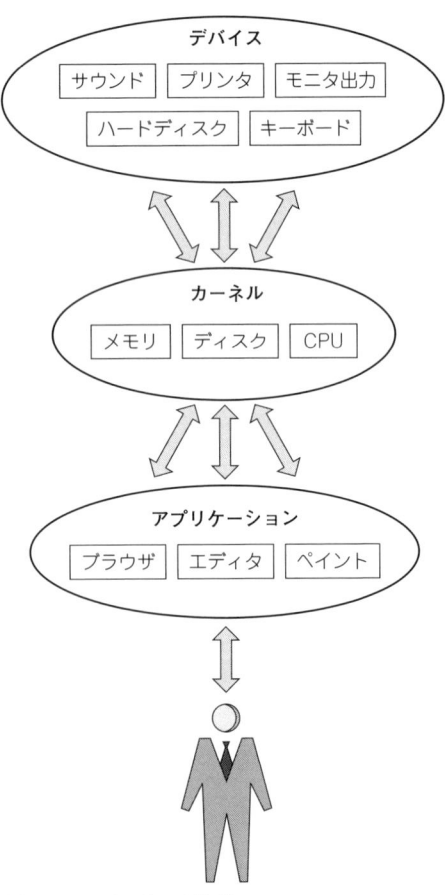

▶Android用とPC用の相違点

　AndroidのLinuxカーネルは，Ubuntuなど通常のPC向けのLinuxカーネルと異なる仕組みで動作している個所があります．

　例えば，Ubuntuで利用できるIPC（プロセス間通信）はAndroidには存在せず，その代わりにBinder（Intentのベースとなっている）が用意されています．またメモリ管理も，モバイル・デバイス向けに，より細かく管理されています．

　ソース・コード全体から見ると，Android特有のコードは全ソース・コードの1％ほどに過ぎませんが，これらのコードがAndroidの特徴を決定づけています．

▶開発手法は従来のLinuxカーネルと同じ

　その他のデバイス・ドライバの仕組み，ファイル・

システム，ビルド方法といった，利用する機会が多い機能や開発手法などは，従来のLinuxカーネルの場合と同じです．

開発手法やデバイス・ドライバの開発については，これまでの組み込みLinuxの解説や技術情報がそのまま組み込みAndroidでも利用できます．

● HAL

センサなどのデバイス制御では，Linuxカーネルで制御されるデバイスとアプリケーション・フレームワークの間に，HAL (Hardware Abstraction Layer, ハードウェア抽象化層) が介在します (図C)．

このHALは，同一目的のデバイスを制御する方法の違いを吸収する役目を持っています．これによって，Android側は個別のセンサに合わせてソース・コードを変更せずに，統一したインターフェースのみ用意するだけで対応可能です．

▶HALのメリット．加速度センサを例に

例として加速度センサを考えてみましょう．一口に加速度センサといっても，メーカや品番，性能の違いによっていろいろなものがあり，ソフトウェア (Android) 側は，それらのセンサおよびデバイス・ドライバに応じてソース・コードを追加することで，Android側から制御できるようにしなければなりません．

HALが存在していない場合だと，複数のソース・コードに対して少しずつ変更を加えることになる場合が多く，その結果，コードのメンテナンスが困難になってきます．

そうならないように，HALというレイヤを設けることで，センサ自身の特性や設定方法などのデバイスに大きく依存するコードをHALの内部に閉じ込めて，ほかのソース・コードに影響を及ぼさないようになっています．

● ライブラリ

ライブラリでは，Androidの動作に必要な基礎的な各種ライブラリが格納されています (図D)．

格納されているライブラリの例としては，zlib (圧縮ファイルを扱う基本ライブラリ)，libpng (PNG画像の生成，展開を行うライブラリ) などが挙げられます．このスタックのライブラリは上位スタックであるアプリケーション・フレームワークから呼び出されて利用されます．

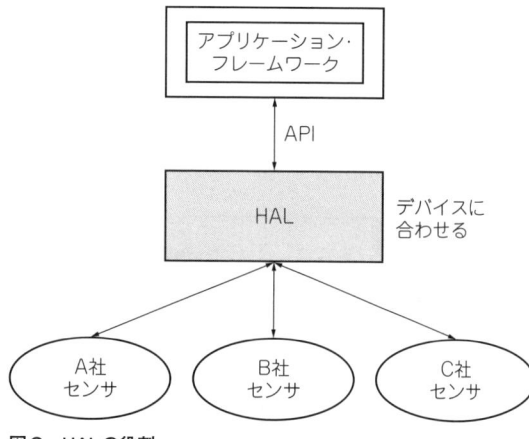

図C　HALの役割

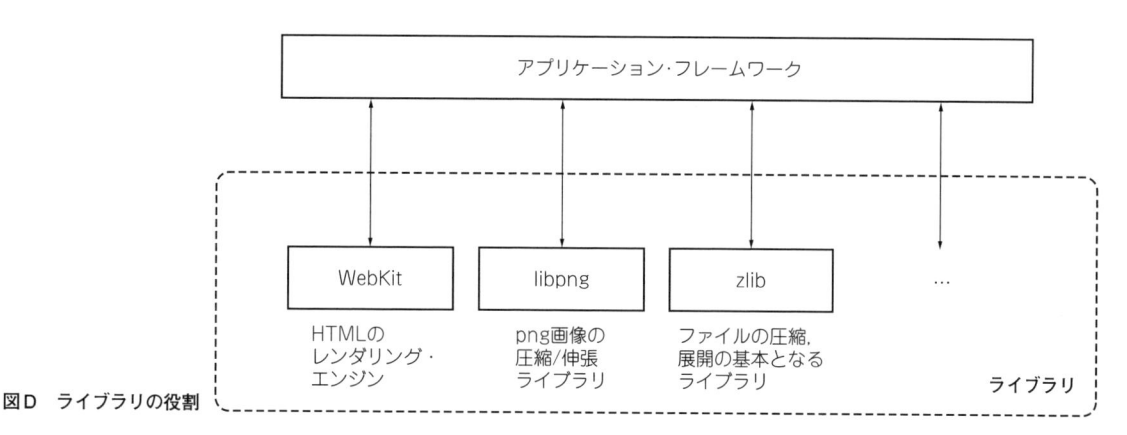

図D　ライブラリの役割

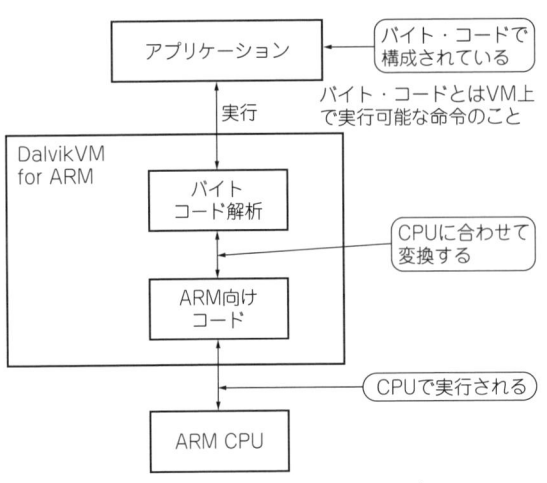

図E　DalvikVMの役割

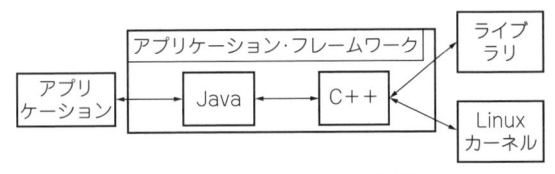

図F　アプリケーション・フレームワークの役割

● DalvikVM

　DalvikVM（Dalvik Virtual Machine）はAndroid特有の仮想マシンです（図E）．Javaで書かれたAndroidのアプリケーションは，実行ファイルがDalvikVM上で動作するバイトコードで構成されるため，動作しているCPU（x86，ARM，MIPS）に関係なく動作します．

　このような変換があると，「DalvikVMは，実行時にネイティブ・コードに変換するから実行速度が遅い」と言われることがあります．

　確かに，DalvikVMでは，場合によってはネイティブ・コードと同等の速度が出ますが，全体的にはやはり遅くなると言わざるを得ません．しかし，Android 4.4（Kitkat）では，DalvikVMから脱却する動きも見て取れます．

● アプリケーション・フレームワーク

　アプリケーション・フレームワークは，Androidのユーザ・インターフェース（ボタン，テキスト・ボックスなど）やホーム画面表示などシステム本体を構成するために必要なスタックです（図F）．

　Androidアプリケーション開発する際，Android SDKを利用しますが，そのAndroid SDKで呼び出し

---

column2　Androidの内部ドキュメント

　本文では，Androidの内部のしくみについて解説していますが，実際のところ，Androidの内部資料というのは多くありません．基本的にはAndroidのソース・コードを読んで解析していくことになるでしょう．

　しかし，全くないわけでもありません．公式のAndroid開発者サイトには「Porting Android to Devices」（http://source.android.com/devices/index.html）というページがあります（図H）．

　ここではAndroidをほかのデバイスに移植するための資料です．このページでは，各種入力，グラフィックス，オーディオといった基本的なことから，Bluetooth，DRM，セキュリティなどといったAndroid固有のことまで描かれています．

　特にDRMといったことは，組み込みAndroidのみならず，動画などDRMを扱うアプリケーション開発者にとっても有益な情報が書かれているので一度読んでおくとよいでしょう．

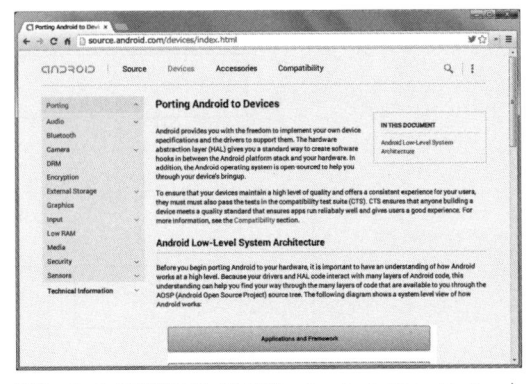

図H　Android開発者サイトの「Porting Android to Devices」

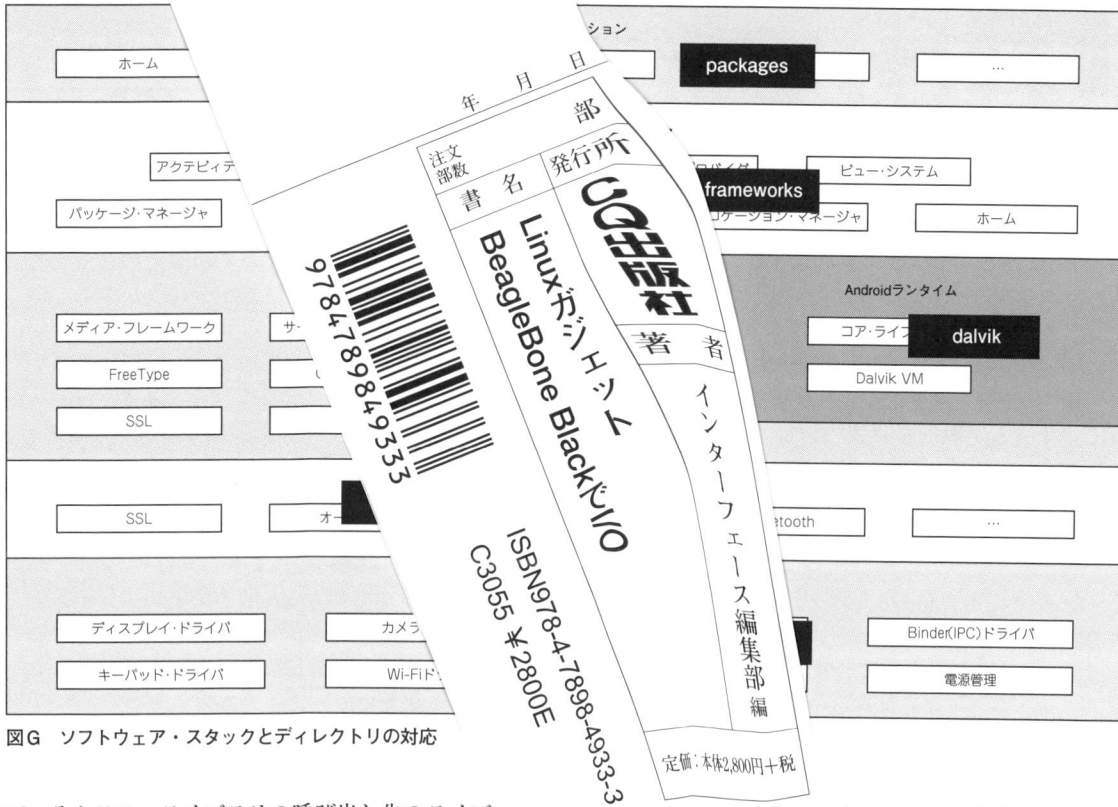

第 3 章 Appendix　Android のアーキテクチャ

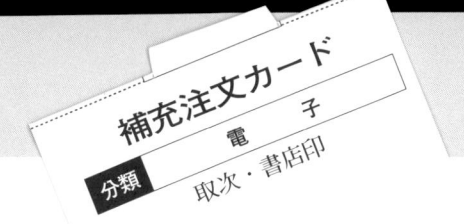

図G　ソフトウェア・スタックとディレクトリの対応

ているクラス・ライブラリの呼び出し先のライブは，このアプリケーション・フレームワークにあります．

アプリケーション・フレームワークのソース・コードはJavaとC++で構成されています．大部分はJavaで書かれていますが，Linuxカーネルに関する呼び出しやライブラリへのアクセスはC++で書かれています．そして，JavaとC++のソース・コードを相互に呼び出すために，JNI（Java Native Interface）が使われています．

● アプリケーション

Androidではいろいろなアプリケーションが標準で用意されています．例えば，通話，電話帳，設定，ブラウザ，メールなどが挙げられます．

ただし，市販されているスマートフォンにプレインスールされている一部のアプリケーション（gmailアプリケーション，YouTubeアプリケーションなどグーグルのサービスを利用するアプリケーション）のソー

ドは，rowboatやAOSPには含まれていません．これは，アプリケーションを搭載する際にはグーグルとの契約や審査が必要なためです．

ソース・コードの構成

Androidのソース・コードは，ユーザ・ランドのほかにツールチェインや，Android SDKなどの各種開発ツールのソース・コードも含まれています．つまり，Androidの場合は，AOSPやrowboatなどのソース・コード一式をダウンロードするだけで，すぐにビルドできる環境がそろいます．

先にソフトウェア・スタックの解説をしましたが，これらのソフトウェア・スタックとAOSPのディレクトリ構成は，1対1で対応しています（**図G**）．そのため，ソフトウェア・スタックを理解しておくことで，目的のソース・コードを絞り込みやすくなっています．

column3　Android RunTimeが追加されたAndroid 4.4 (KitKat)

　2013年11月に，最新版のAndorid 4.4（KitKat）のソース・コードが公開されました．

　Kitkat自体は，Androidに何か大きな機能が追加されたといったことはありません．フルスクリーンでアプリケーションが表示できるようになった，絵文字が利用できるようになった，印刷機能が追加されたなど，より便利な機能が利用できるようになった，という側面が大きいです．

　その一方で，試験的な実装が追加されています．そのような試験的な実装の一つがART（Android RunTimeの意味）と呼ばれるDalvikVMに替わるランタイムの実装です．開発者モードでは，DalvikVM，ARTを切り替えて動作させることができます．

　これまでのAndroid向けアプリケーションは，DalvikVMと呼ばれるバーチャル・マシン上で動作することが前提となっており，その実行コードは，バイト・コードと呼ばれる中間コードで構成されていました．バイト・コードを利用することでAndroidアプリケーションはCPUアーキテクチャを問わず，Androidが動作している機器であればどの機器でも動作させることができるというメリットがありました．

　その反面，すべての中間コードをネイティブ・コード（CPUが理解できるコード）にその都度変換しているため，CPUの性能を十分に生かすことができませんでした．

　しかし，ARTを前提としたAndroid向けアプリケーションは，中間コードではなくネイティブ・コードを動作させることが前提となっています．ネイティブ・コードが最初から動作しているので，DalvikVMのような中間コードの変換処理が発生しないため，これまでより高速にアプリケーションが動作することが期待できます．

　また，これまでのAndroidアプリケーションをART向けに変換する処理は，Android端末の内部で行われるため互換性についてもユーザが気にする必要がありません．

　まだ試験段階ですが，これから発展が期待できる技術の一つです．

第4章

Android搭載組み込み機器開発にチャレンジ！

3軸加速度センサ・アプリケーションの製作

出村 成和

　ここでは，BeagleBone Blackに加速度センサを接続し，Androidのシステムやアプリケーションで加速度センサの値を参照できるようにします．

　Androidは，リリース当初から加速度センサ，地磁気センサといった各種センサに対応しています．また，それら各種センサの値は，Androidのシステムのみならず，アプリケーションからも制御したり値の取得ができます．各種センサがアプリケーションから参照できるのは，アプリケーション開発経験がある方ならよく知っていることでしょう．

　一方で，Androidを搭載した機器を開発する組み込みAndroid開発者は，各種センサの値をAndroidアプリケーション側からも取得できるようにする必要があります．

　しかし，rowboatなどのAndroidのソース・コードには，個々のセンサ・デバイスに対応したソース・コードは含まれていません．センサから値を取得するために，センサの接続，制御，Androidのフレームワークに値を渡す個所までのコードを追加して開発しなければなりません．

　では，そのような各種センサをAndroidに対応させる手順について解説していきます．

標準で扱えるセンサ

　Androidでは，**表1**に挙げたセンサが，アプリケーション・フレームワーク（SDK）レベルでサポートされています．

　これらのセンサは，取得したセンサの値をアプリケーション・フレームワークへ渡すことで，Androidのシステム全体がセンサの値を参照できるようになっています（アプリケーションでも同様である）．

　また，これら以外のセンサを利用したい場合は，

column1　モバイル機器とセンサの関係

　モバイル機器とセンサは相性が良いと言えるでしょう．それは，モバイル機器にセンサを搭載することで，情報入力が自動的に行えるからです．

　例えばGPSを利用することで，マップ・アプリケーションは現在地を表示でき，周囲の情報をすぐに検索できます．ほかに3軸加速度センサ，ジャイロ・スコープを利用することで，スマートフォンを簡易歩数計として利用することもできます．

　また，センサをキーボードなどと同じような入力装置として扱うことができる，というのも理由の一つとして挙げられます．

　モバイル機器は，タッチ・スクリーンのサイズといった物理的制約のため，文字入力がしづらいことがよくあります．そこで，テキスト・ボックスの全文削除を，タッチ・スクリーン上の削除キー以外にモバイル機器を2，3回振って行う，といったジェスチャで指定する方法を提供しているアプリケーションがあります．このように，センサはいろいろな用途が考えられます．

表1　標準でサポートされているセンサ一覧

センサ名	概　要
加速度	姿勢（向き）を取得する
ジャイロスコープ	回転の速度を取得する
照度	明るさを取得する
地磁気	地磁気（方角）を取得する
気圧	気圧を取得する
近接	本体の近くに物体があるか検知する
気温	気温を取得する
GPS	現在地（緯度，経度，標高）を取得する

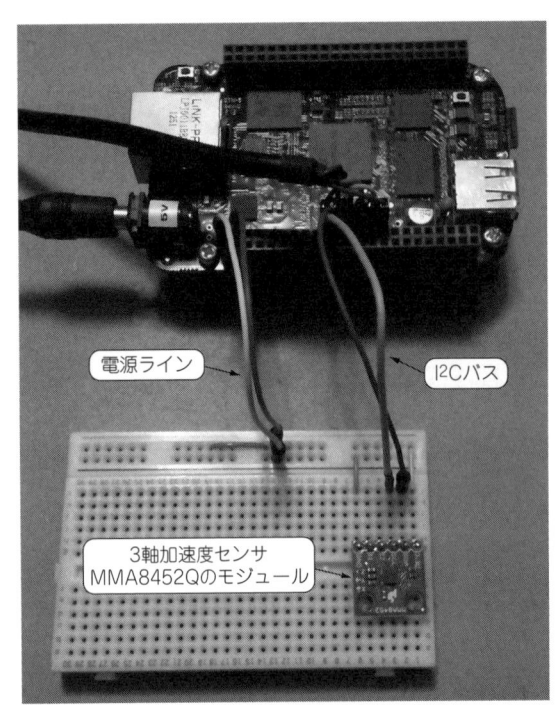

写真1　3軸加速度センサ・システム全体

写真2　3軸加速度センサMMA8452Qのモジュール

ハードウェアとしてのセンサの制御に加えて，アプリケーション・フレームワークにも機能を追加しなければなりません．

製作するアプリケーションの概要

● I²Cインターフェースを使用

ここでは，サンプルとして3軸（X軸，Y軸，Z軸）対応の加速度センサをBeagleBone Blackの拡張端子に接続し，Androidシステムやアプリケーションで加速度センサの値を扱えるようにします．3軸加速度センサはI²Cで接続します（写真1）．

BeagleBone Blackの拡張端子ではI²Cの機器も接続できるので，BeagleBone Blackに直接接続できます．

今回利用するインターフェースであるI²C（Inter-Integrated Circuit．"I squared C"と読む）は，シリアル・バスの一種であり，双方向のオープン・ドレイン信号線を2本［シリアル・データ（SDA），シリアル・クロック・データ（SCL）］使った規格です．

I²Cでは，クライアントとして複数のI²Cデバイスが接続可能ですが，ここでは，加速度センサのみ接続しています．

● 3軸加速度センサMMA8452Qを使用

3軸加速度センサにはいくつかありますが，ここではフリースケール・セミコンダクタのMMA8452Q（スイッチサイエンスで販売されている，MMA8452Q搭載3軸加速度センサ・モジュール http://www.switch-science.com/catalog/834/）を利用します（写真2）．

加速度の最大値は2G/4G/8Gから選択でき，12ビット値で返すので比較的精度の高い値が取得できます．

● 回路は2本の信号線と電源だけ

BeagleBone Blackと加速度センサ・モジュールはブレッドボードを経由して接続します．回路図は図1のとおりです．

I²C接続する際はSDA，SCLにプルアップ抵抗が必要ですが，BeagleBone Blackの内部にプルアップ抵抗があるので，ここでは加速度センサ・モジュールを

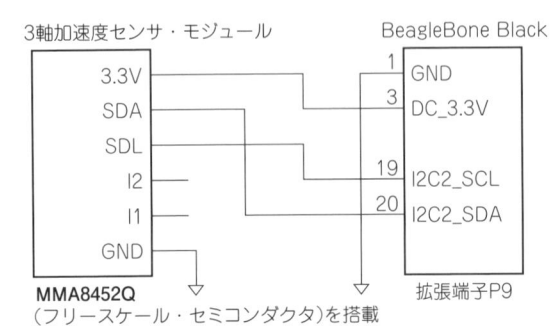

図1　3軸加速度センサ・システムの回路図

BeagleBone Blackと直接接続するだけです．加速度センサ・モジュールには，割り込みピン（INT1，INT2）も用意されていますが，ここでは使用しません．

センサ・インターフェースに必要な処理

接続された加速度センサをAndroidから制御したり，値を取得するためには，何を行う必要があるのでしょうか．それには，大きく分けて二つの処理が必要となります（図2）．

1. LinuxカーネルのI²Cのデバイス・ドライバを有効化する
2. HALで加速度センサの値を取得，単位系の変換を行い，ユーザ・ランドに渡す

ではこれらを順に解説していきましょう．

● LinuxカーネルのI²Cデバイス・ドライバを有効化する

デバイス・ドライバとは，OSとデバイスを結び付けるためのソフトウェアです．I²Cに限らずLinuxカーネルで扱うデバイスは，すべてLinuxカーネルのデバイス・ドライバを通して制御を行います．そのため，Linuxカーネルで加速度センサ・モジュール（I²Cデバイス）を扱うには，I²Cのデバイス・ドライバが有効化されていなければなりません．

通常，組み込みAndroid（組み込みLinux）では，初期設定では利用してないデバイス・ドライバは無効になっています．これは，むだなメモリを消費しないようにするためです．

そのため，まず最初に必要なデバイス・ドライバ（ここではI²Cのデバイス・ドライバ）の有効/無効を確認します．無効である場合は，有効になるようLinuxカーネルのビルド設定を変更し，Linuxカーネルの再構築を行います．

● HALで加速度センサの値の取得，単位系への変換

ここでは，Linuxカーネルのデバイス・ファイルを通して取得した加速度センサの値を，HALにあるコードを使ってAndroidのユーザ・ランドの仕様に合わせて変換し，Androidのユーザ・ランドに値を渡してい

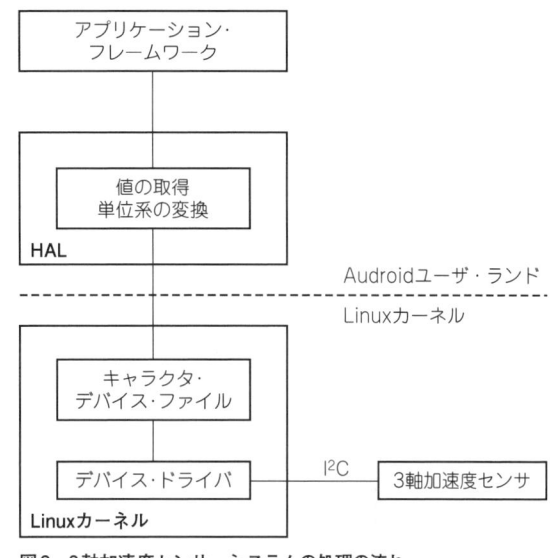

図2 3軸加速度センサ・システムの処理の流れ

ます．

これは，先のHALの項でも解説したとおり，センサの仕様に依存するコードをHALで吸収することで，ハードウェア依存のコードが，ほかのソフトウェア・スタックのコードに波及することを防いでいます．

I²Cのデバイス・ドライバを有効化する

● rowboatのLinuxカーネルはI²Cが有効化されている

LinuxカーネルのI²Cのデバイス・ドライバ（加速度センサの制御に必要）を有効化する必要がありますが，実は，rowboatのLinuxカーネルは，初期状態でI²Cのデバイス・ドライバが有効になっています．そのため，本来であればLinuxカーネルのビルド設定の変更と再構築は必要ありません．

ただし，大半の組み込みAndroid開発では，Linuxカーネルの設定，再構築は避けて通れません．

そのため，今後のためにも，Linuxカーネルのデバイス・ドライバの有効/無効の確認方法，Linuxカーネルの設定方法，Linuxカーネルの再構築の方法を解説します．

時間がなく先に進みたい方は，次節へ移動して読み進めてください．

リスト1 I²Cのデバイス・ドライバが有効化されているか確認する

```
root@android:/ # dmesg | grep i2c
<4>[    0.136810] omap_i2c.1: alias fck already exists      ← omap_i2cドライバが有効になっている
<6>[    0.168731] omap_i2c omap_i2c.1: bus 1 rev2.4.0 at 100 kHz  ← バス1が有効化
<4>[    1.047363] i2c-core: driver [tsl2550] using legacy suspend method
<4>[    1.053863] i2c-core: driver [tsl2550] using legacy resume method
<4>[    1.234344]  omap_i2c.3: alias fck already exists
<6>[    1.252136] omap_i2c omap_i2c.3: bus 3 rev2.4.0 at 100 kHz  ← バス3が有効化
<6>[    4.084320] i2c /dev entries driver  ← デバイス・ファイルが/devディレクトリ以下に生成されている
```

● I²Cデバイス・ドライバが有効化されているか確認する

最初にI²Cのデバイス・ドライバが有効になっているかを確認します．ここでは，Linuxカーネルの起動ログから判断する方法を解説します．

この起動ログでは，有効にしたデバイス・ドライバで出力されるメッセージが表示されますが，大量に出力されるため，目で確認するのは見逃す可能性があり，探し方としては非効率です．そこで，起動ログにgrepコマンドを適用して特定キーワードが出力されている行のみを表示させて確認してみます．

今回は，I²Cのデバイス・ドライバなので，"i2c"というキーワードが出力されている行のみを表示させます（リスト1）．

結果を見てみると，"omap_i2c"というデバイス・ドライバが有効になっており，I²Cデバイスのバス1とバス3が利用可能であることが分かります．

● カーネルの設定を変更する

目的のデバイス・ドライバのメッセージが表示されてない場合は，Linuxカーネルで無効となっていることが考えられます．この場合，

1. Linuxカーネルの設定で目的のデバイス・ドライバを有効にする
2. Linuxカーネルを再構築する

を行って，目的のデバイス・ドライバが有効化されたLinuxカーネルを生成します．

ここでは，「I²Cのデバイス・ドライバが無効にされ

---

column2　OSの有無による割り込み処理の違い

マイコン制御を行ったことがある方にとっては，Androidを利用した外部機器の制御はブラックボックスが多く，何かと気持ち悪いと感じている方もいることでしょう．ここでは，マイコンの割り込みとOS（ここではLinux）を利用した割り込みの扱いの違いを解説します．

結論から言うと，マイコンでの割り込みはハードウェアに直接設定することでマイコンの種類ごとに異なるものであるのに対して，OSを利用した場合は，CPUの違いに関係せずOSの内部で統一されているものです．

● OSなし：割り込みは開発者が管理する

OSを利用せずにマイコンでの割り込み制御する場合は，（タイマや，外部ピン信号といった）指定した割り込み信号の許可/不許可や，割り込み処理の際に必要なCPUレジスタの値の待避/復帰など，必要な処理はすべて開発者が作成します．多重割り込みを有効化するには，それに合わせた処理を作成する必要がありますし，発生した割り込みの優先順位は，そのハードウェアの仕様に依存します．

● OSあり：割り込みはOSがすべて管理する

では，OSを利用した割り込み制御はどうでしょうか？この場合は，指定した割り込み信号の許可/不許可や，割り込み処理の際に必要なCPUレジスタの値の待避/復帰はすべてOSによって処理されます．

また，OSを利用した際は，ハードウェアの仕様による割り込み優先度の違いはOSによって隠ぺいされるため，CPUにかかわらず同一のOSを利用している場合は，割り込み処理は同じ処理が適用でき

第4章 3軸加速度センサ・アプリケーションの製作

ていた」前提で解説を進めていきます．

▶デバイス・ドライバを有効にする

この設定は，Linuxカーネルのソース・コードに含まれているLinuxカーネルを設定するソフトウェアを利用して設定するのが一般的です．このソフトウェアを利用して設定することで，設定内容を確認しながら設定を進めることができます．

このような設定ソフトウェアにはいくつか種類があるのですが（対話式で行うものから，GUIを利用したものまで），ここでは標準的なmenuconfigを利用します（**図3**）．

今回利用しているUbuntu 12.04 Desktop（64ビット）では，menuconfigの起動に必要なソフトウェアが足りないので，追加パッケージをインストールします（**リスト2**）．

次にmenuconfigを起動します．

```
$ cd kernel
$ make ARCH=arm menuconfig
```

この際に，CPUアーキテクチャの指定（ARCH=arm）を忘れないようにしましょう．忘れてしまうと，ホストPCのCPUアーキテクチャ（つまりインテル系）を対象としたLinuxカーネルを構築する

リスト2　menuconfigの起動に必要なパッケージをインストール

```
$ sudo apt-get install libncurses5-dev libncursesw5-dev
```

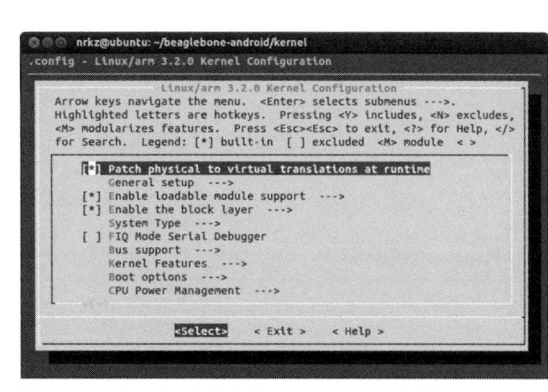

図3　Linuxカーネルを設定するmenuconfigの画面

ための設定画面が表示されます．

起動すると設定ソフトウェアの画面（**図3**）が表示されます．

このmenuconfigを利用して，Linuxカーネルに含めるデバイス・ドライバや各種設定，各種ファイル・システムなどの有効/無効を設定します．操作方法はキーボードを使って行います（**表2**）．

ます．また，多重割り込みも基本的な処理がOSによって行われるため，開発は追加すべき機能を追加するだけで目的が果たせます．

● **割り込みの代わりにシグナルを使う**

では，OSを利用した際の割り込み制御は，どのように行っているのでしょうか？マイコンでは，割り込みベクタ・テーブルや割り込み許可/不許可を設定するレジスタがあるように，OSでよく利用されているのは「シグナル」と呼ばれる信号を利用する方法です（**表A**）．

シグナルは，POSIX（LinuxやUNIX系OSの基本的な規格）で決められており，Windows系OSでも，このシグナルの一部が利用できます．

また，CPUからこれらシグナルがどのような経路で発生しているかは，CPUの性能によって異なります．ただ決まっているのは，POSIXで決められたシグナルは，CPUにかかわらず同じように発

表A　主なシグナル

シグナル・イベント	意　味
SIGINT	キーボードからの割り込み発生
SIGQUIT	終了指示
SIGILL	無効なCPU命令を実行しようとした
SIGFPE	浮動小数点演算で例外が発生
SIGKILL	強制終了
SIGSEGV	不正なメモリ・アクセス
SIGALRM	タイマ通知
SIGSTOP	プロセスを停止する

生することです．

その経路が見えなくて不安ということであれば，LinuxなどのOSではソース・コードが公開されているので，そのソース・コードを追っていけばどのような流れで動作しているかを知ることができますし，場合によってはソース・コードを修正することも可能です．

91

では，I²Cのデバイス・ドライバを有効にします．Linuxカーネルが対応しているI²Cのデバイス・ドライバは数種類あります．BeagleBone BlackのSoCに対応したI²Cのデバイス・ドライバは「OMAP I2C Adapter」なので，このデバイス・ドライバを組み込み型として有効にします．

menuconfigのメニューを「Device Drivers」-「I2C Support」-「I2C Hardware bus support」-「OMAP I2C Adapter」の順に選択します．OMAP I2C Adapterの左側が*（アスタリスク）となるようスペース・キーを数度押します（図4）．

それが終わったら，ESCキーを2回押して，階層を上にさかのぼり，セーブ画面で設定ファイル（.config）を保存します（図5）．

▶ Linuxカーネルの再構築

Linuxカーネルを再構築します．

```
$ make ARCH=arm uImage
```

Linuxカーネルのビルドは，先の設定ファイル（.configファイル）の内容を元に行われます．

ビルドが終了すると，beaglebone-android/kernel/arch/arm/bootディレクトリにLinuxカーネル（uImageファイル）が生成されているので，このuImageファイルをmicroSDカードのブート・パーティションへ上書きコピーします．

このmicroSDカードで起動した後は，起動ログで

表2 menuconfigの操作方法

キー	機能
カーソル・キー	カーソル移動
Enterキー	サブメニュー選択
\<ESC\>\<ESC\>	Exit
/	検索

モジュールの指定

[*]	組み込み指定
[M]	モジュール指定
[ ]	指定なし

column3 I²Cのデバイス・ドライバはどれを選べばよいのか？

Linuxカーネルの設定項目には，I²Cのデバイス・ドライバとして選択可能な項目が多数ありました．では，これらデバイス・ドライバのうち，どのデバイス・ドライバを選択するのがよいのでしょうか？

一番確実なのが，すべてのI²Cのデバイス・ドライバを組み込み型として有効化することです．これでかなりの確率で動作することでしょう．しかし，この方法はむだが多くなりがちです．それは，本来必要なI²Cのデバイス・ドライバは一つだけで，ほかのデバイス・ドライバはメモリを占有するだけで全く使われないためです．

従って，通常はSoCなどハードウェアのデータシートを読み，掲載されているI²Cのコントローラを特定し，そのコントローラに合ったデバイス・ドライバを有効にします．

今回の場合は，BeagleBone BlackのSoCは，テキサス・インスツルメンツのOMAP3（AM3359）を搭載しているので，「OMAP I2C Adapter」というOMAP向けのI²Cコントローラのデバイス・ドライバを有効化しています．

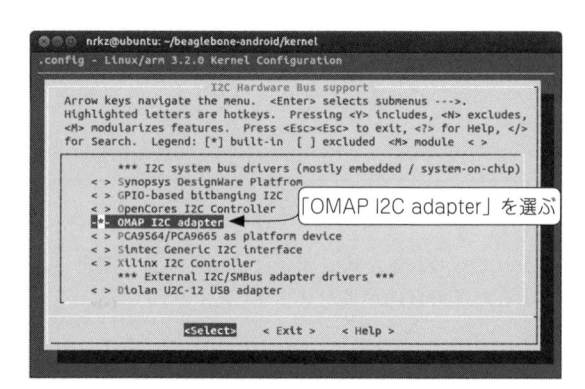

図4 I²C（OMAP I2C Adapter）を有効化する

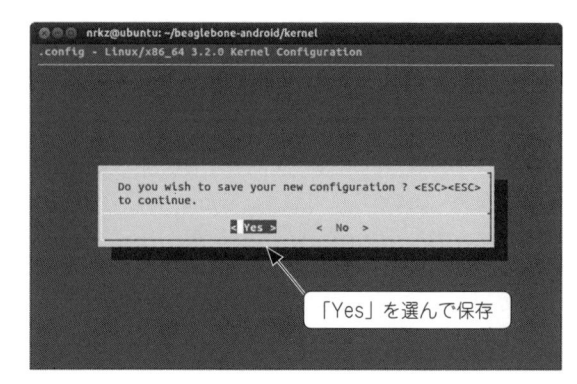

図5 Linuxカーネルの設定ファイルを保存する

指定したデバイス・ドライバが有効化されているか確認しておきましょう．

起動後は，先のI2Cのデバイス・ドライバ（OMAP I2C Adapter）が有効になっていると，/devディレクトリ以下にi2c-1，i2c-3ファイルというデバイス・ファイルが生成されています（**リスト3**）．ここでは，I2C2（/dev/i2c-3ファイル）に加速度センサを接続します．

拡張端子の設定を確認する

次に，BeagleBone Blackの拡張端子の設定を確認します．先のGPIOの場合と同様に，利用する拡張端子の初期モードと必要であればモードの変更を行います．では確認していきましょう．

加速度センサを接続するI2C2は拡張端子P9の19番ピン，20番ピンに割り当てられています．それらのピンの状態を確認してみましょう（**表3**，**リスト4**）．

確認するには，Androidのターミナルからこれらのピンに割り当てられているデバイス・ファイルを表示します．これら拡張端子のデバイス・ファイルは，/sys/kernel/debug/omap_muxディレクトリに作成され，ピンごとのデバイス・ファイルは，モード1の名称が割り当てられています．これを**表3**と照らし合わせてみると，19番ピンは，/sys/kernel/debug/omap_mux/uart1_rtsnファイル，20番ピンは/sys/kernel/debug/omap_mux/uart1_ctsnファイルに割り当てられていることが分かります．

では，それぞれのピンはどのモードが割り当てられ

リスト3　I2Cのデバイス・ファイルがある

```
root@android:/ # ls -l /dev/i2c*
crw------- root     root     89,   1 2000-01-01 00:00 i2c-1
crw------- root     root     89,   3 2000-01-01 00:00 i2c-3
```

ているか確認してみましょう（**リスト4**）．

ここで重要になってくるのが「mode: OMAP_MUX_MODE?」と書かれている個所です．**リスト4**の結果を見ると，19番ピンはモード3，つまりI2C2_SCL，20番ピンはモード3，つまりIC2C_SDAが割り当てられていることが分かります．

結果として，デフォルトのままでI2C2が利用できることが分かりました．

もし，モードを変更する場合は起動時にモードを変更する必要があります．先のGPIOではinit.rcファイルでモードを切り替えました．

i2c-toolsを使った加速度センサの動作確認

この段階で，BeagleBone Blackの拡張端子に加速

リスト4　拡張端子P9の19番ピン，20番ピンの設定内容を確認する

```
# cat /sys/kernel/debug/omap_mux/uart1_rtsn       ← 拡張端子P9 19番ピンの設定
name: uart1_rtsn.i2c2_scl (0x44e1097c/0x97c = 0x0073), b NA, t NA
mode: OMAP_MUX_MODE3 | AM33XX_PIN_INPUT_PULLUP | AM33XX_SLEWCTRL_SLOW
signals: uart1_rtsn | NA | NA | i2c2_scl | spi1_cs1 | NA | NA | gpio0_13

# cat /sys/kernel/debug/omap_mux/uart1_ctsn
name: uart1_ctsn.i2c2_sda (0x44e10978/0x978 = 0x0073), b NA, t NA
mode: OMAP_MUX_MODE3 | AM33XX_PIN_INPUT_PULLUP | AM33XX_SLEWCTRL_SLOW
signals: uart1_ctsn | NA | NA | i2c2_sda | spi1_cs0 | NA | NA | gpio0_12       ← 拡張端子P9 20番ピンの設定
```

表3　拡張端子P9の19番ピン，20番ピンの設定可能な機能

ピン番号	プロセッサのピン番号	名称	モード0	モード1	モード2	モード3	モード4	モード5	モード6	モード7
1, 2						GND				
3, 4						DC_3.3V				
5, 6						VDD_5V				
7, 8						SYS_5V				
9						PWR_BUT				
10	A10	SYS_RESET				RESET_OUT				
11	T17	UART4_RXD	gpmc_wait0	mii2_crs	gpmc_csn4	rmii2_crs_dv	mmc1_sdcd		uart4_rxd_mux2	gpio0[30]
…	…									
19	D17	I2C2_SCL	uart1_rtsn	timer5	dcan0_rx	I2C2_SCL	spi1_cs1			gpio0[13]
20	D18	I2C2_SDA	uart1_ctsn	timer6	dcan0_tx	I2C2_SDA	spi1_cs0			gpio0[12]
…	…									

第2部 組み込みAndroid入門コース

表4 envsetup.shを実行することで利用できるようになる主要コマンド

コマンド名	概要
croot	ソース・コード・ツリーの先頭に移動する
m	ソース・コード・ツリーの先頭からビルドを実行する
mm	カレント・ディレクトリのすべてのモジュールをビルドする
mmm	指定したディレクトリのすべてのモジュールをビルドする
cgrep	C/C++ ファイルに対して grep する
jgrep	Java ファイルに対して grep する
resgrep	res/*.xml ファイルに対して grep する
godir	そのファイルが含まれているディレクトリに移動する

度センサ・モジュールが接続され，LinuxカーネルではI^2Cのデバイス・ドライバが有効になっているので，加速度センサの制御ができるようになっている"はず"です．

ここで"はず"と書いたのは，本当に加速度センサ・モジュールが正しくLinuxカーネルに認識されているか，確証が取れていないためです．

そこで，LinuxカーネルからI^2Cモジュールへ正常にアクセスできるか，i2c-toolsというソフトウェアを利用して確認してみます．i2c-toolsは，I^2Cデバイスを制御するのに必要な複数のコマンドから構成されており，I^2Cの接続確認やテストに非常に役立ちます．

● ソース・コードのダウンロードとビルド

▶ソース・コードのダウンロード

まず最初に，i2c-toolsのソース・コードをダウンロードします．i2c-toolsの公式サイト（http://www.lm-sensors.org/wiki/I2CTools）からソース・コードをダウンロードします．ここでは，i2c-tools ver 3.1.0

（i2c-tools-3.1.0.tar.bz2ファイル）を利用しました．

▶ソース・コードのビルド

次に，このソース・コードをビルドします．そのためには，あらかじめ，build/envsetup.shファイルをシェル上で実行して，ビルドで利用するコマンドを有効化しておく必要があります（**表4**）．

i2c-toolsをAndroidのターミナル上で動作するようビルドするには，i2c-tools向けAndroid.mkファイル（**リスト6**）が必要なので，あらかじめ作成しておき，i2c-toolsのソース・コードと同じフォルダに設置したあとに，i2c-toolsをビルドします（**リスト5**）．

▶ファイルのコピー

ビルド後は，i2c-toolsのコマンド群（i2cdetect, i2cget, i2cset, i2cdump）は，out/target/product/beagleboneblack/system/bin/ディレクトリに出力されます．この出力先のパスを見ることで，コピー先（Androidのユーザ・ランドのディレクトリ）が分かります（**表5**）．

この情報を元に，i2c-toolsのコマンド群は，

リスト5 i2c-toolsをビルドする

```
$ cd $HOME/beaglebone-android
$ export TARGET_PRODUCT=beagleboneblack      ◀── ターゲット・デバイスを指定する
$ source build/envsetup.sh
$ tar xvf i2c-tools-3.1.0.tar.bz2            ◀── 各種ビルド用コマンドを有効化する
$ mv i2c-tools-3.1.0 ~/beaglebone-android/hardware/
$ cp Android.mk ~/beaglebone-android/hardware/i2c-tools-3.1.0
$ cd ~/beaglebone-android/hardware/i2c-tools-3.1.0
$ mm
make: ディレクトリ `/home/nrkz/beaglebone-android' に入ります
target thumb C: i2c-tools <= hardware/i2c-tools-3.1.0/tools/i2cbusses.c
target thumb C: i2c-tools <= hardware/i2c-tools-3.1.0/tools/util.c
target StaticLib: i2c-tools (out/target/product/beagleboneblack/obj/STATIC_LIBRARIES/i2c-tools_intermediates/i2c-tools.a)
target thumb C: i2cdetect <= hardware/i2c-tools-3.1.0/tools/i2cdetect.c
target Executable: i2cdetect (out/target/product/beagleboneblack/obj/EXECUTABLES/i2cdetect_intermediates/LINKED/i2cdetect)
target Symbolic: i2cdetect (out/target/product/beagleboneblack/symbols/system/bin/i2cdetect)
target Strip: i2cdetect (out/target/product/beagleboneblack/obj/EXECUTABLES/i2cdetect_intermediates/i2cdetect)
Install: out/target/product/beagleboneblack/system/bin/i2cdetect
target thumb C: i2cget <= hardware/i2c-tools-3.1.0/tools/i2cget.c
   （中略）
Install: out/target/product/beagleboneblack/system/bin/i2cdump
make: ディレクトリ `/home/nrkz/beaglebone-android' から出ます
$ cp ~/beaglebone-android/out/target/product/beagleboneblack/symbols/system/bin/i2c* /media/rootfs/system/bin/
```

第4章 3軸加速度センサ・アプリケーションの製作

リスト6　i2c-tools向けAndroid.mkファイル

```
# http://boundarydevices.com/i2c-tools-under-android/ より引用
LOCAL_PATH:= $(call my-dir)

include $(CLEAR_VARS)
LOCAL_MODULE_TAGS := eng
LOCAL_C_INCLUDES += $(LOCAL_PATH) $(LOCAL_PATH)/$(KERNEL_DIR)/include
LOCAL_SRC_FILES := tools/i2cbusses.c tools/util.c
LOCAL_MODULE := i2c-tools
include $(BUILD_STATIC_LIBRARY)

include $(CLEAR_VARS)
LOCAL_MODULE_TAGS := eng
LOCAL_SRC_FILES:=tools/i2cdetect.c
LOCAL_MODULE:=i2cdetect
LOCAL_CPPFLAGS += -DANDROID
LOCAL_SHARED_LIBRARIES:=libc
LOCAL_STATIC_LIBRARIES := i2c-tools
LOCAL_C_INCLUDES += $(LOCAL_PATH) $(LOCAL_PATH)/$(KERNEL_DIR)/include
include $(BUILD_EXECUTABLE)

include $(CLEAR_VARS)
LOCAL_MODULE_TAGS := eng
LOCAL_SRC_FILES:=tools/i2cget.c
LOCAL_MODULE:=i2cget
LOCAL_CPPFLAGS += -DANDROID
LOCAL_SHARED_LIBRARIES:=libc
LOCAL_STATIC_LIBRARIES := i2c-tools
LOCAL_C_INCLUDES += $(LOCAL_PATH) $(LOCAL_PATH)/$(KERNEL_DIR)/include
include $(BUILD_EXECUTABLE)

include $(CLEAR_VARS)
LOCAL_MODULE_TAGS := eng
LOCAL_SRC_FILES:=tools/i2cset.c
LOCAL_MODULE:=i2cset
LOCAL_CPPFLAGS += -DANDROID
LOCAL_SHARED_LIBRARIES:=libc
LOCAL_STATIC_LIBRARIES := i2c-tools
LOCAL_C_INCLUDES += $(LOCAL_PATH) $(LOCAL_PATH)/$(KERNEL_DIR)/include
include $(BUILD_EXECUTABLE)

include $(CLEAR_VARS)
LOCAL_MODULE_TAGS := eng
LOCAL_SRC_FILES:=tools/i2cdump.c
LOCAL_MODULE:=i2cdump
LOCAL_CPPFLAGS += -DANDROID
LOCAL_SHARED_LIBRARIES:=libc
LOCAL_STATIC_LIBRARIES := i2c-tools
LOCAL_C_INCLUDES += $(LOCAL_PATH) $(LOCAL_PATH)/$(KERNEL_DIR)/include
include $(BUILD_EXECUTABLE)
```

リスト8　I²Cバスの一覧を確認する

```
root@android:/ # i2cdetect -l
i2c-1 i2c        OMAP I2C adapter        I2C adapter
i2c-3 i2c        OMAP I2C adapter        I2C adapter
```

リスト9　/dev/i2c-3デバイスの状況を確認する

```
root@android:/# i2cdetect -F -y 3
Functionalities implemented by /dev/i2c-3:
I2C                              yes
SMBus Quick Command              no
SMBus Send Byte                  yes
SMBus Receive Byte               yes
SMBus Write Byte                 yes
SMBus Read Byte                  yes
SMBus Write Word                 yes
SMBus Read Word                  yes
SMBus Process Call               yes
SMBus Block Write                yes
SMBus Block Read                 no
SMBus Block Process Call         no
SMBus PEC                        yes
I2C Block Write                  yes
I2C Block Read                   yes
```

● 動作確認の方法

では，先ほど生成したi2c-toolsのコマンド群を使って，加速度センサ・モジュールが正常にLinuxカーネルで認識されているか確認してみましょう．

▶ I²Cバスの一覧

i2cdetectが認識しているI²Cバスの一覧を確認します（**リスト8**）．

加速度センサ・モジュールを接続しているI2C2は，i2c-3に割り当てられています．では，i2c-3の接続状況を確認していきましょう．

▶ I2C2の情報

I2C2の情報を取得します．この情報を元に，そのI²Cへアクセスする際，どのような関数やコマンドが利用できるかが分かります．取得するには，i2cdetectコマンドに-Fオプションを付けて実行します（**リスト9**）．

microSDカードのrootfsパーティションの/system/binディレクトリにコピーします（**リスト7**）．

i2cdetectコマンドで特定のI²Cを指定するには，バス番号［/dev/i2c-?（?は数字）の?に当たる数字］を指定します．

表5　出力パスの意味の内訳

Install: out/target/product/beagleboneblack/system/bin/i2cdetect

このメッセージは次の三つの情報を出力している

out/target/product/beagleboneblack	ターゲット名（環境変数TARGET_PRODUCTで指定）
/system/bin	ユーザ・ランドで配置ディレクトリ名
i2cdetect	ファイル名

リスト7　i2c-toolsコマンド群をmicroSDカードにコピーする

```
$ cp ~/beaglebone-android/out/target/product/beagleboneblack/system/bin/i2c* /media/rootfs/system/bin/
```

第2部　組み込みAndroid入門コース

リスト10　i2cdetectコマンドで/dev/i2c-3に接続されているデバイスを確認する

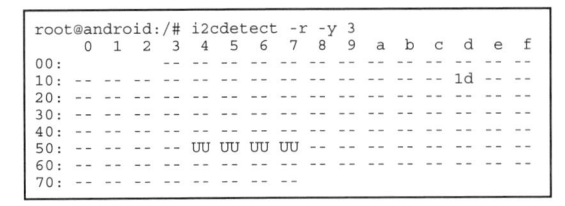

```
root@android:/# i2cdetect -r -y 3
     0  1  2  3  4  5  6  7  8  9  a  b  c  d  e  f
00:          -- -- -- -- -- -- -- -- -- -- -- -- --
10: -- -- -- -- -- -- -- -- -- -- -- -- -- 1d -- --
20: -- -- -- -- -- -- -- -- -- -- -- -- -- -- -- --
30: -- -- -- -- -- -- -- -- -- -- -- -- -- -- -- --
40: -- -- -- -- -- -- -- -- -- -- -- -- -- -- -- --
50: -- -- -- UU UU UU UU UU -- -- -- -- -- -- -- --
60: -- -- -- -- -- -- -- -- -- -- -- -- -- -- -- --
70: -- -- -- -- -- -- --
```

▶クライアント・アドレスの確認

次に，接続したI²Cのデバイスのクライアント・アドレスが正しく認識されているか確認します．

確認する際には，接続したI²Cのデバイスのクライアント・アドレスが表示されているかどうかで確認します．今回接続した加速度センサ・モジュールのクライアント・アドレスは0x1dです．では，確認してみましょう（**リスト10**）．

その結果，0x1dが表示されています．つまり，加速度センサ・モジュールが正常に認識されていることが確認できました．

▶加速度センサ・モジュールから値を取得

次に，加速度センサ・モジュールから値を取得してみます．

I²Cデバイスは，レジスタ（アドレス：0x00～0xFF）にそれぞれ役割が割り当てられています．

I²Cデバイスから値を取得するコマンドには，i2cgetコマンド，i2cdumpコマンドがあります（**リスト11**）．i2cgetコマンドでは，特定レジスタ・アドレスの値を取得するなどバイト単位で値を取得するときに利用します．i2cdumpコマンドは，指定したデバイスのレジスタ・アドレスのすべての値を参照したい場合に利用します．

ここでは，i2cgetコマンドを利用してレジスタ・アドレス0x0aから1バイト取得してみます．

```
# i2cget -y 3 0x1d 0xd b
0x2a
```

使用した加速度センサは，正常に接続されていると値として0x2aが取得できることが仕様として決められています．

▶加速度の値を取得

次に加速度の値を実際に取得してみましょう．

まず，この加速度センサ・モジュールの仕様として以下のことが決まっています（詳細は加速度センサ・モジュールのドキュメントを参照）．

- 起動直後はスタンバイ状態（加速度の値が取得していない）であり，アクティブ状態（加速度の値を随時取得している）にすることで加速度の値が取得可能である
- レジスタ・アドレス0x2aのビット0で，スタンバイ/アクティブ状態を切り替える（0=スタンバイ状態，1=アクティブ状態）
- 加速度の値は，X軸はレジスタ・アドレス0x01～0x02，Y軸はレジスタ・アドレス0x03～0x04，Z軸はレジスタ・アドレス0x05～0x06に格納される

では，スタンバイ状態とアクティブ状態を切り替えて，3軸の加速度が正常に取得できているか確認してみましょう．I²Cデバイスに値を設定するには，i2csetコマンドを利用します（**リスト12**）．

では，スタンバイ状態とアクティブ状態で，レジスタ・アドレス0x01～0x06の値がどのように変化するか見てみます（**リスト13**）

正確な値は簡単には読み取れませんが，少なくともセンサが傾くことによって加速度の値（0x01～0x06）が変化していることが見て取れます．

加速度を取得するコマンドの作成

次に，加速度を取得するAndroidのシェル上で動作するソフトウェアを作成します．ここで作成するソフトウェアは，加速度センサ・モジュールに対応した

リスト11　i2cgetコマンドとi2cdumpコマンドの使い方

```
i2cget  <I²Cバス番号>  <クライアント・アドレス>  <レジスタ・アドレス>  <表示単位：b=バイト単位で表示>
i2cdump <I²Cバス番号>  <クライアント・アドレス>
```

リスト12　加速度センサ・モジュールのレジスタ・アドレス0x0aから1バイト取得する

```
i2cset  <I²Cバス番号>  <クライアント・アドレス>  <レジスタ・アドレス>  <書き込む値>
```

リスト13 加速度センサをスリープ状態からアクティブ状態にする

```
root@android:/ # i2cdump -y 3 0x1d b
     0  1  2  3  4  5  6  7  8  9  a  b  c  d  e  f    0123456789abcdef
00: 00 43 74 05 7c 7f 00 00 00 00 00 00 2a 00 00       .Ct?|?......*..
10: 00 80 00 44 84 00 00 00 00 00 00 00 00 00 00 00    .?.D?...........
20: 00 00 00 00 00 00 00 00 00 00 00 00 00 00 00 00    ................
(中略)
f0: 00 00 00 00 00 00 00 00 00 00 00 00 00 00 00 00    ................
root@android:/ # i2cset -y 3 0x1d 0x2a 1
root@android:/ # i2cdump -y 3 0x1d b
     0  1  2  3  4  5  6  7  8  9  a  b  c  d  e  f    0123456789abcdef
00: ff fe f0 00 a0 40 80 00 00 00 00 01 00 2a 00 00    .??.?@?....?.*..
10: 00 80 00 44 84 00 00 00 00 00 00 00 00 00 00 00    .?.D?...........
20: 00 00 00 00 00 00 00 00 00 00 01 00 00 00 00 00    ...........?....
(中略)
f0: 00 00 00 00 00 00 00 00 00 00 00 00 00 00 00 00    ................
(センサを傾ける)
root@android:/ # i2cdump -y 3 0x1d b
     0  1  2  3  4  5  6  7  8  9  a  b  c  d  e  f    0123456789abcdef
00: ff 3d 50 fe a0 0b 50 00 00 00 00 01 00 2a 00 00    .=P???P....?.*..
10: 00 80 00 44 84 00 00 00 00 00 00 00 00 00 00 00    .?.D?...........
20: 00 00 00 00 00 00 00 00 00 00 01 00 00 00 00 00    ...........?....
(中略)
f0: 00 00 00 00 00 00 00 00 00 00 00 00 00 00 00 00    ................
```

- スリープ状態のレジスタ・アドレスをダンプ表示
- スリープ状態からアクティブ状態にする
- アクティブ状態のレジスタ・アドレスをダンプ表示
- レジスタ・アドレス01〜06の値が変化している
- レジスタ・アドレス01〜06の値が前から変化している

```
/*
 * I2C接続されたMMA8452Qをオープンする
 */
int openI2C(char* deviceName){
    // I2C
    int fd = open(deviceName, O_RDWR);
    if (fd < 0) {
        perror("fail open device¥n");
        exit(-1);
    }
    // MMA8452のスレーブアドレスを設定する
    if (ioctl(fd, I2C_SLAVE, MMA8452_ADDRESS) < 0) {
        printf("Fail to set slave address to %x¥n", MMA8452_ADDRESS);
        exit(-1);
    }
    return fd;
}
```

リスト14 指定したI2Cデバイスをオープンする

HALモジュールの基礎となります．

ここでは，作成したプログラムで特に重要な，I2Cデバイスのオープン，値の取得，値の設定について解説します．ここでは部分的に解説していきます．コードの全体は，ダウンロード・サイト（http://www.cqpub.co.jp/toragi/bbb/index.htm）からダウンロードしたファイル（i2c_accel.zip）で確認してください．

i2c_accel.zipファイルに含まれるi2c-dev.h，i2c_lib.hファイルは，ビルド前にhardware/libhardware/include/hardwareディレクトリにコピーしておいてください．

● デバイスのオープン

最初にI2C接続したデバイスをオープンする処理を見てみます（**リスト14**）．

ここではopen関数で，I2Cのデバイス・ファイルを開いています．オープンした後は，ioctl関数を使ってクライアント・アドレスを指定しています．これによって，このファイル・ディスクリプタ（変数fd）を通して，このクライアント・アドレスのI2Cのデバイスにアクセスできます．

● 値の取得

デバイスから値を取得する方法を見ていきましょう（**リスト15**）．

ここでは，1バイトのレジスタ・アドレスの値を取得（readRegister関数），複数のレジスタ・アドレスの値を取得（readRegisters関数）で値を取得しています（このソース・コードでは，i2c-toolsのi2c-dev.hファイルを参考にしている）．

これらのコードを見ていくと分かるとおり，I2Cでの値の取得は，ioctl関数にファイル・ディスクリプタ

リスト15　デバイスから値を取得する

```
static inline __s32 i2c_smbus_access(int file, char read_write, __u8 command,
                     int size, union i2c_smbus_data *data)
{
  struct i2c_smbus_ioctl_data args;

  args.read_write = read_write;
  args.command = command;
  args.size = size;
  args.data = data;
  return ioctl(file,I2C_SMBUS,&args);
}

static inline __s32 i2c_smbus_read_byte_data(int file, __u8 command)
{
  union i2c_smbus_data data;
  if (i2c_smbus_access(file,I2C_SMBUS_READ,command,
            I2C_SMBUS_BYTE_DATA,&data))
    return -1;
  else
    return 0x0FF & data.byte;
}

static inline __s32 i2c_smbus_read_i2c_block_data(int file, __u8 command,
                     __u8 length, __u8 *values)
{
  union i2c_smbus_data data;
  int i;

  if (length > 32)
    length = 32;
  data.block[0] = length;
  if (i2c_smbus_access(file,I2C_SMBUS_READ,command,
            length == 32 ? I2C_SMBUS_I2C_BLOCK_BROKEN :
            I2C_SMBUS_I2C_BLOCK_DATA,&data))
    return -1;
  else {
    for (i = 1; i <= data.block[0]; i++)
      values[i-1] = data.block[i];
    return data.block[0];
  }
}

/*
 * 指定したレジスタ・アドレスから1バイト取得する
 */
static u_char readRegister(int fd, u_char addressToRead)
{
  return i2c_smbus_read_byte_data(fd, addressToRead);;
}

/*
 * 複数レジスタ・アドレスの値を取得する
 */
static void readRegisters(int fd, u_char addressToRead, int bytesToRead, u_char *dest)
{
  i2c_smbus_read_i2c_block_data(fd, addressToRead, bytesToRead, dest);
}
```

リスト17　加速度の取得

```
#define OUT_X_MSB      0x01
...
void readAccelData(int fd, int *destination)
{
  // センサから取得した生データを格納する
  // 6バイト（=1軸当たり2バイト x 3軸）
  u_char rawData[6];

  readRegisters(fd, OUT_X_MSB, 6, rawData);   // OUT_X_MBSの生データを取得する

  // 各軸の加速度（1軸当たり12ビット）を変換する
  int i;
  for(i = 0; i < 3 ; i++) {
    int gCount = (rawData[i*2] << 8) | rawData[(i*2)+1];
    gCount >>= 4;

    // マイナス値の場合は符号拡張する
    if (rawData[i*2] > 0x7F) {
      gCount = abs(gCount | 0xfffff000)*-1;
    }

    destination[i] = gCount;
  }
}

int main(int argc, char** argv)
{
  int fd = openI2C(I2C_DEVICE);
  initMMA8452(fd);

  while(1){

    int accelCount[3];
    readAccelData(fd, accelCount);

    float accelG[3];
    int i;
    for (i = 0 ; i < 3 ; i++) {
      accelG[i] = (float) accelCount[i] / ((1<<12)/(2*GSCALE));
    }
    printf("x=%f, y=%f, z=%f\n",accelG[0],accelG[1],accelG[2]);
  }

  close(fd);
  return 0;
}
```

リスト16　デバイスへ値を設定する

```
/*
 * 指定したレジスタへ1バイト書き込む
 */
static int writeRegister(int fd, u_char addressToWrite, u_char dataToWrite)
{
  u_char buf[2];
  buf[0] = addressToWrite;
  buf[1] = dataToWrite;

  if((write(fd,buf,2))!=2) {
    printf("Error writing to i2c slave\n");
    return -1;
  }
  return dataToWrite;
}
```

I2C_SMBUSを指定することで行っています．

● 値の設定

　値の設定はwrite関数で行います（**リスト16**）．このwrite関数に渡すデータ（配列）は，最初の1バイトは書き込み先のレジスタ・アドレスを指定し，2バイト目以降はその後に書き込む値が続いています．

● 加速度の取得

　次に，3軸の加速度値を取得してみます（**リスト17**）．

　加速度値は，アクティブ時にレジスタ・アドレス0x01 ～ 0x06に格納されます．1軸あたり12ビットで

第4章 3軸加速度センサ・アプリケーションの製作

リスト18　i2c_accelコマンドをビルドする

```
$ cd $HOME/beaglebone-android
$ export TARGET_PRODUCT=beagleboneblack
$ source build/envsetup.sh
$ cp i2c_accel.zip  ~/beaglebone-android/hardware/
$ cd ~/beaglebone-android/hardware/
$ unzip i2c_accel.zip
$ cd ~/beaglebone-android/hardware/i2c_accel
$ mm
============================================
PLATFORM_VERSION_CODENAME=REL
PLATFORM_VERSION=4.2.2
TARGET_PRODUCT=beagleboneblack
TARGET_BUILD_VARIANT=eng
TARGET_BUILD_TYPE=release
TARGET_BUILD_APPS=
TARGET_ARCH=arm
TARGET_ARCH_VARIANT=armv7-a-neon
HOST_ARCH=x86
HOST_OS=linux
HOST_OS_EXTRA=Linux-3.2.0-52-generic-x86_64-with-Ubuntu-12.04-precise
HOST_BUILD_TYPE=release
BUILD_ID=JDQ39
OUT_DIR=out
============================================
(中略)
make: ディレクトリ `/home/nrkz/beaglebone-android' に入ります
target thumb C: i2c_accel <= hardware/i2c_accel/i2c_accel.c
target Executable: i2c_accel (out/target/product/beagleboneblack/obj/EXECUTABLES/i2c_accel_intermediates/LINKED/
i2c_accel)
target Symbolic: i2c_accel (out/target/product/beagleboneblack/symbols/system/bin/i2c_accel)
target Strip: i2c_accel (out/target/product/beagleboneblack/obj/EXECUTABLES/i2c_accel_intermediates/i2c_accel)
Install: out/target/product/beagleboneblack/system/bin/i2c_accel
make: ディレクトリ `/home/nrkz/beaglebone-android' から出ます
```

リスト19　生成されたコマンドをコピー

```
$ cp ~/beaglebone-android/out/target/product/beagleboneblack/symbols/system/bin/i2c* /media/rootfs/system/bin/
```

リスト20　i2c_accelを実行する

```
root@android:/ # i2c_accel
x=-0.025391, y=0.012695, z=1.019531
x=-0.030273, y=0.013672, z=1.017578
x=-0.032227, y=0.011719, z=1.016602
x=-0.029297, y=0.007812, z=1.015625
x=-0.038086, y=0.011719, z=1.016602
x=-0.024414, y=0.007812, z=1.016602
            ...
```

格納されます．例えばX軸のデータであれば，0x01，0x02レジスタに値が格納され，0x01レジスタには上位8ビット，0x02レジスタには下位4ビットの値が格納されます．

また，この12ビットで負の値も返すので，マイナス値を取得した場合は値を16ビットに拡張したあとに符号反転しています．

● ビルド

では，このコードをビルドしてみましょう（**リスト18**）．あとは，生成されたコマンドを，microSDカードのユーザ・ランドの/system/binディレクトリにコピーします（**リスト19**）．

Androidのターミナルでi2c_accelコマンドを実行すると，ターミナル上に重力加速度（単位はG）が表示されます（**リスト20**）．

HALモジュールの作成

HALの概要は，Appendixで解説しました．ここでは，実装レベルまで掘り下げて見ていきます．

● HALでの処理内容

HALで各種センサ・デバイスを扱う際には，

1. センサの値を取得する
2. 上位スタック（アプリケーション・フレームワーク）の仕様に合わせて値を変換する
3. 上位スタックに渡す

といった順に処理します．

センサの値は，先ほどのi2c_accelコマンドを作成する際に，I²Cのデバイス・ファイル（/dev/i2c-3ファイル）から取得しました．HALで値を取得する際に

リスト21　3軸の定義を解説したコメント

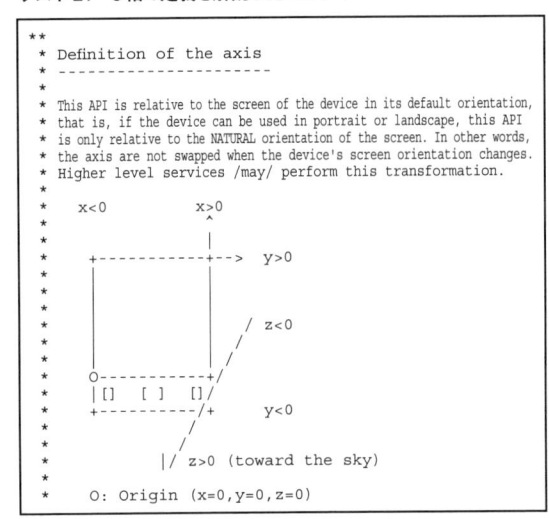

```
**
 * Definition of the axis
 * ----------------------
 * This API is relative to the screen of the device in its default orientation,
 * that is, if the device can be used in portrait or landscape, this API
 * is only relative to the NATURAL orientation of the screen. In other words,
 * the axis are not swapped when the device's screen orientation changes.
 * Higher level services /may/ perform this transformation.
 *
 *   x<0         x>0
 *                ^
 *                |
 *    +-----------+-->  y>0
 *    |           |
 *    |           |    / z<0
 *    |           |   /
 *    |           |  /
 *    O-----------+ /
 *    |[]  [ ] []/
 *    +---------+/       y<0
 *              /
 *             /
 *            |/ z>0 (toward the sky)
 *
 *   O: Origin (x=0,y=0,z=0)
```

リスト22　加速度センサの値の定義を解説したコメント

```
* SENSOR_TYPE_ACCELEROMETER
* --------------------------
*
*  All values are in SI units (m/s^2) and measure the acceleration of the
*  device minus the force of gravity.
*
*  Acceleration sensors return sensor events for all 3 axes at a constant
*  rate defined by setDelay().
*
*  x: Acceleration minus Gx on the x-axis
*  y: Acceleration minus Gy on the y-axis
*  z: Acceleration minus Gz on the z-axis
*
*  Examples:
*    When the device lies flat on a table and is pushed on its left side
*    toward the right, the x acceleration value is positive.
*
*    When the device lies flat on a table, the acceleration value is +9.81,
*    which correspond to the acceleration of the device (0 m/s^2) minus the
*    force of gravity (-9.81 m/s^2).
*
*    When the device lies flat on a table and is pushed toward the sky, the
*    acceleration value is greater than +9.81, which correspond to the
*    acceleration of the device (+A m/s^2) minus the force of
*    gravity (-9.81 m/s^2).
*
```

も，その方法がそのまま利用できます．

ただ，センサから取得した値は，センサによって取得する値の単位や精度などが千差万別で，そのまま利用できるとは限りません．

そして，上位スタックに渡すセンサの値の単位などは，それらセンサに応じて仕様が決まっています．そのため，センサから取得した値は，上位スタックのAPIの仕様に応じて変換を行ったあとに渡します．

● 単位系の定義をsensors.hから読み取る

先に，「上位スタック（アプリケーション・フレームワーク）の仕様に合わせて値を変換する」と解説しました．ここでは，上位スタック（アプリケーション・フレームワーク）のAPI仕様について解説します．

上位スタックに渡す値の仕様（ドキュメント）は，正式に書かれたドキュメントというものは存在しませんが，sensors.hファイル（beaglebone-android/hardware/libhardware/include/hardwareディレクトリにある）のコメントに書かれています．

ただ，このsensors.hのコメントも詳細に書かれているわけではなく，最低限必要な情報のみが書かれているだけであり，サンプル・コードなども存在しません．ですので，sensors.hのコメントで書かれてない（分からない）点はソース・コードを元に調べることになります．

では，sensors.hのコメントを見ていきましょう．このコメントでは，すべてのセンサの仕様について書かれていますが，ここでは，加速度センサに必要な情報に絞って見ていきます．

▶3軸の定義

最初に，3軸（X軸，Y軸，Z軸）の定義を見ていきます（リスト21）．

3軸の定義は，スマートフォンなどのモバイル機器スクリーンを使用者側に向けた場合，X軸のプラス方向は画面の下部から上部に向かって，Y軸のプラス方向は向かって左側から右側へ，Z軸のプラス方向は画面の奥から手前に向かって，といったように定義されています．

▶上位ソフトウェア・スタックに渡す値の単位

次に，上位ソフトウェア・スタックに渡す値の単位（定義）を見ていきます（リスト22）．加速度センサは，SENSOR_TYPE_ACCELEROMETERの項に書かれています．

加速度センサの値はSI単位系（m/s²）で，ディスプレイを上に向けて静止したテーブル上に置いたとき，加速度センサはZ軸方向に－1G（－9.81m/s²）の値を返すようにしなければなりません．

● ソース・コードの配置

次に，このHAL関連のソース・コードを配置する

第4章　3軸加速度センサ・アプリケーションの製作

ディレクトリを見ていきましょう．

Androidのソース・コードは，その役割などによって配置するディレクトリが決まっているため，指定された場所にソース・コードを配置しないとビルドできないことがあります．

▶ libhardware と libhardware_legacy の違い

HALに関連したソース・コードは，beaglebone-android/hardwareディレクトリ以下に配置します．このディレクトリには，大きく分けてlibhardwareディレクトリ，libhardware_legacyディレクトリ，その他ハードウェア・ベンダ名のディレクトリが配置されています．

このlibhardwareディレクトリと，libhardware_legacyディレクトリの違いはモジュールの構成方法です．

libhardware_legacyディレクトリ内のHALモジュールは，動作プラットフォームの差異を吸収できない仕組み（古い仕組み）で構築されているのに対し，libhardwareディレクトリ内のHALモジュールは，動作プラットフォームの違いに柔軟に対応できる仕組み（新しい仕組み）で構築されています．

▶ libhardware ディレクトリを使用

センサなどのハードウェア・モジュールは，新しい仕組みで構築することが多いため，ここでは，libhardwareディレクトリにソース・コードを配置して開発します．

libhardwareディレクトリは図6のように構成されています．ヘッダ・ファイルはinclude/hardware以下のフォルダへ，ソース・コードとAndroid.mkファイルは，モジュール単位で作成されたディレクトリ内に配置します．

● センサ・モジュールを作成する

では，今回利用する加速度センサ・モジュールから値を取得するHALモジュールを作成します．

加速度センサに対応したHALモジュールのソース・コードは，Androidエミュレータに含まれているセンサ・モジュールのソース・コード（~/beaglebone-android/sdk/emulator/sensors/sensors_qemu.cファイル）をベースに作成しました．

ここでは，主要な個所のみを取り上げ解説します．

詳細については，bbb_accel.zipのソース・コードを参考にしてください（http://www.cqpub.co.jp/toragi/bbb/index.htm からダウンロード可）．

▶ センサ制御用HALモジュールの定義

最初に，このHALモジュール自身がどういった用途で利用されることを目的に作成されているかを，HAL_MODULE_INFO_SYM変数で定義しています（リスト23）．

このコードでは，HARDWARE_MODULE_TAGやSENSORS_HARDWARE_MODULE_IDを指定して，このHALモジュールがセンサ制御向けであることを提示しています．次に，それらのセンサの制御に必要な関数の指定を，open_sensors関数で行っています．

▶ 登録するセンサの定義

利用できるセンサの登録を行います．この情報も，Androidのユーザ・ランド側が必要とする情報なので，あらかじめ登録する必要があります．

ここでは，以下の内容で登録を行っています．

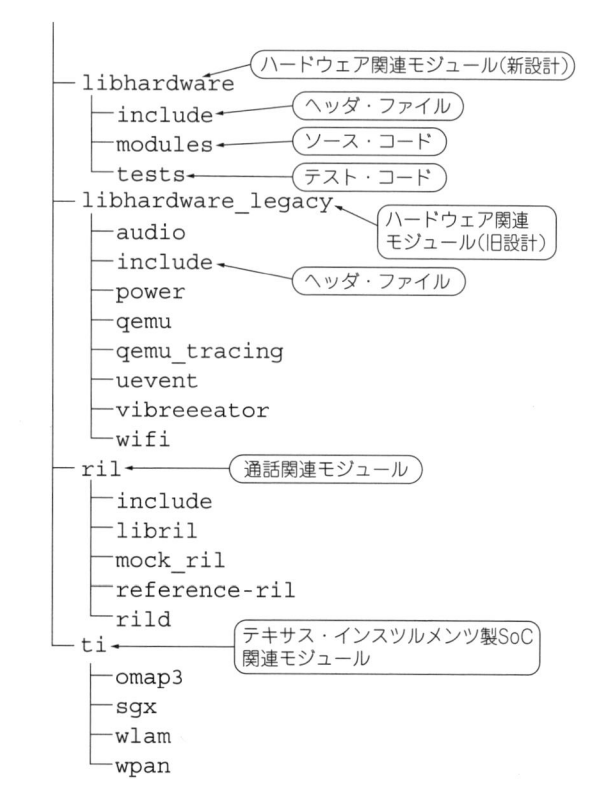

```
├─ libhardware ── ハードウェア関連モジュール（新設計）
│   ├─ include ── ヘッダ・ファイル
│   ├─ modules ── ソース・コード
│   └─ tests ── テスト・コード
├─ libhardware_legacy ── ハードウェア関連モジュール（旧設計）
│   ├─ audio
│   ├─ include ── ヘッダ・ファイル
│   ├─ power
│   ├─ qemu
│   ├─ qemu_tracing
│   ├─ uevent
│   ├─ vibreeeator
│   └─ wifi
├─ ril ── 通話関連モジュール
│   ├─ include
│   ├─ libril
│   ├─ mock_ril
│   ├─ reference-ril
│   └─ rild
└─ ti ── テキサス・インスツルメンツ製SoC関連モジュール
    ├─ omap3
    ├─ sgx
    ├─ wlam
    └─ wpan
```

図6　hardwareディレクトリの内部

101

リスト23　センサ制御用HALモジュールの定義

```
/*
 *  センサの呼び出しで利用する定義
 */
static int
open_sensors(const struct hw_module_t* module,
             const char*              name,
             struct hw_device_t*      *device)
{
    int   status = -EINVAL;

    D("%s: name=%s", __FUNCTION__, name);

    if (!strcmp(name, SENSORS_HARDWARE_POLL)) {
        SensorPoll *dev = malloc(sizeof(*dev));

        memset(dev, 0, sizeof(*dev));

        dev->device.common.tag      = HARDWARE_DEVICE_TAG;
        dev->device.common.version  = 0;
        dev->device.common.module   = (struct hw_module_t*) module;
        dev->device.common.close    = poll__close;    // センサを閉じる関数を指定
        dev->device.poll            = poll__poll;     // センサから値を取得する関数を指定
        dev->device.activate        = poll__activate; // アクティベートする関数を指定
        dev->device.setDelay        = poll__setDelay; // ディレイを設定する関数を指定
        dev->events_fd              = -1;
        dev->fd                     = -1;

        *device = &dev->device.common;
        status  = 0;
    }
    return status;
}

static struct hw_module_methods_t sensors_module_methods = {
    .open = open_sensors
};

/*
 *  センサ制御用HALモジュールとして定義
 */
struct sensors_module_t HAL_MODULE_INFO_SYM = {
    .common = {
         .tag = HARDWARE_MODULE_TAG,           // タグ指定(AOSPで決まっている値)
         .version_major = 1,                   // メジャーバージョン番号
         .version_minor = 0,
         .id = SENSORS_HARDWARE_MODULE_ID,     // ID指定(AOSPで決まっている値)
         .name = "MMA8452Q SENSORS Module",    // 名称
         .author = "Example ltd.",
         .methods = &sensors_module_methods,
    },
    .get_sensors_list = sensors__get_sensors_list
};
```

リスト24　登録するセンサの定義

```
// このHALモジュールで扱うセンサの一覧を定義
// ここでは加速度センサのみ定義している
static const struct sensor_t sSensorListInit[] = {
        { .name       = "MMA8452 3-axis Accelerometer",
          .vendor     = "N.DEMURA",
          .version    = 1,
          .handle     = ID_ACCELERATION,           // 加速度センサとして登録
          .type       = SENSOR_TYPE_ACCELEROMETER, // 加速度センサとして登録
          .maxRange   = 2.0f,                      // 最高値
          .resolution = 0.001f,                    // 分解能
          .power      = 0.17f,                     // 消費電力(A)
          .reserved   = {}
        },
};

static struct sensor_t  sSensorList[MAX_NUM_SENSORS];

/*
 *  HALモジュールで扱えるセンサのリストを取得
 *  この関数はAndroidのユーザ・ランドから呼びだされる
 */
static int sensors__get_sensors_list(struct sensors_module_t* module,
        struct sensor_t const** list)
{
    int count = 1;
    sSensorList[0] = sSensorListInit[0];
    *list = sSensorList;
    return count;
}
```

- 扱うセンサは加速度センサのみ
- 分解能などのパラメータは，MMA8452を元にする

　これら加速度センサに関係するパラメータは，配列sSensorListInitに登録しており，IDや分解能，消費電力などをMMA8452に合わせて登録しています（リスト24）．

▶加速度センサの値を取得する

　次に，加速度センサの有効／無効などの制御や，値の取得の処理のコードを見ていきます．

　先に解説したとおり，加速度センサの制御や値の取得は，先ほど作成したi2c_accelと同じ処理となります（デバイス・ファイル/dev/i2c-3をオープン，レジスタ・メモリを書き換えてステータス変更，特定レジスタ・メモリから値を取得する，など）．

第4章 3軸加速度センサ・アプリケーションの製作

表6 Android.mkファイルで利用される変数一覧

変数名	意味
LOCAL_PRELINK_MODULE	プレリンクの対象とするか指定
LOCAL_MODULE_PATH	モジュールを出力先ディレクトリを指定
LOCAL_SHARED_LIBRARIES	リンクする共有ライブラリ
LOCLA_SRC_FILES	ビルドするソース・コード
LOCAL_MODULE	出力するモジュールの名称
LOCAL_MODULE_TAGS	モジュールをプレインストールするかどうかを決める

リスト25 加速度センサの値を取得する

```
static int
data__poll(struct sensors_poll_device_t *dev, sensors_event_t* values)
{
    SensorPoll*  data = (void*)dev;
    int fd = data->events_fd;

    （中略）

    uint32_t new_sensors = 0;

    while (1) {
        {
            int accelCount[3];
            new_sensors |= SENSORS_ACCELERATION;

            // 3軸の加速度を取得
            readAccelData(data->events_fd, accelCount);

            // 重力加速度をm/s^2に変換し，上位スタックへ値を渡す
            float ax = (float) accelCount[0] / ((1<<12)/(2*GSCALE));
            float ay = (float) accelCount[1] / ((1<<12)/(2*GSCALE));
            float az = (float) accelCount[2] / ((1<<12)/(2*GSCALE));
            data->sensors[ID_ACCELERATION].acceleration.x = ax * GRAVITY_EARTH; // 重力加速度(GRAVITY_EARTH)は
            data->sensors[ID_ACCELERATION].acceleration.y = ay * GRAVITY_EARTH; // sensors.hで定義されている
            data->sensors[ID_ACCELERATION].acceleration.z = az * GRAVITY_EARTH;
        }

        （中略）

    }
    return -1;
}
```

例えば，値の取得は，**リスト25**のように処理します．作成したreadAccelData関数を使ってセンサの値を取得しています．

ここでは，上位スタックの仕様に合わせて値の単位を変換しています．加速度センサで取得した加速度の値は単位がGでしたが，HALでは上位ソフトウェア・スタックに値を渡す際には，m/s²単位でなくてはなりません．

そこで，加速度センサから取得した値に地球の重力加速度（GRAVITY_EARTH）を掛けた値を返しています．

▶Android.mkファイル

ビルドに必要なAndroid.mkファイルを解説します（**リスト26**）．

リスト26 センサ向けHALモジュールをビルドするAndroid.mkファイル

```
LOCAL_PATH := $(call my-dir)

# HAL module implemenation, not prelinked and stored in
# hw/<SENSORS_HARDWARE_MODULE_ID>.<ro.hardware>.so
include $(CLEAR_VARS)
LOCAL_PRELINK_MODULE := false
LOCAL_MODULE_PATH := $(TARGET_OUT_SHARED_LIBRARIES)/hw
LOCAL_SHARED_LIBRARIES := liblog libcutils
LOCAL_SRC_FILES := sensors.c i2c_lib.c
LOCAL_MODULE := sensors.default
LOCAL_MODULE_TAGS := eng
include $(BUILD_SHARED_LIBRARY)
```

このファイルには，いろいろな変数がありますが，これらは，**表6**の意味で利用されています．

生成されるHALモジュールのファイル名は命名規則があるので，それに従って命名する必要があります．というのは，libhardware以下で生成されるHALモジュールは，同一用途のHALモジュール（例えば

103

センサ用など)を動作プラットフォームなどに応じて複数用意した場合でも，どのHALモジュールをロードするのが一番適切かAndroidのシステムが判断してロードする仕組みを備えているからです(表7).

詳細についてはhardware/libhardware/hardware.cのソース・コードに書かれています．

そのため，LOCAL_MODULE(出力するHALモジュール名)変数には，動作するプラットフォームを決めた上で定義します．ここでは，プラットフォームなどは考慮してないので，sensors.defaultとしています．

表7 ロードするモジュールの優先順位(優先順位の高い方から検索し，見つかったモジュールがロード，利用される)

優先順位	参照するシステム・プロパティ	値	検索されるファイル名
1	ro.hardware	am335xevm	sensors.am335xevm.so
2	ro.product.board	beaglebone	sensors.beaglebone.so
3	ro.board.platform	omap3	sensors.omap3.so
4	ro.arch	-	-
5	-	-	sensors.default.so

column4　スケジューラと優先順位

● マイコン制御のスケジューラ

マイコン制御の場合は，自作のスケジューラを利用して処理を行うこともあるでしょう．スケジューラを利用することで，処理の順序を入れ替えたりして処理できるようになります．

ただ，そのようなスケジュール管理，メモリ管理などは開発者が気を配る必要があります．もし，実行中にメモリが不足した場合は，メモリが不足しないようにソース・コードを修正する必要があります．

このようなスケジューラは，マイコンそのものの機能にはないので，開発者が作成する必要があります．この場合は，開発者が自作しているためどのような処理を行っているかが分かりますし，もしほかの人が作成したものであっても，(おそらく)シン

リストA　Androidのプロセス一覧

```
# top

User 1%, System 1%, IOW 0%, IRQ 0%
User 4 + Nice 0 + Sys 5 + Idle 298 + IOW 0 + IRQ 0 + SIRQ 0 = 307

  PID PR CPU% S  #THR     VSS     RSS PCY UID     Name
 4343  0  2%  R     1   1280K    484K     root    top
  502  0  0%  S    68 777696K  46768K  fg system  system_server
 3481  0  0%  S     1      0K      0K     root    kworker/u:1
    6  0  0%  S     1      0K      0K     root    migration/0
    7  0  0%  S     1      0K      0K     root    watchdog/0
   20  1  0%  S     1      0K      0K     root    khelper
   21  1  0%  S     1      0K      0K     root    suspend
   25  0  0%  S     1      0K      0K     root    sync_supers
   26  0  0%  S     1      0K      0K     root    bdi-default
(中略)
  843  0  0%  S    26 707272K  20584K  fg nfc     com.android.nfc
  862  1  0%  S    17 705476K  31756K  bg u0_a29  com.android.launcher3
  876  0  0%  S    12 689052K  17532K  bg u0_a42  com.android.printspooler
  911  0  0%  S    16 694868K  23684K  bg u0_a4   android.process.media
  934  0  0%  S    10 686680K  16152K  bg u0_a48  com.android.smspush
 1043  0  0%  S     1   1024K    468K     dhcp    /system/bin/dhcpcd
 1087  0  0%  S    12 693844K  20612K  bg u0_a1   com.android.providers.calendar
 1148  0  0%  S    22 705476K  20196K  bg u0_a17  com.android.calendar
 1167  0  0%  S    13 691892K  20892K  bg u0_a20  com.android.deskclock
 1185  0  0%  S    16 700520K  23760K  bg u0_a22  com.android.email
 1206  0  0%  S    11 690740K  18144K  bg u0_a23  com.android.exchange
 1278  0  0%  S    10 686812K  16248K  bg u0_a7   com.android.musicfx
 1892  0  0%  S    12 690728K  22600K  bg u0_a2   android.process.acore
#+end_src
```

▶ビルド

では，ビルドしていきましょう．ビルドには，i2c_accelのビルドと同様にmmコマンドを利用します（リスト27）．

あとは，ビルド後に生成された，sensors.default.soファイルをAndroidのユーザ・ランドの/system/lib/hwディレクトリにコピーします．

● HALモジュールの動作確認

ビルドしたHALモジュールが正常に認識されているか確認してみます．

確認方法としてセンサを利用したAndroidアプリケーションを実行して確認する方法もありますが，ここでは，hardware/libhardware/tests/nusensorsディレクトリにあるtest-nusensorsコマンドを利用して確認してみます．

このコマンドでは，HALモジュールがAndroidの

リスト28　test-nusensorsコマンドをビルドする

```
$ cd ~/beaglebone-android
$ export TARGET_PRODUCT=beagleboneblack
$ source build/envsetup.sh
$ cd hardware/libhardware/tests/nusensors
$ mm
(中略)
Install: out/target/product/beagleboneblack/system/bin/test-nusensors
make: ディレクトリ `/home/nrkz/beaglebone-android' から出ます
```

表B　Androidにおけるプロセスの優先度（1の方が高く6の方が低い）

優先度	名　称	概　要
1	FORGROUND_APP	ユーザが操作中のアプリケーション
2	VISIBLE_APP	バックグラウンドで動作しているアプリケーション
3	SECONDARY_SERVER	サービス（常駐ソフトウェア）
4	HIDDEN_APP_MIN	バックグラウンドで動作していたが，今は一時停止中のアプリケーション
5	CONTENT_PROVIDER	システムにデータを送信するためのアプリケーション
6	EMPTY_APP	現在実行されていないアプリケーション

プルな実装となっているため，理解も容易なことでしょう．また，メモリ管理にしても，通常はある程度固定的にメモリ領域を確保することでしょう．

● Androidのスケジューラ

では，このような処理はAndroidではどのように処理されているのでしょうか？ 実際のところは，AndroidとLinuxでは，そのようなプロセス（Linuxでのソフトウェアの動作単位のことで，ソフトウェア一つにつき一つのプロセスが割り当てられる）の優先度などの処理順位が異なります．ここでは，Androidでの事例を解説します

Androidのシェルからtopコマンドを実行して，プロセスがどのように動作しているのか見てみましょう（リストA）．このように，プロセスの優先度が0～2までしか設定されておらず，ほとんど設定されていないような状況です．

これが，UbuntuなどのLinuxカーネルであれば，それぞれのプロセスの優先度はniceコマンドによって変更することができます．このように，プロ

セスの管理は同じLinuxカーネルであってもUbuntuとAndroidでは異なります．

Androidでは，プロセスは，そのプロセスの役割や状態によってメモリ管理にも影響します．Androidには，通常のLinuxのような仮想メモリ（スワップ・メモリなど）が存在しません．その代わりにプロセスごとに優先度が設けられており，その優先度が低いものから順に停止（kill）されるしくみとなっています（表B）．

例えば，新規にプロセスを作成した場合，そのプロセスを起動するのに必要なメモリが確保できなかったとします．その場合は，そのプロセスを起動するのに十分な空きメモリが確保できるまで，プロセスの優先順位に従い，優先度が低いプロセスから停止させられます．

そして，十分な空きメモリが確保できた時点で，プロセスの停止を止め，新規のプロセスが実行されます．このようにAndroidでは，メモリ管理なども通常のLinuxとは異なります．

システムに認識されているか程度の簡易的なチェックが可能です．では，test-nusensorsコマンドをビルドしていきましょう（リスト28）．

あとは，生成されたtest-nusensorsファイルを，microSDカードのユーザ・ランドの/system/binディレクトリにコピーします（リスト29）．

test-nusensorsコマンドを実行すると，登録されているセンサの情報が取得できます（リスト30）．

● I²Cデバイスのアセクス権限を変更

次に，I²Cのデバイス・ファイルi2cのアクセス権限を起動時に変更するように設定します．

Linuxカーネルが生成した直後のデバイス・ファイルは，管理者権限を持つユーザのみが値を取得，参照できるようになっています．しかし，ユーザ・ランドはroot以外のユーザ権限で実行されているため，その結果デバイス・ファイルにアセクスして値を取得することができません．

ここでは，先ほど作成したHALモジュールからI²Cのデバイス・ファイルに読み書きできるように，起動時にアクセス権限を変更しています（chmod 0666 /dev/i2c-3）

リスト27　センサ向けHALモジュールをビルドする

```
$ cd ~/beaglebone-android
$ export TARGET_PRODUCT=beagleboneblack
$ source build/envsetup.sh
$ cd hardware/libhardware/modules/sensors/
$ mm
============================================
PLATFORM_VERSION_CODENAME=REL
PLATFORM_VERSION=4.2.2
TARGET_PRODUCT=beagleboneblack
TARGET_BUILD_VARIANT=eng
TARGET_BUILD_TYPE=release
TARGET_BUILD_APPS=
TARGET_ARCH=arm
TARGET_ARCH_VARIANT=armv7-a-neon
HOST_ARCH=x86
HOST_OS=linux
HOST_OS_EXTRA=Linux-3.2.0-52-generic-x86_64-with-Ubuntu-12.04-precise
HOST_BUILD_TYPE=release
BUILD_ID=JDQ39
OUT_DIR=out
============================================
（中略）

make: ディレクトリ `/home/nrkz/beaglebone-android' に入ります
Import includes file: out/target/product/beagleboneblack/obj/SHARED_LIBRARIES/sensors.default_intermediates/import_includes
target thumb C: sensors.default <= hardware/libhardware/modules/sensors/sensors.c
target thumb C: sensors.default <= hardware/libhardware/modules/sensors/i2c_lib.c
target SharedLib: sensors.default (out/target/product/beagleboneblack/obj/SHARED_LIBRARIES/sensors.default_intermediates/LINKED/sensors.default.so)
target Symbolic: sensors.default (out/target/product/beagleboneblack/symbols/system/lib/hw/sensors.default.so)
Export includes file: hardware/libhardware/modules/sensors/Android.mk -- out/target/product/beagleboneblack/obj/SHARED_LIBRARIES/sensors.default_intermediates/export_includes
target Strip: sensors.default (out/target/product/beagleboneblack/obj/lib/sensors.default.so)
Install: out/target/product/beagleboneblack/system/lib/hw/sensors.default.so
make: ディレクトリ `/home/nrkz/beaglebone-android' から出ます
```

リスト29　test-nusensorsファイルをコピー

```
$ cp ~/beaglebone-android/out/target/product/beagleboneblack/system/bin/test-nusensors /media/rootfs/system/bin/
```

リスト30　test-nusensorsを実行する

```
root@android:/ # test-nusensors
1 sensors found:
MMA8452 3-axis Accelerometer
        vendor: Example ltd.
        version: 1
        handle: 0
        type: 1
        maxRange: 2.000000
        resolution: 0.001000
        power: 0.170000 mA
```

リスト31　/dev/i2c-3のアクセス権限を「読み書き可能」にする

```
# won't work.
 # Set indication (checked by vold) that we have finished this action
 #setprop vold.post_fs_data_done 1

 chmod 0666 /dev/i2c-3        ← 追加する

on boot
# basic network init
  ifup lo
  hostname localhost
```

この設定方法はinit.rcファイルで行います（リスト31）．

● 画面を回転させてみる

以上で，Androidのシステムで加速度センサの値が取得できるようになりました．この加速度センサの値

リスト32　玉転がしアプリケーションのソース・コード（抜粋）

```java
public class MainActivity extends Activity implements SensorEventListener {
  private SensorManager mSensorManager;
  private TextView mX;
  private TextView mY;
  private TextView mZ;
  private Sensor mAccelerometer;
  private GLSurfaceView mSurfaceView;
  private GLRenderer mSurfaceViewRenderer;
  private float[] gravity = { 0.0f, 0.0f, 0.0f };

  @Override
  public void onCreate(Bundle savedInstanceState) {
    super.onCreate(savedInstanceState);

    /* 加速度センサの設定 */
    mSensorManager = (SensorManager) getSystemService(SENSOR_SERVICE);
    mAccelerometer = mSensorManager.getDefaultSensor(Sensor.TYPE_ACCELEROMETER);
    setContentView(R.layout.main);

    /* 加速度表示の設定 */
    mX = (TextView) findViewById(R.id.textAccelX);
    mY = (TextView) findViewById(R.id.textAccelY);
    mZ = (TextView) findViewById(R.id.textAccelZ);

    /* GLSurfaceの設定 */
    mSurfaceViewRenderer = new GLRenderer();
    mSurfaceView = (GLSurfaceView) findViewById(R.id.sview);
    mSurfaceView.setRenderer(mSurfaceViewRenderer);
  }

  protected void onResume() {
    super.onResume();
    /* 加速度センサのリスナーを登録 */
    mSensorManager.registerListener(this, mAccelerometer,
        SensorManager.SENSOR_DELAY_NORMAL);
  }

  protected void onPause() {
    super.onPause();
    mSensorManager.unregisterListener(this);
  }

  @Override
  public void onAccuracyChanged(Sensor sensor, int accuracy) {

  }

  /*
   * センサの値が変化した時
   */
  @Override
  public void onSensorChanged(SensorEvent event) {

    float ax, ay, az;

    if (event.sensor.getType() == Sensor.TYPE_ACCELEROMETER) {

      final float alpha = 0.7f;

      gravity[0] = alpha * gravity[0] + (1 - alpha) * event.values[0];
      gravity[1] = alpha * gravity[1] + (1 - alpha) * event.values[1];
      gravity[2] = alpha * gravity[2] + (1 - alpha) * event.values[2];

      ax = event.values[0] - gravity[0];
      ay = event.values[1] - gravity[1];
      az = event.values[2] - gravity[2];

      // センサの値を表示する
      mX.setText(String.valueOf(ax));
      mY.setText(String.valueOf(ay));
      mZ.setText(String.valueOf(az));

      mSurfaceViewRenderer.setOffset(-ax / 2.0f, -ay / 2.0f);
    }
  }
}
```

図7 玉転がしアプリケーションの画面

は，画面の向きを変更するといったシステム側でも参照しています．

加速度センサを傾けると，加速度センサの傾きに合わせてホーム画面が回転します（スマートフォンを傾けると，縦長画面，横長画面が切り替わる，あの機能）．

つまり，電卓アプリケーションなど，縦長画面，横長画面に対応したアプリケーションを起動している場合，加速度センサを傾けると画面の向きも，変わります．

アプリケーションの作成

この加速度センサを利用したアプリケーションを作成します．開発するアプリケーションは，今回利用したBeagleBone Black＋加速度センサ専用ではなく，通常のAndroidを搭載したスマートフォンでも動作します．これは，加速度センサの違いといったセンサの違いは，すべてアプリケーション・フレームワークまでのレイヤで吸収されるため，アプリケーションに影響しません．

ビルド方法，実行方法については，先のGPIOを制御したアプリケーションと同じなので，ここではソース・コードの解説を主に行います．

このソース・コードのアーカイブBBBAccel.zipは，CQ出版社のウェブ・サイトhttp://www.cqpub.co.jp/bbb/index.htmからダウンロードできます．

● 玉転がしアプリケーション

ここでは，加速度センサが傾いた方向に四角い板（ポリゴン）が移動するアプリケーションを作成していきます（ちょうど板の上にビー玉を置いて転がすイメージ．**図7**）．

この移動速度はセンサの傾き具合で変化します．傾きが急になれば，その分，移動速度が速くなります．

● ソース・コード

では，ソース・コードを見ていきましょう（**リスト32**）．

まず，加速度センサを有効化しています．この加

度センサの値は先ほど接続した加速度センサの値を表示しています．

また，アプリケーション内部でセンサを有効にするにはセンサ・リスナを登録する必要があります．

● **アプリケーションを実行する**

では，アプリケーションを起動したあと，加速度センサを傾けてみましょう．

加速度センサには3軸の→が書かれています．その方向に傾けることで移動します．X軸方向に傾けることで左右に移動します．Y軸方向に傾けることで画面の上下に四角が移動します．また傾きが大きければ大きいほど速く移動します．

また，センサから取得した値も合わせて画面に表示します．

まとめ

このように，BeagleBone Black，I^{2}C接続の加速度センサ・モジュール，Androidを利用して加速度センサを利用したアプリケーションが動くようになりました．

BeagleBone BlackとAndroidを利用することで，これまではハードウェアをそろえるだけもたいへんだった環境が，安価にしかも自由に拡張できる環境が目の前にあることが分かったかと思います．

Androidは，オープン・ソース・ソフトウェアなので，自由に改造することができます．みなさんもこのBeagleBone BlackとAndroidを利用して，いろいろなデバイスを作成してみてはいかがでしょうか．

第3部　Linux & Android 環境構築コース

イントロダクション
introduction

BeagleBone Black を使い切るために
遊び倒しは環境構築から始まる

石井 孝幸

パワフル・ボード・コンピュータ BeagleBone Black

　BeagleBone Blackは，ARM Cortex-A8をコアに持つテキサス・インスツルメンツ製SoCを使用した低価格のシングル・ボード・コンピュータです．

　先に発売されたBeagleBoneと同じ6cm×9cmのサイズに，1GHzのARMプロセッサと512Mバイトの DDR3メモリ，2GバイトのeMMC，100Base-Tイーサネット・ポート，およびUSB 2.0のホスト/デバイスをそれぞれ1個ずつ搭載した非常にパワフルなボード・コンピュータとなっています．

　初代のBeagleBoneの弱点であった表示系には，HDMIのトランスミッタICを搭載しつつ，Linuxの開発では使用頻度の低いJTAG関連のサポートを省くことにより価格を初代BeagleBoneのおよそ半額の45ドルとしています．

　最近盛り上がっているARMプロセッサを使用したLinuxボードのなかでも，費用対効果の非常に高いボードとなっています．

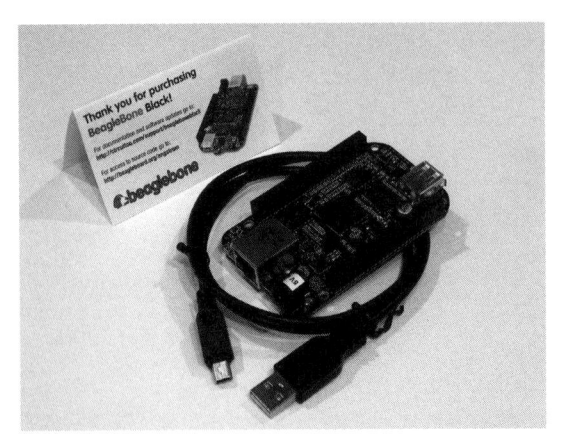

　購入方法も，アマゾンのような一般的なウェブ通販サイトや秋葉原のリアル・ショップでも購入が可能となっており，非常に導入のしやすいLinuxボードとなっています．

● Ångström Linux プレインストール済み

　BeagleoBone Blackには，オンボードで2GバイトのeMMCが搭載されており，この中にÅngström Linuxが書き込まれています．

　つまり，OSがプレインストールされているPCと同じ状態での販売となっているので，USBハブを介してキーボード，マウスを接続し，microHDMIのコネクタにHDMI入力端子付きのLCDディスプレイを接続すれば，GNOMEデスクトップのLinuxを搭載したコンピュータ環境が構築可能です．

● 付属USBケーブルでPCに繋ぐだけで使える

　また，ホストとなるPCを用意して，付属のUSBケーブルでBeagleBone BlackとPCを接続すれば，最小限の構成で動作確認が行える状態となっています．

　USBのインターフェースが使用できるPCがあれば，BeagleBone Blackを買って箱を開ければPCにUSB接続するだけでLinuxが動き出します．では，早速箱を開けてPCに繋いでみましょう．

まずはPCと繋いでみよう

　BeagleBone Blackを購入したら，早速，箱の中身を確認しましょう．箱の中にはボードとUSBケーブルが入っているので（**写真1**），あとはUSBインターフェースが使用できるホストPCを用意すれば，最低

写真1　箱から取り出したBeagleBone Black

イントロダクション　遊び倒しは環境構築から始まる

限の機材の用意ができます．BeagleBone BlackとPCを繋いでBeagleBone Blackを起動してみましょう．

BeagleBone Blackの消費電流は，ボード単体では5V/500mAとなっていてUSBバス・パワー駆動が可能となっています．

USBホスト・インターフェースにUSB機器を接続したり拡張端子に実験機材を繋いだりする場合には，必要な容量の外部電源を別途用意する必要があります．

● USBケーブル接続でブート開始

ボードとPCをケーブルで接続するとブートを開始します．USER3 LEDがブート中のPCのハードディスクを示すかのように点滅していると思いますが，実際USER3 LEDはeMMCへのアクセス・インジケータになっています．

▶USER LEDの意味

各USER LEDは，名前のとおりユーザが自由に使用することができますが，デフォルトでは次の状態を表しています．

・USER0：Linuxカーネルの心音計
・USER1：microSDカードのアクセス・インジケータ
・USER2：Linuxカーネルが非アイドル中
・USER3：オンボードeMMCアクセス・インジケータ

USER0の心音計（heartbeat）は，Linuxカーネルが動作中は一定間隔で点滅を繰り返すことで，Linuxカーネルが正常に動作していることを表しています．

● イーサネット・オーバUSBで接続

しばらくしてLinuxの起動が完了すると，ホストPCにBeagleBone BlackがUSBで接続されたのでドライバをインストールする旨のポップアップが表示されるはずです．

USBメモリとして認識されて，ホストPC上に追加されたBEAGLEBONEドライブ内のSTART.htmファイルか，BeagleBone.orgのGetting Startedのウェブ・ページ（http://beagleboard.org/Getting%20Started）を参照してドライバをインストールしてください．

BeagleBone Blackがブートしてドライバのインストールが終了した状態では，BeagleBone Blackは，ホストPCとイーサネット・オーバUSB（Ethernet over USB）接続された状態となっていて，ホストPCからは，あたかもUSB‐イーサネット・アダプタを経由してBeagleBone Blackと接続されているように見えています（図1）．

● Google Chromeでアクセス

接続が正常にできていたらここでGoogle Chromeを使用してホストPCからBeagleBone Blackのウェ

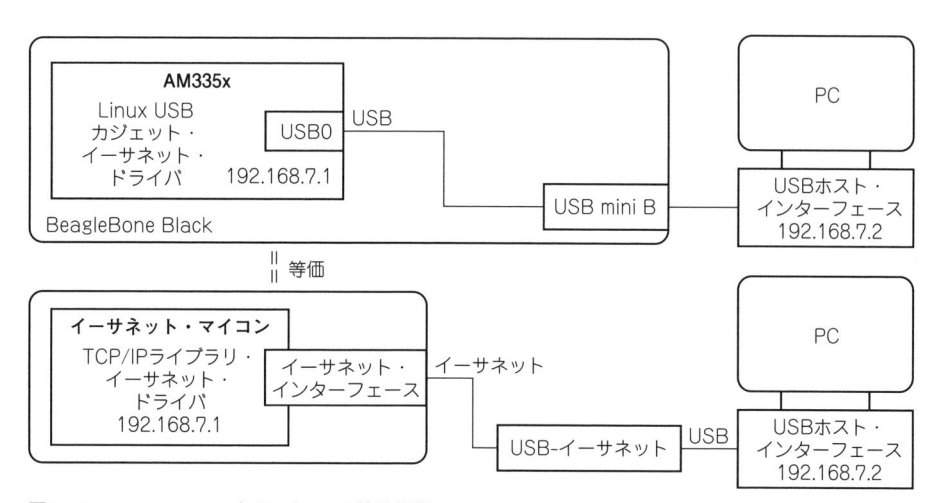

図1　BeagleBone BlackとホストPCの接続状態

111

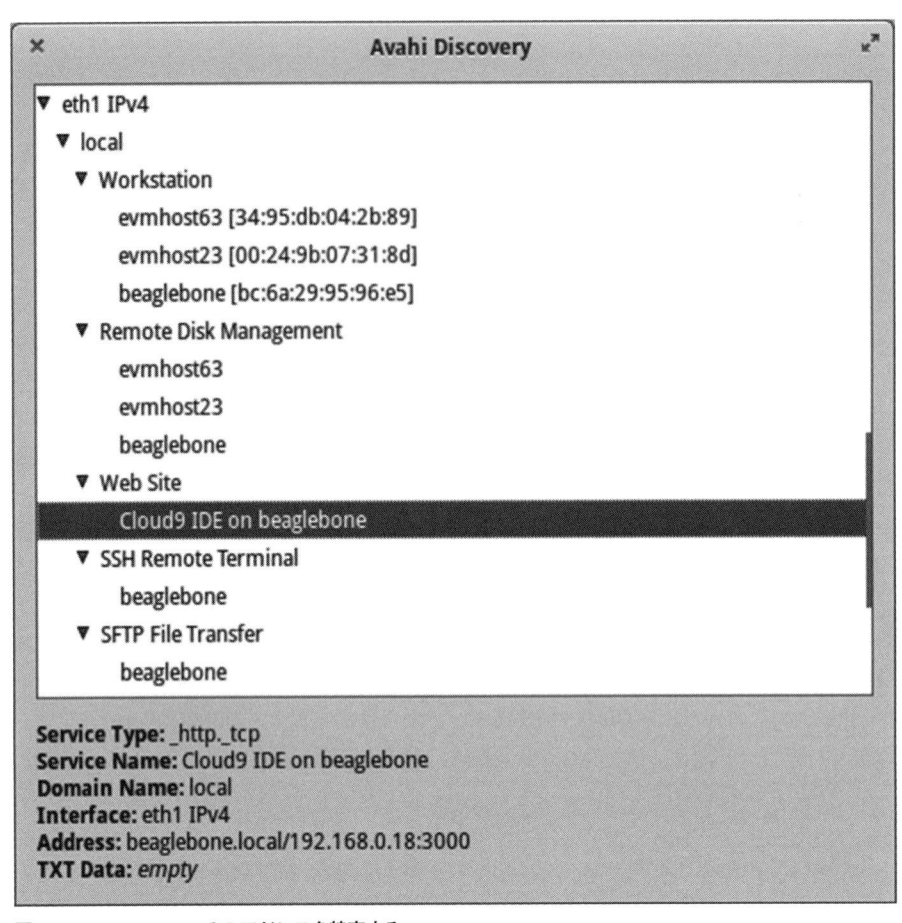

第3部 Linux & Android 環境構築コース

図2 Avahi-DiscoveryでIPアドレスを特定する

表1 BeagleBone Black活用のためのオプション構成

構成，目的	必要な物
最小構成	・BeagleBone Black ボード
	・USB（A - mini B）ケーブル（同梱）
	・ホスト PC
標準構成	・デバッグ用のシリアル・コンソール
	・microSD カード
	・USB microSD カード・リーダ/ライタ
	・イーサネット・ケーブル
	・5V AC アダプタ
Linuxを活用する場合	・microHDMI ケーブル
	・USB ハブ
	・USB キーボード
	・USB マウス
	・HDMI または DVI-D ディスプレイ
マイコンとしてペリフェラルを使用する場合	・無線 LAN アダプタなどの各種 USB 機器
	・2.54mm・ピッチのピン・ヘッダとジャンパ線，ブレッドボードなど

ブ・サーバに接続します．

ChromeのURL指定欄にBeagleBone BlackのIPアドレス192.168.7.2を入力すれば，BeagleBone Black上のウェブ・サーバに接続できるはずです．いかがでしょうか．BeagleBone Black接続を正しく認識できているでしょうか？

▶ Interner Explorerは使えない

Interner Explorerでは，BeagleBone Blackを正常に認識できないようです．現時点で，手元でで確認できているウェブ・ブラウザはGoogle Chromeのみです．

● スマートフォンからアクセス

Google Chromeであればプラットホームは選ばないので，iPhone版やAndroidスマートフォンからでも操作することが可能です．この場合は，イーサネット・オーバUSBでは接続できないので，BeagleBone Blackを有線イーサネットでWi-Fiルータに接続するなどの方法で無線化して，スマートフォンからアクセスできるようにします．

この場合は，Wi-FiルータのDHCPサーバからIPアドレスが割り振られますが，このアドレスを把握する必要があります．

デバッグ用のシリアル・コンソールが使用できる場合はログインして，ifconfigコマンドで確認するだけなのですが，BeagleBone Blackは最小構成ではシリアル・コンソールが使用できません．

このような場合でもÅngströmでは，最初からavahi-daemonが起動しているのでAvahi-Discoveryなどのマルチキャストmdnsサービスを検出して表示するアプリケーションを使用すれば，BeagleBone Blackに割り当てられたIPアドレスを特定することができます（図2）．

今後，BeagleBone Blackを活用する場合には，シリアル・コンソールはほぼ必須となるので，第4部で紹介しているいずれかの方法で使用できるようにするのがよいと思います．

周辺機器を用意して活用範囲を広げよう

● ブラウザ経由だけではもったいない

BeagleBone Black本体を購入しPCと接続すれば，ブラウザ経由でのアクセスでLEDの点灯／消灯などは試すことが可能です．

しかし，それだけではせっかくのBeagleBone Blackが宝の持ち腐れです．USBのハブ，キーボード，マウスとmicroHDMIのケーブルを用意してHDMI端子付きのモニタに接続するだけでもはるかにできることが多くなります．いろいろそろえて，ぜひBeagleBone Blackで遊び倒してみてください．

● BeagleBone Blackの活用範囲

表1のオプションがあるとBeagleBone Blackの活用範囲が広がります．

Linuxで認識可能なUSB接続の無線LANのアダプタがあれば，置き場所を選ばずにネットワークに接続できますし，USBハードディスクと組み合わせてNASを構築したりと応用範囲が広がります．

また，ピン・ヘッダやジャンパ線は拡張端子とほかの基板の接続テストやシリアル・ターミナルへの接続などに使用します．

ボード上のコネクタから出力されている各ペリフェラルの機能を使用して高性能な1GHz動作のマイコン・ボードとして使用することも可能ですし，これらのI/OやペリフェラルをLinuxのユーザ・プログラムからアクセスする方法も用意されています．

このようにBeagleBone Blackが1台あれば，mainルーチンだけのI/Oを直接動作させるだけの低レベルI/Oプログラムも，RTOSを使用した本格的な組み込みプログラムにも対応できます．

UbuntuやAndroidのような高級OSを搭載したシングル・ボード・コンピュータとしても使用可能な多彩なボードとなっているので，自由な発想でいろいろなものに応用できると思います．

第3部 Linux & Android 環境構築コース

第1章

プレインストール環境で物足りない！

最新Ångström環境の構築

石井 孝幸

eMMC上のÅngströmを最新版にしたい！

● Linux PCのように使えるBeagleBone Black

　Linuxを活用する場合，イントロダクションで挙げた機材をそろえれば，BeagleBone Blackは通常のLinux PCと同じように扱うことができます．

　注意点は，イーサネットやUSBを使用する場合，ボードの消費電流が増えるので，USBインターフェースからの500mAだけでは供給が追いつかないことです．別途5V ACアダプタを用意しましょう．

　HDMIインターフェースにディスプレイを接続した状態でプレインストールされているÅngströmを起動すると，GNOMEデスクトップ環境が起動してX Wimdow環境が使用できます．

　X端末を起動してPerlやRubyのスクリプトを走らすのも，Firefoxでウェブ・ブラウジングするのもGCCでGNUのツールをメイク，インストールするのも，Linux PCと同じように実行することが可能となります．

● 最新版にするにはPC Linux環境が必要

　このように，eMMCにプレインストール済みのÅngströmでも十分に楽しめるのですが，どうせなら最新版を使いたいのが人情でしょう．実際，筆者がこの記事用に使っているBeagleBone Blackのリビジョンが A5A と古いので，執筆時点で最新の2013.11.20のイメージを使っています．

　今後，いろいろ実験していく上でどうしても必要になってくるPC Linuxの環境をセットアップして，その上でÅngströmアップデート用のmicroSDカードを作成してみましょう．

PC Linux環境の構築

● 求められるPCの性能

　BeagleBone Blackを本格的に活用するにあたって，どうしても必要になってくるのがPC上で動作するLinux環境です．

　BeagleBone Blackのようなシングル・ボード・コンピュータの開発に使用するためのLinux PCでしたらPCの性能はそれほど必要ありません．タブレットに追いやられて使わなくなったノートPCにLinuxを直接インストールしても，パフォーマンス的には問題ありません．

　ただ，ストレージ容量がそれなりに必要なので容量の少ないSSDのみの機種では，ディスク容量が足りなくなるかもしれません．

　最近のWindows 7以降の機種ならば，仮想PC環境でも特にストレスなく作業が行えます．

▶ Androidの開発環境を構築する場合は64ビットのOSが必須

　Androidの開発環境を構築する場合には，もう少し要求スペックが高くなります．それでも，2コアのCPUに2Gバイトのメモリがあれば十分です．ただ，Androidの開発環境で1点注意が必要なのは，テキサス・インスツルメンツからリリースされているAndroidのパッケージAndroid Development Kitをビルドするためには，64ビットのOSが必須となっていることです．

　仮想PC上に環境を構築する場合には，ホストPCに64ビットOSがインストールされた4コアのCPU，4Gバイトのメモリを搭載したPCの上で仮想PCに2コアのCPUと2Gバイトのメモリを割り当てた環境ならばLinuxでもAndroidでもどちらでもストレスなく

開発が行えるでしょう．

▶初心者は仮想PC環境がお勧め

あまりPCのハードウェアやLinuxに詳しくなく，これからLinuxを勉強しようと考えている方でしたら，いろいろと失敗しても何度でも簡単にやり直しがきく仮想PC環境から始めてみることををお勧めします．

● ディストリビューションの選択

次に，使用するPC Linuxのディストリビューションを選択します．

一口にLinuxディストリビューションといっても，Windowsと異なり，見た目も機能もいろいろな特徴のあるパッケージが存在するので，慣れていないとどのディストリビューションにすればよいかを選ぶだけでも一苦労です．

▶Ubuntu 12.04の64ビット版

ディストリビューションを選択する上での制約事項としては，テキサス・インスツルメンツのパッケージを使用してAndroidの開発を行うためには64ビットOSの環境を整える必要があります．

その他の制約としては，テキサス・インスツルメンツからリリースされているLinux SDKは，サポートしているPC Linuxディストリビューションを Ubuntu 12.04に限定していることです．

それ以外は，AndroidもARM版のUbuntuもÅngströmも，PC Linuxディストリビューションの指定はないので好みの環境を自由に選択することが可能です．

特にこだわりがないようでしたらUbuntu 12.04の64ビット版ないしはその派生版を選択すれば，すべての場合に対応できることになります．

▶好みのデスクトップ環境を選択しましょう

それでも，Ubuntuのコミュニティからリリースされているものだけでも，デスクトップ環境にUNITYを使用しているUbuntuのほかにKDEを使用しているKubuntu，軽量なデスクトップ環境を売りにしているLubuntu，さらに軽量なデスクトップを使用したXubuntuなどがあります．通常はこの中から各人の好みとPCのパフォーマンスで選択すればよいと思います．

筆者も最初は何のこだわりもなかったので通常のUbuntuを選択しましたが，ALT＋TABのショートカットで開いたウィンドウを切り替える際のターミナル・ウィンドウ間の切り替え動作がどうしても許容できなくて，Lubuntuに切り替えた記憶があります．

最近では，Ubuntu 12.04をベースに作成されているelementary OSの64ビット版とLubuntuを気分に合わせて切り替えて使用しています．

● microSDカードでOSを使用する場合

プレインストールされている以外のOSを使用する場合の作業手順は，Androidの場合もLinuxの場合でも，大ざっぱに言うと次のような手順となります．

1. あらかじめ用意されているOSのイメージをインターネット上のサーバからダウンロードする
2. ダウンロードしたイメージを必要に応じて解凍してmicroSDカードに書き込む
3. 書き込んだmicroSDカードを使用してBeagle Bone Blackを起動する

microSDカード上でOSを使用する場合の作業はこれだけです．ですので慣れてしまえば難しいところは何もないのですが，PC Linuxのターミナルでコマンドを入力しないといけないので，慣れるまでは少し難しく感じるかもしれません．

ARM版のUbuntuの場合は，ダウンロードしたイメージにはウィンドウ・マネージャがインストールされていません．これだけではログイン・コンソールがキャラクタ端末で起動するので，インターネットに接続してLXDEをインストールするスクリプトを実行する必要があります．

eMMC上のÅngströmをアップデートする方法

BeageBone Blackでは，先代のBeagleBoneと異なり，オンボードにeMMCがブート用メモリとして搭載されていて，microSDカードからとオンボードのeMMCからの2種類のブートをサポートしています．

eMMC上のÅngströmを最新版のÅngströmにアップデートするには，アップデートするためのブート・イメージをmicroSDカードに書き込んで，microSDカード・ブートさせるだけで，自動でeMMCの書き

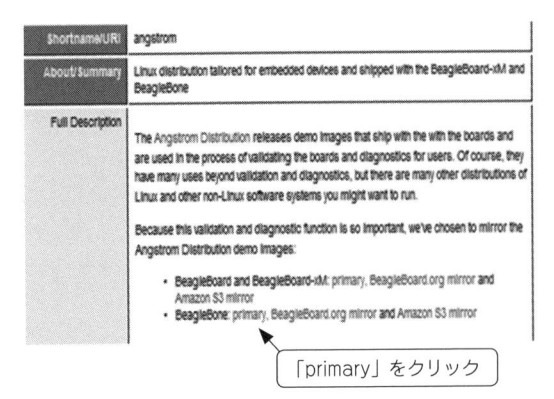

図1 イメージ・ファイルのリンク先をクリック

換えが行われます．

● アップデート用のイメージをダウンロード

まずは，Ångströmのアップデート用のイメージをダウンロードします．しかし，Ångströmのウェブ・ページは，トップ・ページにアクセスしてもどうしていいのか分からない簡素なページになっています．

BeagleBone BlackのÅngström用のイメージは，BeagleBoard.orgのウェブ・サイトにあるBeagleBone Blackのページからリンクをたどっていくのが確実です．

BeagleBone Blackのウェブ・ページの左下にBeagleBone Black Projectsフレーム内にÅngströmやAndroid，UbuntuなどBeagleBone Black上で動作するOSの各プロジェクトへのリンクが張ってあります．ここで「Angstrom Distribution」を選択すると

Ångströmのイメージ・ファイルのダウンロード・ページへのリンクを示したウェブ・ページとなります．

イメージ・ファイルのリンク先が分かりにくいのですが，中段のフレーム「Full Description」の「Beagle Bone:」の「primary」をクリックします（図1）．BeagleBoard.org mirrorやAmazon S3 mirrorは，最近メンテナンスされていないようで，最新版はprimayからしか参照できません．

図2が，primayダウンロード・サーバのファイル一覧です．Angstrom-で始まるファイルは，microSDカード上で動作させるためのファイルになります．BBB-eMMC-flasher-xxxx.xx.xx.img.xzのようなファイルが，eMMCのアップデートをするためのイメージ・ファイルです．日付の新しいものを選んでダウンロードします．

● microSDカード・イメージの書き込み

ファイル一覧の下に，microSDカード・イメージを書き込むための操作手順が記載されているので手順に従ってmicroSDカードの書き込みを行います．

1. すべてのデータを消去可能なmicroSDカードを用意して，PC LinuxにUSBカード・リーダで接続する
2. 接続したmicroSDカードがPC Linux上のどのデバイスで認識されたかを確認する
3. microSDカードのデバイスに書き込みを行う（リスト1）

最初の"sudo -s"コマンドでユーザを自分のアカウ

図2 primayダウンロード・サーバのファイル一覧

リスト1 microSDカードのデバイスに書き込む

```
bbbuser@bbbhost12:~$ sudo -s
root@bbbhost12:~# xz -dkc Downloads/BBB-eMMC-flasher-v2013.06-2013.11.20.img.xz > /dev/sdb
root@bbbhost12:~# exit
exit
bbbuser@bbbhost12:~$
```

ントからrootに変更します．以後exitコマンドまでは，root権限で実行します．exitでroot権限状態を抜けて通常のユーザに戻ったら，カード・リーダを外してmicroSDカードを取り出し，BeagleBone Blackに挿入します．このとき，BeagleBone Blackは，5V ACアダプタもUSB mini Bのケーブルも両方とも完全に抜いて，BeagleBone Blackに電源が供給されていないことを確認します．

BeagleBone BlackにmicroSDカードを確実に挿入したらブート・モードのスイッチS2を押しつつBeagleBone Blackに電源を投入します．

正直，正しくmicroSDカードがブートしたかを確認する方法がありませんが，ブートが終了してÅngströmのログイン画面がシリアル・コンソールに表示された時点でHDMIにGNOMEのデスクトップ環境が表示されなければ，microSDカード・ブートできています（リスト2）．

この状態で，すでにeMMCのアップデートが始まっています．1時間弱くらいかかるので気長に待ちましょう．

● アップデート完了！

BeagleBone Black上のLEDがすべて点灯したらeMMCのアップデートが完了です．Ångströmをシャットダウンしてmicrosdカードを抜き取り終了です．再び，5V ACアダプタ，およびUSB mini Bのケーブルを両方とも完全に抜いてから5V ACアダプタを接続してBeagleBone BlackをeMMCからブートさせます．

これで，eMMCのアップデートは完了です．ÅngströmのGUI環境が起動したでしょうか？

■ eMMCのアップデートに失敗？？？

アップデートの作業後に，eMMCからÅngström

リスト2 Ångströmのログイン画面（シリアル・コンソール）

```
[    0.902514] tilcdc 4830e000.fb: timeout waiting for framedone
systemd-fsck[86]: eMMC-Flasher: clean, 12836/218592 files, 146491/873534 blocks
[    6.334760] libphy: PHY 4a101000.mdio:01 not found
[    6.339804] net eth0: phy 4a101000.mdio:01 not found on slave 1
[   11.381093] hid-generic 0003:04CF:0022.0002: usb_submit_urb(ctrl) failed: -1
.---o---.
       o o



The Angstrom Distribution beaglebone ttyO0

Angstrom v2012.12 - Kernel 3.8.13

beaglebone login: root
Last login: Mon Mar 18 12:45:33 UTC 2013 from iMac.local on pts/0
root@beaglebone:~#
```

が起動しなくなったり，起動してもおかしな状態になってしまうようなら失敗している可能性があります．

● 途中で止めた！！

eMMCのアップデートに失敗する一番の原因は，待ちきれなくて途中で止めてしまったために，eMMC上のLinuxが不完全な状態になってしまうことです．

eMMCをアップデートするイメージは，通常のmicroSDカード上で動作する環境にeMMCを書き換える自動スクリプトを足したものとなっています．

見た目の動作は，普通にÅngströmを起動した場合とほとんど変わりません．しかも，書き込み動作が終了するまで，割と長い時間が必要なのでどうしても不安になってしまいます．

その場合は，シリアル・コンソールからroot（user：root，password：なし）でログインして，psコマンドを使って状態を確認してみましょう．

初めは，リスト3のようにMLOやu-boot.imgなどのブート用のファイルをFATパーティションにコピーします．

その後，リスト4のように，Ångströmのファイル・

第3部 Linux & Android 環境構築コース

リスト4 ファイル・システムをeMMC上のLinuxパーティションに書き込み

```
root@beaglebone:~# ps
  PID USER       VSZ STAT COMMAND
    1 root      4684 S    {systemd} /sbin/init
    2 root         0 SW   [kthreadd]
    3 root         0 SW   [ksoftirqd/0]
(中略)
  279 root      3568 S    /bin/login --
  314 root      2976 S    -sh
  348 root         0 DW   [jbd2/mmcblk1p2-]
  349 root         0 SW<  [ext4-dio-unwrit]
  354 root      2284 S    tar Jxf Angstrom-Cloud9-IDE-GNOME-eglibc-ipk-v2013.0
  355 root     10400 S    xz -d
  356 root      2332 R    ps
root@beaglebone:~#
```

リスト3 初めはMLOなどのブート用のファイルをFATパーティションにコピー

```
root@beaglebone:~# ps
  PID USER       VSZ STAT COMMAND
    1 root      4684 S    {systemd} /sbin/init
    2 root         0 SW   [kthreadd]
    3 root         0 SW   [ksoftirqd/0]
(中略)
  341 root      3380 S    /lib/systemd/systemd-udevd
  348 root         0 SW   [jbd2/mmcblk1p2-]
  349 root         0 SW<  [ext4-dio-unwrit]
  350 root      2152 D    cp MLO u-boot.img /media/1
  351 root      2332 R    ps
root@beaglebone:~#
```

システムをeMMC上のLinuxパーティションに書き込みます．

● ダウンロード・イメージがおかしい？

eMMCのアップデート・イメージに限った話ではないのですが，ウェブ・サーバから比較的大きなイメージ・ファイルをたくさんダウンロードしていると，ネットワーク回線の影響でダウンロードしたファイルの中身が壊れてしまうことがまれに起こります．

ダウンロード・イメージには，たいていMD5SUMなどのチェックサムの結果が用意されているので，これを活用すればダウンロードしたイメージ・ファイルが正しいかどうかを確認できます．

● microSDカードの状態がいまいち？

microSDカードも，状態によってはまれに書き込みに失敗することがあります．ブートの途中でカーネル・パニックを起こしたりする場合には，microSDカードを再度書き込み直してみましょう．

また，購入したての格安microSDカードを使用した場合などで，初期不良品に当たってしまうこともあります．購入したての新しいmicroSDカードは，必ずディスク・フルになるまでファイルを書き込んで少し消し，また書き込んでは少し消すというような負荷テストを行いましょう．これだけで，ある程度の初期不良品の選別が可能です．

eMMCの中身が消えてしまっても，microSDカード・ブートして何度でも書き直せるので，Linuxイメージのアップデートにぜひチャレンジしてみてください．

NFSとtftpを使ったネットワーク・ブートで開発効率アップ！

第2章 Linux SDK クロス開発環境の構築

石井 孝幸

本章では，カーネルのビルドを含めた作業環境を構築します．ここでは，テキサス・インスツルメンツのLinux SDK（ソフトウェア開発キット）を使用します．

テキサス・インスツルメンツのLinux SDKは，ARMのツールチェインを含んだ形でインストールでき，NFS（Network File System）やtftp（trivial file transfer protocol）の設定もセットアップ・スクリプトで実行してくれるので簡単です．

Linux SDKのダウンロードとインストール

● テキサス・インスツルメンツのLinux SDKの特徴

テキサス・インスツルメンツのLinux SDKは，テキサス・インスツルメンツのウェブ・サイトからダウンロードできます．執筆時点での最新版は，ti-sdk-am335x-evm-06.00.00.00で，Linuxカーネルのリビジョンは3.2.0となっています．

最新のカーネルとはいかないのですが，テキサス・インスツルメンツのLinux SDKは，仕組みや環境が割とシンプルで作業内容が把握しやすく，Beagle Bone Blackで使用しているSoC AM3358専用に作られているので動作がそれなりに安定しています．

そのため，PC Linuxを使用したクロス開発環境でARM用Linuxのカーネルやアプリケーションを開発する工程がどのようになっているか，といった学習に向いています．

● ハードディスクの増設

では早速，前章で構築したPC Linux（Ubuntu）にARM用のLinux環境を構築していくのですが，仮想PC環境でLinuxを使用されている方は，新しいハードディスクを増設されることをお勧めします．

もちろん，ここで言う新しいハードディスクとは仮想上のハードディスクで，実際には仮想PCに接続するディスク・イメージ・ファイルを新しく作ることを指します．

仮想PC環境でしたら，物理的なディスク容量が許す限り仮想ハードディスクを追加し放題です．ですので，最初にPC Linuxをインストールした仮想ディスクとは別に，これから試していくARM用のいろいろなLinux，Androidごとに個別に仮想ディスクを用意すれば，UbuntuやAndroidと切り替えるたびにPC Linuxをインストールしなおす手間が省けます．

割り当てるディスクの容量の目安は，使い方にもよるのですが，Linuxで10Gバイト，Androidで20Gバイト以上は必要になります．

用意する仮想ディスクのイメージを仮想環境内で使った分だけ増えていくタイプのものにして，余裕を見て32Gバイトくらいを割り当てるのがよいと思います．

● ハードディスクのフォーマット

新しいハードディスクを追加したらPC Linux上でそのハードディスクを使用できるようにフォーマットする必要があります．

まずは，ハードディスクを追加してPC Linuxを起動します．Ubuntuでは，Disk Utilityを使用するとGUIでディスクのフォーマットが可能です．

まず初めに，新規ハードディスクのデバイス名を確認します．Disk Utilityの左側の「Storage Devices」タブから***Hard Diskをクリックします（図1）．一つ目のハードディスクが/dev/sda，二つ目のハードディスクが/dev/sdbのように順に割り当てられます．

/dev/sdaはUbuntuがインストールされているハードディスクなので，フォーマットしてしまうと

第3部 Linux & Android 環境構築コース

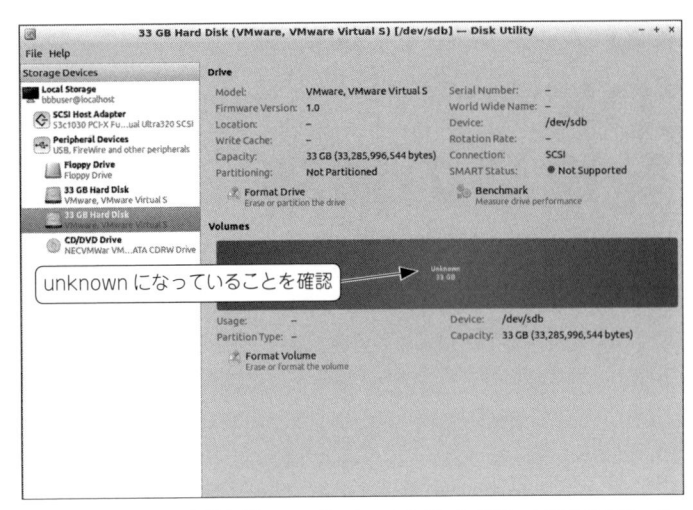

図1 Disk Utilityの左側の「Storage Devices」タブから＊＊＊Hard Diskをクリック

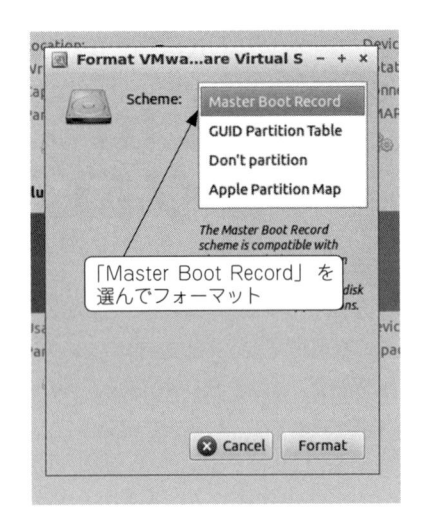

図2 「Format Drive」をクリック

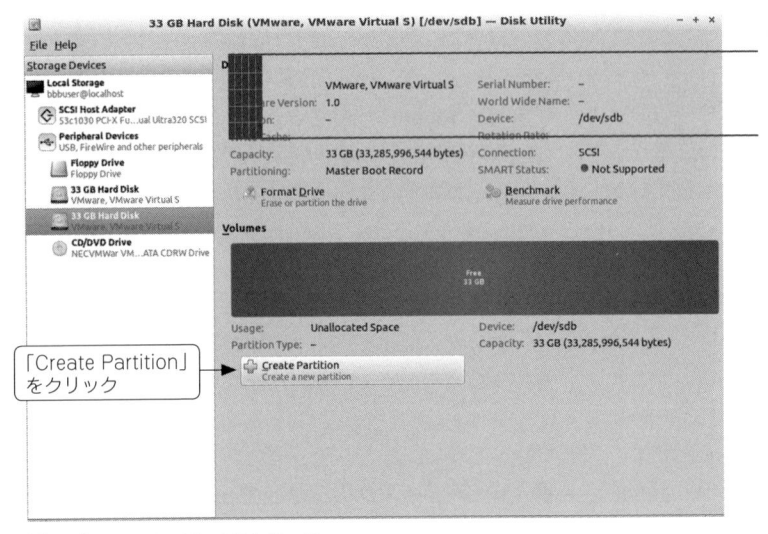

図3 「Create Partition」をクリック

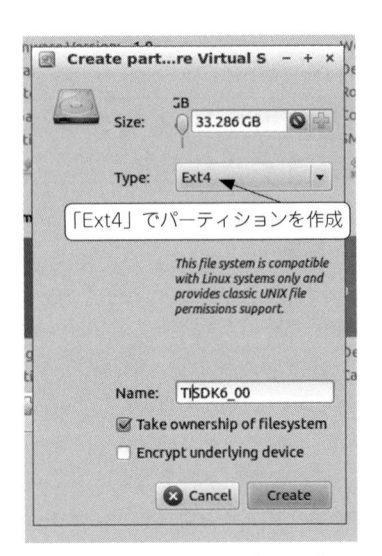

図4 Ext4フォーマットでパーティションを作成

Ubuntuのインストールからやり直す必要が出てきます．

今回は，2個目が追加したハードディスクなので，デバイス名/dev/sdbがunknownになっていることを確認します．

最初に，「Format Drive」をクリックして，「Master Boot Record」を選んでフォーマットします（図2）．

続いて，「Create Partition」をクリックしてExt4フォーマットでパーティションを作成します（図3）．「Name:」の項目には，"TISDK6_00"のようにインストールする環境とバージョンが識別できるようにするとよいでしょう（図4）．これで新しいハードディスクの使用準備は完了です．Disk Utilityを終了します．

● ハードディスクをマウント

次に，ハードディスクをマウントしてアクセスできるようにします．

まずは，ターミナルを起動します．lubuntuでは，左下のメニューから「Accessories」-「LXTerminal」となります．ターミナルを起動したらマウント・ポイ

第2章　Linux SDK クロス開発環境の構築

リスト1　ハードディスクをマウント

```
bbbuser@bbbhost12:~$ mkdir tisdk
bbbuser@bbbhost12:~$ sudo mount -t ext4 /dev/sdb1 tisdk
[sudo] password for bbbuser:
```

ントとなるディレクトリを作成しmountコマンドでマウントします（**リスト1**）．

パスワードは，使用しているアカウントのログイン・パスワードになります．mkdirコマンドでマウント・ポイントとなるtisdkディレクトリを作成し，sudoで管理者権限を使用してmountコマンドを実行します．-tオプションで，マウントするディスクのフォーマット・タイプext4を指定します．続いてマウントされるデバイスとマウント先のディレクトリを指定します．

これで，tisdkディレクトリ以下に書き込んだファイルは，追加したハードディスク/dev/sdbのパーティション1に書き込まれることになります．

● Linux SDKをダウンロード

テキサス・インスツルメンツのウェブ・ページからLinux SDKをダウンロードします（**リスト2**）．

ダウンロード先は，バージョンが更新されると変わってしまうので，ウェブ・ブラウザでテキサス・インスツルメンツのウェブ・ページから「tools & software」-「Linux」とたどっていくのがよいと思います．

ダウンロードしたファイル名にむだに.binが付いているので，そのままではサムチェックが通りません．

リスト3　32ビットのライブラリをインストール

```
bbbuser@bbbhost12:~/tisdk$ sudo apt-get install ia32-libs
```

mvコマンドを使用して.binなしのファイル名に変更してmd5sumコマンドを使用してサムチェックを行います．

今回は，ファイルを1個しかダウンロードしていないので残りの9個は失敗しますが，ti-sdk-am335x-evm-06.00.00.00-Linux-x86-InstallがOKになっていれば問題ありません．

● 32ビット環境をインストール

続いて，ダウンロードしたイメージ・ファイルを実行してインストールするのですが，イメージ・ファイルが32ビットの実行形式なので64ビット版のUbuntuではそのまま実行できません．

まず，32ビットのライブラリをインストールしてから実行する必要があります（**リスト3**）．

たくさんのパッケージをダウンロードしてインストールするかと思います．紙面の都合上，apt-getコマンドを使用してパッケージをインストールしていますが，もちろんUbuntu Software CenterなどのGUIツールでインストールすることも可能です．

● Linux SDKをインストール

32ビット環境をインストールしたら，イメージ・ファイルに実行可能フラグを設定して実行します（**リスト4**）．

リスト2　Linux SDKをダウンロード

```
bbbuser@bbbhost12:~$ cd tisdk
bbbuser@bbbhost12:~/tisdk$ wget http://software-dl.ti.com/sitara_linux/esd/AM335xSDK/latest/exports//ti-sdk-am335x-evm-06.00.00.00-Linux-x86-Install.bin
bbbuser@bbbhost12:~/tisdk$ wget http://software-dl.ti.com/sitara_linux/esd/AM335xSDK/latest/exports/md5sum.txt
bbbuser@bbbhost12:~/tisdk$ mv ti-sdk-am335x-evm-06.00.00.00-Linux-x86-Install.bin ti-sdk-am335x-evm-06.00.00.00-Linux-x86-Install
bbbuser@bbbhost12:~/tisdk$ md5sum --check md5sum.txt
           :
           :
ti-sdk-am335x-evm-06.00.00.00-Linux-x86-Install: OK
md5sum: WARNING: 9 listed files could not be read
```

リスト4　イメージ・ファイルに実行可能フラグを設定して実行

```
bbbuser@bbbhost12:~/tisdk$ chmod +x ti-sdk-am335x-evm-06.00.00.00-Linux-x86-Install
bbbuser@bbbhost12:~/tisdk$ ./ti-sdk-am335x-evm-06.00.00.00-Linux-x86-Install
```

すると，GUIでインストールが開始されます（図5）．「Choose Destination Location」が表示されたらインストール先の指定を変更するので，[Browse...]ボタンをクリックします．

インストール先のディレクトリの選択画面が表示されたら，"/home/bbbuer"と"/ti-sdk-am335x-evm-06.00.00.00"の間に"/tisdk"を加えて"/home/bbbuer/tisdk/ti-sdk-am335x-evm-06.00.00.00"とします（図6）．ここで，/home/bbbuserはアカウントのホーム・ディレクトリなので，ユーザ名が変わればそれに合わせて変わってきます．/ti-sdk-am335x-evm-06.00.00.00もインストールするSDKのバージョンが変わると変わってきます．

ここで重要なのは，新しく追加したハードディスクをマウントしたtisdkディレクトリに，テキサス・インスツルメンツLinux SDKをインストールするために「Destination Folder」を変更することです．変更できたら[Next]ボタンをクリックしてインストールを続けます（図7）．

また，Linuxで開発するに当たっては，テキサス・インスツルメンツのIDEであるCode Composer Studioは使用しないので，「Select Components」で「Install Code Composer」のチェックを外します（図8）．

最後に，「Start Copying Files」の画面で，「Install Directory」に/tisdkが追加されていることを確認して[NEXT]ボタンをクリックするとファイルのコピーが開始されます．

ファイル転送の終了後，インストーラのクリーンアップにしばらくかかるので終了するまで待ってインストールは終了です．

インストーラを終了したらsetup.shのスクリプトを実行してほしい旨の知らせのあと，インストーラの終了となります．[Finish]ボタンをクリックして終了です．

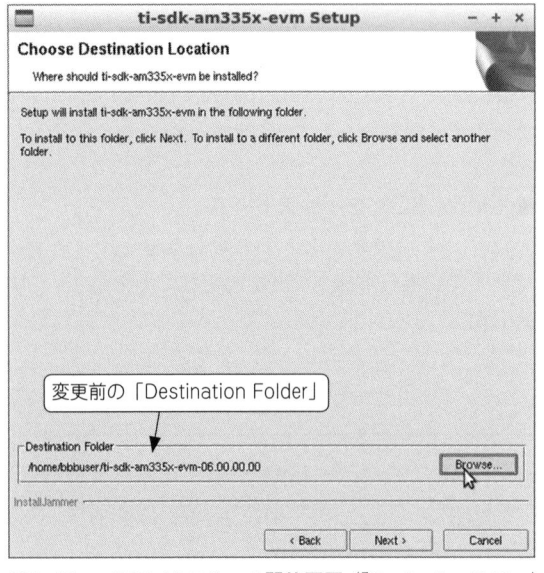

図5　Linux SDKインストール開始画面（「Destination Folder」変更前）

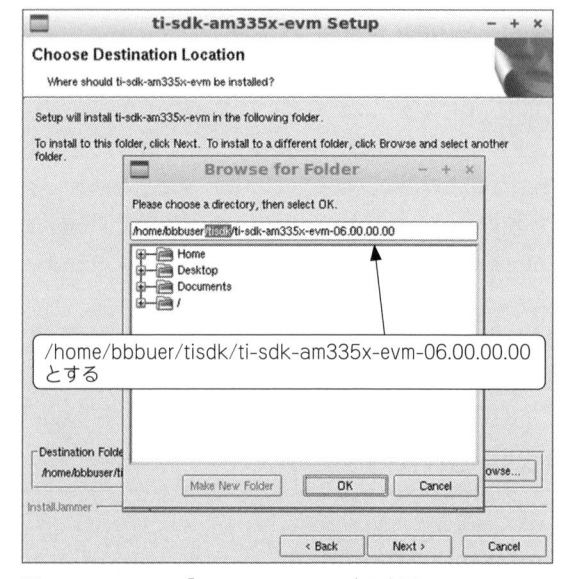

図6　Linux SDKの「Destination Folder」を変更

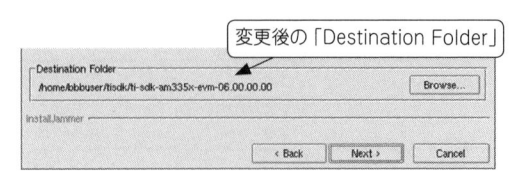

図7　Linux SDKの「Destination Folder」変更後の画面

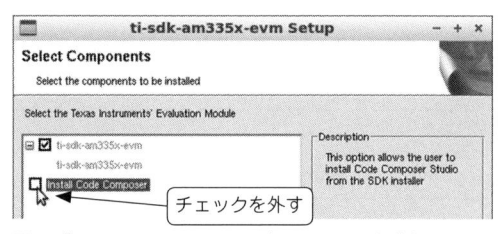

図8　「Install Code Composer」のチェックを外す

● セットアップの前に

インストーラの最後に出てきたのですが，setup.shを実行すると必要に応じて，ftpd，telnetd，tftpd，nfs-kernel-server，samba，git，java-openjdk-6-jre，minicom，ncursesの各パッケージがインストールされます。

ここで，tftpdは，イーサネットを経由したブートを実行する場合にU-BootやLinuxのカーネル・イメージ・ファイルをPC LinuxからBeagleBone Black側に転送するために使用します。

nfs-kernel-serverは，BeageBone Black側のLinuxのファイル・システムを，PC Linux上のハードディスク上に展開したものをNFSマウントして参照するために使用します。

これらは，ARM LinuxのバイナリをPC Linux上でクロス開発する際の効率を上げるために使用される手法です。setup.shを実行して環境設定を完了した後に，実際に動かしながら解説していきます。

Linux SDKのセットアップ

● セットアップ・スクリプトsetup.shの実行

インストールしたLinux SDKのセットアップを行います。このとき，BeagleBone Blackはまだ接続しないでください。BeageBone Blackが接続されていると，setup.shはUARTを介してBeagleBone Blackの設定を書き換えようとします。

無事にインストールできているならば，先ほど指定したLinux SDKのディレクトリができているはずなので移動します。インストール・ディレクトリ直下にあるsetup.shがセットアップ・スクリプトなので実行します（リスト5）。

PC Linuxでは，たいていカレント・ディレクトリにはパスが設定されていないので，"./setup.sh"のようにカレント・ディレクトリにあるスクリプトはディレクトリを含めた形で指定して実行する必要があります。

setup.shを実行すると，sudoコマンドをスクリプト中で実行するために，ユーザ・パスワードを最初に入れるように促されます。これは，NFSでマウントするためのARM Linuxのファイル・システムを展開するときや，tftp，nfs-kernel-serverなどをインストールするときなどに使用されます。

スクリプトはまず初めに，まだインストールされていない環境セットアップに必要なアプリケーション・パッケージをapt-getしてインストールします。「y」を押して継続します。

● NFS用のマウント・ポイントの指定

次に，NFSマウントするためのマウント・ポイントを指定するように促してきます。

---

column1　Ubuntu 12.04派生ディストリビューションでLinux SDKを使用する場合

elementary OSやwattOS R6，Zorin OSのようなUbuntuの派生ディストリビューションをLinux SDKで使用する場合，setup.shがUbuntu 12.04でない旨を表示して終了してしまい先に進めません。

これは，ti-sdk-am335x-evm-06.00.00.00/bin/setup-host-check.shスクリプト中で"lsb_release -a"コマンドが返す"Codename:"が"lucid"か"precise"かをチェックしているためです。

これは，NFSやtftpをインストールして設定するなど，Linuxのディストリビューションに依存する部分の修正を行う必要があるため，あまりUbuntuとかけ離れた環境を使用しているディストリビューションまで対応することが難しいためです。

このスクリプトを修正してチェックを通るようにすれば，Ubuntu以外のディストリビューションでもLinux SDKのsetup.shを実行可能ですが，aptコマンドを使用してパッケージをインストールできる必要があるなどシステム的な制約が多々あるので，実際にはUbuntuの派生でデスクトップを修正しているようなものを使ってみる程度にとどめておく方がよいでしょう。

リスト5　セットアップ・スクリプトsetup.shを実行

```
bbbuser@bbbhost12:~/tisdk$ cd ti-sdk-am335x-evm-06.00.00.00/
bbbuser@bbbhost12:~/tisdk/ti-sdk-am335x-evm-06.00.00.00$ ./setup.sh
```

第3部　Linux & Android 環境構築コース

リスト6　変更するディレクトリ名をフルパスで入力

```
[ /home/bbbuser/tisdk/ti-sdk-am335x-evm-06.00.00.00/targetNFS ] /home/bbbuser/tisdk/targetNFS
```

リスト7　create-sdcard.sh を実行

```
bbbuser@bbbhost12:~/tisdk/ti-sdk-am335x-evm-06.00.00.00$ sudo bin/create-sdcard.sh
```

リスト8　接続されているドライブ一覧

```
Availible Drives to write images to:
#   major    minor     size      name
1:  8        16        32505856  sdb
2:  8        32        3872256   sdc
Enter Device Number or n to exit: 2
```

　筆者の場合は，仕事柄いろいろなデバイスのいろいろなバージョンのLinux SDKをとっかえひっかえインストールする必要があるので，ここでは一意にマウント・ポイントが設定できるように"/home/bbbuser/tisdk/targerNFS"のようにバージョン番号が入らないようなディレクトリに変更しています．

　これにより，NFSのマウント・ポイントを記述する/etc/exportsファイルがあふれることを防いでいますし，後々Linuxのブートのパラメータでマウント・ポイントを指定するときに簡単になるので変更しておくことをお勧めします．**リスト6**のように，変更するディレクトリ名をフルパスで入力します．

　入力後コピーを始めるので，ディレクトリにスペル・ミスがないかを確認します．まちがえてしまった場合は，まちがってコピーされたファイルを削除して，再度setup.shでやり直せば問題ありません．

　ARM Linuxが参照するシステム・ファイルを含んだファイルをコピーするので，ログイン・パスワードを要求されることがあります．ファイル・システムが終了すると，SDKのビルド環境で参照するRules.makeファイルを指定したNFSのディレクトリに合わせて変更した旨が表示されます．

● NFSとtftpの設定

　続いてNFSとtftpの設定となります．NFSは，先ほど指定したマウント・ポイントを設定して有効にするために再起動されます．

　また，ネットワーク・ブート用にtftpのルート・ディレクトリ/tftpbootを設定しARM Linuxのカーネル・イメージをコピーします．

　上記の項目を設定するminicom用の設定スクリプト・ファイルを，インストール・ディレクトリ以下のbinディレクトリに出力するか問い合わせてくるので「y」を選択します．次に，その設定をすぐに反映させるかを問い合わせてくるので「n」を選択します．

　これでsetup.shは終了です．

● ブート用microSDカードの作成

　この状態で，ARMのコンパイラも含めてARM Linuxの開発で必要な環境は，ほぼすべて出来上がります．あとは，コンパイラを含めたビルド・ツールにパスを設定し，インストール・ディレクトリでmakeコマンドを打てば，U-Bootやカーネルのビルドを実行できます．

　最初に，あらかじめビルド済みのU-Bootやカーネルを使用してブート用のmicroSDカードを作成してみましょう．

　中身が消えてしまってもかまわないmicroSDカードをUSBカード・リーダ/ライタでPC Linuxに接続します．このとき，microSDカードがマウントされてファイル・マネージャが動作してしまってもそのままで大丈夫です．アプリケーションを開いてしまっていたら終了します．

▶ create-sdcard.sh を実行

　create-sdcard.shを実行します（**リスト7**）．すると，接続されているドライブ一覧を表示します（**リスト8**）．

　仮想PC環境でハードディスクを追加した場合には，追加したハードディスクのデバイス名sdbと接続したmicroSDカードのデバイス名sdcが一覧表示されるので，サイズ情報を確認しつつ，microSDカードの番号「2」を入力しEnterキーを押します．

▶パーティションの設定

次に，microSDカードのパーティションを再設定するかを聞いてくるので（Would you like to re-partition the drive anyways），「y」を入力します．

続けて，パーティションを2個にするか3個にするかを聞いてきます（Number of partitions needed）．

ARM Linuxのブート用のmicroSDカードは，以下のように役割が割り振られていています．

・パーティション1：U-Bootやカーネル・イメージなど，ブートに必要なファイルを格納するFATフォーマット
・パーティション2：Linuxのファイル・システム格納用．ext3もしくはext4フォーマット
・パーティション3：Linux SDKやCCSのインストール用のイメージ，ボードのドキュメント類の格納用

パーティション3は，これからLinux環境を構築するためのファイル格納領域なので，製品の評価ボードに付属のmicroSDカード以外では特に必要ありません．ですので，ここでは「2」を入力し，2個のパーティションでmicroSDカードをフォーマットします．

Enterキーを押すと，microSDカードの容量からパーティション・サイズを計算して，分割/フォーマットを開始します．

ここで，microSDカードの容量を調べるためにfdiskコマンドを使用しています．PC Linuxを日本語環境で使用していると，fdiskの返すmicroSDカードの容量が日本語で表示されるためスクリプトが正しい容量を認識できず，microSDカード・イメージを生成できない問題が確認されています．

そこで，PC Linuxを英語環境で使用するか，日本語環境でPC Linuxを使用している場合は，ターミナルであらかじめ，

```
$ export LANG="C"
```

として，一時的に言語環境を変更しておくなどの対応が必要となります．

▶プレビルド・イメージをコピー

フォーマットが終了すると，このまま続けるか終了するかを問い合わせてきます．

パーティションを分割しただけの空のmicroSDカードを用意する場合は「n」選択します．これは，自分で用意したカーネルやファイル・システムでブート用のmicroSDカードを作る場合に使用します．

今回は，あらかじめ生成されているプレビルド・イメージを使用するので，「y」を選択します．

「y」を選択するとインストール済みのプレビルド・イメージをコピーするか格納場所を選択するかを聞いてくるので「1」を選択しti-sdk-am335x-evm-06.00.00.00/board-support/prebuild-imagesディレクトリにあるブート用のイメージとti-sdk-am335x-evm-06.00.00.00/filesystemディレクトリにあるrootfsをmicroSDカードにコピーします．

▶BeageBone Blackで起動

コピーが終了したら，念のためsyncコマンドを何度か実行し，microSDカードをPC Linuxから取り外し，BeageBone Blackに挿入して電源を投入してみましょう．正しく書き込めていればAragoのASCIIアートがシリアル・コンソールに出力されてログイン状態になります．

テキサス・インスツルメンツのLinux SDKは，ログイン・アカウントがrootでパスワードなし，と外部ネットワークに接続しない閉じたネットワークでの開発を前提としているようです．

● ARM Linuxでの開発はここからスタート

ここまでで，テキサス・インスツルメンツのLinux SDKを動作させてみる作業は終了です．ここまででも結構なボリュームがあったかと思いますが，これはARM Linuxでの開発のスタートにしかすぎません．

しかし，ここまで来れば，あとはARMのコンパイラにパスを通すだけでU-BootやLinuxカーネルのリビルドができます．そして，ネットワーク環境を構築すれば，自分でビルドしたカーネルでブートさせたり，自作のLinuxアプリケーションを開発する作業が始められる状態となっています．

U-BootやLinuxカーネルをビルドする

Linux SDKのインストールとセットアップが終了した状態で，U-BootやLinuxカーネルのイメージをリビルドするためのツールや環境はほぼ完了です．

この状態でARMのコンパイラなどツールチェイン

表1 Linux SDKのインストール・ディレクトリ以下のディレクトリ

ディレクトリ，またはファイル	内容
`bin`	microSDカード書き込み用のスクリプトやsetup.shから呼び出されるスクリプトなど
`board-support`	U-BootおよびLinuxカーネルのソース，ビルド済みイメージ，追加のカーネル・モジュールなど
`docs`	ドキュメント，およびライセンス・ファイル
`example-applications`	テキサス・インスツルメンツの評価ボードで起動したときのLCDのUIから呼び出されるサンプル・プログラムなど
`filesystem`	tarで固められたLinuxのファイル・システム
`host-tools`	AM3358のpinmuxの設定ファイルを出力するWindowsのツール
`linux-devkit`	ARMアプリケーション用の環境設定ファイルとsysroots
`Graphics_SDK_setuplinux_4_09_00_01_hardfp_minimal_demos.bin`	AM3358のGPUを使用したデモ・プログラムのパッケージ
`Makefile`	SDK全体をリビルドするためのMakefile
`Rules.make`	SDKの設定ファイル
`setup.sh`	SDKの環境設定用のスクリプト

にパスを通すだけで，U-Bootやカーネルの ARM バイナリをクロスコンパイルすることができます．

● パスの設定

Linux SDKのインストール・ディレクトリ（tisdk/ti-sdk-am335x-evm-06.00.00.00/）以下には，表1のディレクトリが作成されています．

ARMのツールチェインは，ti-sdk-am335x-evm-06.00.00.00/linux-devkit/sysroots/i686-arago-linux/usr/binに格納されているので，Ubuntu標準のdashやbashの場合，リスト9のようにパスを設定する必要があります．元々設定されている${PATH}に新たにARM用コンパイラのパスを追加していますが，もちろん逆でも動作します．

今後，UbuntuやÅngström，Androidの環境設定のために，ほかのバージョンのARM用コンパイラと共存させる場合などに使い分ける必要が発生します．

● U-Bootのリビルド

U-BootやLinuxカーネルのソース・ディレクトリは，board-supportディレクトリ以下にあり，下記のとおりです．

```
board-port-labs
extra-drivers
linux-3.2.0-psp04.06.00.11
prebuild-images
u-boot-2013.0101-psp06.00.00.00
```

U-Bootをリビルドするには，U-Bootのソース・ディレクトリでリスト10のようにmakeコマンドを実行します．

▶ UART，USBブートに対応するには？

am335x_evmの設定を，am335x_evm_uart_usbsplに変更すると，UARTやUSBからのブートに対応したU-Bootをビルド可能です．設定できる項目は，U-Bootのソース・ディレクトリにあるboards.cfgファ

リスト9 パスの設定（dashやbashの場合）

```
$ export PATH="${PATH}:${HOME}/tisdk/ti-sdk-am335x-evm-06.00.00.00/linux-devkit/sysroots/i686-arago-linux/usr/bin"
```

リスト10 U-Bootをリビルド

```
u-boot-2013.0101-psp06.00.00.00 $ make ARCH=arm CROSS_COMPILE=arm-linux-gnueabihf- clean
u-boot-2013.0101-psp06.00.00.00 $ make ARCH=arm CROSS_COMPILE=arm-linux-gnueabihf- am335x_evm 2>&1 | tee make.log
```

リスト11　カーネルをリビルド

```
u-boot-2013.01.01-psp06.00.00.00$ cd ../linux-3.2.0-psp04.06.00.11/
linux-3.2.0-psp04.06.00.11$ make ARCH=arm CROSS_COMPILE=arm-linux-gnueabihf- mrproper
linux-3.2.0-psp04.06.00.11$ make ARCH=arm CROSS_COMPILE=arm-linux-gnueabihf- am335x_evm_defconfig
linux-3.2.0-psp04.06.00.11$ make ARCH=arm CROSS_COMPILE=arm-linux-gnueabihf- menuconfig
linux-3.2.0-psp04.06.00.11$ make ARCH=arm CROSS_COMPILE=arm-linux-gnueabihf- -j2 uImage 2>&1 | tee make.log
```

イルを参照します．

● カーネルのリビルド

　カーネルをリビルドするには，カーネルのソース・ディレクトリで**リスト11**のようにmakeコマンドを実行します．

　まず，mrproperを使用して，古いターゲットのボード設定ごとクリーンして，カーネルのソース・ディレクトリを初期状態に戻しています．すでにmenuconfigを使用してカーネルの設定を変更している場合には，設定をすべて初期化してしまうmrproperではなく，設定を残したままオブジェクト・ファイルのみを消去するcleanを使う必要があります．

　am335x_evm_defconfでAM3358用の初期設定を設定します．

　menuconfigを使用してam335x_evm_defconfigで設定されたカーネルの状態を修正します．必要な機能を追加したり不要なドライバを組み込まないようにするなどの修正を行います．

　また，デバッグ対象となるドライバをモジュール化して修正およびデバッグの効率化を図る場合などもここで変更しておきます．

　uImageでカーネルのビルドを行います．ここで，-j2オプションは，ビルド時にmakeが並列に動作するようにする指定です．ここでは，2並列を最大値に指定していますが，4コアや8コアのCPUを使用している場合には，4や8を指定してビルドの並列度を上げ

ることができます．

　一般に，コア数×2を指定するのが効率的と言われていますが，PCのメモリ容量との兼ね合いもあるのでバランスを見て指定してみてください．

　末尾のおまじないでターミナルに出力されるメッセージのコピーをmake.logファイルに出力して残せるので，エラーなどでビルドが停止した際にもあとから参照できるようになります．

● モジュール・ファイルのビルド

　カーネル・イメージのビルドが正常に終了すると

　　`Image arch/arm/boot/uImage is ready`

と出力され，カーネル・ソース・ディレクトリ以下のarch/arm/bootディレクトリにuImageファイルが生成されます．

　カーネルのビルドが終了したらmodulesを使ってモジュール・ファイルをビルドします（**リスト12**）．

● モジュールのインストール

　モジュールのビルドが正常に終了したらビルドしたモジュールをARM Linuxのファイル・システムにインストールします（**リスト13**）．

　ここで，INSTALL_MOD_PATHオプションでインストール先を指定します．指定し忘れたりスペル・ミスでうまくインストール先を指定できないと，PC LinuxのシステムファイルファイルシステムにARMのバイナリ・イメージを書き込んでしまうので，最初は，-nオプションを指定して指定したディレクトリにインスト―

リスト12　モジュール・ファイルをビルド

```
linux-3.2.0-psp04.06.00.11$ make ARCH=arm CROSS_COMPILE=arm-linux-gnueabihf- modules 2>&1 | tee modules.log
```

リスト13　ARM Linuxのファイル・システムにインストール

```
linux-3.2.0-psp04.06.00.11$ make -n ARCH=arm CROSS_COMPILE=arm-linux-gnueabihf-
INSTALL_MOD_PATH=${HOME}/tisdk/targetNFS modules_install 2>&1 | tee inst.log
linux-3.2.0-psp04.06.00.11$ make ARCH=arm CROSS_COMPILE=arm-linux-gnueabihf-
INSTALL_MOD_PATH=${HOME}/tisdk/targetNFS modules_install 2>&1 | tee inst.log
```

リスト14　/tftpbootディレクトリにuImageをコピー

```
linux-3.2.0-psp04.06.00.11$ cp arch/arm/boot/uImage /tftpboot
```

ルされるかどうかを確認した方がよいと思います．

これで，U-BootとLinuxカーネルのリビルドができるようになりました．出来上がったイメージ・ファイルをブート用のmicroSDカード内のイメージ・ファイルと置き換えれば新しく作成したイメージ・ファイルで起動することができます．

また，イーサネット経由でtftpを使用してブートするために，/tftpbootディレクトリにもuImageをコピーしておきましょう（リスト14）．

Linuxアプリケーションを効率的に開発するには？

● アプリケーションの開発サイクル

完成したカーネルの機能を追加したり削減したりするだけの場合ならば，ビルドするたびにmicroSDカードを書き換えてもそれほど大きな手間にはならないかもしれません．

しかし，新たにカーネル・ドライバやユーザ・アプリケーションを開発する場合は，図9のサイクルを繰り返すことになります．

これをmicroSDカードでブートする環境で実現するには，開発途中のドライバやユーザ・アプリケーションを編集してビルドするたびに図10のような手続きが必要となり，非現実的です．

● ネットワーク・ブートを利用する

このような場合には，tftpとNFSを使用してPC Linux上に置いたカーネル・イメージとファイル・システムでBeagleBone Blackを起動し，ダイナミックに修正を反映させる方法をとります．

PC LinuxとBeagleBone Black用LANの構築

tftpやNFSを使用してBeagleBone Blackをネットワーク・ブートさせるためには，BeagleBone BlackとPC Linuxをイーサネットのネットワークで接続する環境を構築する必要があります．

● LANの構成と必要な機器

もし，家庭で作業されている場合で，すでに家庭内LANが構築されている場合は簡単で，Linux PCが接

---

column2　ブート・シーケンスとモードの変更方法

AM3359のようなテキサス・インスツルメンツのARM SoCは，Linuxカーネルを起動するためのブートローダとして，ROMコードを含めて，3段階のブートを必要とします．

それらは，それぞれ次のように呼ばれます．

　1stブート：RBL（ROM bootloader）
　2ndブート：MLO（SPL）
　3'dブート：u-boot

● 1stブート：RBL

RBL（ROM bootloader）は，その名のとおりARM SoC内蔵のROMコードに含まれるブートローダです．

AM3358の場合は，リセット解除時のSYSBOOT[4:0]ピンの状態によりモードが決定され，そのモードに従ったブートの動作を実行します．選択できるモードとSYSBOOT[4:0]の設定は，AM3358のドキュメントに記載されています．

BeagleBone Blackは，回路図によると，通常状態ではSYSBOOT[4:0] = 11100bとなり，MMC1→MMC0→UART0→USB0の順にRBLがブート可能かどうかをスキャンします．ブート可能状態を検出するとブート動作に移り，ブートを検出したペリフェラルから内部RAMに2ndブート用のMLOをロードして制御を移行します．検出に失敗した場合は，再度MMC1から順に検出を繰り返します．

また，BeagleBone Black基板上のS2（microSDカード・ブート）ボタンを押しながら電源投入するとSYSBOOT[2]がLow（0），つまりSYSBOOT[4:0]

図9　カーネル・ドライバやユーザ・アプリケーションの開発サイクル

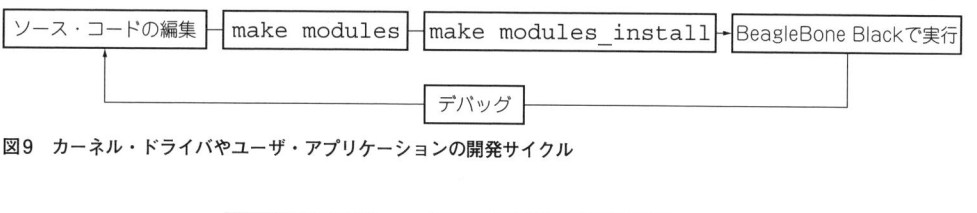

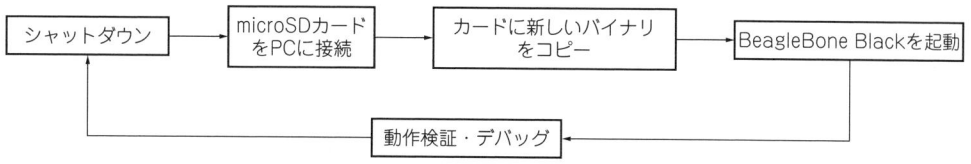

図10　microSDカード・ブートでの開発サイクル

続されているルータの空いたイーサネット・ポートにBeagleBone Blackを接続するだけです。

会社や学校など大きなネットワークに接続して使用している場合は要注意です。

家庭でもテレビの録画をネットワーク経由でNASに出力している場合など，万が一BeagleBone Blackで実験中に不用意なネットワーク・パケットを送出してネットワークをダウンさせてしまうとダメージが大きい場合は，PC LinuxとBeagleBone Blackで閉じたLANを構築しておく方が安全です。

PC LinuxとBeagleBone Blackで閉じたLANを構築する場合は，以下の項目を考慮する必要が生じます。

・PC Linux用のUSB有線LANアダプタ
・IPアドレスを割り振るためのDHCPサーバ
・イーサネットのハブ
・シリアル・コンソール

● PC Linux用のUSB有線LANアダプタ

特にUSBである必要はないのですが，PC Linuxに今あるインターネットに接続するためのポートとは別

＝11000bとなり，SPI0→MMC0→USB0→UART0の順にスキャンされます。

詳細に関しては，AM3358のTechnical Reference Manualを参照してください。

BeagleBone Black単体では，この二つのモードが選択できますが，SYSBOOT[4:0]ピンはLCD_DATA[4:0]ピンとマルチプレクスされており，BeagleBone Blackのボード上の拡張端子P8の46，45，44，43，41に出力されています。このピンを4.7kΩ程度の抵抗でプルアップ/プルダウンして電源を投入すればブート・モードの変更も可能です。

● 2ndブート：MLO

MLOは，以前はx-loaderとも呼ばれていて，RBLからARM SoCの内部RAMにロードされる必要最小限の初期化とブートを行うためのプログラムです。

最近のU-Bootでは，SPLと呼ばれ3'dブートローダのu-boot.imgと同時に生成されるようになりました。ARM SoCの内部RAMにロードするためにコード・サイズを絞り，外部のSDRAMを初期化して3'dブートローダを外部RAMにロードします。

● 3'dブート：U-Boot

Linux用のU-Bootは比較的高機能なローダで，外部メモリないしはイーサネット，USBなどのペリフェラルからLinuxのカーネル・イメージをロードすることが可能です。

また，NANDやSPI，NORなどのメモリへのアクセスやDDR SDRAMのダンプ表示，テスト書き込みなど，いろいろな機能が搭載されています。

このため，ボードの簡単なチェックや各種フラッシュ・メモリの消去，ブート・イメージの書き込みなどが可能となっています。

に，もう一つBeagleBone BlackとLANを構築するための有線LANが必要になります．

PC Linuxで動作実績のあるLANアダプタがあればそれを使えばよいでしょう．動作実績のある有線LANアダプタが手元になく，新たに購入する必要がある場合は，価格や接続の手間などを考慮するとUSB接続有線LANアダプタが一番簡単な方法となります．

USB接続有線LANアダプタは，仮想PC環境で有線LANのインターフェースをホストOSのWindowsと共有する場合にメリットがあります．

それは，DHCPで仮想PC上のLinuxからアドレスは割り振られるが，tftpでのファイル転送に失敗するなど，BeagleBone Blackとの通信がホストOS側のWindowsのセキュリティ設定に阻まれてしまう場合です．

このような場合でも，ホストOS側のWindowsにはただのUSB機器として仮想PCに接続し，仮想PC上のLinuxで有線LANとして認識させると回避できます．この場合も，仮想PC上にインストールしたLinuxでの動作実績のあるUSB有線LANアダプタを用意する必要があります．

● IPアドレスを割り振るためのDHCPサーバ

イーサネットで，BeagleBone BlackとPC Linuxのネットワークを構築するためには，それぞれにIPアドレスを割り当てる必要があります．

IPアドレスを割り当てる方法は，表2のように3種類の方法があり，それぞれ特徴があります．どの方法でもtftpとNFSを使用したブートには対応しています．

▶ 固定IPアドレス

IPアドレスを固定で割り振る方法は，最もローテクで分かりやすい方法です．しかし，ボードごとに個別のIPアドレスを割り当てる必要があり，機材が増えると管理が大変です．

初めてBeagleBone BlackとPC Linuxをイーサネットで接続したときの確認や，複数機器を繋いだりする予定がない場合などに向いています．

▶ ルータ

ルータなど，外部のDHCPサーバ機器を使用する方法は，家庭内LANでWi-FiルータにBeagleBone Blackを繋いだり，既存のLAN環境を使用する場合に該当します．

また，余っている古いWi-Fiルータがあればそれを活用すると，スマートフォンとの接続実験などにも応用できそうです．

ルータを使用する場合に注意が必要なのは，ルータのDHCP機能がデフォルト・ルートをルータ自身に設定しようとする点です．これは，WANとLANの橋渡しをするルータならば至極まっとうなことなのですが，これにより，U-Bootの環境変数serveripにルータのIPアドレスが設定されてしまうため，tftpやNFSでアクセスする際にデフォルトの問い合わせ先がルータになってしまい，ファイルが見つからずにブートに失敗してしまいます．

これは，U-Bootの設定をtftpやNFSのホストにするLinux PCのIPアドレスにすることで解決できるので分かっていれば難しい問題ではないのですが，慣れないうちは注意が必要です．

▶ DHCPサーバ

DHCPサーバは，PC上のUbuntuでDHCPサーバ

表2 IPアドレスを割り当てる方法

	難易度	手間	自由度	イーサネット・ブート	コメント
固定IPアドレス	普通	BeagleBone BlackとPCが1対1なら簡単	普通	×	使用するボードの数が増えると管理が大変になる
ルータ（DHCPサーバ機能付き）	簡単	簡単	低い	×	別途機材が必要になる．デフォルト・ルート設定がOFFにできない場合は，serveripの設定を修正する必要がある
DHCPサーバ	難しい	そこそこ必要	高い	○	設定ファイルをテキストで編集する必要があるなどハードルは高いが自由度も高い．AM3358のイーサネット・ポート・ブートをテストする場合は必須

を立てる方法です．

　設定用のテキスト・ファイルをエディタで設定する必要があったり，不用意に社内LANに不正なアドレスをサービスしてしまってネットワーク管理者に大目玉を食らったりする恐れがあるので，ある程度のネットワークの知識とスキルが必要です．

● イーサネットのハブ

　BeagleBone Blackで使用されているLAN8710Aもそうですが，最近のイーサネットのPHYはAuto MDI/MDI-Xに対応しているので，ストレートのイーサネット・ケーブルでボード同士を直接接続しても問題なく動作します．

　しかし，このような接続をしているときにBeagleBone Black側の電源を切ると，PC Linuxは有線イーサネットが切断したことを検出して，自動的にイーサネット・ポートを休止状態にしてしまい，NFSやDHCPのサーバはそのポートに対してサービスを停止してしまいます．

　DHCPサーバのようにそのポートだけにサービスするように設定している場合，そのポートに対するサービスを停止するだけでなく，DHCPサーバ自体を停止してしまいます．そのため，BeagleBone Blackに電源を入れて再度接続を検出しても，サーバが停止した

---

column3　AX88179使用USB有線LANアダプタのインストール

　以前は，Linux対応のLANアダプタは使用実績などをよく調べてから購入する必要がありました．

　今でしたら，USB 3.0対応の安価なギガ・ビット・イーサネット・アダプタは，ほぼすべてがASIX Electronics社のAX88179というチップを使用したものと思われるので，こちらのチップを使用したLANアダプタが比較的入手性がよいかと思います．

　このチップのドライバは，Ubuntu 12.04には標準でインストールされていないのですが，ASIX Electronics社のウェブ・ページにあるAX88179の製品紹介ページからLinux用のドライバのソース・コードがダウンロードできるので，こちらをインストールすればUbuntu上で使用可能となります（リストA）．

　これで，Ubuntu用のカーネル・モジュールax88179_178a.koがビルドできるので，LANアダプタを挿入してUbuntuに認識させたら，いったん手動でカーネル・モジュールを起動して動作を確認します（リストB）．そして，

```
sudo make install
```

とすると，Ubuntuにカーネル・モジュールがインストールされます．

　以降はLANアダプタを挿入するか挿入した状態でUbuntuを起動させれば，自動で認識してカーネル・モジュールをロードします．

リストA　AX88179のドライバのソース・コードをダウンロードしインストール

```
~ > mkdir -p work/asix
 > cd work/asix
~/work/asix > wget http://www.asix.com.tw/FrootAttach/driver/AX88179_178A_LINUX_DRIVER_v1.8.0_SOURCE.tar.bz2
~/work/asix > tar jxf AX88179_178A_LINUX_DRIVER_v1.8.0_SOURCE.tar.bz2
~/work/asix > cd AX88179_178A_LINUX_DRIVER_v1.8.0_SOURCE
~/work/asix/AX88179_178A_LINUX_DRIVER_v1.8.0_SOURCE > make clean
~/work/asix/AX88179_178A_LINUX_DRIVER_v1.8.0_SOURCE > make
```

リストB　手動でカーネル・モジュールを起動して動作を確認

```
~/work/asix/AX88179_178A_LINUX_DRIVER_v1.8.0_SOURCE > sudo modprobe usbnet
~/work/asix/AX88179_178A_LINUX_DRIVER_v1.8.0_SOURCE > sudo insmod ./ax88179_178a.ko
~/work/asix/AX88179_178A_LINUX_DRIVER_v1.8.0_SOURCE > ifconfig -a
~/work/asix/AX88179_178A_LINUX_DRIVER_v1.8.0_SOURCE > sudo ifconfig eth? 192.168.xx.xx netmask 255.255.255.0
```

ままなので接続できないという問題があります．

この問題は，BeagleBone BlackとPC Linuxとのイーサネットの接続を，ハブを介して行うだけで回避できます．

● シリアル・コンソール

本章では，U-Bootの設定を行う必要があるので，シリアル・コンソールを接続する必要があります．第4部などを参考にして接続を行ってください．

BeagleBone Blackでtftpブートして NFS マウント

では，PC LinuxとBeagleBone Blackをイーサネット・ケーブルで接続して，ネットワーク経由でカーネル・イメージをダウンロードしてブートさせてみましょう．

● ブート用microSDカードの準備

ここで言うネットワーク経由でのブートでは，U-Bootが立ち上がっている必要があるので，まずブート用のmicroSDカードから作成します．

前章のプレビルド・イメージを使用して作成したものをそのまま使用してもよいのですが，もし新しいカードを作る場合は，パーティションを生成しフォーマットが終わったらプレビルド・イメージを書き込まずに「n」を選択して終了します（リスト15）．

終了したら，USBカード・リーダ/ライタをいったん外して再度接続します．これで，ブートとrootfsのパーティションがマウントされます．マウントされない場合には，ファイル・マネージャを立ち上げてブートを選択して，ブート・パーティションをマウントします．

標準では，/media/bootにマウントされるので，同様に前章で作成したMLOとu-boot.imgをコピーします．

● U-Bootのコマンド入力で停止

microSDカードを抜いたら，BeagleBone Blackに挿入してブート・ボタンを押しつつ起動します．新しくカードを作成した方は，カーネル・イメージがないので自然とU-Bootのコマンド入力で停止していると思います．

プレビルド・イメージが入っている方とカードを作らずにeMMCのU-Bootを使用される方は，U-Bootがカウントダウンしている間に素早くコンソールからキーを入力してカウントを停止します．

```
U-Boot#
```
で停止していれば大丈夫です．

helpコマンドで，U-Bootで使用可能なコマンド一覧が表示されます．printenvコマンドで現在設定されている環境変数の一覧が表示されます．

リスト15 新たなmicroSDカードの作成

```
bbbuser@bbbhost12:~/tisdk/ti-sdk-am335x-evm-06.00.00.00$ sudo bin/create-sdcard.sh
（中略）
#############################################################################
   Partitioning is now done
   Continue to install filesystem or select 'n' to safe exit

   **Warning** Continuing will erase files any files in the partitions

#############################################################################

Would you like to continue? [y/n] : n          ← nを入力

~/tisdk/ti-sdk-am335x-evm-06.00.00.00$ cd board-support/u-boot-2013.01.01-psp06.00.00.00/
board-support/u-boot-2013.01.01-psp06.00.00.00$ cp MLO /media/boot
board-support/u-boot-2013.01.01-psp06.00.00.00$ cp u-boot.img /media/boot
board-support/u-boot-2013.01.01-psp06.00.00.00$ sync
board-support/u-boot-2013.01.01-psp06.00.00.00$ sync
board-support/u-boot-2013.01.01-psp06.00.00.00$ sudo umount /media/boot
board-support/u-boot-2013.01.01-psp06.00.00.00$ sudo umount /media/rootfs
```

リスト16　IPアドレスの割り当て

```
bbbuser@bbbhost12:~$ sudo ifconfig eth1 192.168.10.2 netmask 255.255.255.0
```

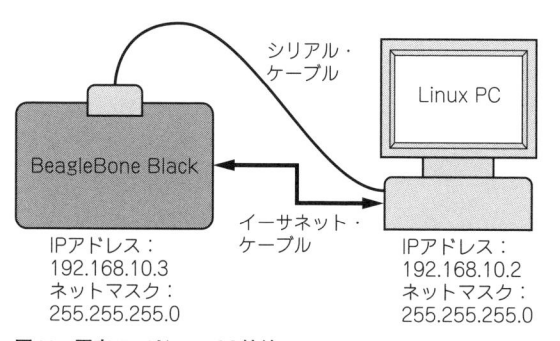

図11　固定IPアドレスでの接続

IPアドレス：192.168.10.3
ネットマスク：255.255.255.0

IPアドレス：192.168.10.2
ネットマスク：255.255.255.0

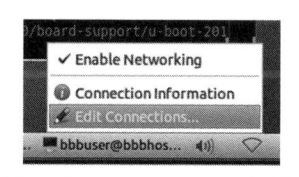

図12　「Edit Connections...」を選択

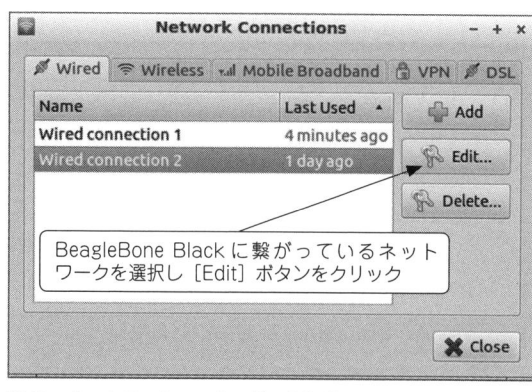

図13　ネットワーク・マネージャを起動

BeagleBone Blackに繋がっているネットワークを選択し［Edit］ボタンをクリック

● 固定IPアドレスで1対1接続

固定IPアドレスで1対1接続にする場合は，**図11**のように，BeagleBone BlackとLinux PCを接続してそれぞれにIPアドレスを割り振ります．

▶Linux PCのIPアドレスを設定

Ubuntuでは，ifconfigコマンドを使用して手動で割り当てるかネットワーク・マネージャからGUIを使用して割り当てます（**リスト16**）．

GUIで設定する場合は，デスクトップのツール・バーから電波強度アイコンもしくは上下矢印アイコンを右クリックして，「Edit Connections...」を選択し（**図12**），ネットワーク・マネージャを起動します（**図13**）．

ネットワーク・マネージャを起動したら，BeagleBone Blackに繋がっている方の設定を選択し，［Edit］ボタンをクリックします（**図14**）．

「IPv4 Settings」タブを選び，「Method:」を「DHCP」から「Manual」にして［Add］ボタンをクリックし，アドレスとネットマスクを入力します．最後に［Save］ボタンをクリックします．

コマンドラインで入力した場合もGUIで設定した場合も，最後にifconfigコマンドで正しく設定されているか確認します（**リスト17**）．

▶BeagleBone BlackのIPアドレスの設定とtftpによるカーネル・イメージのダウンロード

BeagleBone Blackは，eMMCないしはmicroSDカードからU-Bootがブートできる必要があります．

先ほどの手順でU-Bootをコマンド入力状態で停止したら，

```
U-boot# setenv ipaddr 192.168.10.3
U-boot# setenv serverip 192.168.10.2
U-boot# tftp
```

として，Linuxのカーネル・イメージをダウンロードしてみましょう．ここで，setenvコマンドを使用してipaddrにはBeagleBone BlackのIPアドレスを指定します．serveripにはPC LinuxのIPアドレスを指定します．

tftpコマンドは，デフォルト値で動作するように省

リスト17　IPアドレスの確認

```
bbbuser@bbbhost12:~$ ifconfig eth1
eth1      Link encap:Ethernet  HWaddr 00:xx:xx:xx:xx:xx
          inet addr:192.168.10.2  Bcast:192.168.10.255  Mask:255.255.255.0
          inet6 addr: fe80::xxx:xxxx:xxxx:xxxx/64 Scope:Link
          UP BROADCAST RUNNING MULTICAST  MTU:1500  Metric:1
          RX packets:0 errors:0 dropped:0 overruns:0 frame:0
          TX packets:73 errors:0 dropped:0 overruns:0 carrier:0
          collisions:0 txqueuelen:1000
          RX bytes:0 (0.0 B)  TX bytes:15375 (15.3 KB)
```

133

略されていますが，本来は，

```
tftp ${loadaddr} ${serverip}:${bootfile}
```

の各環境変数が使用されます．

前章でビルドしたARM Linuxのカーネル・イメージを/tftpbootディレクトリにコピーしていれば，${serverip}が示しているPC Linuxから${loadaddr}のメモリ上にファイル名${bootfile}のカーネル・イメージがロードされるはずです．

▶NFSの設定とブート

ロードされたら，続けて**リスト18**のように入力して，NFSを使用してブートするためのカーネル・パラメータbootargsを設定します．

リスト19のように，printenvコマンドを使用してbootargsの設定値を確認します．bootargsは，U-BootがLinuxカーネルをブートする際にカーネル側に渡すパラメータを指定するための環境変数です．

よく見ると，ip=dhcpとなっていてLinuxカーネルにDHCPでIPアドレスを取得するように指定しています．まだ，ネットワーク上にDHCPサーバがないのでこれではうまくブートできません．**リスト20**のように再設定し，bootargsが正しく設定できている

リスト18　bootargs環境変数の設定

```
U-boot# setenv rootpath /home/bbbuser/tisdk/targetNFS
U-boot# run netargs
```

リスト19　bootargsの設定内容を確認

```
U-boot# printenv bootargs
bootargs=console=tty00,115200n8 root=/dev/nfs nfsroot=192.168.10.2:/home/bbbuser/tisdk/targetNFS,nolock rw ip=dhcp
```

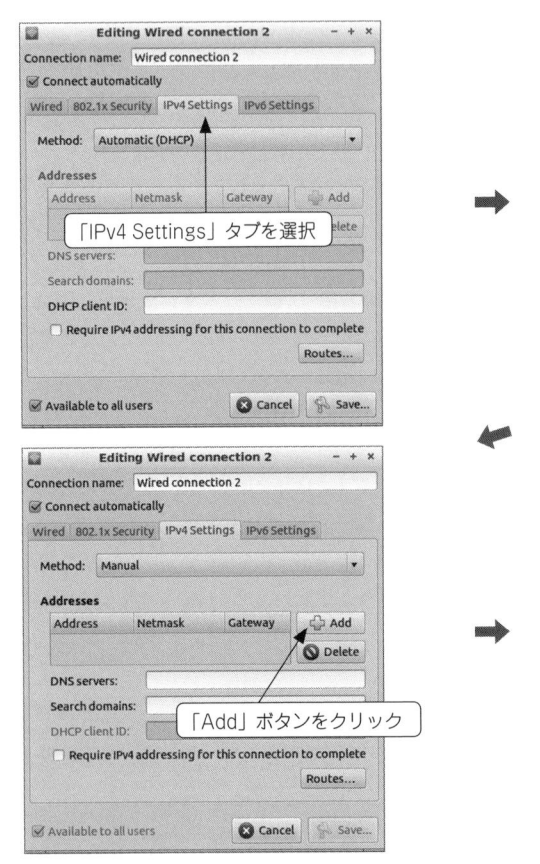

図14　ネットワーク・マネージャでの設定

ことを確認したら，先ほどロードしたカーネル・イメージからLinuxを起動してみましょう．

`U-boot# bootm`

bootmもデフォルト値で省略していますが，本来は，

`bootm ${loadaddr}`

でLinuxカーネルをロードしたアドレスを指定して，そこからブートするコマンドです．

正しくブートできたでしょうか．Aragoのログイン・プロンプトが出てきたらブート成功です（**リスト21**）．ログインのユーザ名はrootです．

▶ NFSのマウント状態の確認

ログインしたら，mountコマンドでルート・ファイル・システムがNFSでマウントされていることを確認します（**リスト22**）．

ファイル・システムがNFSで共有されていると，BeagleBone Blackで行ったファイル・システムの変更が，そのままPC LinuxのNFSディレクトリに反映されます（**リスト23**）．

逆に，PC Linux上でビルドしたARMのLinuxアプリケーションをNFSディレクトリにコピーするだけで，シリアル・コンソールからBeagleBone Black上で実行することが可能となります．

▶ ARM Linuxの終了

ARM Linuxを終了するときもちゃんとシャットダウンするようにします．

```
root@am335x-evm:~# sync
root@am335x-evm:~# sync
root@am335x-evm:~# shutdown -h now
```

● ルータを使用する場合

ルータを使用する場合の接続を**図15**に示します．外部にWi-Fiルータ製品などのDHCPサーバ機能を有する機器を接続して，そこからIPアドレスを割り振る場合に注意する点は，DHCPサーバとtftpサーバのIPアドレスが異なる点です．

リスト20 環境変数を再設定

```
U-boot# setenv bootargs console=ttyO0,115200n8 root=/dev/nfs
nfsroot=192.168.10.2:/home/bbbuser/tisdk/targetNFS,nolock rw ip
=${ipaddr}:${serverip}::255.255.255.0::eth0:off
```

リスト23 NFSでファイル・システムが共有されていることの確認

```
root@am335x-evm:~# touch hogehoge.txt
root@am335x-evm:~# ls
hogehoge.txt

bbbuser@bbbhost12:~/tisdk/targetNFS/home/root$ ls
hogehoge.txt
```

リスト21 Aragoのログイン・プロンプトが出てきたらブート成功

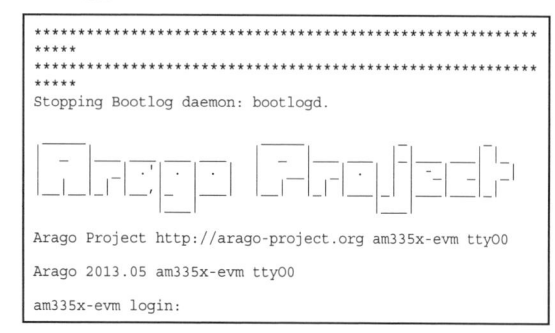

```
***************************************************************
*****
***************************************************************
*****
Stopping Bootlog daemon: bootlogd.



Arago Project http://arago-project.org am335x-evm ttyO0

Arago 2013.05 am335x-evm ttyO0

am335x-evm login:
```

リスト22 ルート・ファイル・システムがNFSでマウントされていることの確認

```
root@am335x-evm:~# mount
rootfs on / type rootfs (rw)
192.168.10.2:/home/bbbuser/tisdk/targetNFS/ on / type nfs
(rw,relatime,vers=2,rsize=4096,wsize=4096,namlen=255,hard,nolock,proto=udp,timeo=11,retrans=
3,sec=sys,mountaddr=192.168.10.2,mountvers=1,mountproto=udp,local_lock=all,addr=192.168.10.2)
proc on /proc type proc (rw,relatime)
sysfs on /sys type sysfs (rw,relatime)
debugfs on /sys/kernel/debug type debugfs (rw,relatime)
none on /dev type tmpfs (rw,relatime,mode=755)
/dev/mmcblk0p1 on /media/mmcblk0p1 type vfat
(rw,relatime,fmask=0022,dmask=0022,codepage=cp437,iocharset=iso8859-
1,shortname=mixed,errors=remount-ro)
/dev/mmcblk0p2 on /media/mmcblk0p2 type ext3 (rw,relatime,errors=continue,barrier=1,data=ordered)
/dev/mmcblk1p1 on /media/mmcblk1p1 type vfat (rw,relatime,fmask=0022,dmask=0022,codepage=cp437,iocharset=iso8859-
1,shortname=mixed,errors=remount-ro)
devpts on /dev/pts type devpts (rw,relatime,gid=5,mode=620)
usbfs on /proc/bus/usb type usbfs (rw,relatime)
tmpfs on /var/volatile type tmpfs (rw,relatime,size=16384k)
tmpfs on /dev/shm type tmpfs (rw,relatime,mode=777)
tmpfs on /media/ram type tmpfs (rw,relatime,size=16384k)
root@am335x-evm:~#
```

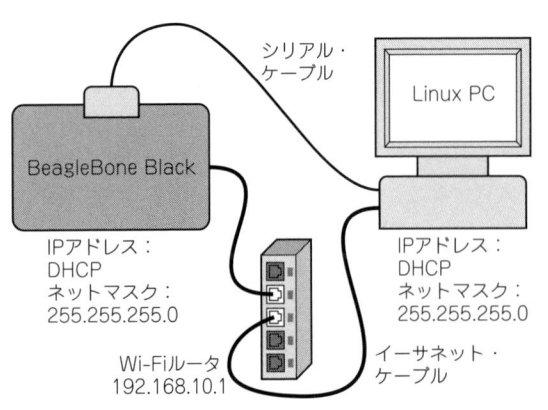

第3部　Linux & Android 環境構築コース

図15　ルータを使用する場合の接続

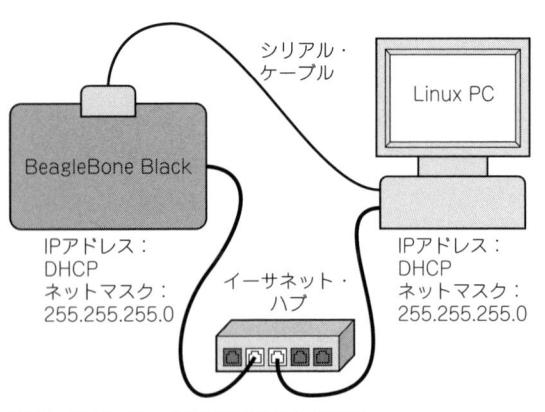

図16　DHCPサーバを使用する場合の接続

このため，U-Bootでtftpコマンドを使用する前に環境変数serveripをtftpサーバのものを設定する必要があります．この点を考慮したU-Bootのブート・シーケンスは，**リスト24**のようになります．

U-BootのDHCPクライアント機能であるdhcpコマンドは，DHCPサーバとtftpサーバが同じIPアドレスであることを想定して，dhcpクライアントの機能とtftpクライアントの両方を同時に実行します．

ルータを使用した場合は，DHCPサーバとtftpサーバが別のIPアドレスとなるので，環境変数autoloadにnoを設定してdhcpとtftpを別々に動作させるように設定します．この設定によりdhcpコマンドで環境変数ipaddrにアドレスを割り当てたあと，serveripをPC Linuxのアドレスに設定し，tftpコマンドでPC Linuxからカーネル・イメージをダウンロードできるようになります．

固定IPアドレス設定時に変更したbootargsの"IP="パラメータもDHCPサーバがあるのでIP=dhcp設定のままで使用できます．

● UbuntuのDHCPサーバでサービスする場合

PC LinuxのDHCPサーバを使用する場合の接続を**図16**に示します．

PC Linux上でDHCPサーバをサービスする場合は，DHCPサーバとtftpサーバが同一のIPアドレスなので，U-Bootのコマンドはさらに簡単になります（**リスト25**）．

この場合は，U-Bootのデフォルト設定に上記と同じ動作をさせるものが用意されているので，**リスト26**のようにnetboot設定を使用して起動することも可能です．

● microSDカードの書き換えが不要に！

これらの設定により，PC Linux上のカーネル・イメージとファイル・システムを参照する設定ができま

リスト25　U-Bootのブート・シーケンス（DHCPサーバを使用する場合）

```
U-Boot# setenv rootpath /home/bbbuser/tisdk/targetNFS
U-Boot# dhcp
U-Boot# run netargs
U-Boot# printenv bootargs
bootargs=console=ttyO0,115200n8 root=/dev/
nfs nfsroot=192.168.10.2:/home/bbbuser/tisdk/targetNFS,nolock
rw ip=dhcp
U-Boot# bootm
```

リスト26　netboot設定を使用した起動

```
U-Boot# setenv rootpath /home/bbbuser/tisdk/targetNFS
U-Boot# printenv netboot
netboot=echo Booting from network ...; setenv autoload
no; dhcp; tftp ${loadaddr} ${bootfile}; run netargs; bootm
${loadaddr}
U-Boot# run netboot
```

リスト24　U-Bootのブート・シーケンス（ルータを使用する場合）

```
U-Boot# setenv autoload no
U-Boot# dhcp
U-Boot# setenv serverip 192.168.0.2
U-Boot# tftp
U-Boot# setenv rootpath /home/bbbuser/tisdk/targetNFS
U-Boot# run netargs
U-Boot# printenv bootargs
bootargs=console=ttyO0,115200n8 root=/dev/
nfs nfsroot=192.168.0.2:/home/bbbuser/tisdk/targetNFS,nolock rw
ip=dhcp
U-Boot# bootm
```

リスト27 テスト・プログラムのソース・コード hello.c

```
//
// hello.c :
//
#include <stdio.h>
#include <stdlib.h>

void main(int argv, char* argc[])
{
  printf("Hello BeagleBone Black!!\n");
}
```

リスト28 作業用ディレクトリとプログラムの作成

```
~/tisdk$ mkdir -p projects/hello
~/tisdk$ cd projects/hello
~/tisdk/projects/hello$ vi hello.c
```

リスト29 プログラムをビルド

```
~/tisdk/projects/hello$ arm-linux-gnueabihf-gcc -g -o hello hello.c
```

した．

これにより，BeagleBone Black用のLinuxアプリケーション開発における編集→ビルド→デバッグのサイクルで，毎回BeagleBone Blackをシャットダウンしてmicro SDカードを書き換える手間から解放されます．

BeagleBone Black上の Linuxプログラムの作成と実行

テキサス・インスツルメンツのLinux SDKの応用として，BeagleBone Black上で動作するLinux用プログラムをビルドして実行してみましょう．

● 作業用ディレクトリの作成とプログラムの作成

まず初めに，作業用のディレクトリを用意します．特に制約はないので好みで用意すればよいと思います．今回は，tisdkディレクトリの下にprojectsディレクトリを作り，その下にhelloディレクトリを作り，hello.c（**リスト27**）を作成します（**リスト28**）．

ARMのコンパイラにパスが通っているシェルを使用してビルドします（**リスト29**）．この後，デバッガも試すので-gオプションを追加しています．

fileコマンドを使用して，helloが正しくビルドできているかを確認してみます（**リスト30**）．正しくARMのバイナリとしてビルドできていることが分かります．

● BeagleBone Black上で実行

それでは早速，BeagleBone Black上で動かしてみましょう．

まず，NFSマウントされているファイル・システムにコピーします（**リスト31**）．

次に，BeagleBone Blackのコンソールに移動してhelloを実行します．

```
root@am335x-evm:~# ./hello
Hello BeagleBone Black!!
```

いかがでしょうか．このままの勢いでARMのgdbとgdbserverを使ってリモート・デバッグしてみましょう．

● gdbを使ったリモート・デバッグ

まず，BeagleBone Black上でgdbserverを起動します（**リスト32**）．接続先としてPC LinuxのIPアド

リスト30 正しくビルドできているかを確認

```
~/tisdk/projects/hello$ file hello
hello: ELF 32-bit LSB executable, ARM, version 1 (SYSV), dynamically linked (uses shared libs), for GNU/Linux 2.6.31, BuildID[sha1]=0xe5
e5f6b033bdb8aeedf09f90e6dc949348c781e3, not stripped
```

リスト31 プログラムをファイル・システムにコピー

```
~/tisdk/projects/hello$ cp hello ~/tisdk/targetNFS/home/root
```

リスト32 gdbserverを起動

```
root@am335x-evm:~# gdbserver 192.168.10.2:2345 hello
Process hello created; pid = 1590
Listening on port 2345
```

column4　UbuntuでDHCPサーバを動かす

Ubnut12.04でDHCPサーバを使用するには，以下の手続きを踏む必要があります．
1. DHCPサーバのパッケージをインストールする
2. /etc/dhcp/dhcpd.confファイルに設定を記述する
3. /etc/default/isc-dhcp-serverファイルを編集する
4. DHCPサーバを起動する

● DHCPサーバのパッケージをインストール

Ubuntu 12.04は，標準でisc-dhcp-clientが使用されているので，DHCPサーバもisc-dhcp-serverを使用します．Ubuntu Software Centerかapt-getコマンドを使用して，isc-dhcp-serverをインストールします．

```
$ sudo apt-get install isc-dhcp-server
```

● /etc/dhcp/dhcpd.confファイルに設定を記述

isc-dhcp-serverをインストールすると，/etc/dhcpディレクトリ下にdhcpd.confファイルが置かれます．デフォルトのdhcpd.confファイルには設定のサンプルがコメントアウトされて記述されているので，それを参考にしながらdhcpd.confファイルに設定を記述します．

BeagleBone BlackにIPアドレスを割り振るだけでしたらリストCのような設定だけで機能します．

● /etc/default/isc-dhcp-serverファイルを編集

/etc/default/isc-dhcp-serverファイルを編集します（リストD）．このファイルでは，DHCPをサービスするイーサネットのインターフェース名を指定します．

このファイルで，BeagleBone Blackと接続しているイーサネットのインターフェースのみにDHCPのサービスを行うように指定することが可能です．

● DHCPサーバを起動

DHCPサーバをスタートさせるには，serviceコマンドを使用します．

```
$ sudo service isc-dhcp-server start
```

念のため，dhcpd.confを編集した後はリストEのように，statusオプションでサーバの状態を確認しておきましょう．

リストC　BeagleBone BlackにIPアドレスを割り振るだけのdhcpd.conf

```
subnet 192.168.10.0 netmask 255.255.255.0 {
    range    192.168.10.2 192.168.10.100;
}
```

リストE　サーバの状態を確認

```
$ service isc-dhcp-server status
isc-dhcp-server start/running, process 5090
```

リストD　isc-dhcp-serverファイルの設定

```
# On what interfaces should the DHCP server (dhcpd) serve DHCP requests?
#       Separate multiple interfaces with spaces, e.g. "eth0 eth1".
INTERFACES="eth1"
```

リスト33　ARM用のgdbで接続

```
~/tisdk/projects/hello$ arm-linux-gnueabihf-gdb hello
(gdb) target remote 192.168.10.3:2345
```

リスト34　BeagleBone Black側に表示された接続メッセージ

```
root@am335x-evm:~# gdbserver 192.168.10.2:2345 hello
Process hello created; pid = 1595
Listening on port 2345
Remote debugging from host 192.168.10.2
Hello BeagleBone Black!!

Child exited with status 25
GDBserver exiting
```

リスト35　Ubuntu側からARM gdbでデバッグ

```
bbbuser@bbbhost11:~/tisdk/projects/hello$ arm-linux-gnueabihf-gdb hello
GNU gdb (GDB) 7.5
Copyright (C) 2012 Free Software Foundation, Inc.
License GPLv3+: GNU GPL version 3 or later <http://gnu.org/licenses/gpl.html>
This is free software: you are free to change and redistribute it.
There is NO WARRANTY, to the extent permitted by law.  Type "show copying"
and "show warranty" for details.
This GDB was configured as "--host=i686-arago-linux --target=arm-oe-linux-gnueabi".
For bug reporting instructions, please see:
<http://www.gnu.org/software/gdb/bugs/>...
Reading symbols from /home/bbbuser/tisdk/projects/hello/hello...done.

(gdb) target remote 192.168.10.3:2345

Remote debugging using 192.168.10.3:2345
warning: Unable to find dynamic linker breakpoint function.
GDB will be unable to debug shared library initializers
and track explicitly loaded dynamic code.
0x44ab8c80 in ?? ()

(gdb) continue

Continuing.
warning: Could not load shared library symbols for 2 libraries, e.g. /lib/libc.so.6.
Use the "info sharedlibrary" command to see the complete listing.
Do you need "set solib-search-path" or "set sysroot"?
[Inferior 1 (process 1595) exited with code 031]
(gdb) q
```

レスとポート番号を入力して，PC Linuxからの接続を待ちます．

次に，PC LinuxからARM用のgdbで接続します（**リスト33**）．gdbを起動したらtargetコマンドを使用してリモート接続します．BeagleBone BlackのIPアドレスとポート番号を指定します．

これで，BeagleBone Black側に接続された旨のメッセージが表示されると思います（**リスト34**）．

この状態で，ARM gdbからデバッグ・コマンドを発行すれば，BeagleBone Black側で処理されます．サンプル・プログラムが1行なので，ステップ実行などは試せませんが，continueコマンドで実行すればBeagleBone Black側でメッセージを表示してプログラムが終了します（**リスト35**）．

ここまで来れば，あとはC言語を使用した一般的なLinuxのアプリケーション開発となるので，思う存分アプリケーション開発をしていただければと思います．

第3部 Linux & Android 環境構築コース

USB接続, カーネル・ドライバそれぞれで試す！

第2章
APPENDIX

ARM Ubuntuを使って NFCタグの認識実験

石井 孝幸

ここでは，ARM Ubuntuのカーネルを最新の3.12.xにアップデートして，USB接続したNFC (Near field communication) カード・リーダとPythonアプリケーションを使い，NFCタグを認識する実験を紹介します．

ARM UbuntuでLinuxカーネルのアップデート

ARM UbuntuのmicroSDカード・イメージは，第4部第2章で紹介しています．

ここでは，ARM UbuntuのmicroSDカード・イメージはすでに作成済みとして，作成したmicroSDカード・イメージのカーネルを最新の3.12.xに変更します．

● ディレクトリの作成とダウンロード

作業用のディレクトリを作成します（リスト1）．bbbuserのカレント・ディレクトリにubuntuディレクトリを作成します．

仮想環境を使用している方は，別途ARM Ubuntu用の仮想ハードディスクを用意してubuntuディレクトリにマウントして作業すると，PC Ubuntu用仮想ハードディスクのファイル・サイズの肥大化を防ぐことができます．

一連のコマンドによりARM Ubuntuのカーネル・ソース・コードがgithubサーバからgitプロトコルでダウンロードされます．

● HTTPSでもダウンロードできる

gitプロトコルは，企業の社内LANからはセキュリティ対策でアクセスできないようにしている場合が多々あります．

幸いにして，ARM Ubuntuのサーバであるgithubでは，https://によるミラーをサポートしているので，gitコマンドのurlを置き換える機能を使用すればHTTPSプロトコルでダウンロードできるようになります（リスト2）．

● user.nameとemailを設定しておく

user.nameとemailを設定しておかないと，設定が必要と表示して中断してしまいます．あらかじめ設定しておくとよいでしょう．

リスト1 作業用ディレクトリの作成からカーネルのビルドまで

```
bbbuser@bbbhost12:~$ mkdir ubuntu
bbbuser@bbbhost12:~$ sudo mount -t ext4 /dev/sdx1 ubuntu
bbbuser@bbbhost12:~$ mkdir -p ubuntu/kernel_3.12.x
bbbuser@bbbhost12:~$ cd ubuntu/kernel_3.12.x
bbbuser@bbbhost12:~/ubuntu/kernel_3.12.x$ git clone git://github.com/RobertCNelson/linux-dev.git
bbbuser@bbbhost12:~/ubuntu/kernel_3.12.x$ cd linux-dev
bbbuser@bbbhost12:~/ubuntu/kernel_3.12.x/linux-dev$ git checkout origin/am33x-v3.12 -b tmp
bbbuser@bbbhost12:~/ubuntu/kernel_3.12.x/linux-dev$ ./build_kernel.sh
```

リスト2 HTTPSプロトコルでダウンロード

```
bbbuser@bbbhost12:~$ git config --global http.proxy ${http_proxy}
bbbuser@bbbhost12:~$ git config --global https.proxy ${https_proxy}
bbbuser@bbbhost12:~$ git config --global url."https://".insteadOf git://
```

リスト3　user.nameとemailの確認

```
bbbuser@bbbhost12:~$ git config --global user.name "user name"
bbbuser@bbbhost12:~$ git config --global user.email "youremail@your.domain"
bbbuser@bbbhost12:~$ git config --list
http.proxy=http://wwwzjpproxy.ext.ti.com:80/
https.proxy=https://wwwzjpproxy.ext.ti.com:80/
url.https://.insteadof=git://
user.name=user name
user.email=youremail@your.domain
```

リスト4　microSDカード・イメージのカーネルをアップデート

```
bbbuser@bbbhost12:~/ubuntu/kernel_3.12.x/linux-dev$ sudo cp -v ./deploy/3.12.2-bone9.zImage /media/boot/zImage
bbbuser@bbbhost12:~/ubuntu/kernel_3.12.x/linux-dev$ sudo mkdir -p /media/boot/dtbs
bbbuser@bbbhost12:~/ubuntu/kernel_3.12.x/linux-dev$ sudo tar xfov ./deploy/3.12.2-bone9-dtbs.tar.gz -C /media/boot/dtbs
bbbuser@bbbhost12:~/ubuntu/kernel_3.12.x/linux-dev$ sudo tar xfv ./deploy/3.12.2-bone9-firmware.tar.gz -C /media/rootfs/lib/firmware/
```

リスト5　カーネル・モジュールをコピー

```
bbbuser@bbbhost12:~/ubuntu/kernel_3.12.x/linux-dev$ sudo tar xfv ./deploy/3.12.2-bone9-modules.tar.gz -C /media/rootfs/
```

設定したら，--listを使用して正しく設定されているか確認できます（リスト3）．この設定は，~/.gitconfigファイルに格納されるのでこちらを参照しても確認できます．

● カーネルのアップデート

無事にカーネルのビルドまで終了したら，microSDカード・イメージのカーネルをアップデートしてみます（リスト4）．続いて，カーネル・モジュールのコピーをします（リスト5）．

現時点でのカーネルのバージョンは，3.12.2-bone9になります．本書が発行される頃にはもっと開発が進んでいるかと思います．その場合は，そのときのカーネルのバージョンに合わせて，コピーするファイル名を適宜変更してください．

● microSDカードのアップデート

ARM Ubuntuは，TISDKとは異なりtftp/NFCの環境は用意されていないようです．

カーネルを修正した場合は，いったんBeagleBone BlackのUbuntuをシャットダウンして，microSDカードをPC Ubuntu側に挿入してアップデートする必要があります．

先ほどは，カーネルおよびモジュールのtarファイルを手動で展開しましたが，これらを行うためのスクリプトがtoolsディレクトリの下にあります．

これらのツールを使用する前に，linux-devディレクトリにあるsystm.sh内の変数MMCを設定する必要があります．

MMCにはPC Linuxに認識されたmicroSDカードのデバイス名を設定するので，仮想環境で仮想ハードディスクをtisdk用とUbuntu用の2台を増設されている場合，

- /dev/sda：PC Ubuntuがインストールされているハードディスク
- /dev/sdb：tisdkがインストールされているハードディスク
- /dev/sdc：ARM Ubuntu用の環境をインストールしたハードディスク
- /dev/sdd：microSDカードのデバイス名

となるはずです．自分の環境に合わせて設定してください．

また，ハードディスクをマウントする場合は，デバイス名を/dev/sdb1のように，パーティション番号付きで指定していますが，ここではデバイス全体を示すので，system.sh内にも注意喚起されているように，/dev/sdd1ではなく/dev/sddを設定するように注意してください．

第3部 Linux & Android 環境構築コース

リスト6 bzrをインストール

```
ubuntu@arm:~$ suto apt-get update
ubuntu@arm:~$ sudo apt-get install python-usb bzr
```

リスト7 examples/tagtool.py show の実行例

```
ubuntu@arm:~$ cd nfcpy
ubuntu@arm:~/nfcpy$ sudo python examples/tagtool.py show
[nfc.clf] searching for reader with path 'usb'
[nfc.clf] using SONY RC-S380/P at usb:002:004
[main] touch a tag
Type3Tag IDm=01xxxxxxxxxxxxxx PMm=04xxxxxxxxxxxxxx SYS=xxxx
```

system.shを修正したら，tools/rebuild.shで修正したカーネルを再ビルドして，tools/install_kernel.shでmicroSDカードをアップデートします．

ARM UbuntuでNFCを試す

● 二つの実装

本書が初めて発行される頃は，ちょうど確定申告の時期くらいかと思います．サラリーマンな筆者は，医療費控除しか恩恵にあずかれないのですが，手元にソニーのPaSoRi（RC-S380）があるのでこれに接続してみましょう．

現在のLinuxにおけるNFCの対応状況ですが，複数のプロジェクトでの実装が進みつつあるものの，どれもそれぞれ特徴があり決め手に欠けるのが現状です．

今後も，機材の入手性などから，USB接続のリーダをusblib経由でユーザ領域のアプリケーションで使用することを念頭に置いた実装と，Linuxベースのスマートフォンのような組み込み機器向けのカーネル・ドライバとしての実装が平行に進められると予測されます．

● USB接続方式

USB接続のPaSoRiを手軽に使う方法には，usblibとPythonの組み合わせで実装されているnfcpyがあります．

nfcpyのプロジェクト・ページを参考にインストール作業を進めていきましょう．

　　https://launchpad.net/nfcpy
　　http://nfcpy.readthedocs.org/

まずは，nfcpyを動作させるために必要なパッケージをapt-getコマンドを使用してダウンロードするために，BeagleBone Black上でARM Ubuntuを起動して，インターネットに接続できるようにネットワークを設定しておきます．

ARM Ubuntuには，usblibもPythonもすでにインストールされているので，usblibをPythonで使用するためのpython-usbとnfcpyプロジェクトからnfcpyをダウンロードするためのツールbzrをインストールします（リスト6）．

続いて，nfcpyのプロジェクト・ページの指示に従ってnfcpyをダウンロードします．

　　`ubuntu@arm:~$ bzr branch lp:nfcpy`

nfcpyディレクトリが作成されたと思います．nfcpyは，Pythonのスクリプトなので特にメイクは必要ありません．nfcpyディレクトリに移動して，exampleを動かしてみましょう（リスト7）．

正しくデバイスを認識できたでしょうか？私が試した範囲では，sudoコマンドを使用してルート権限で動作させないと接続を認識できませんでした．

正常にデバイスを認識して，touch a tagの表示が出たらPaSoRiに何かType-3タグのカードをかざしてみてください．

SuicaとEX-ICの2枚重ねでは，リーダに近い方のカードを認識したりととてもよくできています．

● カーネル・ドライバ方式

Linuxのカーネル・ドライバの場合はどうでしょう．NFCのカーネル・ドライバの実装は，Linux NFCのプロジェクトで紹介されています．

　　https://01.org/linux-nfc/

実は，ARM Ubuntuには，PaSoRiで使用されているNXPセミコンダクターズ製NFCリーダ・デバイスPN533のカーネル・モジュールがすでにインストールされています．

ただ，デフォルトでは，現行のPaSoRiではUSBのデバイスIDが異なるので挿しても認識されません．

PN533のカーネル・モジュールのソース・コードは，

`linux-dev/KERNEL/drivers/nfc/pn533.c`

なので，これを編集してRC-S380のデバイスIDのものにしてビルドして実行してみたのですが，Linux NFCにある方法でテストした範囲では，PN533のデバイスをうまく認識できませんでした．

カーネル3.12.xで用意されているNFCのシミュレータ・モジュールnfcsim.koを使用した場合は，テスト・コマンドからシミュレータのモジュールが2個とも正しく認識されるので，手持ちのPaSoRiがまだ対応していないのかもしれません．

*　　　*　　　*

いかがでしょうか．ARM Ubuntuは，あらかじめ各種パッケージが用意されていてPCのものと遜色ないデスクトップ環境を簡単に構築することができます．

カーネルをハックするには少し煩雑ではありますが，最新のカーネルへの対応も早いので，いち早く新しい機能やデバイスを試してみたい場合に向いています．

第3部 Linux & Android 環境構築コース

BeagleBone Black を Android 端末として利用

第3章 Android アクセサリ開発環境の構築

石井 孝幸

Androidの特徴と開発キットの現状

● Android端末がUSB"デバイス"に

　Androidアクセサリとは，Android端末にUSB接続できる装置のことを指します．グーグルがGoogle I/O 2011で発表したAndroid Open Accessory Development Kit 2011で紹介されました．

　これだけでは，普通のUSB機器との違いがまったく見えませんが，Androidアクセサリの一番の特徴は，機器側がUSBホストでAndroid端末側がUSBデバイスの接続になる点です．

　これにより，電池充電用にmicro BのUSBコネクタしか搭載していないAndroid端末でも使えることを目指しているようです．

● ADKの構成要素と現状

　Android Open Accessory Development Kit（ADK）2011は，Android 2.3.4ないしは3.1以降のバージョンで対応し，翌年にはADK 2012を発表していて，こちらはAndroid 4.1以降のバージョンで対応しています．

　ADKは，以下の三つの構成要素から成り立っています．

1. Android Open Accessory（AOA）プロトコル
2. Arduinoベースのリファレンス・ハードウェア
3. リファレンス・ハードウェア用のインプリメンテーション

　ADK 2011で1.0であったAOAプロトコルのバージョンも，ADK 2012ではAOAプロトコル2.0としてオーディオやHIDなどの機能拡張をしたり，USBだけでなくBluetoothでの接続もサポートされました．

　また，最初はArduinoベースの開発キットだけだった機材も互換品や簡易品が作られたり，USBホストの条件を満たしているほかのマイコン製品などに移植されたりして，少しずつ種類が増え始めているようです．

　BeagleBoneもUSBホストを搭載したマイコン製品の扱いでAndroidアクセサリの実装が移植されています．

　まずは，Androidアクセサリがどのようなものなのか，早速動かしていきましょう．

開発環境構築のための準備

● アクセサリ側はBeagleBone

　Androidアクセサリとして機能する機材でしたら特に限定はしません．ここで行っているBeagleBone Blackとの接続試験は，rowboatプロジェクト（BeagleBoardやBeagleBoneなどテキサス・インスツルメンツ製のSoC向けのボード用 Androidを実装している）で公開されているBeagleBone向けのAndroidアクセサリのサンプルを使用しています．

　諸事情で，Androidアクセサリとして一番ポピュラなArduinoのADKでは実験できていなくて申し訳ないのですが，どなたかチャレンジされた方からのレポートを待ちたいと思います．

● Android端末はBeagleBone Black
▶スマートフォンで実行するのは危険が大きい

　Androidアクセサリの実験をするためのAndroid端末は，市販品ですと選定が難しいようです．前述のとおり，ADK 2011は2.3.4から，ADK 2012でもAndroid 4.1から対応しているのですが，端末メーカによってはAndroidアクセサリの機能を実装していない場合があるようです．

第3章　Androidアクセサリの開発環境の開発環境の構築

また，例え対応していたとしても，普段使いのスマートフォンをデバッグ途中の怪しいマイコンに接続するのはかなり度胸が必要になるかと思います．現実的な解は，SIMフリーなグーグルのNexusシリーズか，対応の確認が取れている中古のスマートフォンなどから選ぶことになるかと思います．

しかし，それでも結構値が張りますし，やはり端末のAndroid OSが開発作業の影響で挙動不審になってしまった場合などに，復旧する手段が確保されていないかと思います．

▶ BeagleBone Blackを使う

そこで目を付けたのがBeagleBone Blackです．BeagleBone BlackのAndroidがアクセサリに対応していれば値段が安いこともありますが，アクセサリや対応アプリケーションの開発中にAndroid OS側がおかしくなってしまっても簡単に初期化することができますし，USBポートがふさがってしまっていても有線イーサネット経由でADBを動作させられるので，アクセサリの開発と同時にアプリケーションのデバッグも効率良く進められそうです．

良いことづくしのBeagleBone Blackなのですが，デフォルトではAndroidアクセサリに対応していないようで，BeagleBone向けのAndroidアクセサリ用に用意されたサンプル・アプリケーションは，インストールすることすらできませんでした．

そこで，ソース・コードのビルドも視野に入れつつ調べてみたところ，.xmlファイルを追加するだけで動かせることが分かりましたのでここで紹介しつつ，Eclipse + ADT環境とBeagleBone BlackのAndroidを接続して実機でのデバッグ環境を構築していきます．

● USBケーブル

Android端末とAndroidアクセサリは，USBケーブルを使用して接続します．これは普通のもので大丈夫なので，使用するAndroid端末とアクセサリに合わせて用意します．

アクセサリ側はUSBホスト・インターフェースなので，ほとんどがUSB Aになります．

マイコンのUSB OTGにAOAプロトコルを移植したようなボードの場合は，mini ABやmicro ABの

USBコネクタを使用しているものもあるかと思うので，その場合は，mini A – mini Bやmini A – micro B，micro A – mini B，micro A – micor Bのようなあまり一般的でないケーブルを用意する必要があるので注意が必要です．

Android端末側は，BeageBone Blackであればmini Bになります．市販のAndroid端末はmicro Bがほとんどではないかと思います．

● HDMI入力のディスプレイ，USBマウス，USBキーボード

BeagleBone BlackでAndroidを動かす場合には，HDMI入力付きのディスプレイとUSBマウスが必要です．また，ウェブ・ブラウザにURLや検索ワードを打ち込む場合などのためにUSBキーボードがあると便利です．

● シリアル・コンソール環境とネットワーク環境

今回の実験のうち，BeagleBone BlackをAndroid環境としてAndroidアクセサリのデモを体験してみたいだけの方でしたらどちらも必須ではありません．

しかし，今後，AndroidアクセサリやAndroidアプリケーションの開発を考えているならば，PC Linux – BeagleBone Black間のシリアル・コンソール環境とネットワーク接続は必須と考えた方がよいと思います．

プレビルド・イメージを動かしてみる

機材の準備が整ったら，早速動作させてみましょう．まずは，各ボード用のイメージ・ファイルを準備します．

● ディスクの用意

ここで，PC Linuxを仮想環境で動作させている方はAndroidの環境構築用に，また新たに専用のハード・ディスク・イメージを作成することを勧めます．

Linuxの環境と比較すると，Androidの環境がだいぶハードディスクの容量を必要とするので，64Gバイトかそれ以上を最大値に設定することを勧めます．

145

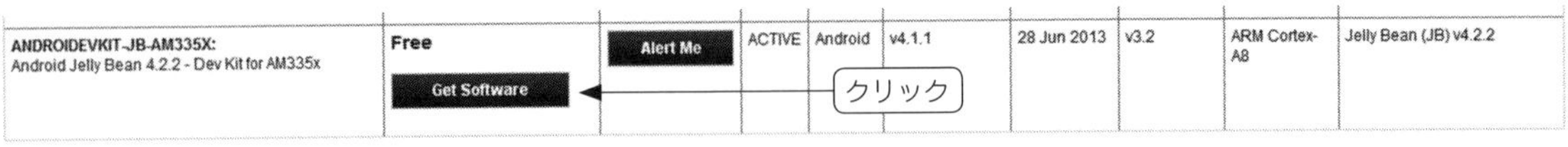

第3部　Linux & Android 環境構築コース

図1　Android Development Kitをダウンロード

リスト1　Androidアクセサリを動作させるために必要な二つのファイル

```
/system/framework/com.android.future.usb.accessory.jar
/system/etc/permissions/android.hardware.usb.accessory.xml
```

　Ubuntu**を**使っていたら，Disk Utility**で**フォーマットして，

```
~$ mkdir android
~$ sudo mount -t ext4 /dev/sde1 android
```

でホーム・ディレクトリにandroidディレクトリを作成し，そこにマウントしたと仮定します．

● Android端末（BeagleBone Black）用 microSDカードの作成

　Androidアクセサリを動作させるためには，端末側に，**リスト1**の2種類のファイルが存在している必要があるようです．

　BeagleBone BlackのAndroid DevKitに用意されているファイル・システムには，.jarファイルは存在するのですが，.xmlファイルの方がありませんでした．

　このファイルは，XMLフォーマットのテキスト・ファイルなのでグーグルのAndroidのプロジェクト・サーバからダウンロードしてコピーすればBeagleBone Blackでもアクセサリを繋げて動かすことができました．

　みなさんの端末でも，この二つのファイルの有無で，ある程度端末の対応状況が確認できるのではないかと思います．

　もしこれが，.jarファイル側がなかったとしたら，場合によってはカーネルのUSBドライバが非対応であったりする可能性まであるので，だいぶやっかいなことになっていたと思います．

▶バイナリ・イメージのダウンロード

　ではまず，BeagleBone Black用のAndroidのバイナリ・イメージをダウンロードします．プロジェクト自体は，rowboatで進められているのですが，バイナリはなぜかテキサス・インスツルメンツのサーバからダウンロードします．

　http://www.ti.com/tool/androidsdk-sitaraにアクセスしてAndroid Development Kit for Sitara Microprocessorsのウェブ・ページを開きます（**図1**）．

　執筆時点での最新バージョンは4.1.1で，Jelly Bean（JB）v4.2.2を搭載しています．この本が手元に届く頃には，次のバージョンがリリースされているかもしれませんので，AM335x用で最新のバージョンものを選んで赤い［Get Software］ボタンを押します．新しくダウンロード・ファイルの選択ページを開きます．

　ここでは，BeagleBone Black用のプレビルド・イメージだけでなくソース・コードのパッケージTI Android JB 4.2.2 DevKitV4.1.1 AM335x Sourcesもダウンロードします（**図2**，**図3**）．

▶microSDカードに書き込み

　イメージをダウンロードしたらmicroSDカードに書き込みます．

　消去してもよいか，新しいmicroSDカードをUSBカード・リーダ/ライタでPC Linuxに接続しておきます．

　仮想PC環境で，Android用に新しく仮想ハード

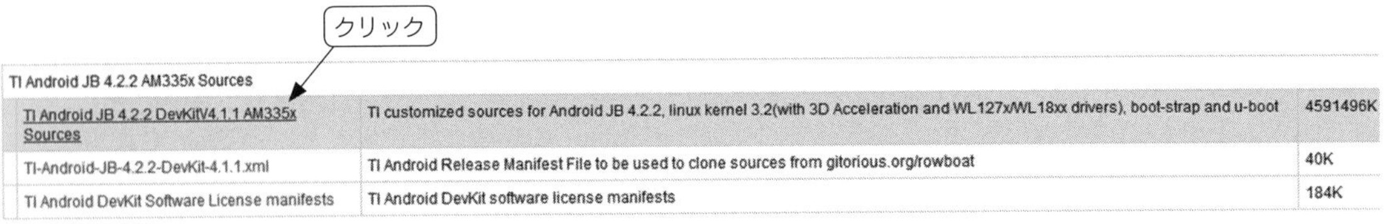

図2　ソース・コードもダウンロード

第3章 Androidアクセサリの開発環境の開発環境の構築

Pre-built Images		
AM335x EVM	AM335x (ARM Cortex A8 (1GHz) + 3D SGX Accelerator)(Pre-built Images: Kernel Image, boot loader, u-boot.img, uEnv.txt, filesystem, performance benchmark tests, media files, etc.)	245016K
AM335x Starter Kit	AM335x Starter Kit (ARM Cortex A8 (1GHz) + 3D SGX Accelerator)(Pre-built Images: Kernel Image, boot loader, u-boot.img, uEnv.txt, filesystem, performance benchmark tests, media files, etc)	244672K
BeagleBone	AM335x (ARM Cortex A8 (720MHz) + 3D SGX Accelerator)(Pre-built Images: Kernel Image, boot loader, u-boot.img, uEnv.txt, filesystem, performance benchmark tests, media files, etc.)	242664K
BeagleBone Black	AM335x (ARM Cortex A8 (1GHz) + 3D SGX Accelerator + HDMI display and audio)(Pre-built Images: Kernel Image, boot loader, u-boot.img, uEnv.txt, filesystem, performance benchmark tests, media files, etc)	242520K
AM335xEVM UBIFS NAND Flash Images	AM335x (ARM Cortex A8 (1GHz) + 3D SGX Accelerator).Put this package on SD card, boot the AM335x EVM on SD card, the boot.scr in this package will flash NAND with the kernel, bootloader, and UBIFS root filesystem. The EVM can then boot over NAND instead of MMC/SD over UBIFS	253592K

図3 BeagleBone Black用を選択

ディスクを追加した場合は，

/dev/sda：PC Linuxがインストールされている
/dev/sdb：tisdkがインストールされている
/dev/sdc：ARM Ubuntu用の環境をインストール
/dev/sdd：Android用の環境をインストール
/dev/sde：microSDカードのデバイス名

となるかと思います．ご自身の環境でどのデバイスとなっているか確認します．

microSDカードに書き込むためのイメージを展開します（**リスト2**）．

展開すると2個のファイルと4個のディレクトリがあります．README.txtに書き込み方法が記載されているので，こちらを参照しながら書き込み用のスクリプト，mkmmc-android.shを使用して書き込みます（**リスト3**）．

Android用のmicroSDカードは，Linuxと異なり4個のパーティションを作成します．書き込みが終了したらいったんカード・リーダを外して再度挿入するな

リスト2　イメージを展開

```
bbbuser@bbbhost11:~$ mkdir -p android/JellyBean
bbbuser@bbbhost11:~$ tar xzf ./TI_Android_JB_4.2.2_DevKit_4.1.1_beagleboneblack.tar.gz -C android/JellyBean
bbbuser@bbbhost11:~$ cd android/JellyBean/beagleboneblack/
bbbuser@bbbhost11:~/android/JellyBean/beagleboneblack$ ls -1F
  Boot_Images/
  Filesystem/
  Media_Clips/
  mkmmc-android.sh*
  README.txt
  START_HERE/
```

リスト3　mkmmc-android.shを使用して書き込み

```
bbbuser@bbbhost11:~/android/JellyBean/beagleboneblack$ sudo ./mkmmc-android /dev/sde Boot_Images/MLO Boot_
Images/u-boot.img Boot_Images/uImage Boot_Images/uEnv.txt Filesystem/rootfs.tar.bz2 Media_Clips START_HERE
```

Google Git

android / platform/frameworks/native / android-4.4_r1 / . / data / etc

tree: 86d4dccbfae122948756f66d2b695f0fd4907658 [path history] [tgz]

android.hardware.audio.low_latency.xml
android.hardware.bluetooth.xml
android.hardware.bluetooth_le.xml

図4 Androidのダウンロード・ページで「platform/frameworks/native」をクリック

147

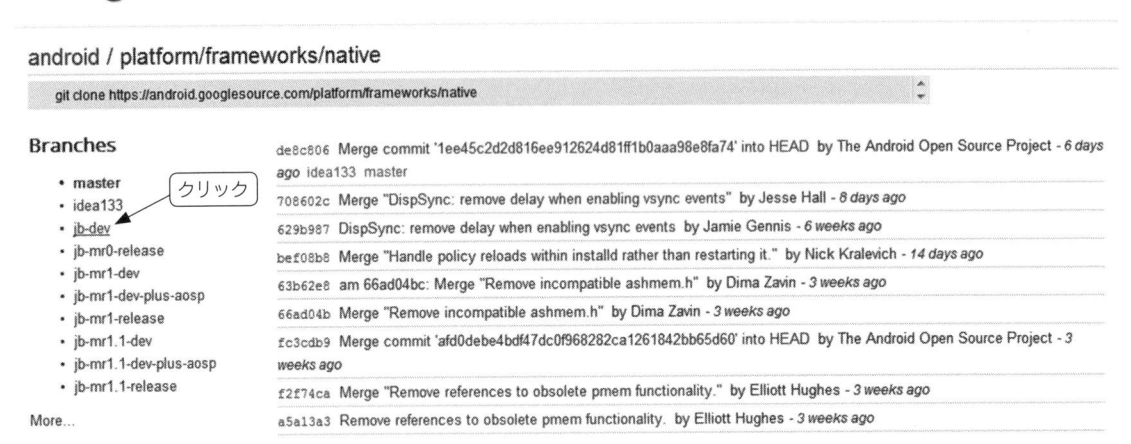

第3部 Linux & Android 環境構築コース

図5 Branchesにあるjb-devをクリック

どして，今書き込んだmicroSDカードをPC Linuxに認識させます．

▶必須ファイル.xmlファイルのコピー

引き続き，Androidアクセサリを動作させるための.xmlファイルをコピーするので，オートマウントでmicroSDカード上のrootfsパーティションがマウントされていない場合には，手動でマウントします．

android.hardware.usb.accessory.xmlファイルは，インターネットで検索するとグーグルのAndroidのダウンロード・ページがヒットします．しかしここでヒットするのは，最新版のコードのようで，android-4.4_r1とKitKat用のファイルが表示されてしまいます．

これでもよいと思いますが，心配な方は，**図4**の「platform/frameworks/native」をクリックすると上位のディレクトリに移ります．そこで，Branchesにあるjb-devをクリックして（**図5**），次にdataをクリックすると jb-devのandroid.hardware.usb.accessory.xmlに到達します（**図6**）．

ファイル一つだけはダウンロードできないようなので，[tgz]をクリックしてディレクトリごとtar.gzファイルにアーカイブされた形でダウンロードします．

ファイルを展開するためのディレクトリを作成してから展開します（**リスト4**）．展開したら目的のファイルをコピーします（**リスト5**）．

これで，Android端末用のブート・イメージが書き終わりました．

▶Androidを起動

早速，BeagleBone Blackにカードを挿入してAndroidを起動してみてください．このとき，あわて過ぎてBeagleBone BlackをmicroSDカード・ブートさせるボタンを押しながら電源を入れることを忘れな

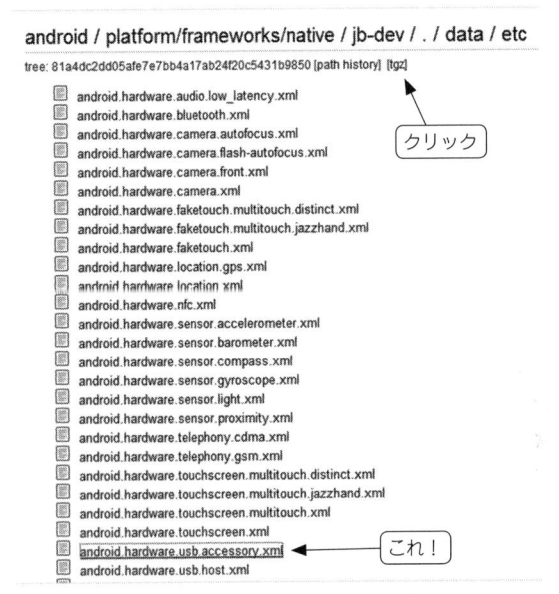

図6 android.hardware.usb.accessory.xmlに到達

第3章　Androidアクセサリの開発環境の開発環境の構築

リスト4　ディレクトリを作成してから展開

```
bbbuser@bbbhost11:~/android/JellyBean$ mkdir permissions
bbbuser@bbbhost11:~/android/JellyBean$ cd permissions/
bbbuser@bbbhost11:~/android/JellyBean/permissions$ tar xzf ~/Downloads/JellyBean/native-jb-dev-data-etc.tar.gz
```

リスト5　展開したら目的のファイルをコピー

```
bbbuser@bbbhost11:~/android/JellyBean/permissions$ sudo cp android.hardware.usb.accessory.xml /media/rootfs/
system/etc/permissions
bbbuser@bbbhost11:~/android/JellyBean/permissions$ sync
bbbuser@bbbhost11:~/android/JellyBean/permissions$ sync
bbbuser@bbbhost11:~/android/JellyBean/permissions$ sudo umount /meida/rootfs
```

いでください．

　また，microSDカード・イメージを書き込んだ後，最初にAndroidをブートさせるときはAndroidのシステムがかなり時間をかけて初期化を行うので，カードを書き換えた最初の1回目は初期化に時間がかかります．あわてずに待っていてください．

　難しいのは，まれにカードの書き込みに失敗していたりして，本当にハングアップしてしまっていることもあることです．止めるか待つかの判断なのですが，デバッグ用のシリアル・コンソールの出力を見ながら，ご自身の経験と勘で判断するしかないと思います．

　無事にブートできたら，デフォルトでは標準アプリケーションとベンチマークくらいしかアプリケーションがインストールされていませんが，ネットワークに繋がっているようならウェブ・ブラウザでアクセスしてみるなど動作確認をしてみてください．

● アクセサリ側（BeagleBone）用microSDカードの作成

▶デモ用バイナリをダウンロード

　AndroidアクセサリとしてBeagleBoneを使用する場合には，BeagleBoneのブート用のmicroSDカードが必要になります．Androidアクセサリのデモ用のバイナリ・イメージをrowboatプロジェクトのウェブ・ページからダウンロードします．

　http://code.google.com/p/rowboat/wiki/AccessoryDevKitにアクセスして，Out of Box Demoの章のGetting Pre-built images（http://code.google.com/p/rowboat/wiki/AccessoryDevKit#Getting_Pre-built_Images）からTI-ADKDemo.tar.gzとBeagleBoneAcc.tar.gzをダウンロードします．ダウンロードしたファイルをそれぞれ解凍します（**リスト6**，**リスト7**）．

　AndroidアプリケーションであるTI-ADKDemoをあとからAndroid ADTに取り込んでビルドできるように，TI-ADKDemoはADTのworkspaceディレクトリに展開しています．

▶microSDカードに書き込み

　アクセサリのデモ・プログラムをmicroSDカードに書き込みます．BeagleBoneAccを展開したディレクトリにmicroSDカード・イメージを作成するためのスクリプトが用意されているので，こちらを実行してmicroSDカード・イメージを作成します（**リスト8**）．

リスト6　TI-ADKDemo.tar.gzをダウンロードし解凍

```
bbbuser@bbbhost11:~/android$ cd workspace
bbbuser@bbbhost11:~/android/workspace$ wget http://rowboat.googlecode.com/files/TI-ADKDemo.tar.gz
bbbuser@bbbhost11:~/android/workspace$ tar xzf TI-ADKDemo.tar.gz
bbbuser@bbbhost11:~/android/workspace$ cd TI-ADKDemo
bbbuser@bbbhost11:~/android/workspace/TI-ADKDemo$
```

リスト7　BeagleBoneAcc.tar.gzをダウンロードし解凍

```
bbbuser@bbbhost11:~/android$ mkdir projects
bbbuser@bbbhost11:~/android$ cd projects
bbbuser@bbbhost11:~/android$ wget http://rowboat.googlecode.com/files/BeagleBoneAcc.tar.gz
bbbuser@bbbhost11:~/android/projects$ tar xzf BeagleBoneAcc.tar.gz
bbbuser@bbbhost11:~/android/projects$ cd BeagleBoneAcc
bbbuser@bbbhost11:~/android/projects/BeagleBoneAcc$
```

第3部 Linux & Android 環境構築コース

リスト8　microSDカード・イメージを作成するためのスクリプトを実行

```
bbbuser@bbbhost11:~/android/projects/BeagleBoneAcc$ sudo ./mkmmc-acc.sh /dev/sde
```

リスト9　正常に起動したときのメッセージ

```
StarterWare AM335x Boot Loader
Copying application image from MMC/SD card to RAM
Jumping to StarterWare Application...
No Device
```

使用するデバイス名は，いつものようにイメージを書き込むmicroSDカードを挿入したUSBカード・リーダ/ライタのデバイス名となるので，使っている環境に合わせて変更します．

▶アクセサリの起動

カードが作成できたらBeagleBoneに挿入して起動します．BeagleBoneなので，基板上のUSB mini Bコネクタで PCと接続するとUSBのシリアル・コンソールとxds100デバッガが使用できます．

正常に起動するとシリアル・コンソールからブートのメッセージとAndroid端末との接続待ちを表す"No Device"の表示がされるはずです（リスト9）．

これでアクセサリの設定も終了です．

次はいよいよ接続なのですが，まだ肝心のAndroidアプリケーションをBeagleBone Black上にインストールしていません．次節では，Androidアプリケーション開発環境のインストールを行うのでもう少しだけおつきあいください．

● Androidアプリケーションを直接インストールする方法

どうしても待ちきれないようでしたら，microSDカードに直接インストールする方法もあるので，それを解説します．

まずはいったん，BeagleBone Blackで動作しているAndroidを終了します．BeagleBone BlackのAndroidには，shutdownコマンドのような電源をOFFする方法がAndroidのシステム側で用意されていないようなので，BeagleBone Blackのボード上の電源スイッチS3を長押しするか，そのまま5V ACアダプタを抜いてください．

このとき，動作しているAndroidの電源をいきなり切るのに抵抗がある方は，BeagleBone Blackのシリアル・コンソールから，

```
root@android:/ # sync
root@android:/ # sync
root@android:/ # reboot
```

としてAndroidをシャットダウン，いったんリブートします．

U-Bootが起動してオートブートの停止を促すカウント中に，何かキーを押してAndroidの起動前にU-Bootを停止した状態として電源スイッチを長押しするか，5V ACアダプタを抜いて電源を落とします（リスト10）．

▶AndroidアプリケーションTI-ADKDemoのコピー

BeagleBone Blackの電源を落としたら，BeagleBone BlackからAndroidのイメージが入ったmicroSDカードを抜いてPC LinuxにUSBカード・リーダ/ライタで接続します．

リスト10　リブートしてからU-Bootを停止して電源を落とす

```
U-Boot 2013.10-dirty (Nov 14 2013 - 12:59:11)

I2C:   ready
DRAM:  512 MiB
WARNING: Caches not enabled
NAND:  0 MiB
MMC:   OMAP SD/MMC: 0, OMAP SD/MMC: 1
*** Warning - readenv() failed, using default environment

Net:   <ethaddr> not set. Validating first E-fuse MAC
cpsw, usb_ether
Hit any key to stop autoboot:  0
U-Boot#
```

リスト11　Androidアプリケーションのプレビルド・パッケージTI-ADKDemo.apkをコピー

```
bbbuser@bbbhost11:~/android/workspace/TI-ADKDemo$ cp bin/TI-ADKDemo.apk /media/usrdata/app
bbbuser@bbbhost11:~/android/workspace/TI-ADKDemo$ sync
bbbuser@bbbhost11:~/android/workspace/TI-ADKDemo$ sync
bbbuser@bbbhost11:~/android/workspace/TI-ADKDemo$ sudo umount /media/usrdata
```

オートマウントが働いた場合は，/media/usrdata/appにダウンロードしたTI-ADKDemo.tar.gzに入っているプレビルドのパッケージTI-ADKDemo.apkをコピーします．オートマウントが働かない場合には，/dev/sde3をマウントしてappディレクトリにファイルをコピーします（**リスト11**）．

▶ BeagleBone Blackを再起動

ファイルのコピーが終わったら，microSDカードをアンマウントして安全にPC Linuxから抜いてください．

再度BeagleBone Blackに挿入してAndroidを起動すると，アプリケーション一覧の中にTI ADKDemoアプリケーションがすでにインストールされてアイコンが表示されています．クリックするとBeagleBoard.orgのマスコットのビーグル犬が表示されます（**図7**）．

先ほどの"No Device"状態になっているBeagleBoneとUSBケーブルで接続します．USBケーブルの接続は，BeagleBoneがUSBホスト側なのでAコネクタに，BeagleBone Black側はmini Bのコネクタに接続します．

お互いを正しく認識すると，Androidアプリケーション側でアクセサリと接続する旨を促すメッセージが出るので，OKをクリックすると画面が切り替わってLED ControlとRTC-Clockが表示されます（**図8**）．

LED-1，LED-2，LED-3，LED-4の各スイッチをマウスでON/OFFすると，それに合わせてBeagleBone側のUSER LEDがON/OFFします．

また，RTC-Clockのカウント値がアプリケーション側とBeagleBoneのシリアル・コンソールとで同期しているのが読み取れます．

ArduinoのADKをお持ちの方も接続してみてください．動いた/動かないなど動作報告お待ちしております．

次節では，Andriod SDKに付属のADB（Android Debug Bridge）コマンドを使用してTI_ADKDemoアプリケーションをインストールするので，ひととおり遊び終わったらAndroid上からアンインストールしておいてください．

開発環境を構築してBeagleBone Blackと接続する

Android SDKのもっともポピュラな形態は，Eclipse IDEにADT（Android Developer Tools）をプラグインした環境ですが，最近グーグルではAndroid Studioという新しい開発環境の開発を行っており，近い将来こちらがEclipseの環境に取って代わるのかもしれません．

原稿執筆時点では，Android StudioはまだEARLY ACCESS PREVIEW版で，まだ出来上がっていない機能などもあるとなっていますが，本書が発行される頃にはもしかしたらリリースされているかもしれません．

ここでは，現時点ではAndroidアプリケーションの一般的な開発環境であるEclipse + ADTの環境を使ってTI-ADKDemoアプリケーションをリビルドし，BeagleBone Black上のAndroidに接続して実行してみます．

● ADT環境のセットアップ

まずは，ADTの環境を用意します．Androidアプ

図7　TI ADKDemoの実行画面

図8　アクセサリと接続して表示されたLED ControlとRTC-Clock

リスト12　ADTのインストール・ディレクトリsdk/platform-toolsにパスを設定

```
bbbuser@bbbhost11:~/android/adt-bundle-linux-x86_64-20130729/sdk/platform-tools$ export PATH="${PATH}:${PWD}"
```

リスト13　BeagleBone BlackのIPアドレスを確認

```
root@android:/ # netcfg
lo       UP                                  127.0.0.1/8    0x00000049 00:00:00:00:00:00
sit0     DOWN                                    0.0.0.0/0  0x00000080 00:00:00:00:00:00
eth0     UP                               192.168.10.7/24   0x00001043 c8:a0:30:xx:xx:xx
```

リスト14　シリアル・コンソールでADBデーモンを設定して起動

```
root@android:/ # setprop service.adb.tcp.port 5555
root@android:/ # stop adbd
[ 1946.578399] adb_release
root@android:/ # start adbd
[ 1949.762298] adb_open
```

リケーションの開発だけでしたらWindows版でも問題ありません．

ここでは，Linuxの64ビット版を使用します．ADTは，グーグルのGet the Android SDKのページから自分の環境に合わせてダウンロードしてインストールします．インストールが完了したら，ADTのインストール・ディレクトリのsdk/platform-toolsディレクトリにADBがあるので，このディレクトリにパスを設定しておいてください（**リスト12**）．

● ADBとBeagleBone Blackをイーサネットで接続

ADBを使用する準備が整ったのでADBを使用してBeagleBone BlackのAndroidにアクセサリのデモ・プログラムTI_ADKDemo.apkをインストールします．

まずは，TI_ADKDemoを展開したディレクトリに移動します．

▶ IPアドレスの確認

BeagleBone BlackとPC Linuxがネットワークで接続されていることを確認しておきます．設定には，BeagleBone BlackのIPアドレスが必要になるので確認しておきます（**リスト13**）．

DHCPサーバを使っている場合で，決まったデバイスに固定のIPアドレスを割り振る設定ができる場合には，固定IPアドレスの設定をしておくと毎回BeagleBone BlackのIPアドレスを確認する必要がなくなり便利です．

▶ TI_ADKDemo.apkをインストール

ADBを使用した通信を行うためにまず，BeagleBone Black側のシリアル・コンソールでADBデーモンを設定して起動します（**リスト14**）．

次に，PC Linux側からADBで接続を行い，adb devicesコマンドでBeagleBone Blackとの接続を確認します（**リスト15**）．

adb installコマンドでTI_ADKDemo.apkをインストールします（**リスト16**）．Successのステータスが返ってきたらインストール成功です．前述した.xmlファイルをコピーしていないとエラーになってしまいます（**リスト17**）．

その場合は，adb shellコマンドを使用してPC

---

column1　Ubuntu 12.04のDHCPサーバで固定IPアドレスの設定方法

Ubunt 12.04で採用されているisc-dhcp-serverで固定IPアドレスを設定する方法は，DHCPサーバの設定ファイル/etc/dhcp/dhcpd.confに，アドレスを割り当てたいノードのMACアドレスとそのノードに割り当てたいIPアドレスの組み合わせをhostで宣言するだけとなります（**リストA**）．

DHCPサーバは，ほかにもイーサネット・ブート・モードでブートする際にロードするファイルを指定するなど，ほかにもいろいろ有効な機能があるのでいろいろ活用してみてください．

リストA　/etc/dhcp/dhcpd.confの例

```
subnet 192.168.10.0 netmask 255.255.255.0{
    range 192.168.10.2 192.168.10.100;

    host beagleboneblack {
            hardware ethernet c8:a0:30:xx:xx:xx;
            fixed-address 192.168.10.7;
    }
}
```

第3章 Android アクセサリの開発環境の開発環境の構築

リスト15　PC Linux側からadbで接続

```
bbbuser@bbbhost11:~/android/workspace/TI-ADKDemo$ export ADBHOST=192.168.10.7
bbbuser@bbbhost11:~/android/workspace/TI-ADKDemo$ adb kill-server
bbbuser@bbbhost11:~/android/workspace/TI-ADKDemo$ adb start-server
* daemon not running. starting it now on port 5037 *
* daemon started successfully *
bbbuser@bbbhost11:~/android/workspace/TI-ADKDemo$ adb connect 192.168.10.7:5555
connected to 192.168.10.7:5555
bbbuser@bbbhost11:~/android/workspace/TI-ADKDemo$ adb devices
List of devices attached
192.168.10.7:5555    device
```

リスト16　TI_ADKDemo.apkをインストール

```
bbbuser@bbbhost11:~/android/workspace/TI-ADKDemo$ adb install bin/TI-ADKDemo.apk
2800 KB/s (535619 bytes in 0.186s)
    pkg: /data/local/tmp/TI-ADKDemo.apk
Success
```

リスト17　.xmlファイルをコピーしていないとエラーになる

```
bbbuser@bbbhost11:~/android/workspace/TI-ADKDemo$ adb install bin/TI-ADKDemo.apk
1539 KB/s (535619 bytes in 0.339s)
    pkg: /data/local/tmp/TI-ADKDemo.apk
Failure [INSTALL_FAILED_MISSING_SHARED_LIBRARY]
```

リスト18　リモート・ログインしファイルを確認

```
bbbuser@bbbhost11:~/android/workspace/TI-ADKDemo$ adb shell
root@android:/ # cd /system/etc/permissions/
root@android:/system/etc/permissions # ls
android.hardware.usb.accessory.xml
android.software.live_wallpaper.xml
com.android.location.provider.xml
platform.xmlroot@android:/system/etc/permissions #
```

Linuxからネットワーク経由でBeagleBone BlackのAndroidにリモート・ログインできるのでファイルがあるか確認します（**リスト18**）．

ファイルが見つからない場合には，いったんシェルを抜けてadb pushコマンドでPC Linux上のファイルをAndroid側に書き込みます．

ADBの使い方は，http://developer.android.com/guide/developing/tools/adb.htmlを参照してみてください．

▶アプリケーションの起動とデバッグ

TI_ADKDemoアプリケーションのインストールが完了したので，BeagleBone BlackのAndroidからアプリケーションを起動してBeagleBoneのAndroidアクセサリを接続してみてください．

すでに試されていたら同じ結果になるかと思います．adb devicesコマンドでBeagleBone BlackのAndroidとの接続が確認できる状態になったので，Eclipse + ADTのGUI環境からビルドしたAndroidアプリケーションを直接BeagleBone Black上のAndroidにインストールすることができるようになりました．

● TI-ADTDemoをリビルドしてBeagleBone Blackで実行

ADBの設定が完了したら，先ほどTI-ADKDemo.tar.gzを展開したディレクトリをworkspaceに指定してEclipseを起動します．

起動したら，メニューで「File」‐「Import...」からTI_ADKDemoプロジェクトをインポートします（**図9**，**図10**）．

通常Androidアプリケーションのプロジェクトをインポートするには，「Existing Android Code Into Workspace」を選択するのですが，TI_ADKDemoプロジェクトはAndroid Codeで選択するとインポートに失敗するので，「Existing Projects into Workspace」を選択します．

インポートが完了するとデフォルトの「Build

153

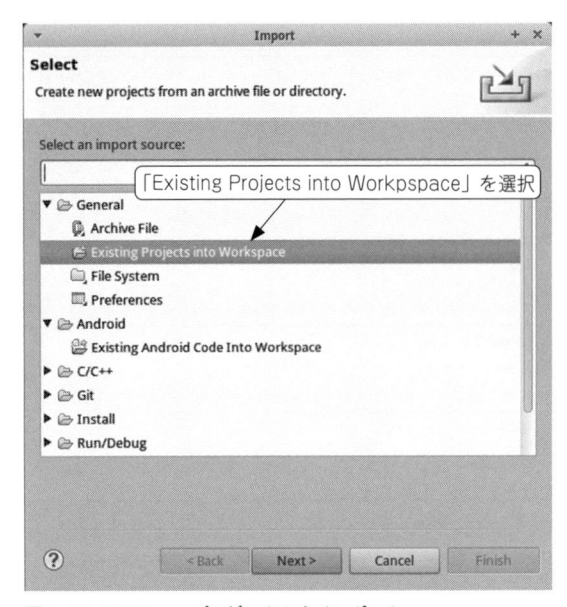

図9 TI_ADKDemoプロジェクトをインポート

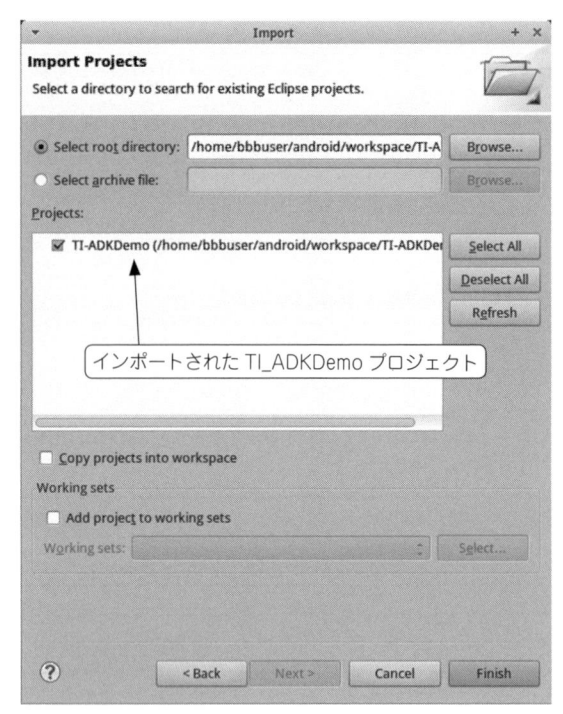

図10 インポートされたTI_ADKDemoプロジェクト

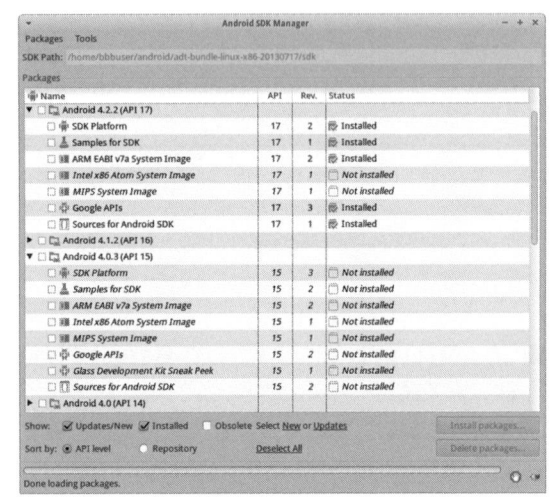

図11 パッケージの管理を行うAndroid SDK Manager

automatically」状態では自動でビルドを行いますが，エラーが発生します（**リスト19**）．

これは，元々TI_ADKDemoプロジェクトがAPI 15をターゲットとしてビルドする設定になっているのですが，API 15（Android 4.0.3）に対応したパッケージがADTにインストールされていないために発生しています．

ですので，ADTにAPI 15のパッケージがインストールされている場合には発生していないと思います．

▶インストール・パッケージの管理

インストールされているパッケージの管理は，Android SDK Managerで行います．メニューから「Window」-「Android SDK Manager」を選択してAndroid SDK Managerを起動します（**図11**）．

ここで，Android 4.0.3用のパッケージをチェックしてダウンロードしてもよいですが，BeagleBone BlackのAndroidが4.2.2なので，Android 4.2.2のパッケージを用意してこれに合わせています．

ここは，使っているAndroid端末のバージョンに合わせてもよいですし，最新のAndroid 4.4でビルドし

リスト19 API 15に対応したパッケージがないために発生ビルド・エラー

```
[2013-12-12 21:26:48 - TI-ADKDemo] Unable to resolve target 'Google Inc.:Google APIs:15'
```

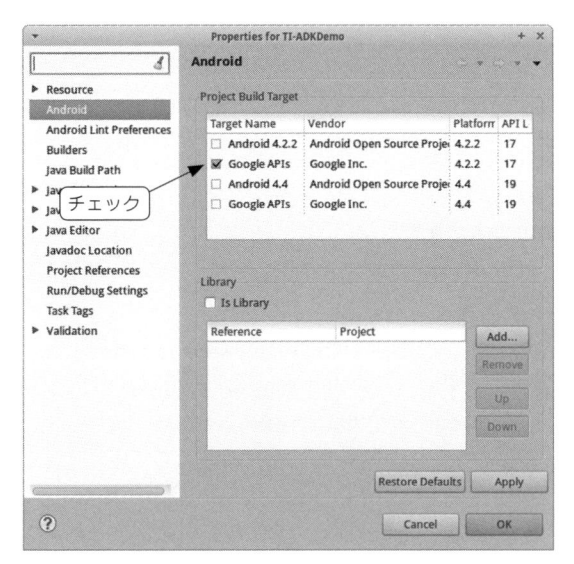

図12 今回使用するバージョンのGoolge APIsを選択

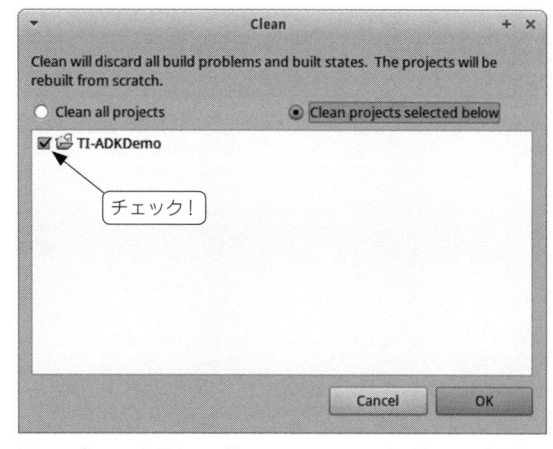

図14 「Clean」ダイアログ．TI_ADKDemoプロジェクトを選択

てもAndroid ManifestファイルのMin SDK Versionでカバーされている範囲の端末には対応するようにビルドされるので最新版を利用することもできます．

どのバージョンを選択されても大丈夫かと思いますが，AOAプロトコルをサポートするためには，使用するバージョンのGoogle API'sにチェックを入れてパッケージを忘れずにインストールします．

▶プロパティの設定

次に，プロジェクトのプロパティ設定を行います．メニューから「Project」-「Properties」を選択してプロパティの設定ダイアログを表示します．

ここで，左のリストからAndroidを選択し，「Project Build Target」から今回使用するバージョンのGoogle APIsを選択します（図12）．［Apply］ボタンと［OK］ボタンを押して終了します．

▶Android Manifestファイルの変更

次に，Android Manifestファイルを開いてください（図13）．

今回は，API 17（Android 4.2.2）のパッケージでビルドするので，Android Manifestファイルの「Target SDK version」を17にしてファイルを保存します．

Android Manifestファイルを保存したらプロジェクトをクリーンします．メニューの「Project」-「Clean」を選択すると「Clean」ダイアログが表示されるので，TI_ADKDemoプロジェクトを選択して実行します（図14）．

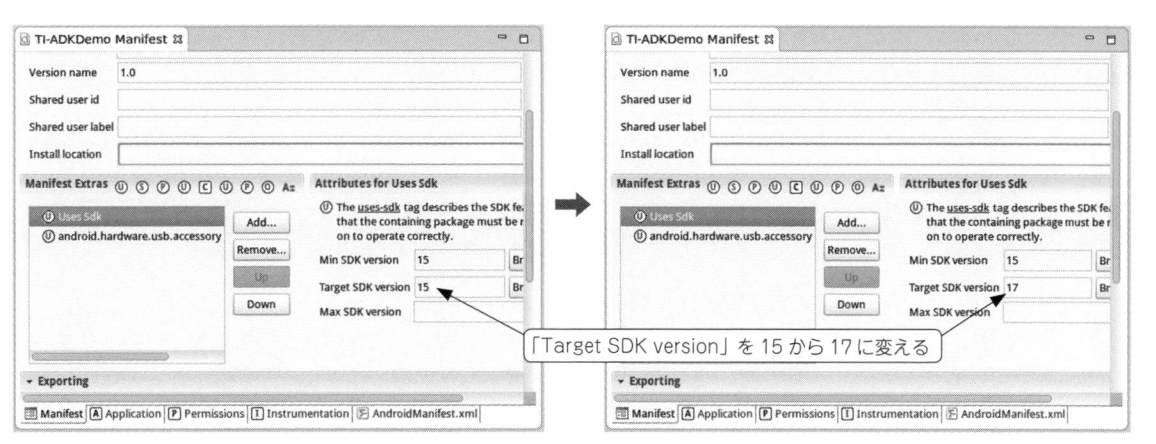

図13 Android Manifestファイルの「Target SDK version」を17に変更

リスト20　adb connectコマンドを使用してADBを再接続

```
bbuser@bbbhost11:~/android/workspace/TI-ADKDemo$ adb connect 192.168.10.7:5555
connected to 192.168.10.7:5555
```

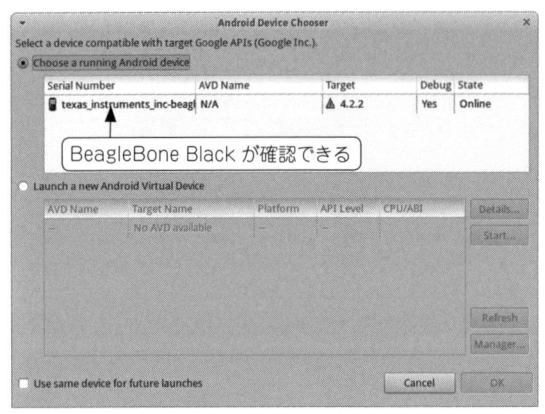

図15　「Android Device Chooser」ダイアログ

▶ビルドとデバッグ

　adb devicesコマンドでBeagleBone Blackが認識できる状態でしたら，ここでメニューから「Run」-「Debug As...」-「Android Application」を選択するとビルドが実行され「Android Device Chooser」ダイアログにBeagleBone Blackが確認されます（図15）．

　［OK］ボタンを押すと，ADB経由でアプリケーションがインストールされ自動的に起動します（図16）．

　このとき，OnCreate()メンバ関数内にブレークポイントを設定しておくと，起動後すぐにブレークで止め

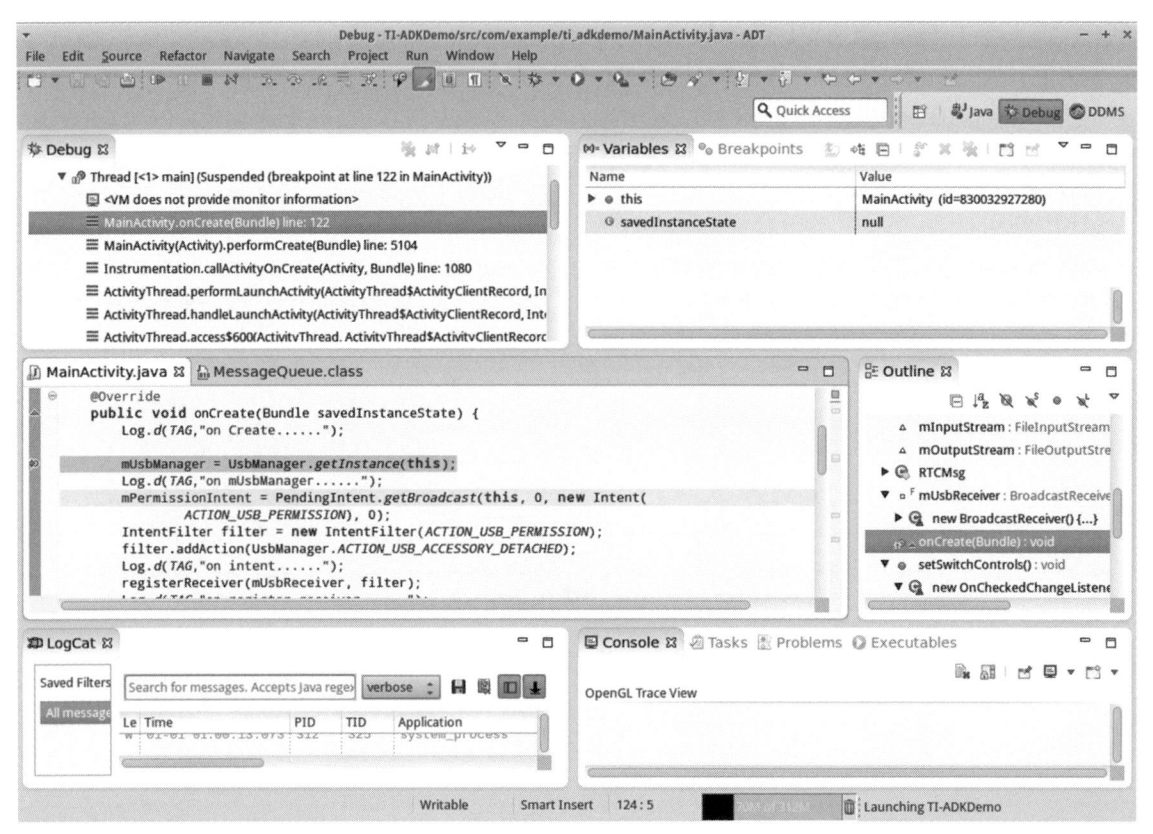

図16　起動したEclipse＋ADT環境

ることができます．この場合は，Eclipseの「Debug」パースペクティブに移行して停止します．

▶デバッガのリンクが切断された場合

イーサネット経由でデバッグしているにもかかわらず，アクセサリをBeagleBone Blackに接続するとUSBデバイスが接続された旨がデバッガにも伝達されるためなのか，デバッガのリンクが切断されてしまいます．その場合には，PC Linuxのターミナルから，リスト20のようにadb connectコマンドを使用して再度ADBを接続します．

▶DDMSの起動

ADBが再接続できたらEclipseのメニューで「Window」-「Open Perspective」-「DDMS」でDalvik Debug Monitor Server（DDMS）を起動します．「Open Perspective」にDDMSが見当たらない場合には，「Other...」を選択してそこからDDMSを選んでください．

ADBが接続されていればDDMSの左の「Devices」タブにBeagleBone Blackが表示されていてその下に動作中のプロセス一覧が表示されています（**図17**）．

一覧から，「com.example.ti_adkdemo」を選択し「Devices」タブの下にある緑色の虫アイコンをクリックすれば再接続され，「Debug」パースペクティブに切り替えれば，TI_ADKDemoが実行状態に戻っていることが確認できます．

また，DDMSを使用すると実行中の画面のキャプチャがボタン一つで簡単に行えます．これで本書のようなドキュメントを作成する際にもLCDに出力した画面を撮影することなく，Androidアプリケーションの実行画面を簡単に添付できました．

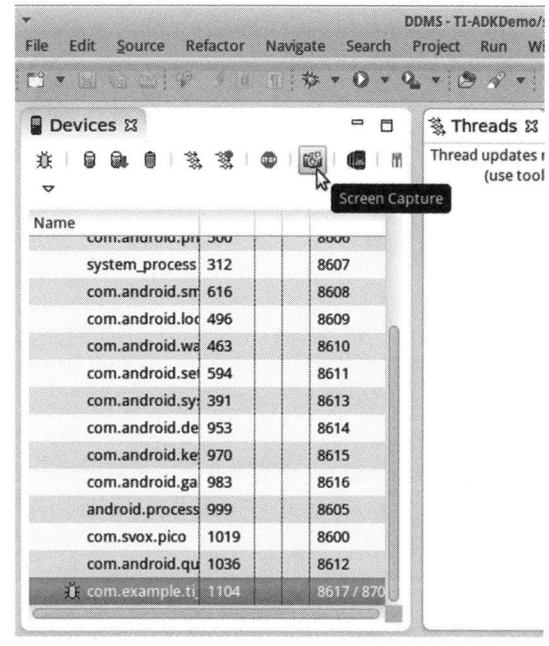

図17　DDMS左の「Devices」タブ

まとめ

ADTとADBを使った開発環境とBeagleBone Black上で動作するAndroidアプリケーションのデバッグについての導入部分を紹介しました．

EclipseベースのADTおよびADBのデバッグ環境のより詳しい説明は，グーグルのAndroidの開発者向けのウェブ・ページhttp://developer.android.com/tools/debugging/index.htmlなどもあわせて参照ください．

第3部 Linux & Android 環境構築コース

U-Bootのカスタマイズやドライバの作成に必須！

第4章 JTAGアダプタ＋OpenOCDを使ったデバッグ環境の構築

袴田 祐幸／菅原 大幸

　先代のBeagleBoneと比べてスペックが格段にアップし，価格も約半分の5,000円程度になったBeagleBone Black．出荷時には，Ångström Linuxがプレインストールされており，ハードウェアを意識することなくアプリケーションを作成することが可能で，デバッガを利用しないで済んでしまうケースも多いと思います．

　しかし，周辺機能のハードウェアなどを拡張し，U-Bootのカスタマイズやドライバなどの作成が必要となった場合に，どうやってデバッグするの？デバッガは何を使えばいいの？どんなソフトウェアを用意したらいいの？などと，お困りの方も多いと思います．

　そこで本章では，BeagleBone BlackにJTAGアダプタを接続してデバッグを行う方法と手順を紹介します．今回は安価なJTAGアダプタとオープン・ソースのOpenOCDとEclipseを使用して，実際にU-Bootのデバッグを行います．

JTAGの機能とBeagleBone Black

● JTAGによるオンチップ・デバッグ

　JTAGは，元々デバイスや基板の検査を行うために定められたバウンダリ・スキャン・テストの標準規格（IEEE1149.1）ですが，近年はこのJTAGの機能を利用し，オンチップ・デバッグを行う方法が一般的になっています．

　オンチップ・デバッグとは，CPUに内蔵されたデバッグ機能を使って，プログラムのデバッグを行うための機能で，プログラムの実行や停止，メモリやCPUの内部レジスタの参照などを行うことができます．

● JTAG端子がないBeagleBone Black

　ところで，先代のBeagleBoneを使用していた方のなかで新たにBeagleBone Blackを購入し，「さぁ，デバッグをしてみよう」と思ったとき，「ん？」と違和感を覚えた方は少なからずいると思います．

　それは，BeagleBone Blackには先代のBeagleBoneにあったデバッグ用のUSBポートがなくなっているからです．

　実は，先代のBeagleBoneでは，JTAG端子をUSBに変換するデバッグ用の回路が搭載されていて，USBケーブルを接続するだけでデバッグが可能でしたが，BeagleBone Blackではコストダウンのためか削除されてしまいました．

　しかし，BeagleBone BlackにはCPUのJTAG端子を引き出したコネクタが用意されているので，ここにJTAGアダプタを接続することでオンチップ・デバッグを行うことができます．

デバッグに必要なハードウェアとソフトウェア

● デバッグに必要なハードウェア

　BeagleBone Blackをデバッグする上で必要なハードウェアは，前述したJTAG端子を利用するための「JTAGデバッガ」です．

　JTAGデバッガは世の中に数知れずあります．例えば，テキサス・インスツルメンツの純正JTAGデバッガには「XDS100エミュレータ」，ARM社の純正JTAGデバッガには「U-LINK」や「DSTREAM」などがあります．それぞれ機能や価格はまちまちですが，基本的にはJTAG端子を利用したJTAGデバッグが目的です．

　今回は，JTAGアダプタとして「HJ-LINK/USB」（アルファプロジェクト）を使用します．

第4章　JTAGアダプタ＋OpenOCDを使ったデバッグ環境の構築

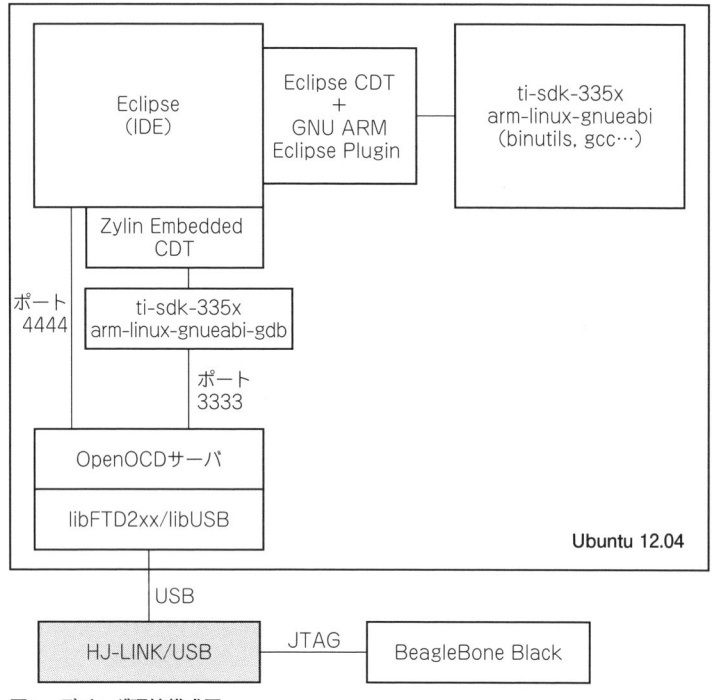

図1　デバッグ環境構成図

● JTAGアダプタ HJ-LINK/USBを使う

　HJ-LINK/USBは，インターフェース2010年6月号（CQ出版社）に付属のSH-2Aマイコン基板に接続する安価なJTAGアダプタとして紹介されています．

　HJ-LINK/USBはルネサス エレクトロニクスのSH-2，SH-2Aのマイコンだけでなく，ARMコアのCPUのデバッグを行うことができます．HJ-LINK/USBのARM用のインターフェースは，JTAGkey（Amontec社）と互換になっています．

　JTAGkeyはAmontec社の製品ですが，回路図が公開されているため（http://www.amontec.com/jtagkey.shtml），各社から互換製品が発売されており，ARMのデバッグ環境もいろいろなサイトで公開されています．

　なかには，公開されている回路図をもとにデバッガを自作したり，その作ったデバッガをプラスチック・ケースに収めたりと，自分だけのデバッガを製作して楽しまれている方もいるようです．

　今回はHJ-LINK/USBを使用しますが，時間と労力を惜しまなければ，デバッガを自作してみるのも面白いかもしれません．

● デバッグに必要なソフトウェア

　デバッグに必要なソフトウェアは，デバッグするターゲットとそのOS環境，および対象となるソフトウェア，さらにクロス開発するPCのOS環境，SDKなどによっていろいろな構成があります．

　今回は，オープン・ソースのデバッグ環境として，統合開発環境のEclipseにOpenOCDとgdbを組み合わせて使用します（図1）．PCのOSはUbuntu 12.04 LTSを使用します．

● オープン・ソースの組み込み用デバッグ・ソフトウェア OpenOCD

　OpenOCD（Open On-Chip Debugger）とは，組み込みシステムのためのデバッグ，プログラム書き込み，バウンダリ・スキャン・テストを可能にすることを目的としたオープン・ソースのプログラムです．JTAGアダプタと組み合わせることにより，JTAGデバッグが可能となります（openocd.sourceforge.net参照）．

　今回紹介するHJ-LINK/USB + OpenOCD + Eclipse構成のデバッグ環境では，ブートローダ，カーネル

159

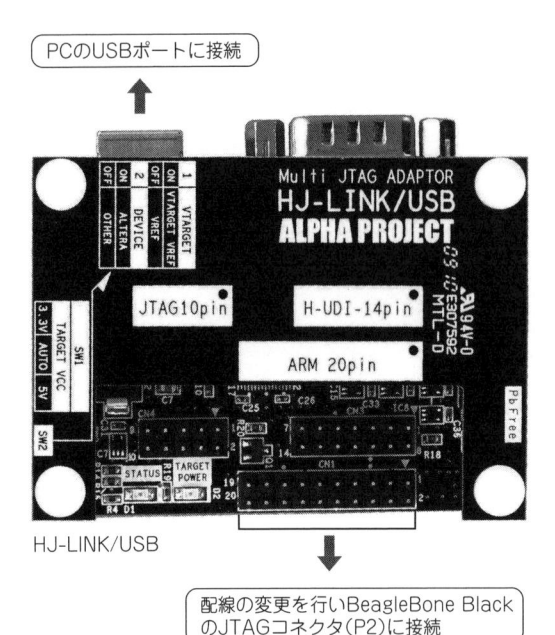

写真1 HJ-LINK/USBの接続

表1 HJ-LINK/USB ARMインターフェース・コネクタ CN1のピン・アサイン

No.	信号名	No.	信号名
1	Vref	2	VTARGET
3	$\overline{\text{TRST}}$	4	GND
5	TDI	6	GND
7	TMS	8	GND
9	TCK	10	GND
11	RTCK	12	GND
13	TDO	14	GND
15	$\overline{\text{SRST}}$	16	GND
17	NC	18	GND
19	NC	20	GND

表2 BeagleBone Black JTAGコネクタ P2のピン・アサイン

No.	信号名	No.	信号名
1	TMS	2	$\overline{\text{TRST}}$
3	TDI	4	TDIS
5	TVDD	6	NC
7	TDO	8	GND
9	TCKRTN	10	GND
11	TCK	12	GND
13	EMU0	14	EMU1
15	$\overline{\text{SRST}}$	16	GND
17	EMU2	18	EMU3
19	EMU4	20	GND

（一部），StarterWareのデバッグに対応します．

ハイエンドなJTAGデバッガでは，Linuxカーネル，アプリケーションもデバッグ可能ですが，OpenOCDを用いた構成では適用範囲は限られるので，デバッグ対象によってデバッグ・ツールを選択します．

OpenOCDは，gdbなどのソフトウェア・デバッガと組み合わせてプログラムのデバッグをします．Linuxでリモート・マシンのアプリケーションのデバッグに，gdbserverとgdbを組み合わせるのに似ています．

OpenOCDはサーバとして起動し，開発用PCからlocalhostでポート3333（tcp server）あるいはポート4444（telnet server）で接続します．ポート3333はgdbから見るとgdbserverとして動作します．

HJ-LINK/USBと BeagleBone Blackの接続方法

一般的に，ARM CPUのJTAGインターフェース・コネクタは，ARM社純正のデバッガに合わせたコネクタのピン・アサインとコネクタ形状を採用しています．

しかし，テキサス・インスツルメンツのCPUの場合には，ARM社純正のコネクタのピン・アサインとコネクタ形状を採用しておらず，テキサス・インスツルメンツ独自のものを採用しています．

BeagleBone BlackのJTAGインターフェース・コネクタも，テキサス・インスツルメンツ独自のCompact TI 20pin（cTI 20pin）という規格を採用しているため，一般的なARM CPUのピン・アサインとコネクタ形状を採用しているHJ-LINK/USB（写真1）とは直接接続することはできません．表1と表2にHJ-LINK/USBとBeagleBone Blackのコネクタのピン・アサインを示します．

両者を接続するためには，図2のように，配線を変更する必要があります．BeagleBone BlackのP2にコネクタを実装してHJ-LINK/USBのJTAGインターフェースと接続するためのケーブルを製作するのも方法としてはありますが，コネクタやケーブルの入手や製作が困難な場合には，BeagleBone BlackのP2に直接ケーブルをはんだ付けして配線を引き出す方法もあ

第4章 JTAG アダプタ＋OpenOCD を使ったデバッグ環境の構築

```
 1. V_ref              1. TMS
 2. VTARGET            2. TRST
 3. TRST               3. TDI
 4. GND                4. TDIs
 5. TDI                5. TV_DD
 6. GND                6. NC
 7. TMS                7. TDO
 8. GND                8. GND
 9. TCK                9. TCKRTN
10. GND               10. GND
11. RTCK              11. TCK
12. GND               12. GND
13. TD0               13. EMU0
14. GND               14. EMU1
15. SRST              15. SRST
16. GND               16. GND
17. NC                17. EMU2
18. GND               18. EMU3
19. NC                19. EMU4
20. GND               20. GND
   HJ-LINK/USB          BeagleBone Black(P2)
```

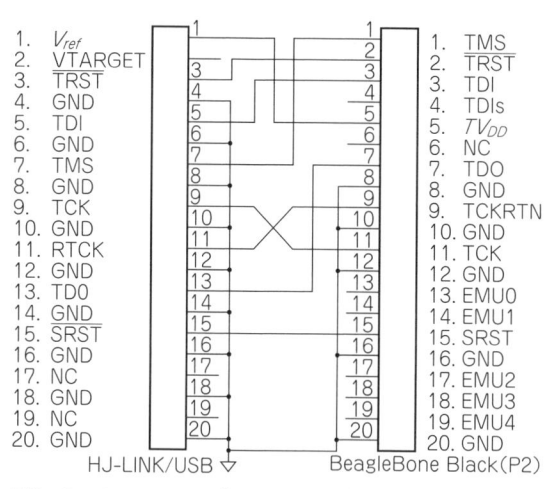

図2 BeagleBone Black と HJ-LINK/USB の接続方法

写真2 JTAG インターフェースのケーブル接続

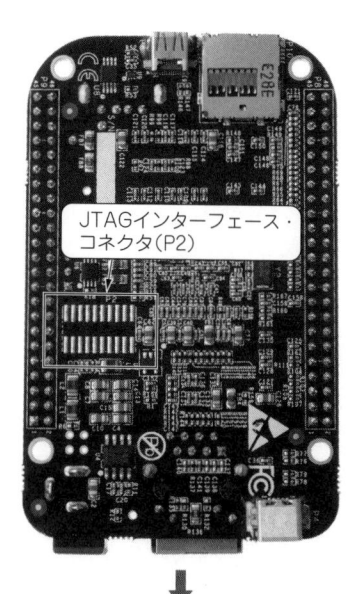

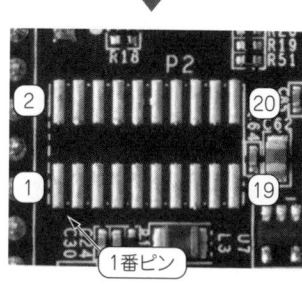

写真3 BeagleBone Black の JTAG インターフェース・コネクタ

ります．

今回は，BeagleBone Black の P2 に直接はんだ付けをして，ケーブルを引き出す方法としました．ケーブルの配線方法は**写真2**のように行います．JTAGコネクタP2には，1番ピンの位置が基板上のシルクで記載されていないので，まちがえないように注意してください（**写真3**）．

ソフトウェアのインストール

● インストールのための準備

今回は開発用の PC の OS に Ubuntu を使用します．Windows PC で動作させたい場合には，仮想 PC ソフトウェアを使用して仮想 PC 上に Ubuntu をインストールして使用することもできます．

まずは，この Ubuntu 上に Eclipse とプラグイン CDTPlugin，ARMPlugin をインストールします．Eclipse，Java および CDTPlugin，ARMPlubin のインストール方法については，いろいろなところで紹介されているので本章では省略します．

● SDK（ti-sdk-am335x-evm）のダウンロード，インストール

Ångström のアプリケーション開発，U-Boot SPL，U-Boot，カーネルのビルドに使用する SDK です．以下のページから SDK をダウンロードし，Ubuntu 上でインストール画面に従いインストールをしてください（**図3**，**図4**）．

```
http://downloads.ti.com/sitara_linux/
esd/AM335xSDK/latest/index_FDS.html
```

161

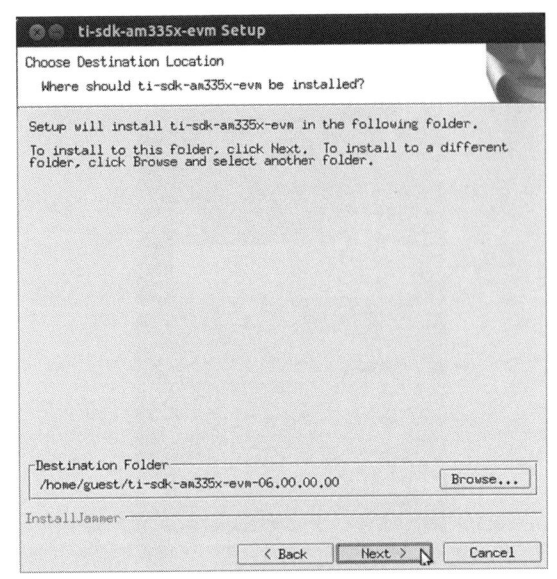

図3 SDK（ti-sdk-am335x-evm）のインストール画面（Choose Destination Location）

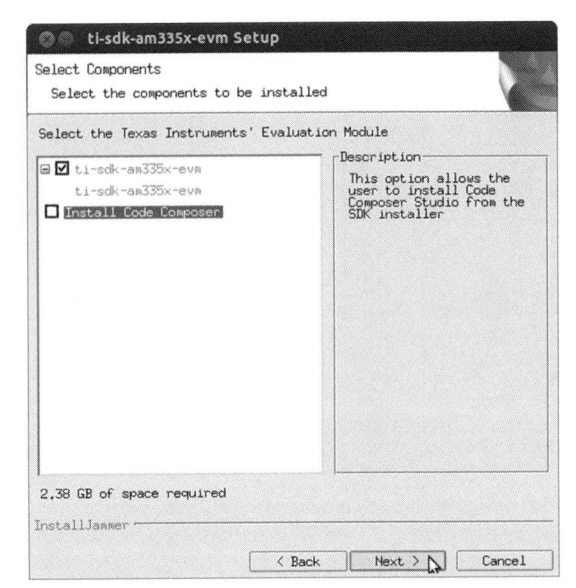

図4 SDK（ti-sdk-am335x-evm）のインストール画面（Select Components）

● OpenOCDのインストール

▶① Ubuntuパッケージのインストール

クロス開発で必要になるいろいろなパッケージをインストールします．EclipseやSDKがインストールされていれば，必要な多くのパッケージはすでにインストールされています．

次のパッケージがインストールされていなければ，事前にインストールしておきます．

```
libusb-dev, texinfo, git-core, libtool, automake
```

▶② OpenOCDソースのダウンロード

OpenOCDのソースをダウンロードします（リスト1）．

▶③ HJ-LINK/USB用USBドライバのインストール

Ubuntu上にHJ-LINK/USB用のドライバをインストールしておく必要があります．ドライバはFTDI社から入手できます．

http://www.ftdichip.com/Drivers/D2XX.htm

上記サイトよりLinux用「libftd2xx1.1.12.tar.gz」をダウンロードします．同じページにあるReadMe-linux.txtに従い，インストールします．

このとき，インストールするドライバが三つ（arm926，i384，x86_64）それぞれのディレクトリに用意されているので，使用するPC環境に合わせてインストールします．

▶④ OpenOCDのビルド

OpenOCDをビルドします．

```
$ cd ~/openocd
$ sudo ./bootstrap
$ sudo chmod a+w configure
```

このままの環境で使用するとコンパイル時にビルド・エラーが発生する場合があるので，configureファイルを編集します．リスト2のように14349行付近のFTD2XX_LIBに「-ldl」を追加します．

リスト3のようにビルドを進めます．

▶⑤ OpenOCDを実行するための準備

OpenOCDを実行するためのディレクトリを作成し，実行に必要なファイル一式をそちらにコピーします（リスト4）．

▶⑥ HJ-LINK/USB用USBドライバのインストール確認

HJ-LINK/USB用USBドライバが正しくインストー

リスト1 OpenOCDソースのダウンロード

```
$ git clone git://openocd.git.sourceforge.net/gitroot/openocd/openocd openocd
```

リスト2　OpenOCD configreファイルの編集

```
# Test #1 - v1.0.x
case "$host_cpu" in
i?86|x86_32)
        dir=build/i386;;
amd64|x86_64)
        dir=build/x86_64;;
*)
        dir=none;;
esac
if test -f "$with_ftd2xx_linux_tardir/$dir/libftd2xx.a"; then
   FTD2XX_LDFLAGS="-L$with_ftd2xx_linux_tardir/$dir"
   # Also needs -lrt
   FTD2XX_LIB="-lftd2xx -lrt -ldl"      ←「-ldl」を追加
else
```

リスト3　OpenOCDをビルド

```
$ sudo configure
$ sudo ./configure --enable-maintainer-mode --disable-werror --enable-ft2232_ftd2xx --with-ftd2xx-linux-tardir="../release"
$ sudo make
$ sudo make install
```

ルされているかの確認をします．HJ-LINK/USBをPCにUSBケーブルで接続します．

接続したHJ-LINK/USB上でFTDIインターフェースが動いているかどうか，lsusbを実行して確認します（**リスト5**）．

▶⑦ OpenOCD 設定ファイルの設定

OpenOCDを使用するたびに，設定ファイルのパスを渡して機能設定する必要があります．「-f」スイッチを使って，ハードウェアに合わせた設定ファイルを使用するようにします．

BeagleBone BlackをHJ-LINK/USBと接続するには，ti_beaglebone.cfgをファイル名ti_beaglebone_black.cfgでコピーし編集します．

```
$ cd ~/openocd-bin/board
```

```
$ cp ti_beaglebone.cfg ti_beaglebone_black.cfg
$ gedit ti_beaglebone_black.cfg
```

ti_beaglebone_black.cfgを**リスト6**のように編集します．

apapter_khzはJTAGのリンク・スピードを設定します．デフォルトで16000がセットされていますが，この値では正常にJTAGデバッグができないので，最初は低い値にセットし，正常に動作を確認してから調整します．

HJ-LINK/USBをUSBケーブルでPCと接続する際，自動的にftdi_sioがロードされています．そのままopenocdを起動すると「Error: unable to open ftdi device: device not opened」エラーが発生します．これは，OpenOCDがftdi_sioのアンロードに失敗する

リスト4　ディレクトリを作成し実行に必要なファイル一式をコピー

```
$ cd ~
$ mkdir openocd-bin
$ cd ~/openocd/tcl
$ cp -r * ~/openocd-bin
$ cd ~/openocd/src
$ cp openocd ~/openocd-bin
$ cd ~/openocd-bin/
$ ls
bitsbytes.tcl   chip    cpu          mem_helper.tcl   mmr_helpers.tcl   target
board           cpld    interface    memory.tcl       openocd           test
```

リスト5　FTDIインターフェースが動いてるかどうかを確認

```
$ lsusb
Bus 001 Device 001: ID 1d6b:0002 Linux Foundation 2.0 root hub
Bus 002 Device 001: ID 1d6b:0001 Linux Foundation 1.1 root hub
～略～
Bus 001 Device 003: ID 0403:6010 Future Technology Devices International, Ltd FT2232C Dual USB-UART/FIFO IC
```

リスト6 ti_beaglebone_black.cfgの編集

```
# AM335x Beaglebone Black / HJ-LINK/USB
#   http://beagleboard.org/bone

# The JTAG interface is built directly on the board.
interface ft2232
ft2232_device_desc "USB <-> Serial Cable A"
ft2232_layout jtagkey
ft2232_vid_pid 0x0403 0x6010
#ft2232_vid_pid 0x0403 0xa6d0 0x0403 0x6010

adapter_khz 3200

set JRC_TAPID 0x1b94402f
source [find target/am335x.cfg]

reset_config trst_and_srst
```

ためです．lsmodでカーネル・モジュール「ftdi_sio」が存在するときは，openocdを起動する前に手動でftdi_sioをアンロードします．

```
$ lsmod | grep ftdi
ftdi_sio              35831  0
usbserial             37201  1 ftdi_sio
$ sudo rmmod ftdi_sio
```

configファイルを指定して起動します．このとき，BeagleBone Blackの電源を投入しておいてください．

```
$ cd ~/openocd-bin
$ sudo ./openocd -f board/ti_beaglebone_black.cfg
```

openocdはサーバとして起動するので，ターミナルに各種メッセージが表示されるだけで入力は受け付けません．openocdを終了するにはCTRL+Cを入力します．

▶⑧ telnet接続

OpenOCDはデーモンとして実行されます．OpenOCDをコマンド・レベルで直接操作するにはtelnetなどのプログラムで接続する必要があります．telnetを実行しOpenOCDに接続するにはもう一つ別のターミナル（端末）を開いて以下のコマンドを入力します．

```
$ telnet localhost 4444
```

簡単なプロンプト(>)が出ます．このプロンプトに従って，OpenOCDにコマンドを送ることができます．helpコマンドで利用できるコマンド一覧が参照できます．telnetプロンプトから終了するにはexitコマンドを入力します．

詳細な使用例は「http://elinux.org/BeagleBoard OpenOCD」を参考にしてください．

▶⑨ gdb接続

gdbからOpenOCDサーバに接続するには，リスト7のようにします（gdbはターゲット・ソフトウェアをビルドしたときのツールチェインのgdbを使用する）．

最初にターゲットに「reset init」をします．OpenOCDにコマンドを送るには，GDBに対してmonitorコマンドを使います．

```
(gdb) monitor reset init
```

gdbを終了するにはquitコマンドを使います．

```
(gdb) quit
```

▶⑩ udevの設定

OpenOCDをEclipseから起動する場合，USBデバイスをオープンするときの権限が問題になります．それを解決するには，udevファイルをrules.dディレクトリに登録しておきます（リスト8）．openocd.udevファイルが~/openocd/contribにあるので，それを/etc/udev/ruled.dディレクトリにコピーします．

sudoコマンドを使わずに起動してみます．

```
$ cd ~/openocd-bin
$ ./openocd -f board/ti_beaglebone_black.cfg
```

● OpenOCDを使用するためのEclipseの設定

▶① Zylin Embedded CDTのインストール

EclipseでOpenOCDを使ってJTAGデバッグするには，Zylin Embedded CDTをインストールします．

Eclipseメニュー「ヘルプ」-「新規ソフトウェアのインストール」で「インストール」ダイアログを開き，［追加］ボタンをクリックします．名前とロケーショ

リスト7 gdbからOpenOCDサーバに接続

```
$ /home/guest/ti-sdk-am335x-evm-06.00.00.00/linux-devkit/sysroots/i686-arago-linux/usr/bin/arm-linux-gnueabihf-gdb
```

リスト8 udevファイルをrules.dディレクトリに登録

```
$ sudo cp ~/openocd/contrib/openocd.udev /etc/udev/rules.d/50-openocd.rules
$ sudo udevadm control --reload-rules
```

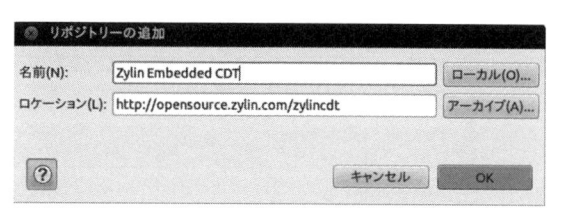

図5 Zylin Embedded CDTプラグインのインストール

ンを入力し［OK］ボタンをクリックします（**図5**）．

名前：Zylin Embedded CDT
ロケーション：http://opensource.zylin.com/zylincdt

インストールするソフトウェア「Zylin Embedded CDT」にチェックを入れ［次へ］ボタンをクリックし，インストール画面に従いインストールを行ってください（**図6**）．

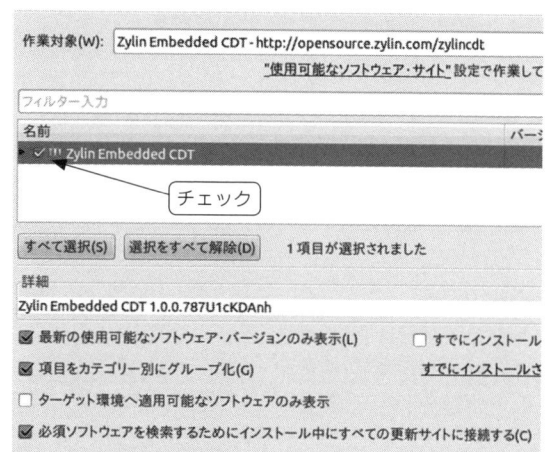

図6 「Zylin Embedded CDT」にチェック

▶② OpenOCDの設定

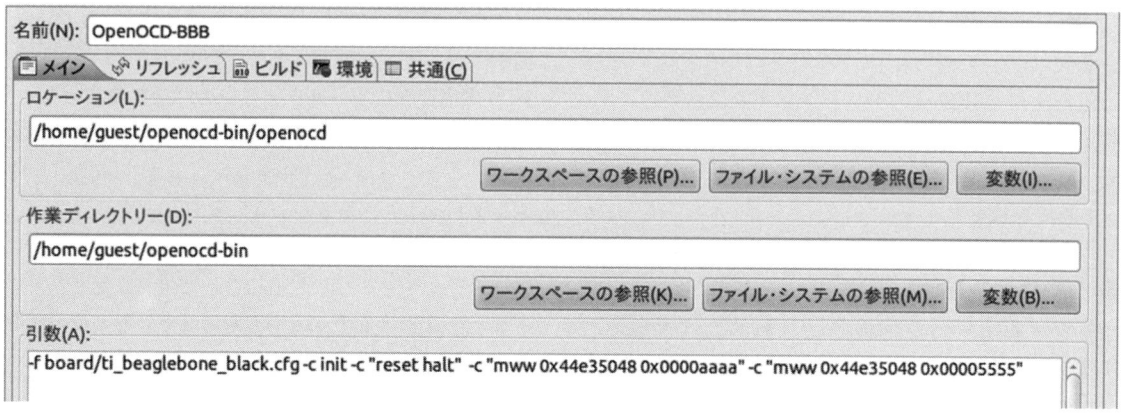

EclipseからOpenOCDへ接続するための設定を行います（**図7**）．

1. 「実行」-「外部ツール」-「外部ツールの構成」を選択し「外部ツール構成」ダイアログを開く
2. 「プログラム」を右クリックし「新規」を選択
3. 新規構成が作成されたらOpenOCDを設定（**表3**）

その他のタブ・ページの設定は開発環境に合わせて設定を行ってください．

入力が終わったら「適用」を選択し，「閉じる」を選択します．

OpenOCDを使ったデバッグを開始するには，外部ツール・ボタンを押して「OpenOCD-BBB」を実行します（詳細は後述）．

図7 EclipseからOpenOCDへ接続するための設定

表3 OpenOCDの設定

名前	OpenOCD-BBB
ロケーション	/home/guest/openocd-bin/openocd
作業ディレクトリー	/home/guest/openocd-bin
引数	-f board/ti_beaglebone_black.cfg -c init -c "reset init" -c "mww 0x44e35048 0x0000aaaa" -c "mww 0x44e35048 0x00005555" ※ウォッチ・ドッグ・タイマの動作を止めるコマンドを追加している
お気に入りメニューに表示（共通）	外部ツールにチェックを入れる

表4 「Import Existing Code」ダイアログの設定

Existing Code Location	/home/guest/ti-sdk-am335x-evm-06.00.00.00/board-support/u-boot-2013.01.01-psp06.00.00.00 ※参照ボタンをクリックし ti-sdk-am335x-evm の u-boot を選択する
プロジェクト名	u-boot-2013.01.01-psp06.00.00.00 ※ Location 設定すると自動で設定されるのでそのまま使用する
Toolchain for Indexer Settings	ARM Linux GCC(GNUARM)

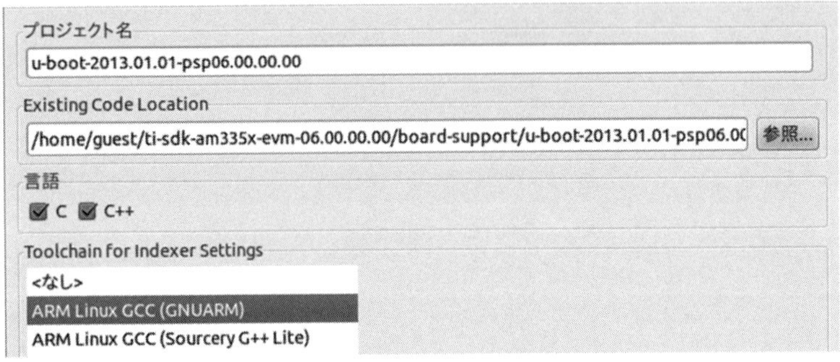

図8 「Import Existing Code」ダイアログの設定

U-Bootプロジェクトの設定

ここまで長々とインストールや設定を行ってきましたが，これでようやくプログラムのデバッグを行うまでの準備がおおむね整いました．

今回はブートローダであるU-Bootのデバッグを行います．

EclipseにてU-Bootのデバッグをするには最初にプロジェクトを作成します．ここではSDK「ti-sdk-am335x-evm」のU-Bootデバッグに必要なプロジェクトの作成をします．

● プロジェクトの作成

Eclipseメニュー「ファイル」-「新規」-「その他」から「Makefile Project with Existing Code」を選択し「Import Existing Code」ダイアログを開き，表4のように設定します（図8）．

● プロパティの設定

作成したプロジェクト「u-boot-2013.01.01-psp06.00.00.00」を選択し，Eclipseメニュー「プロジェクト」-「プロパティ」にてプロパティ・ダイアログを開きます．

▶① ビルド・コマンドの設定

「C/C++ビルド」をクリックしC/C++ビルドのビルダ設定のビルド・コマンドを設定します（リスト9, 図9）．

▶② 環境変数にツールチェインのパスを追加

「C/C++ビルド」の「環境」をクリックし，環境変数にツールチェインのパスを追加します．［追加］ボタンをクリックし，表5のように入力します．

［OK］ボタンをクリックすると，現在のパスの値にツールチェインのパスが追加された値が設定されていることを確認します．必要であればその他の環境変数を設定します．

▶③ Eclipseを再起動

Eclipseメニュー「ファイル」-「再開」でEclipseを再起動します．

▶④ 「パスおよびシンボル」のインクルードを選択

「C/C++一般」の「パスおよびシンボル」のインク

表5 環境変数にツールチェインのパスを追加

名前	PATH
値	/home/guest/ti-sdk-am335x-evm-06.00.00.00/linux-devkit/sysroots/i686-arago-linux/usr/bin

リスト9　ビルド・コマンドの設定

```
make O=am335x CROSS_COMPILE=arm-linux-gnueabihf- ARCH=arm am335x_evm
```

図9　ビルド・コマンドを設定

ロードを選択します．

ツールチェインのパスが正しくセットされていれば，手順②，③の結果，標準のインクルード・パスが自動設定されています．必要に応じてam335xなどのボード特有のパスを追加します．

U-Bootのデバッグ

BeagleBone BlackのLinuxカーネルをロードするまでのブート・シーケンスは「ROMboot→U-Boot SPL→U-Boot→Linuxカーネル」となります．U-Boot SPL（microSDカードに格納するときのファイル名はMLO）はJTAGからアクセスできないメモリ領域に格納されているためデバッグはできません．

従って，ソースを変更せずにそのままデバッグが可能なのはU-Bootとなります．しかし，U-BootはDDR3メモリ上で動作するため，リセット後そのままロードすることはできません．そのため，事前にDDR3関連の設定が必要となります．

その他，U-Boot SPLでは各種デバイスの初期化も行っているため，U-Bootをデバッグする前にU-Boot SPLを実行しておく必要があります．

● U-Boot SPL実行（U-Boot停止）の設定
▶① デバッグ構成の作成

Eclipseメニュー「実行」-「デバッグ構成」にてZylin Embedded debug（ネイティブ）を選択し［新規の起動構成］ボタンをクリックします（またはマウス右ボタン「新規」）．

▶② U-Boot SPL実行のための設定

各項目を表6のように設定します（図10～図12）．

▶③ U-Bootデバッグのための設定

各項目を表7のように設定します（図13～図16）．

▶④ U-Boot SPLを起動しU-Bootの実行直前で停止

1. OpenOCDを起動
2. 逆アセンブルを開いておく
3. デバッグの「u-boot SPL実行(u-boot停止)」を実行（図17）

第3部 Linux & Android 環境構築コース

表6 U-Boot SPL 実行のための設定

名前	u-boot SPL 実行（u-boot 停止）
プロジェクト	（空白）
C/C++ アプリケーション	（空白）
デバッガー	Embedded GDB
始動で停止	チェックなし
GDB デバッガー	/home/guest/ti-sdk-am335x-evm-06.00.00.00/linux-devkit/sysroots/i686-arago-linux/usr/bin/arm-linux-gnueabihf-gdb
GDB コマンド・ファイル	（空白）
'initialize' commands	リスト10 参照

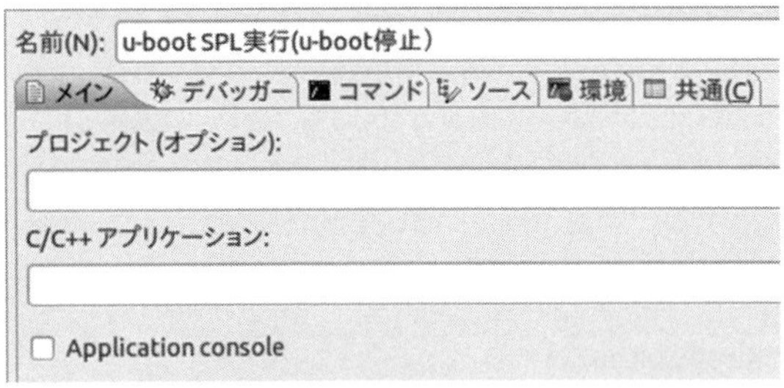

図10 U-Boot SPL 実行のための設定1

リスト10 表6内の 'initialize' commands

```
target remote localhost:3333
monitor reset halt

set {int}0x44E35048 = 0x0000AAAA
set {int}0x44E35048 = 0x00005555

monitor am335x.cpu cortex_a8 dbginit

thbreak *0x80800000

continue
```

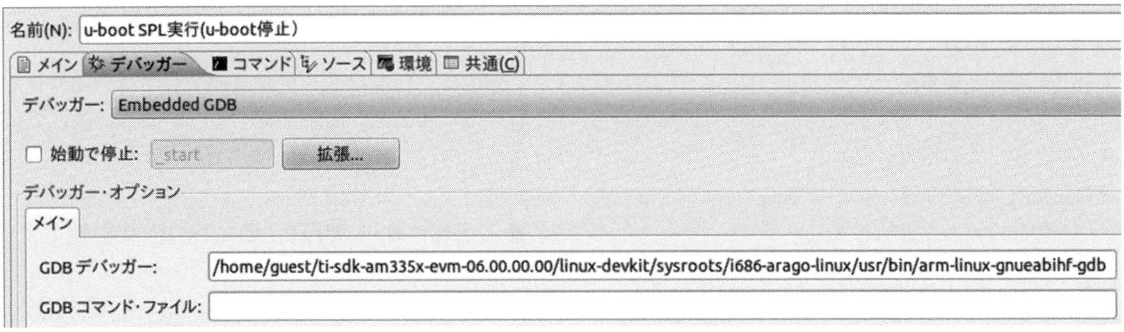

図11 U-Boot SPL 実行のための設定2

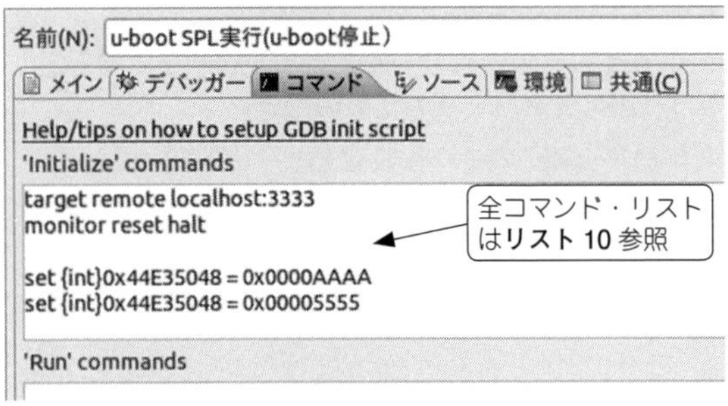

図12 U-Boot SPL 実行のための設定3

4. 停止したら逆アセンブルを確認し0x80800000で停止していることおよびコードが入っていること（つまりDDRの初期化がされU-Bootがすでにロードされていること）を確認
5. デバッグ「u-boot SPL 実行(u-boot 停止)」を終了（赤の四角いボタンをクリック）

▶ ⑤ U-Boot のデバッグ

1. デバッグの「u-boot オブジェクトロード」を実行（図18）
2. U-Boot ロード後「_start(0x80800000)」でデバッグ待機になる．以降は必要な場所にブレークポイン

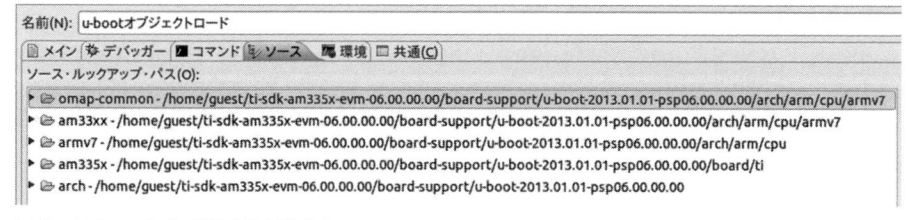

第4章 JTAGアダプタ＋OpenOCDを使ったデバッグ環境の構築

表7 U-Bootデバッグのための設定

名前	u-boot オブジェクトロード
プロジェクト	u-boot-2013.01.01-psp06.00.00.00
C/C++ アプリケーション	am335x/u-boot
デバッガー	Embedded GDB
始動で停止	チェック /_start
GDB デバッガー	/home/guest/ti-sdk-am335x-evm-06.00.00.00/linux-devkit/sysroots/i686-arago-linux/usr/bin/arm-linux-gnueabihf-gdb
GDB コマンド・ファイル	(空白)
'initialize' commands	リスト11 参照
ソース・ルックアップ・パス	リスト12 のパスを追加する

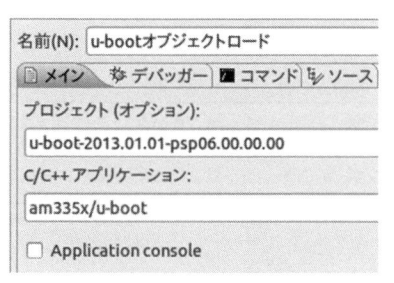

図13 U-Bootデバッグのための設定1

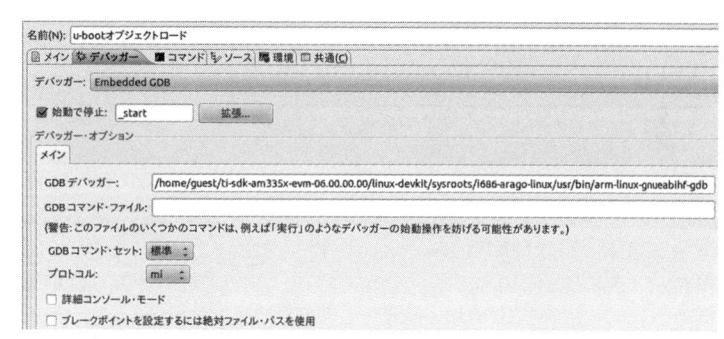

図14 U-Bootデバッグのための設定2

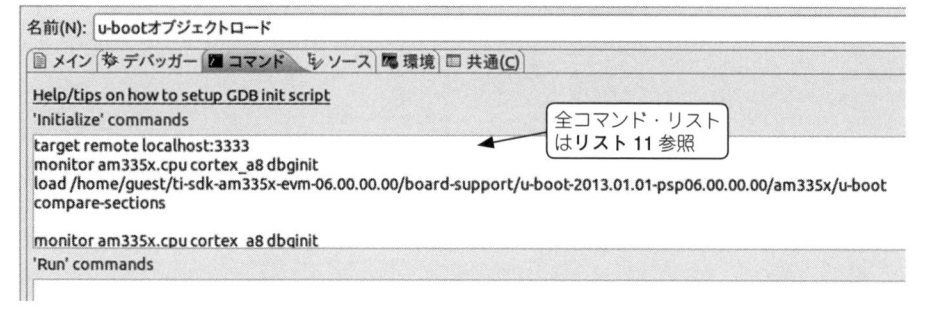

図15 U-Bootデバッグのための設定3

図16 U-Bootデバッグのための設定4

第3部 Linux & Android 環境構築コース

リスト11 表7内の 'initialize' commands

```
target remote localhost:3333
monitor am335x.cpu cortex_a8 dbginit
load /home/guest/ti-sdk-am335x-evm-06.00.00.00/board-support/u-boot-2013.01.01-psp06.00.00.00/am335x/u-boot
compare-sections
monitor am335x.cpu cortex_a8 dbginit
set mem inaccessible-by-default off
monitor debug_level 0
```

リスト12 表7内のソース・ルックアップ・パス

```
/home/guest/ti-sdk-am335x-evm-06.00.00.00/board-support/u-boot-2013.01.01-psp06.00.00.00/arch/arm/cpu/armv7/omap-common
/home/guest/ti-sdk-am335x-evm-06.00.00.00/board-support/u-boot-2013.01.01-psp06.00.00.00/arch/arm/cpu/armv7/am33xx
/home/guest/ti-sdk-am335x-evm-06.00.00.00/board-support/u-boot-2013.01.01-psp06.00.00.00/arch/arm/cpu/armv7
/home/guest/ti-sdk-am335x-evm-06.00.00.00/board-support/u-boot-2013.01.01-psp06.00.00.00/board/ti/am335x
/home/guest/ti-sdk-am335x-evm-06.00.00.00/board-support/u-boot-2013.01.01-psp06.00.00.00/arch
```

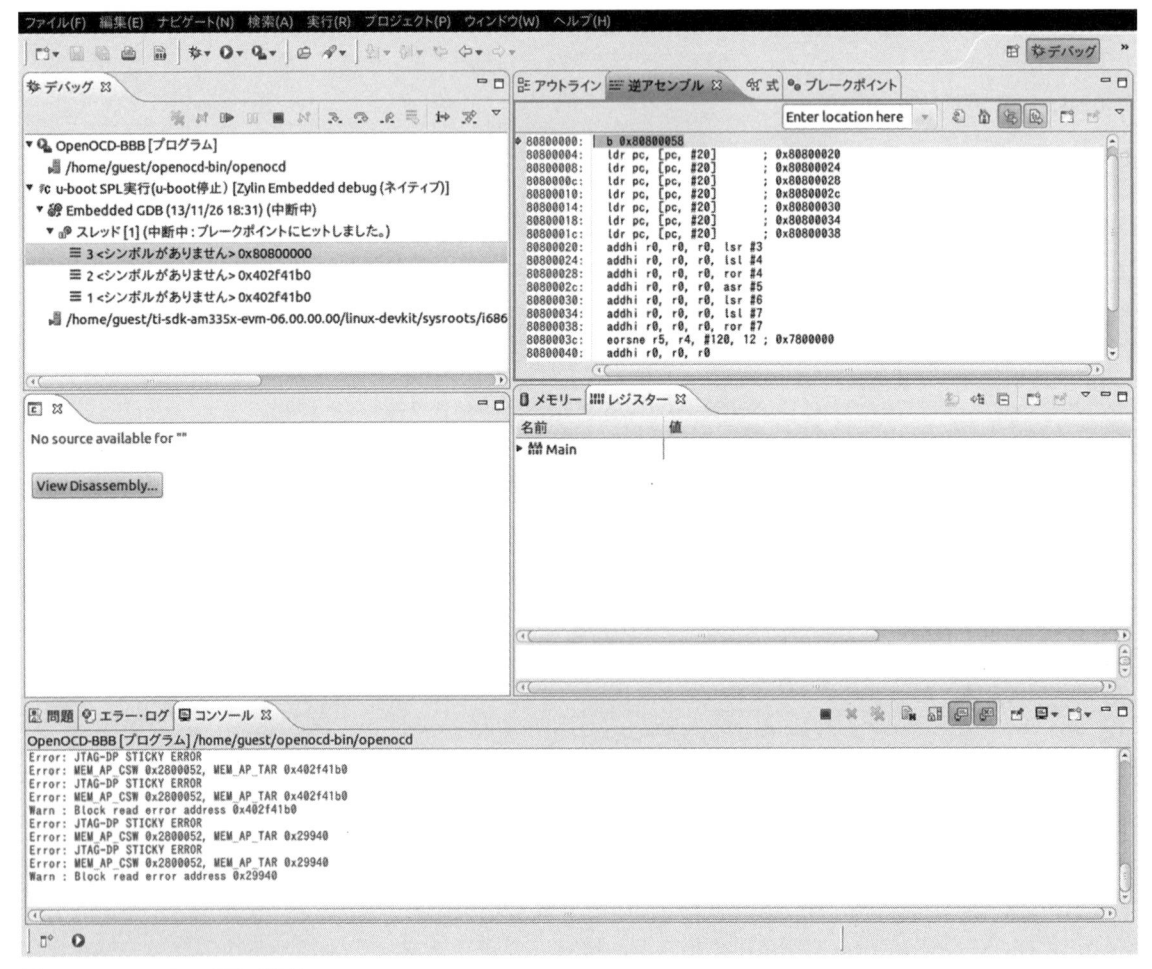

図17 Eclipse U-Boot SPLの実行

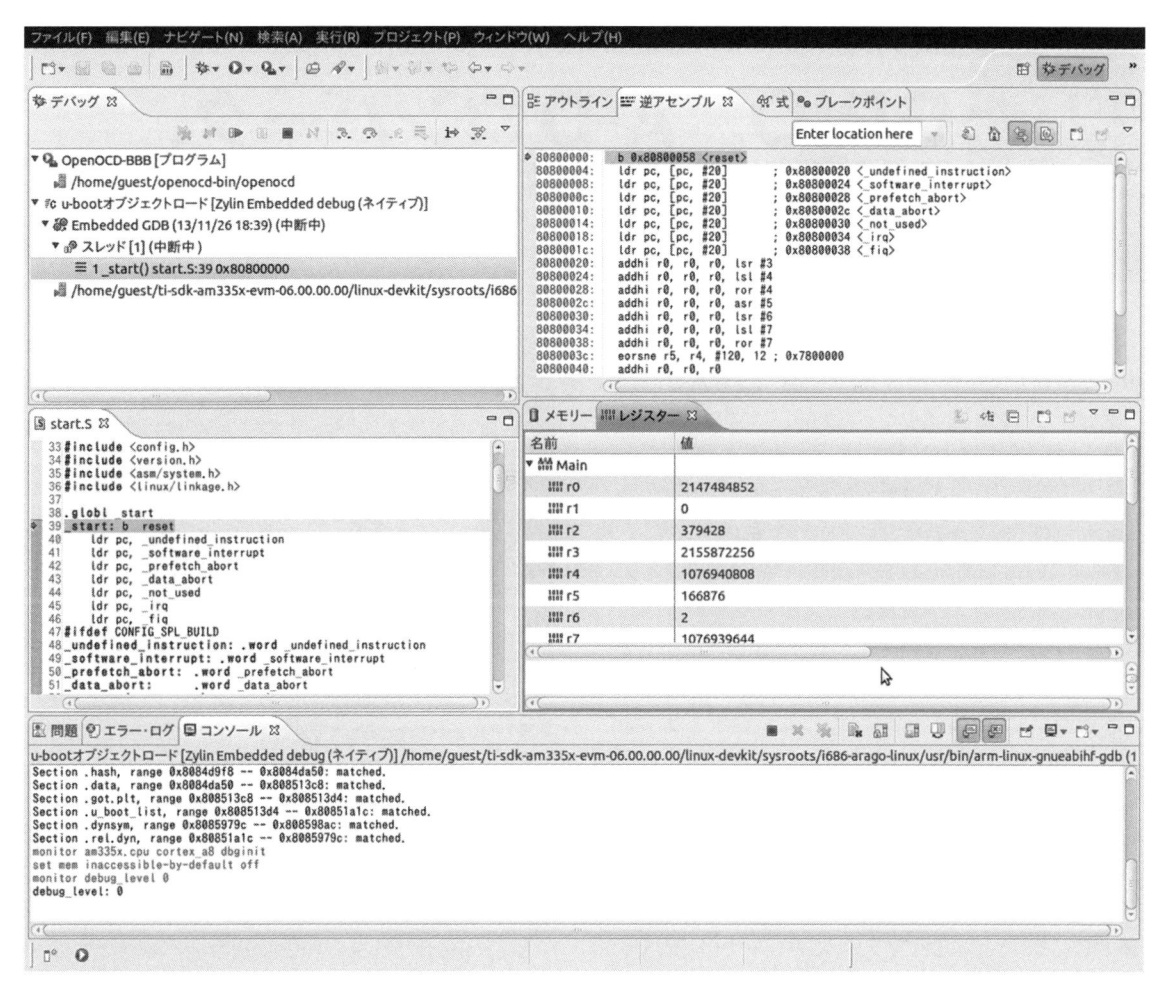

図18 Eclipse U-Boot のデバッグ

トを設定し，再開（F8），ステップイン（F5），ステップオーバー（F6）でデバッグを開始

Linuxカーネル，StarterWareのデバッグ

　今回はU-Bootのデバッグを目的としてきましたが，LinuxカーネルのデバッグやOSを使用しないStarterWareのデバッグ方法については，アルファプロジェクトのウェブ・ページ（http://www.apnet.co.jp）にて公開予定です．

　今回，U-Bootのデバッグを行って興味を持たれた方がおりましたら，ぜひご覧いただければと思います．

● 謝辞

　BeagleBone Black，OpenOCD，Eclipse関連のソフトウェアは，いろいろなオープン・ソース・コミュニティの成果をもとに作成されています．本誌面をお借りして，それの関連コミュニティの関係者と推進団体の皆様に深く感謝いたします．

◆参考文献◆

(1) テキサス・インスツルメンツのウェブ・サイト
　　http://www.tij.co.jp/tihome/jp/docs/homepage.tsp
(2) OpenOCD Sourceforgeのウェブ・サイト
　　http://openocd.sourceforge.net/
(3) Eclipseのウェブ・サイト
　　http://www.eclipse.org/

第4部 I/O制御，実験，製作コース

拡張端子を使って外部機器と接続

第1章 **GPIO，A-Dコンバータ，PWM，I²Cの使い方**

芹井 滋喜

BeagleBone Blackは，Linuxを搭載した名刺サイズのシングル・ボード・コンピュータです（**写真1**）．

名刺サイズの小型基板ながらLinuxを搭載し，USBホスト/デバイス，イーサネット，HDMI，microSDカード・スロット，拡張端子などを搭載しており，購入してすぐに開発を始めることができます．

BeagleBone Blackには豊富なサンプルがあり，SoC（Sitara AM3359）の内蔵周辺モジュールを使う際には，これらのサンプルが役立ちます．また，拡張端子からGPIOなどを使用することもできます．

本稿では，BeagleBone Blackの拡張端子を使ったGPIO，A-Dコンバータ，PWM，I²Cの使い方を解説します．

写真1 BeagleBone Blackの外観

BeagleBone Black セットアップ

● PCに繋ぐとUSBマス・ストレージ・デバイスとして認識される

BeagleBone Blackは，通常，USBでPCに接続してから使用します．

BeagleBone BlackをUSBでPCに接続すると，USBマス・ストレージ・デバイスとして認識されます．**図1**は，Windows PCにBeagleBone Blackを接続したときのフォルダの状態です．

BeagleBone BlackのUSBは複合デバイスとなっており，PCからはいくつかのUSBデバイスが認識されますが，マス・ストレージはWindows標準のドライバが使用できます．自動でドライバがロードされるため，最初の接続からフォルダを開くことができます．

● マス・ストレージ以外のドライバのインストール

マス・ストレージ以外のドライバは，以下の手順で別途ロードする必要があります．

BeagleBone Blackのフォルダには，START.htmという名前のHTMLファイルがあり，ウェブ・ブラウザで開くことができます．**図2**は，START.htmの画面です．

START.htmのStep #2の項目に，**図3**のように，対応OSの一覧が表示されています．

該当OSの「USB Drivers」セル内の文字列をクリッ

図1 BeagleBone Blackのマス・ストレージの内容

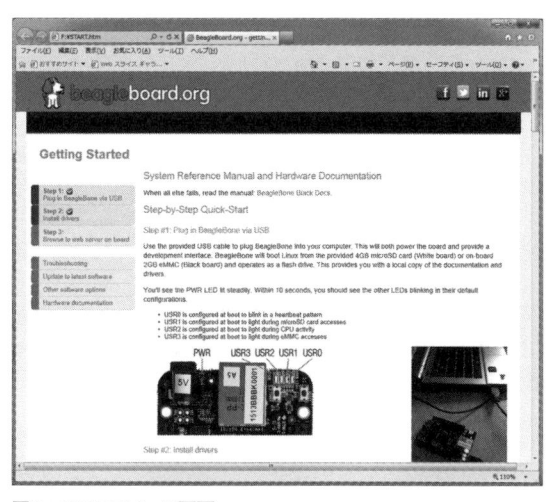

図2 START.htmの画面

クすると，ドライバのインストーラが起動します．

例えば，Windows 7の32ビット版を使用している場合は，「Operating System」が「Windows (32-bit)」となるので，「32-bit installer」をクリックします．

フォルダから直接インストーラを起動する場合は，¥Driversフォルダにそれぞれの OS用のインストーラがあるので，¥Drivers¥Windows¥BONE_DRV.exeを直接起動することもできます．

ドライバのインストールが完了すると，最後に図4のように，「デバイス マネージャー」で，Linux USBEthernet/RNDIS Gadgetや，Gadget Serialデバイスが確認できます．

導入されたドライバの先頭にすべて緑色のチェックマークが付いていれば，インストール完了です．

BeagleBone Blackにログイン

ドライバのインストールが終わると，BeagleBone

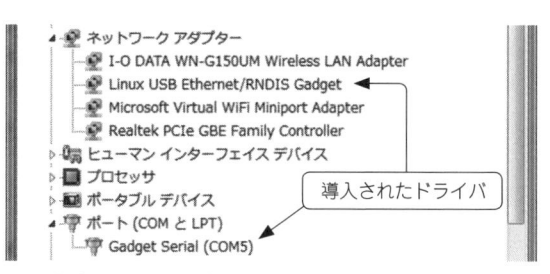

図4 「デバイス マネージャー」でデバイスの確認

図3 対応OSの一覧

Blackのネットワーク・アダプタや，仮想シリアル・ポートが利用可能になります．

インストールされたネットワーク・アダプタや仮想シリアル・ポートを使って，BeagleBone BlackのLinuxにログインすることができます．

● ウェブ・ブラウザでのログイン

BeagleBone Blackでは，GateOneというSSHクライアントがあり，ウェブ・ブラウザからBeagleBone Blackにログインすることができます．ただし，Google Chromeを使う必要があるようです．

ブラウザを起動し，http://192.168.7.2を開くと，図

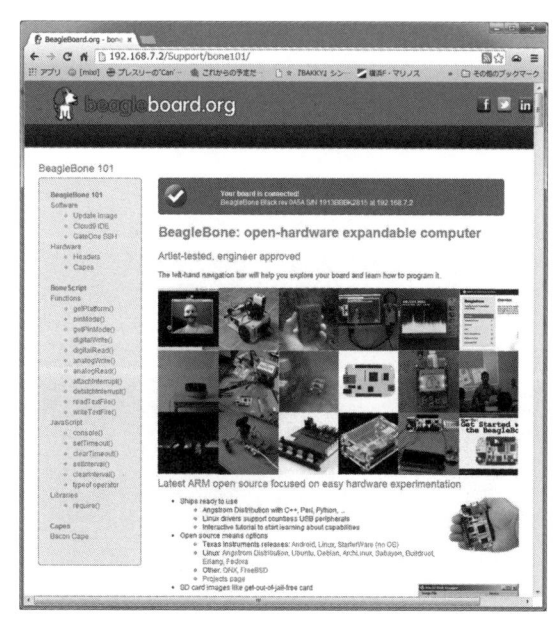

図5 BeagleBone Blackにブラウザでログイン

173

図6 GateOne SSH clientのリンク

図7 GateOneの画面

5のような画面が開きます．

表示されたページの中ほどに，**図6**のように，「GateOne SSH client」というのがあります．

この「GateOne SSH client」という文字列がGateOneのリンクとなっているので，これをクリックすればGeteOneを開くことができます．

GeteOneを開く際，エラーになった場合は，[Set Date]ボタンを押してから，GateOneを開いてください．**図7**は，GateOneの画面です．

接続時に入力する値は，次のようになります．

TCP/IP（Host）：Localhost
Port：22
User：root
Password：なし

実際には，User以外はデフォルトのままEnterキーを押せば，ログインが可能です．

● ターミナルでのログイン

BeagleBone Blackは，ターミナル・ソフトウェアからもログイン可能です．

ウェブ・ブラウザでのログインには，ブラウザの制限があるため，ターミナルの方が使いやすい場合もあります．ターミナルは，Tera TermなどのSSHに対応したものであれば使用可能です．

ターミナルで使用する場合は，**図4**のように，「デバイス マネージャー」で「Gadget Serial」のポート番号を確認しておく必要があります．

図8は，Tera Termを使って，BeagleBone Blackにログインしているようすです．

User名とパスワードは，ブラウザのログインと同じです．

GPIOの使い方

● 拡張端子P9のGPIOを使う

写真2と**図9**に，BeagleBone Blackの外部端子類と拡張端子のピン配置を示します．

BeagleBone Blackでは，図のようにいくつかのGPIOが利用可能ですが，一部はオンボードで使用されています．

拡張端子P8の信号には，拡張用のLCDの信号や内部で使用されている信号があるので，ここではP9の信号を使います．

図8 Tera Termを使ったBeagleBone Blackのログイン

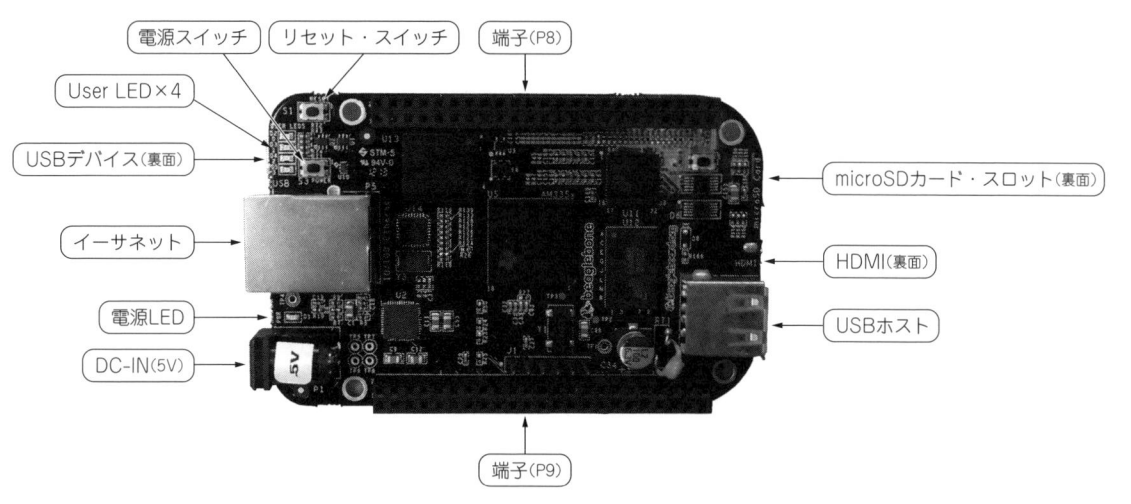

第1章 GPIO, A-Dコンバータ, PWM, I²Cの使い方

写真2 BeagleBone Blackの外部端子類

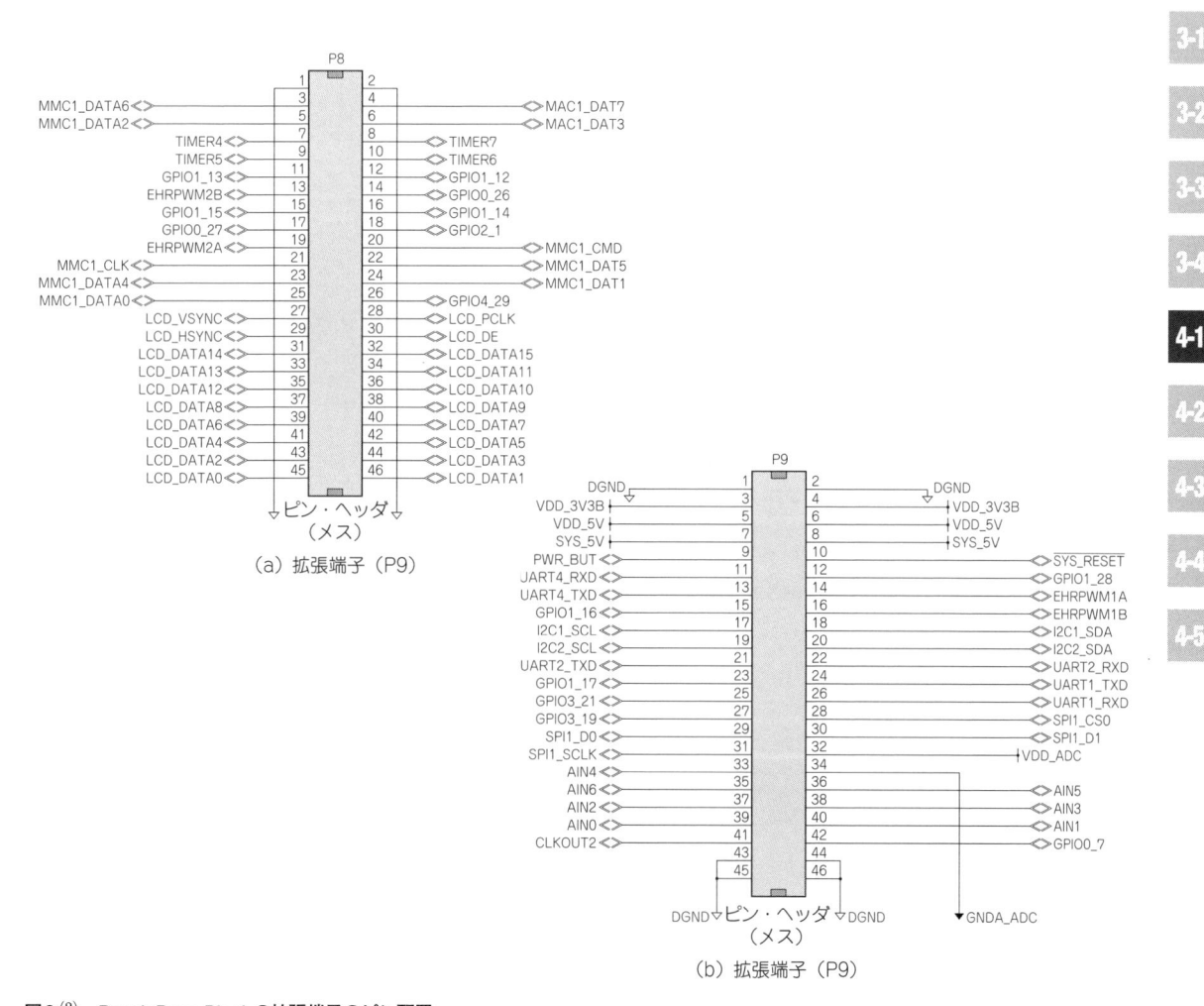

図9[(2)] BeagleBone Blackの拡張端子のピン配置

(a) 拡張端子 (P9)

(b) 拡張端子 (P9)

175

第4部 I/O制御，実験，製作コース

表1　BeagleBone BlackのGPIOベース番号

名　前	GPIO0	GPIO1	GPIO2	GPIO3
フォルダ名	gpiochip0	gpiochip32	gpiochip64	gpiochip96
ベース値	0	32	64	96

リスト1　/sys/class/gpioのフォルダ

```
# ls /sys/class/gpio
export  gpiochip0  gpiochip32  gpiochip64  gpiochip96  unexport
```

リスト2　GPIO0のフォルダの中身

```
# ls /sys/class/gpio/gpiochip0/
base  label  ngpio  power  subsystem  uevent
root@beaglebone:~# cat /sys/class/gpio/gpiochip0/base
0
```

リスト3　作成されたGPIO1_28のデバイス・ファイル

```
#ls /sys/class/gpio/gpio60
active_low  direction  edge  power  subsystem  uevent  value
```

リスト4　GPIO1_28を1秒ごとにON/OFFするPerlスクリプト

```perl
#!/usr/bin/perl
$value = 1;
open FH, ">/sys/class/gpio/export";
print FH "60";    #GPIO1_28
close FH;

open FH, ">/sys/class/gpio/gpio60/direction";
print FH "out";
close FH;

while(1) {
    open FH, ">/sys/class/gpio/gpio60/value";
    print FH $value;
    close FH;
    $value = ($value==1)?0:1;
    sleep(1);
}
```

● ドライバは標準で組み込まれている

GPIOの制御は，GPIO制御用のドライバが標準で組み込まれているため，非常に簡単にアクセスすることができます．

● GPIO番号を使ってアクセス

ここでは，GPIO1_28の制御方法について説明します．

GPIOへのアクセスは，GPIO番号で行います．GPIO番号は，

　GPIOベース番号+ピン番号

です．

BeagleBone Blackでは，GPIO0，GPIO1，GPIO2，GPIO3があり，それぞれのベース番号は表1のようになっています．

GPIO1のベース番号は32なので，GPIO1_28のGPIO番号は，32 + 28 = 60ということになります．

● ベース番号の確認方法

ベース番号は，次の方法で確認することができます．

まず，/sys/class/gpioのフォルダを表示します（リスト1）．

ここで表示されている，gpiochip0，gpiochip32，gpiochip64，gpiochip96のフォルダが，それぞれGPIO0，GPIO1，GPIO2，GPIO3に対応します．

gpiochip0（GPIO0）のフォルダの中身は，リスト2のようになっており，baseの値がGPIO0のベース番号となります．GPIO1，GPIO2，GPIO3についても同様です．

● GPIOを有効にする

GPIOを操作するためには，使用するGPIOを有効にする必要があります．

GPIO1_28を有効にするには，コマンドラインから次のような操作を行います．

　　#echo 60 > /sys/class/gpio/export

ここで設定した60が，GPIO1_28のGPIO番号となります．これで，GPIO1_28のデバイス・ファイルが作成されます．このデバイス・ファイルはリスト3のようになっています．

● 入出力を指定する

次に，GPIOの入出力方法を設定します．

操作方法は，次のようになります．

　　#echo out > /sys/class/gpio/gpio60/direction

最後に，このピンをHighにするには次のようにします．

　　#echo 1 > /sys/class/gpio/gpio60/value

第1章　GPIO, A-Dコンバータ, PWM, I²Cの使い方

リスト5　アナログ入力用のドライバを有効にする

```
root@beaglebone:~# echo cape-bone-iio > /sys/devices/bone_capemgr.8/slots
```

リスト6　アナログ入力用デバイス・ファイルでA-D変換結果を取得できる

```
root@beaglebone:~# cat /sys/devices/ocp.2/helper.14/AIN0
850
```

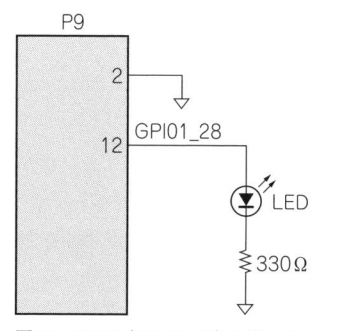

図10　GPIO (GPIO1_28) を使ったLED点滅回路

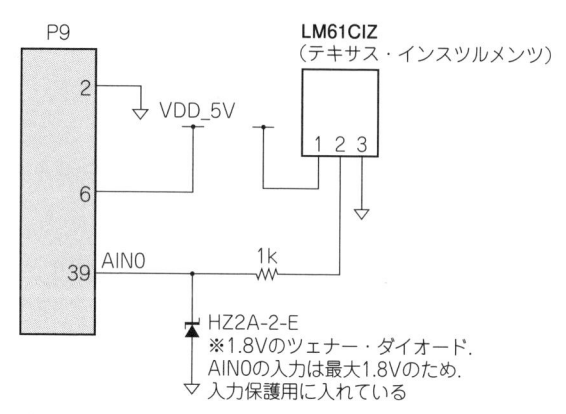

図11　A-Dコンバータ (AIN0) を使った温度測定回路

Lowにする場合は，次のようにします．

```
#echo 0 > /sys/class/gpio/gpio60/value
```

ここでは，コンソールから操作を行いましたが，プログラムから行う場合は，同様のファイル操作を行えばGPIOを簡単に操作することができます．

● Perlを使ったサンプル・プログラム

リスト4は，GPIO1_28を1秒ごとにON/OFFするPerlのスクリプトです．

図10のような回路を接続して，コンソールから次のようにコマンドを実行すれば，LEDが点滅することが確認できます．

```
#perl gpio_test.pl
```

プログラムは，CTLR+Cで終了します．

A-Dコンバータの使い方

● A-Dコンバータの入力電圧は最大1.8V！

BeagleBone BlackのSoCには，12ビット，8チャネルのA-Dコンバータ（タッチスクリーン用）が内蔵されています．

A-Dコンバータに各種センサを接続して，いろいろな測定を行うことができます．

A-Dコンバータを使用する場合は，次の点に注意してください．

・A-Dコンバータのリファレンス電圧は1.8V

・A-Dコンバータの入力電圧は，1.8Vを超えてはならない
・VDD_5Vは，外部電源の供給が必要

● アナログ出力温度センサを繋ぐ

図11は，アナログ入力AIN0に温度センサを接続した温度測定回路です．

温度センサには，LM61CIZ（テキサス・インスツルメンツ）を使用しています．この温度センサは，出力電圧が1℃あたり10mVとなり，0℃のときに600mVが出力されます．0℃のとき0mVではないので，マイナスの温度も測定可能です．

● ドライバを有効にする

A-Dコンバータを使用する際は，最初にアナログ入力用のドライバを有効にします（リスト5）．

これで，アナログ入力用デバイス・ファイルが作成されます．

アナログ・データの取得は，リスト6のように，アナログ入力用デバイス・ファイルを表示することで

177

リスト7　温度データ・ロガーのPerlスクリプト

```
#!/usr/bin/perl
while(1) {

  if(-d "/media/USD_2GB") {
    open AH, "< /sys/devices/ocp.2/helper.14/AIN0" ;
    $temperature = (<AH> - 600)/10;
    close AH;

    print $temperature . "\n";
    open FH, ">> /media/USD_2GB/data.csv" ;
    print FH $temperature . "\n";
    close FH;
  }

  sleep(10);
}
```

A-D変換結果を取得することができます.

● Perlを使ったサンプル・プログラム

リスト7は，10秒ごとに温度を測定し，USBホスト・コネクタに接続したUSBメモリにデータを追記するPerlの温度データ・ロガー・スクリプトです.

このプログラムでは，読み出したアナログ・データから温度を計算し，コンソールとUSBメモリに出力しています.

USBメモリの名称は，"USD_2GB"となっていますが，実際には使用されるUSBメモリのボリューム名に合わせる必要があります.

10秒間隔でデータを取得するため，sleep(10)を設定していますが，この値を変更することで，任意の間隔でデータを取得することができます.

データは，テキスト・ファイルとなっているため，PCに接続してテスト結果を読み出すことができます.

なお，ハードウェアの制限により最初のデータにゴミが残るので，データは2件目から採用するようにします.

図12は，取得したデータをExcelで読み込み，グラフ化したものです.

PWMの使い方

● PWM出力の設定手順

BeagleBone BlackのSoCには，PWMモジュールが内蔵されており，拡張端子には表2の機能があります.

EHRPWM2Bを使用する場合を例に，設定手順をリスト8で説明します.

● Perlを使ったサンプル・プログラム

図13にPWMのテスト回路を，またリスト9にPWMテストのPerlスクリプトを示します.

このテスト回路は，BB-BONE-BBBD-01（Cape）という実験用のボードを使って作成しました．図13の回路図のP3は，このボード上のコネクタになります.

BB-BONE-BBBD-01はBeagleBone Blackのドータ・ボードで，プッシュ・スイッチ2個と，抵抗付きのLED 2個が搭載され，さらに小型のブレッドボードと配線用のワイヤが付属しています.

写真3は，BB-BONE-BBBD-01を使って，図13の回路を作成し，LEDを点灯しているようすです.

S1を押すごとに，D1の明るさが変化します．D2は比較用に50%で点灯しています.

表2[1]　BeagleBone BlackのPWM出力

信号名	コネクタ・ピン	モード	コネクタ・ピン	モード
ECAP0	P9-42	0		
ECAP2	P9-28	4		
EHRPWM0A	P9-22	3		
EHRPWM0B	P9-21	3		
EHRPWM1A	P9-14	7		
EHRPWM1B	P9-16	7		
EHRPWM2A	P8-45	3	P8-13	4
EHRPWM2B	P8-46	3	P8-19	4

リスト8　PWMの設定手順

```
①モジュール am33xx_pwm を bone_capemgr に追加
# echo am33xx_pwm > /sys/devices/bone_capemgr.*/slots

②EHRPWM2B（P8-13）を PWM に設定
# echo bone_pwm_p8_13 > /sys/devices/bone_capemgr.*/slots

③デバイス・ファイルが作成される
# ls/sys/debices/ocp.2/pwm_test/P8_13.*
driver duty modalias period polarity power run subsystem uevent

④PWM の周期を 20,000,000 [ns]（50Hz）に設定
# echo 20000000 > /sys/devices/ocp.2/pwm_test_P8_13

⑤デューティを 5,000,000 [ns] に設定（=25%）
# echo 5000000 > /sys/devices/ocp.2/pwm_test_P8_13.*/duty

⑥PWM を実行
# echo 1 > /sys/devices/ocp.2/pwm_test_P9_14.16/run

⑦PWM を停止する場合は 0 を出力
# echo 0 > /sys/devices/ocp.2/pwm_test_P9_14.16/run
```

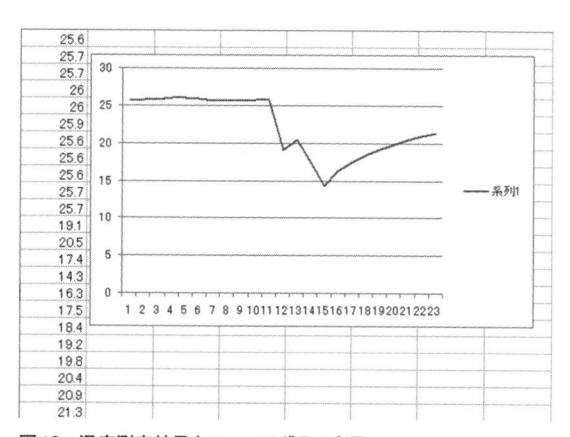

第1章　GPIO，A-Dコンバータ，PWM，I²Cの使い方

図12　温度測定結果をExcelでグラフ表示

写真3　BB-BONE-BBBD-01（Cape）を使ったPWMのテスト

リスト9　PWMテスト・プログラムのPerlスクリプト

```perl
#!/usr/bin/perl
print "PWM Test start.\n";

# Open GPIO1_16 as INPUT
open  FH, "> /sys/class/gpio/export";
print FH "48";
close FH;

open  FH, "> /sys/class/gpio/gpio48/direction";
print FH "in";
close FH;

# Open GPIO1_28 as INPUT
open  FH, "> /sys/class/gpio/export";
print FH "60";
close FH;

open  FH, "> /sys/class/gpio/gpio60/direction";
print FH "in";
close FH;

# Enable PWM module
open  FH, "> /sys/devices/bone_capemgr.8/slots";
print FH "am33xx_pwm";
close FH;

# Use P8.13 and P9.14 as PWM
open  FH, "> /sys/devices/bone_capemgr.8/slots";
print FH "bone_pwm_P8_13";
close FH;

open  FH, "> /sys/devices/bone_capemgr.8/slots";
print FH "bone_pwm_P9_14";
close FH;

# PWM stop
open  FH, "> /sys/devices/ocp.2/pwm_test_P8_13.15/run";
print FH "0";
close FH;

open  FH, "> /sys/devices/ocp.2/pwm_test_P9_14.16/run";
print FH "0";
close FH;

# Period = 20,000,000[ns]  (50Hz)
open  FH, "> /sys/devices/ocp.2/pwm_test_P8_13.15/period";
print FH "20000000";
close FH;

open  FH, "> /sys/devices/ocp.2/pwm_test_P9_14.16/period";
print FH "20000000";
close FH;

# Duty0 initial value= 10,000,000[ns] (50%)
$duty0 = 10000000;
open  FH, "> /sys/devices/ocp.2/pwm_test_P8_13.15/duty";
print FH $duty0;
close FH;

# Duty1 initial value=   500,000[ns] (2.5%)
$duty1 = 500000;
open  FH, "> /sys/devices/ocp.2/pwm_test_P9_14.16/duty";
print FH $duty1;
close FH;

# PWM start
open  FH, "> /sys/devices/ocp.2/pwm_test_P8_13.15/run";
print FH "1";
close FH;

open  FH, "> /sys/devices/ocp.2/pwm_test_P9_14.16/run";
print FH "1";
close FH;

$continue_flag = 1;
$gpio48_val = 1;
$gpio48_pre = 1;

while($continue_flag) {

    $gpio48_val = `cat /sys/class/gpio/gpio48/value`;
    $gpio48_val = substr($gpio48_val,0,1);
    if(($gpio48_val==0)&&($gpio48_pre==1)){
        $duty1 = int($duty1 * 1.5);
        if($duty1>=20000000){
            $duty1 = 500000;
        }

        open  FH, "> /sys/devices/ocp.2/pwm_test_P9_14.16/duty";
        print FH $duty1;
        close FH;
    }
    $gpio48_pre = $gpio48_val;

    $continue_flag = `cat /sys/class/gpio/gpio60/value`;
    $continue_flag = substr($continue_flag,0,1);
}

# PWM stop
open  FH, "> /sys/devices/ocp.2/pwm_test_P8_13.15/run";
print FH "0";
close FH;

open  FH, "> /sys/devices/ocp.2/pwm_test_P9_14.16/run";
print FH "0";
close FH;

# GPIO Release
open  FH, "> /sys/class/gpio/unexport";
print FH "48";
close FH;

open  FH, "> /sys/class/gpio/unexport";
print FH "60";
close FH;

print "PWM Test finish.\n";
```

図13 PWMのテスト用回路

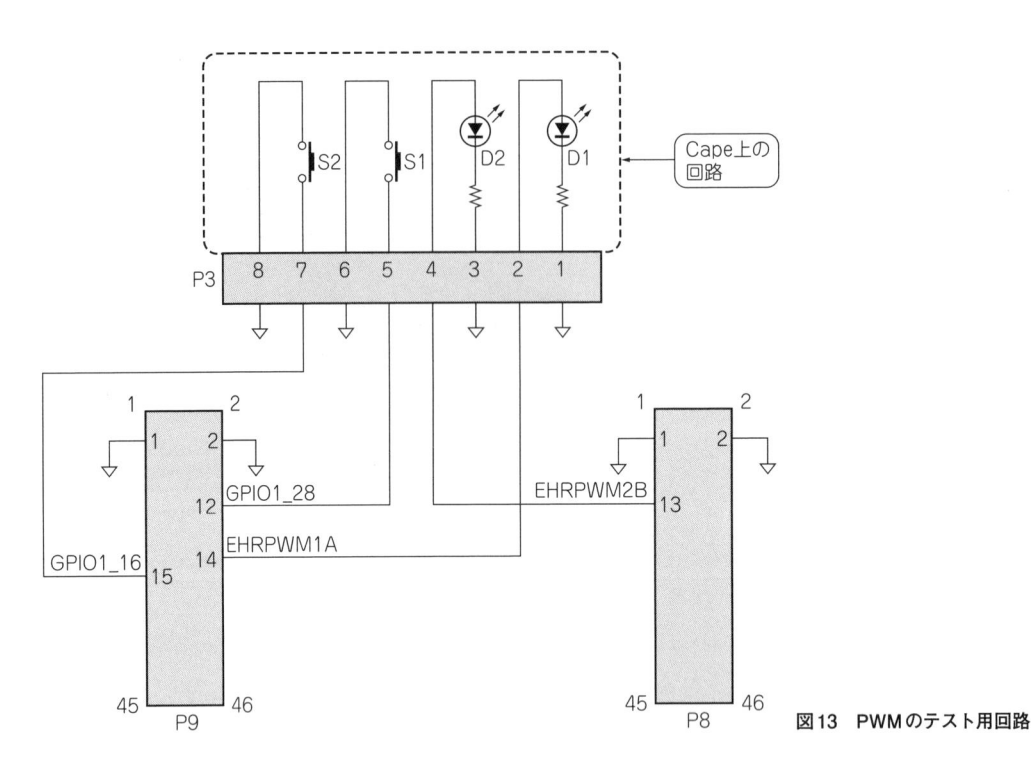

I²Cの使い方

BeagleBone BlackのSoCには，I²Cインターフェースがあり，いろいろなI²Cデバイスを制御することができます．

● i2cdetectコマンドでI²Cモジュールの状態を確認

ボード上で定義されているI²Cモジュールは，リスト10のコマンドで確認することができます．

このコマンドにより，i2c-0とi2c-1が利用可能であ

リスト10　i2cdetectコマンドでI²Cモジュールを確認

```
root@beaglebone:~# i2cdetect -l
i2c-0   i2c         OMAP I2C adapter                I2C adapter
i2c-1   i2c         OMAP I2C adapter                I2C adapter
```

リスト11　バス上のデバイスを確認

```
root@beaglebone:~# i2cdetect -r -y 1
     0  1  2  3  4  5  6  7  8  9  a  b  c  d  e  f
00:          -- -- -- -- -- -- -- -- -- -- -- -- --
10: -- -- -- -- -- -- -- -- -- -- -- -- -- -- -- --
20: -- -- -- -- -- -- -- -- -- -- -- -- -- -- -- --
30: -- -- -- -- -- -- -- -- -- -- -- -- -- -- -- --
40: -- -- -- -- -- -- -- -- -- -- -- -- -- -- -- --
50: 50 51 52 53 UU UU UU UU -- -- -- -- -- -- -- --
60: -- -- -- -- -- -- -- -- -- -- -- -- -- -- -- --
70: -- -- -- -- -- -- -- --
```

リスト12　i2cgetでデバイス・アドレス50h，アドレス0x02を読み出し

```
root@beaglebone:~# i2cget -y 1 0x50 0x02
0x6c
```

リスト14　i2csetでデバイス・アドレス50h，アドレス0x02に0xAAを書き込み

```
root@beaglebone:~# i2cset -y 1 0x50 0x02 0xaa b
root@beaglebone:~# i2cget -y 1 0x50 0x02
0xaa
```

リスト13　-yを指定しない場合．確認のメッセージが表示される

```
root@beaglebone:~# i2cget 1 0x50 0x02
WARNING! This program can confuse your I2C bus, cause data loss and worse!
I will read from device file /dev/i2c-1, chip address 0x50, data address
0x02, using read byte data.
Continue? [Y/n] y
0x6c
```

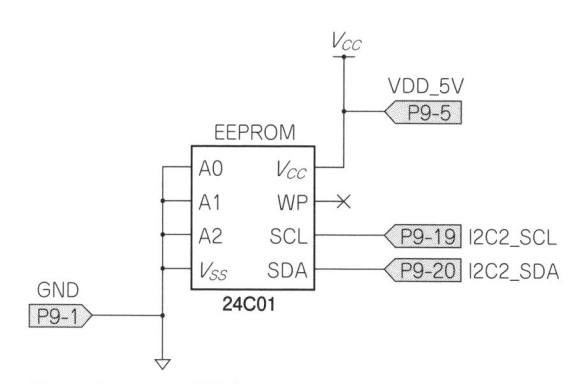

第1章 GPIO, A-Dコンバータ, PWM, I²Cの使い方

図14 I²Cのテスト用回路

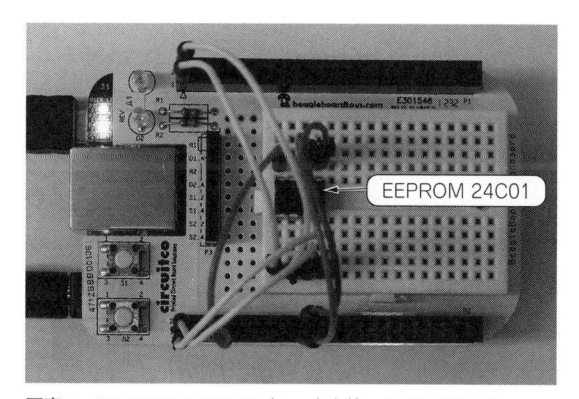

写真4 BB-BONE-BBBD-01 (Cape) を使ったI²Cのテスト

リスト15 EEPROMにデータを書き込むPerlスクリプト

```perl
#!/usr/bin/perl

$wrStr = "Hello, World";

for($i=0;$i<12;$i++){
    $c = ord(substr($wrStr, $i, 1));
    system "i2cset -y 1 0x50 $i '$c' b";
}

print "WR:$wrStr" . "\n";
```

リスト16 EEPROMのデータを読み込むPerlスクリプト

```perl
#!/usr/bin/perl

$rdStr = "";
for($i=0;$i<12;$i++){
    $c = `i2cget -y 1 0x50 $i`;
    $c = substr($c,2,2);
    $c = pack("H2",$c);
    $rdStr .= $c;
}

print "RD:$rdStr" . "\n";
```

リスト17 EEPROMのデータを消去するPerlスクリプト

```perl
#!/usr/bin/perl

for($i=0;$i<12;$i++){
    system "i2cset -y 1 0x50 $i 0xff b";
}
print "erase end." . "\n";
```

ることが分かります．

さらに，i2cdetectコマンドを使うと，バス上のどのアドレスにデバイスが存在するかを確認することができます．**リスト11**の例は，i2cdetectをi2c-1に対して実行しているところです．

このコマンドでは，デバイス・アドレスをスキャンして，そのアドレスにデバイスがあるかどうかを表示しています．"UU"と表示されているアドレスは，システムが使用しているアドレスです．

上記の結果では，50h～53hの範囲にデバイスが存在していることが分かります．

● I²Cデバイスの読み出しと書き込み

▶I²Cデバイスの読み出し

I²Cデバイスの読み出しは，i2cgetコマンドで行うことができます．

リスト12の例は，I2C-1からデバイス・アドレス50h，読み出しアドレス0x02で読み出しを行っています．

コマンドラインの-yは，実行確認プロンプトの省略用です．-yを指定しないと，**リスト13**のように確認のメッセージが表示されます．

▶I²Cデバイスの書き込み

I²Cデバイスの書き込みは，i2csetコマンドで行うことができます．

リスト14の例は，デバイス・アドレス50hで，アドレス0x02に0xAAを書き込んでいます．

-yは，i2cgetと同様，確認メッセージの省略です．また，最後のbは，バイト・サイズの書き込みを表しています．wにすると，1ワードのデータを書き込みます．

● Perlを使ったサンプル・プログラム

ここでは，I2CのEEPROM 24C01を使ってデータの読み書きテストを行います．

図14はテストで使用した回路です．**写真4**に，BB-BONE-BBBD-01を使ったテストのようすを示します．

リスト15～**リスト16**に，テスト・プログラムの

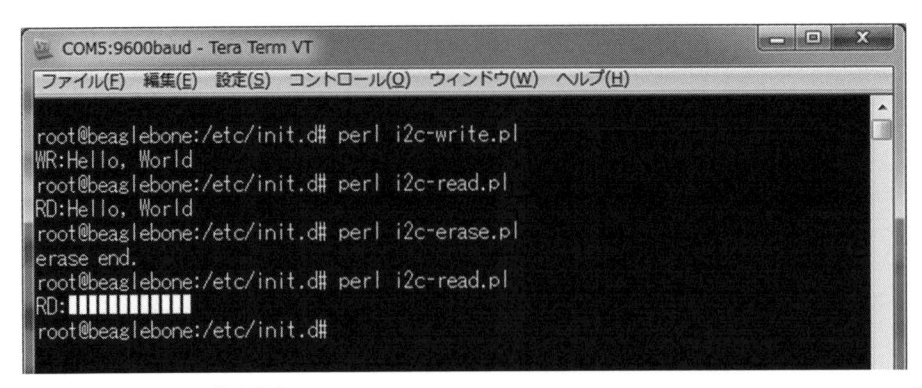

図15 I²C EEPROMの読み書き

Perlのスクリプトを示します.

リスト15は，I2C-1に接続された24C01の先頭から，"Hello World"という文字列を書き込みます．**リスト16**は，**リスト15**で書き込まれた文字列を読み出します．

また，**リスト17**を実行すると，**リスト15**で書き込んだエリアを消去します．データの消去はFFデータを書き込んでいます．

図15に，これらのコマンドを実行したようすを示します．

まとめ

BeagleBone Blackは，小型のデバイスながら必要十分な周辺デバイスを搭載していて，非常に実用的なボードでした．Linuxがプレインストールされており，内蔵ハードウェアを制御するためのドライバも登録済みのため，購入してすぐに使うことができます．

Perlが使用できるため，プログラムの作成も非常に簡単でした．プログラムは，ターミナルでBeagle Bone Blackにログインし，viエディタを使って作成しましたが，PCで編集してUSBメモリでコピーするという方法も可能です．

組み込み用の機器では，OSが搭載されていなかったり，簡易なOSの場合，ファイル・システムがないため，データの保存場所に苦労することが多いのですが，BeagleBone BlackはLinux搭載のため，USBメモリもすぐに使えるというのも魅力的でした．

ただ，USB電源だと，外部に5Vが出力されないのはちょっと困りものです．簡単な改造で対応できますが，USBの過電流を防ぐためなのでしょうか？

◆参考・引用*文献◆

(1) "BeagleBone Black System Reference Manual，BeagleBoard.org．
  BeagleBoneBlack_SystemRefference_Manual_A5.6(BBB_SRM).pdf

(2) "BeagleBone Black回路図，BeagleBoard.org．
  BeagleBone_Black_SCH_A5A.pdf

(3) LM61データシート，日本テキサス・インスツルメンツ㈱．
  http://www.tij.co.jp/jp/lit/ds/symlink/lm61.pdf

第1章 APPENDIX

付属のÅngströmを使うなら知っておきたい

拡張端子の使用制限

芹井 滋喜

BeagleBone Blackには，P8とP9の二つの拡張端子（46ピン）があり，いろいろな周辺機器を接続できるようになっています．

表Aと表Bに，P8とP9のピンの機能一覧を示します．それぞれのピンは，設定するモードによって機能が変化するので，ピンを使用する場合は，モード設定も行う必要があります．

表Aと表Bは，BeagleBone Blackのハードウェア的な接続を示すものです．表に記載されている機能であっても，ボード内部で使用されている信号や，ドライバがサポートしていない機能については，使用できないので注意が必要です．

オンボードeMMCで使用されている端子がある

P8_3 ～ P8_6，P8_20 ～ P8_25はBeagleBone BlackのオンボードeMMCで使用されています．

eMMCからブートする付属のÅngströmを使う場合は使用できません．

LCD端子はLCD4_Cape用に占有されている

BeagleBone BlackのLCD（BeagleBone LCD4 Cape）は，BeagleBone Blackのドータボードとして，P8コネクタに接続されます（写真1）．

BeagleBone LCD4 CapeをBeagleBone Blackに接続した場合，BeagleBone BlackのÅngströmによってmicroHDMIポートよりも優先度の高い出力先として占有され，Linuxのディスプレイとして動作します．

ユーザがLCD4_Capeを使用する場合は，Ångström上で動作するGUIプログラムを作成する必要があります．

ÅngströmからLCD4_Capeを解放し，独自のデバ

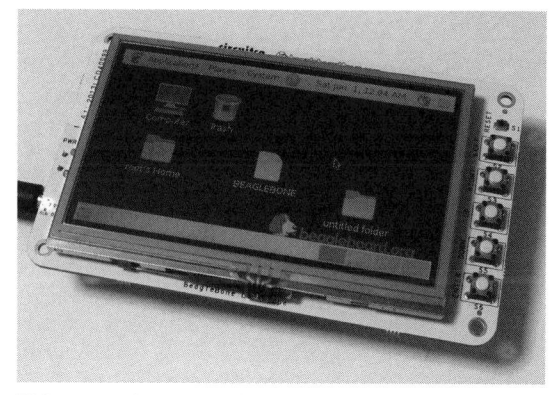

写真1　LCD（BeagleBone LCD4 Cape）を装着した状態

イスとして使用する場合は，Ångströmのディスプレイ・アダプタを削除し，ユーザ独自のドライバを実装する必要があります．

SPIはmicroSDとHDMIで使用済み

BeagleBone Blackには，2chのSPIインターフェース（SPI-0とSPI-1）があります．

SPI-0は，ボード上のmicroSDカード・スロットに接続されており，拡張端子に出力されていません．また，SPI-1の信号線は，拡張ポートP9へ接続されていますが，この信号はHDMIコントローラであるTDA19988に使用されているので，実際には使用することができません．

I²Cインターフェースは使用可能なので，I²Cを使用するか，GPIO制御でSPIをエミュレートする方法が考えられます．

UARTはシリアル・デバッグ・ポート

BeagleBone BlackのSoCは，ハードウェアとしては6チャネルのUARTを内蔵していますが，付属のÅngströmでは，UART0のみが使用可能です．

UART0は，シリアル・デバッグ・ポートとして6ピンのJ1ヘッダに接続されます．

UART0をRS-232-Cとして使用する場合は，外部にレベル・シフタを用意する必要があります．

シリアル・デバッグ・ポートの挙動はターミナルと同一で，ビット・レート設定は115200bpsで，システムによって占有されています．

このため，UART0は，ターミナル・ポートとしてのみ使用可能で，一般の通信用には使用することができません．

◆引用文献◆

(1) BeagleBone Black System Reference Manual, Beagle Board.org.
BeagleBoneBlack_SystemRefference_Manual_A5.6(BBB_SRM).pdf

表A[(1)] 拡張端子P8のピン機能一覧

ピン番号	プロセッサのピン番号	名　称	モード0	モード1
1,2			GND	
3	R9	GPIO1_6	gpmc_ad6	mmc1_dat6
4	T9	GPIO1_7	gpmc_ad7	mmc1_dat7
5	R8	GPIO1_2	gpmc_ad2	mmc1_dat2
6	T8	GPIO1_3	gpmc_ad3	mmc1_dat3
7	R7	TIMER4	gpmc_advn_ale	
8	T7	TIMER7	gpmc_oen_ren	
9	T6	TIMER5	gpmc_be0n_cle	
10	U6	TIMER6	gpmc_wen	
11	R12	GPIO1_13	gpmc_ad13	lcd_data18
12	T12	GPIO1_12	gpmc_ad12	lcd_data19
13	T10	EHRPWM2B	gpmc_ad9	lcd_data22
14	T11	GPIO0_26	gpmc_ad10	lcd_data21
15	U13	GPIO1_15	gpmc_ad15	lcd_data16
16	V13	GPIO1_14	gpmc_ad14	lcd_data17
17	U12	GPIO0_27	gpmc_ad11	lcd_data20
18	V12	GPIO2_1	gpmc_clk_mux0	lcd_memory_clk
19	U10	EHRPWM2A	gpmc_ad8	lcd_data23
20	V9	GPIO1_31	gpmc_csn2	gpmc_be1n
21	U9	GPIO1_30	gpmc_csn1	gpmc_clk
22	V8	GPIO1_5	gpmc_ad5	mmc1_dat5
23	U8	GPIO1_4	gpmc_ad4	mmc1_dat4
24	V7	GPIO1_1	gpmc_ad1	mmc1_dat1
25	U7	GPIO1_0	gpmc_ad0	mmc1_dat0
26	V6	GPIO1_29	gpmc_csn0	
27	U5	GPIO2_22	lcd_vsync	gpmc_a8
28	V5	GPIO2_24	lcd_pclk	gpmc_a10
29	R5	GPIO2_23	lcd_hsync	gpmc_a9
30	R6	GPIO2_25	lcd_ac_bias_en	gpmc_a11
31	V4	UART5_CTSN	lcd_data14	gpmc_a18
32	T5	UART5_RTSN	lcd_data15	gpmc_a19
33	V3	UART4_RTSN	lcd_data13	gpmc_a17
34	U4	UART3_RTSN	lcd_data11	gpmc_a15
35	V2	UART4_CTSN	lcd_data12	gpmc_a16
36	U3	UART3_CTSN	lcd_data10	gpmc_a14
37	U1	UART5_TXD	lcd_data8	gpmc_a12
38	U2	UART5_RXD	lcd_data9	gpmc_a13
39	T3	GPIO2_12	lcd_data6	gpmc_a6
40	T4	GPIO2_13	lcd_data7	gpmc_a7
41	T1	GPIO2_10	lcd_data4	gpmc_a4
42	T2	GPIO2_11	lcd_data5	gpmc_a5
43	R3	GPIO2_8	lcd_data2	gpmc_a2
44	R4	GPIO2_9	lcd_data3	gpmc_a3
45	R1	GPIO2_6	lcd_data0	gpmc_a0
46	R2	GPIO2_7	lcd_data1	gpmc_a1

表A(1) 拡張端子P8のピン機能一覧（続き）

ピン番号	プロセッサのピン番号	モード2	モード3	モード4	モード5	モード6	モード7
1,2				GND			
3	R9						gpio1[6]
4	T9						gpio1[7]
5	R8						gpio1[2]
6	T8						gpio1[3]
7	R7	timer4					gpio2[2]
8	T7	timer7					gpio2[3]
9	T6	timer5					gpio2[5]
10	U6	timer6					gpio2[4]
11	R12	mmc1_dat5	mmc2_dat1	eQEP2B_in		pr1_pru0_pru_r30_15	gpio1[13]
12	T12	mmc1_dat4	mmc2_dat0	eQEP2A_in		pr1_pru0_pru_r30_14	gpio1[12]
13	T10	mmc1_dat1	mmc2_dat5	ehrpwm2B			gpio0[23]
14	T11	mmc1_dat2	mmc2_dat6	ehrpwm2_tripzone_in			gpio0[26]
15	U13	mmc1_dat7	mmc2_dat3	eQEP2_strobe		pr1_pru0_pru_r31_15	gpio1[15]
16	V13	mmc1_dat6	mmc2_dat2	eQEP2_index		pr1_pru0_pru_r31_14	gpio1[14]
17	U12	mmc1_dat3	mmc2_dat7	ehrpwm0_synco			gpio0[27]
18	V12	gpmc_wait1	mmc2_clk			mcasp0_fsr	gpio2[1]
19	U10	mmc1_dat0	mmc2_dat4	ehrpwm2A			gpio0[22]
20	V9	mmc1_cmd			pr1_pru1_pru_r30_13	pr1_pru1_pru_r31_13	gpio1[31]
21	U9	mmc1_clk			pr1_pru1_pru_r30_12	pr1_pru1_pru_r31_12	gpio1[30]
22	V8						gpio1[5]
23	U8						gpio1[4]
24	V7						gpio1[1]
25	U7						gpio1[0]
26	V6						gpio1[29]
27	U5				pr1_pru1_pru_r30_8	pr1_pru1_pru_r31_8	gpio2[22]
28	V5				pr1_pru1_pru_r30_10	pr1_pru1_pru_r31_10	gpio2[24]
29	R5				pr1_pru1_pru_r30_9	pr1_pru1_pru_r31_9	gpio2[23]
30	R6						gpio2[25]
31	V4	eQEP1_index	mcasp0_axr1	uart5_rxd		uart5_ctsn	gpio0[10]
32	T5	eQEP1_strobe	mcasp0_ahclkx	mcasp0_axr3		uart5_rtsn	gpio0[11]
33	V3	eQEP1B_in	mcasp0_fsr	mcasp0_axr3		uart4_rtsn	gpio0[9]
34	U4	ehrpwm1B	mcasp0_ahclkr	mcasp0_axr2		uart3_rtsn	gpio0[17]
35	V2	eQEP1A_in	mcasp0_aclkr	mcasp0_axr2		uart4_ctsn	gpio0[8]
36	U3	ehrpwm1A	mcasp0_axr0			uart3_ctsn	gpio2[16]
37	U1	ehrpwm1_tripzone_in	mcasp0_aclkx	uart5_txd		uart2_ctsn	gpio2[14]
38	U2	ehrpwm0_synco	mcasp0_fsx	uart5_rxd		uart2_rtsn	gpio2[15]
39	T3		eQEP2_index		pr1_pru1_pru_r30_6	pr1_pru1_pru_r31_6	gpio2[12]
40	T4		eQEP2_strobe	pr1_edio_data_out7	pr1_pru1_pru_r30_7	pr1_pru1_pru_r31_7	gpio2[13]
41	T1		eQEP2A_in		pr1_pru1_pru_r30_4	pr1_pru1_pru_r31_4	gpio2[10]
42	T2		eQEP2B_in		pr1_pru1_pru_r30_5	pr1_pru1_pru_r31_5	gpio2[11]
43	R3		ehrpwm2_tripzone_in		pr1_pru1_pru_r30_2	pr1_pru1_pru_r31_2	gpio2[8]
44	R4		ehrpwm0_synco		pr1_pru1_pru_r30_3	pr1_pru1_pru_r31_3	gpio2[9]
45	R1		ehrpwm2A		pr1_pru1_pru_r30_0	pr1_pru1_pru_r31_0	gpio2[6]
46	R2		ehrpwm2B		pr1_pru1_pru_r30_1	pr1_pru1_pru_r31_1	gpio2[7]

表B(1)　拡張端子P9のピン機能一覧

ピン番号	プロセッサのピン番号	名称	モード0	モード1	モード2	モード3
1,2				GND		
3,4				DC_3.3V		
5,6				VDD_5V		
7,8				SYS_5V		
9				PWR_BUT		
10	A10			$\overline{\text{SYS\_RESET}}$		
11	T17	UART4_RXD	gpmc_wait0	mii2_crs	gpmc_csn4	rmii2_crs_dv
12	U18	GPIO1_28	gpmc_benl	mii2_col	gpmc_csn6	mmc2_dat3
13	U17	UART4_TXD	gpmc_wpn	mii2_rxerr	gpmc_csn5	rmii2_rxerr
14	U14	EHRPWM1A	gpmc_a2	mii2_txd3	rgmii2_td3	mmc2_dat1
15	R13	GPIO1_16	gpmc_a0	gmii2_txen	rmii2_tctl	mii2_txen
16	T14	EHRPWM1B	gpmc_a3	mii2_txd2	rgmii2_td2	mmc2_dat2
17	A16	I2C1_SCL	spi0_cs0	mmc2_sdwp	I2C1_SCL	ehrpwm0_synci
18	B16	I2C1_SDA	spi0_d1	mmc1_sdwp	I2C1_SDA	ehrpwm0_tripzone
19	D17	I2C2_SCL	uart1_rtsn	timer5	dcan0_rx	I2C2_SCL
20	D18	I2C2_SDA	uart1_ctsn	timer6	dcan0_tx	I2C2_SDA
21	B17	UART2_TXD	spi0_d0	uart2_txd	I2C2_SCL	ehrpwm0B
22	A17	UART2_RXD	spi0_sclk	uart2_rxd	I2C2_SDA	ehrpwm0A
23	V14	GPIO1_17	gpmc_a1	gmii2_rxdv	rgmii2_rxdv	mmc2_dat0
24	D15	UART1_TXD	uart1_txd	mmc2_sdwp	dcan1_rx	I2C1_SCL
25	A14	GPIO3_21*	mcasp0_ahclkx	eQEP0_strobe	mcasp0_axr3	mcasp1_axr1
26	D16	UART1_RXD	uart1_rxd	mmc1_sdwp	dcan1_tx	I2C1_SDA
27	C13	GPIO3_19	mcasp0_fsr	eQEP0B_in	mcasp0_axr3	mcasp1_fsx
28	C12	SPI1_CS0	mcasp0_ahclkr	ehrpwm0_synci	mcasp0_axr2	spi1_cs0
29	B13	SPI1_D0	mcasp0_fsx	ehrpwm0B		spi1_d0
30	D12	SPI1_D1	mcasp0_axr0	ehrpwm0_tripzone		spi1_d1
31	A13	SPI1_SCLK	mcasp0_aclkx	ehrpwm0A		spi1_sclk
32				VADC		
33	C8			AIN4		
34				AGND		
35	A8			AIN6		
36	B8			AIN5		
37	B7			AIN2		
38	A7			AIN3		
39	B6			AIN0		
40	C7			AIN1		
41#	D14	CLKOUT2	xdma_event_intr1		tclkin	clkout2
	D13	GPIO3_20	mcasp0_axr1	eQEP0_index		mcasp1_axr0
42@	C18	GPIO0_7	eCAP0_in_PWM0_out	uart3_txd	spi1_cs1	pr1_ecap0_ecap_capin_apwm_o
	B12	GPIO3_18	mcasp0_aclkr	eQEP0A_in	mcaspo_axr2	mcasp1_aclkx
43-46				GND		

＊：GPIO3_21は，HDMIオーディオをイネーブルにするためのプロセッサへの24.576MHzクロック入力でもある．
このピンを使うためには，オシレータをディセーブルにする必要がある．

第1章 Appendix 拡張端子の使用制限

表B(1)　拡張端子P9のピン機能一覧（続き）

ピン番号	プロセッサのピン番号	モード4	モード5	モード6	モード7
1,2			GND		
3,4			DC_3.3V		
5,6			VDD_5V		
7,8			SYS_5V		
9			PWR_BUT		
10	A10		$\overline{\text{SYS\_RESET}}$		
11	T17	mmc1_sdcd		uart4_rxd_mux2	gpio0[30]
12	U16	gpmc_dir		mcasp0_aclkr_mux3	gpio1[28]
13	U17	mmc2_sdcd		uart4_txd_mux2	gpio0[31]
14	U14	gpmc_a18		ehrpwm1A_mux1	gpio1[18]
15	R13	gpmc_a16		ehrpwm1_tripzone_input	gpio1[16]
16	T14	gpmc_a19		ehrpwm1B_mux1	gpio1[19]
17	A16	pr1_uart0_txd			gpio0[5]
18	B16	pr1_uart0_rxd			gpio0[4]
19	D17	spi1_cs1	pr1_uart0_rts_n		gpio0[13]
20	D18	spi1_cs0	pr1_uart0_cts_n		gpio0[12]
21	B17	pr1_uart0_rts_n		EMU3_mux1	gpio0[3]
22	A17	pr1_uart0_cts_n		EMU2_mux1	gpio0[2]
23	V14	gpmc_a17		ehrpwm0_synco	gpio1[17]
24	D15		pr1_uart0_txd	pr1_pru0_pru_r31_16	gpio0[15]
25	A14	EMU4_mux2	pr1_pru0_pru_r30_7	pr1_pru0_pru_r31_7	gpio3[21]
26	D16		pr1_uart0_rxd	pr1_pru1_pru_r31_16	gpio0[14]
27	C13	EMU2_mux2	pr1_pru0_pru_r30_5	pr1_pru0_pru_r31_5	gpio3[19]
28	C12	eCAP2_in_PWM2_out	pr1_pru0_pru_r30_3	pr1_pru0_pru_r31_3	gpio3[17]
29	B13	mmc1_sdcd_mux1	pr1_pru0_pru_r30_1	pr1_pru0_pru_r31_1	gpio3[15]
30	D12	mmc2_sdcd_mux1	pr1_pru0_pru_r30_2	pr1_pru0_pru_r31_2	gpio3[16]
31	A13	mmc0_sdcd_mux1	pr1_pru0_pru_r30_0	pr1_pru0_pru_r31_0	gpio3[14]
32			VADC		
33	C8		AIN4		
34			AGND		
35	A8		AIN6		
36	B8		AIN5		
37	B7		AIN2		
38	A7		AIN3		
39	B6		AIN0		
40	C7		AIN1		
41#	D14	timer7_mux1	pr1_pru0_pru_r31_16	EMU3_mux0	gpio0[20]
	D13	emu3	pr1_pru0_pru_r30_6	pr1_pru0_pru_r31_6	gpio3[20]
42@	C18	spi1_sclk	mmc0_sdwp	xdma_event_intr2	gpio0[7]
	B12		pr1_pru0_pru_r30_4	pr1_pru0_pru_r31_4	gpio3[18]
43-46			GND		

187

第4部 I/O制御，実験，製作コース

第2章

UbuntuのALSA/McASPドライバを使った
HDMIインターフェースから簡単オーディオ再生

橋本 敬太郎

汎用オーディオ・シリアル・ポートMcASP

McASP（Multichannel Audio Serial Port）は，マルチチャネル・オーディオ・アプリケーション用のオーディオ・シリアル・ポートで，I2S，時分割多重ストリーム，S/PDIF（送信側のみ）などのプロトコルに対応しています．

McASPは送信セクションと受信セクションで構成されており，送信側と受信側を同期させて動作することも，送信側と受信側にそれぞれ別々のクロック信号を使用して，完全に非同期で動作させることも可能です．図1は，ディジタル・オーディオ・デコーダでのMcASP使用例を示しています．

I2Sのフォーマット

I2S（Inter-IC Sound）フォーマットは，オーディオ分野で広く使用されているディジタル・データ転送フォーマットです．図2にI2Sフォーマットを示します．

I2Sフォーマットは，LRCK，SCLK（またはBCLK）およびDATAの三つの信号線で構成されています．

LRCKは，LチャネルとRチャネルを区別するための同期信号で，サンプリング周波数と同一周波数のクロックです．LRCKがLowの場合にはLチャネル・データ，Highの場合にはRチャネル・データを示します．

SCLKは，データ信号をラッチするためのクロック

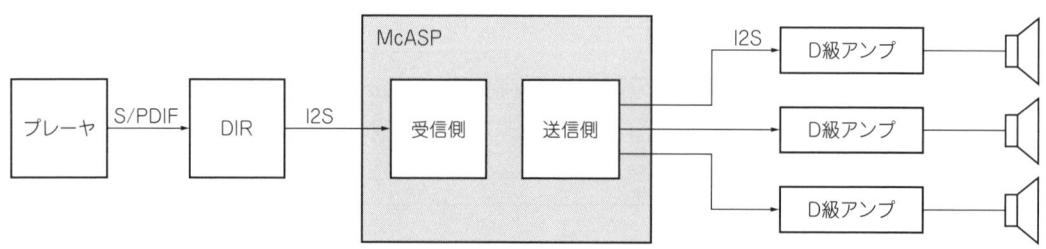

図1 McASPの使用例

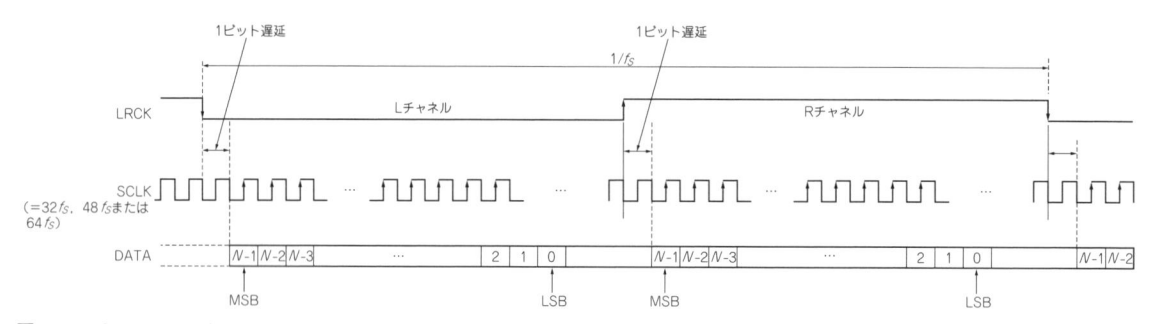

図2 I2Sのフォーマット

信号です．SCLKの周波数は，サンプリング周波数 (f_S) の32倍 ($32f_S$)，48倍 ($48f_S$) または64倍 ($64f_S$) に設定します．

DATAは，ディジタル化された音声信号のビット列です．データは，LRCKのエッジから1ビット・クロック後に，左詰めでMSBから転送されます．

また，**図2**に記載されている三つの信号のほかに，動作基準クロックとして使用するためのMCLKを必要とするオーディオ・デバイスもあります．

McASPは，送信側と受信側がそれぞれMCLK，SCLK，LRCKに対応する信号を持っているため，送信側と受信側を独立に設定することができます．

また，DATAに対応する信号を複数持っているため，5.1ch出力のような多チャネルの送受信を実行することができます．**表1**に，McASPの信号線とI2S信号線の対応を示します．

表1 McASPの信号線とI2S信号線の対応

I2S	McASP トランスミッタ	McASP レシーバ
MCLK	AHCLKX	AHCLKR
LRCK	AFSX	AFSR
SCLK	ACLKX	ACLKR
DATA	AXR[n]	AXR[n]

■ McASPのデータ・フォーマット

McASPは，フレーム，スロット，ワードというデータ単位を使用することにより，いろいろなフォーマットに対応することができます．

McASPは，1回のフレーム同期信号（AFSX/AFSR）につき，1フレームのデータを転送します．フレームは複数のスロットで構成され，スロットはワードとパッド・ビットで構成されます（**図3**，**図4**参照）．

例えば，データ幅が24ビット，SCLKが $64f_S$ のI2Sフォーマットに対応させるためには，フレーム中のスロット数を2個（スロット0：Lチャネル，スロット1：Rチャネル），スロット・サイズを32ビット，ワードサイズを24ビット（8ビットのパッド・ビット）に設定します．

■ McASPのクロック設定

McASPはクロック（ACLKX/R，AFSX/R）を外部デバイスから入力することもできますが，内蔵のクロック生成器を使用して，外部デバイスにクロックを出力することもできます．McASPがクロックを生成する場合には，内部クロックまたは外部クロックをクロック・ソースとして使用します．外部クロックを使用する場合には，AHCLKX/AHCLKRにクロック・ソースを入力します．

BeagleBone Blackでは，AHCLKX0に24.576MHzのクロックが入力されています．このクロック・ソースを使用することにより，McASP0はサンプリング周波数32/48/96kHzのクロックを生成することができます．

■ BeagleBone Blackでオーディオ再生

BeagleBone Blackにはディジタル・オーディオ・コンバータ（DAC）が搭載されていませんが，HDMI

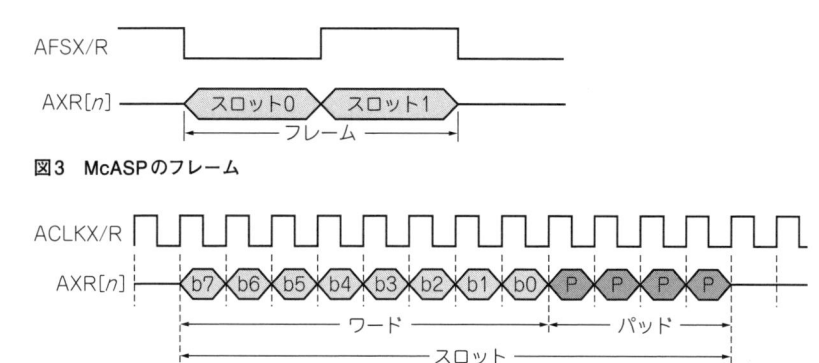

図3 McASPのフレーム

図4 McASPのスロット

リスト1　Ubuntuのデモ・イメージをダウンロード

```
$ wget https://rcn-ee.net/deb/rootfs/raring/ubuntu-13.04-console-armhf-2013-11-15.tar.xz
```

リスト2　チェックサムを確認

```
$ md5sum ubuntu-13.04-console-armhf-2013-11-15.tar.xz
6692e4ae33d62ea94fd1b418d257a514  ubuntu-13.04-console-armhf-2013-11-15.tar.xz
```

インターフェースを介してオーディオ信号を外部機器に出力することができます．

BeagleBone Blackには，HDMIインターフェース・デバイス（NXPセミコンダクターズ製TDA19988）が搭載されており，AM3359のMcASP0とTDA19988が接続されています．すなわち，McASP0のI2S信号を，TDA19988を介して外部機器に出力することができます．

BeagleBone Black用のUbuntuディストリビューションには，ALSA（Advanced Linux Sound Architecture）ドライバおよびMcASPドライバが実装されているため，これを使用すればHDMIインターフェースを介してオーディオ再生を行うことができます．

BeagleBoardUbuntu wiki（http://elinux.org/BeagleBoardUbuntu）に，BeagleBone BlackでUbuntuを起動する方法が記載されています．ここでは，Ubuntuのデモ・イメージをmicroSDカードに書き込んで起動する方法と，BeagleBone Blackを使用してオーディオ再生する方法を紹介します．

● microSDカードにUbuntuのデモ・イメージを書き込む手順

PC側Ubuntuで以下の手順を実行します．microSDカードの容量は2Gバイト以上必要です．

手順1：デモ・イメージをダウンロードします（**リスト1**）．

Ubuntuデモ・イメージは月に1度程度の頻度でアップデートされます．本稿執筆時には2013-11-15版が最新でしたが，必要に応じて最新のデモ・イメージを使用してください．以下のURLから，これまでにリリースされたすべてのデモ・イメージをダウンロードすることができます．

　　https://rcn-ee.net/deb/rootfs/raring/

手順2：チェックサムを確認します（**リスト2**）．

手順3：イメージを展開して，展開先のディレクトリに移動します（**リスト3**）．

手順4：スクリプトを実行して，microSDカードにUbuntuデモ・イメージを書き込みます（**リスト4**）．

/dev/sdXにはmicroSDカードのデバイス名を指定します．デバイス名が分からない場合には，fdiskか以下のコマンドで確認してください．

```
$ sudo ./setup_sdcard.sh --probe-mmc
```

setup_sdcard.shはGitサーバからgitプロトコルを使用して情報を取得します．gitプロトコルがファイアウォールで遮断されてしまう場合には，以下のコマンドを実行して，gitプロトコルがhttpsプロトコルに変更されるように設定してください．

```
$ git config --global url."https://".insteadof git://
```

● BeagleBone Blackの起動

BeagleBone Blackをセットアップして起動します．microSDカードから確実に起動させるためには，ブート・ボタンを押しながら電源を投入します．

・BeagleBone Blackとスピーカ搭載のHDMIディスプレイを接続
・BeagleBone Blackにシリアル・ケーブルを接続

リスト3　イメージを展開して展開先のディレクトリに移動

```
$ tar xJf ubuntu-13.04-console-armhf-2013-11-15.tar.xz
$ cd ubuntu-13.04-console-armhf-2013-11-15
```

リスト4　スクリプトを実行してmicroSDカードにUbuntuデモ・イメージを書き込む

```
$ sudo ./setup_sdcard.sh --mmc /dev/sdX --uboot bone
```

し，PC上でターミナル・ソフトウェアを起動．または，USBハブを使用して，BeagleBone Blackにキーボーとマウスを接続
・作成したmicroSDカードをBeagleBone Blackに挿入

Ubuntuにログインします．デフォルト・ユーザ名はubuntu，パスワードはtemppwdです．

● コマンドラインでオーディオ再生

aplayを使用することにより，コマンドラインでWAVファイルを再生することができます．aplayを使用するためにはalsa-utilsパッケージをダウンロードする必要があります．以下の手順でalsa-utilsパッケージをインストールして，WAVファイルを再生することができます．

手順1：BeagleBone Blackをネットワークに接続して，alsa-utilsパッケージをダウンロードします．

```
$ sudo apt-get install alsa-utils
```

手順2：下記のディレクトリに移動します．

```
$ cd /usr/share/sounds/alsa
```

手順3：aplayコマンドを使用してWAVファイルを再生します．

```
$ aplay Noise.wav
```

リスト5　デスクトップ環境(LXDE)をインストール

```
$ /bin/sh /boot/uboot/tools/ubuntu/small-lxde-desktop.sh
```

● デスクトップ環境でオーディオ再生

GUIアプリケーションでもオーディオ再生することができます．GUIアプリケーションを実行するためには，以下の手順でデスクトップ環境をインストールします．

手順1：デスクトップ環境(LXDE)をインストールします（**リスト5**）．

デスクトップ環境のインストールには15分から30分程度かかります．

手順2：設定が完了したら再起動します．

```
$ sudo reboot
```

再起動が完了すると，デスクトップ環境が起動します．Firefoxなどのウェブ・ブラウザをダウンロードしてYouTubeなどで動画を再生してみてください．

● 拡張基板でオーディオ再生

McASP0の信号は，BeagleBone Blackの拡張コネクタに出力されているので，Capeなどの拡張基板を接続してオーディオ再生することも可能です．

第4部 I/O制御，実験，製作コース

第3章

シリアル・コンソールを賢く安く使う！

USBマイコン基板を使った USB-UART変換器の製作

石井 孝幸

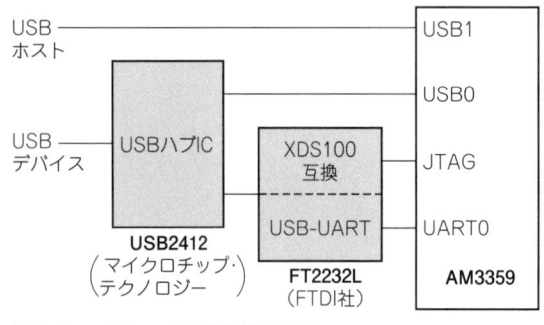

BeagleBoneのUSB部分の構成を図1に示します．USB‐UARTの機能があるので，BeagleBoneではUSBケーブルで接続するだけで，シリアル・コンソールが使用可能でした．

反面，基板の電源をON/OFFするとコンソールがいったん切断されてしまうので，Windowsでターミナル・ソフトウェアとしてTera Termを使用している場合には再接続する必要がありました．

BeagleBone Blackでは，図1の網掛け部分がバッサリとコストダウンのために省かれてしまったので，何らかの手段を講じる必要がありますが，電源のON/OFFのたびにターミナル・ソフトウェアを操作する手間からは解放されました．

専用のケーブルもあるのですが，ほかにも方法があるのでいくつか紹介します．

いろいろ選べるインターフェース

● BeagleBoard.org指定のケーブル TTL-232R-3V3

USBケーブルのコネクタ内にUSB‐UART変換ICを内蔵したFTDI社の変換ケーブルです．BeagleBone Blackで指定されているケーブルです．

ホストPCがWindowsの場合にはドライバのインストールが必要ですが，購入した状態で接続するだけで動作します．BeagleBoneを使用する方法の次に高価ですが，最も手軽に使用を開始できますし，最もスマートに接続できます．

● パーツ・ショップなどで購入できるUSB‐UART変換基板

ハードウェアの構成は，TTL-232R-3V3と等価です．USB‐UARTの変換ICを実装した基板に，USBとUARTのコネクタを実装しています．

製品によってUART側が5Vや3.3Vのロジック・レベルのものと，RS-232-Cに変換されているものがあります．BeagleBone Blackのシリアル・コンソールとして利用する場合には，3.3Vのロジック・レベルのものを選択します．

残念ながら，Arduino純正のUSB/Serial Adapterは，Mini USB/Serial Adapterも USB/Serial Light AdapterともにTTL 5V I/O仕様との記載があるので利用できません．

● USBマイコン

あとで，ARM Cortex-M4コアのテキサス・インスツルメンツ製マイコンが実装された評価基板Tiva C Series LaunchPadとBeagleBoneの例を紹介しますが，ほかのUSBマイコンでもUSB‐UARTのサンプル・コードが用意されていれば，同じように使えると思います．

手元のマイコン基板でUSBとUARTが使用できるものがある場合などに，一つの手段として参考になると思います．

図1 BeagleBoneのUSB部分の構成

● RS-232-C - TTL（UART）変換基板

こちらは，今まで紹介したケーブルや基板と異なり，3.3Vの信号をそのまま受けるのではなく，いったんRS-232-Cの信号レベルに変えて，通常のRS-232-Cインターフェースが使用できるように変換するものです．トランジスタ技術2008年1月号付録の変換基板などがあります．

PCにCOMインターフェースで接続できる場合は，このような信号レベルを変換する基板が使用できます．

紹介したトランジスタ技術付録のもののほかにも種々なものがパーツ・ショップで販売されています．このタイプの基板を使用する場合は，変換用のICの電源が必要になるので，BeagleBone Black側から供給するなどの考慮が必要です．

USBマイコン基板でUSB-UART変換

● Tiva C LaunchPadとTivaWareのサンプルを使う

▶ Tiva C LaunchPad EK-TM4C123GXLの構成

Tiva C LaunchPad EK-TM4C123GXLは，テキサス・インスツルメンツのTM4C123GH6PMI（ARM Cortex-M4コア）を搭載した評価基板です．ターゲットとなるマイコンTM4C123GHのほかに，USB - UARTとJTAGデバッガの機能を実装した2個目のTM4C123GHを搭載している，少し変わった作りをしています．

JTAGデバッガ用のワンチップ・マイコンには，あらかじめJTAGとUSB - UARTの機能がプログラムされています．

▶ライブラリTivaWareを使用する

今回は，ターゲットのマイコンにUSB - UARTのサンプル・プログラムを書き込んで，USB - UARTとして使用します．なお，CCSを使用した開発環境は，すでに整っている状態とします．

Tiva C LaunchPad用のUSB - UARTのサンプル・コードは，Cortex-M4を搭載したテキサス・インスツルメンツ製マイコン用に用意されているライブラリTivaWareのものを使用します．

TivaWareは，テキサス・インスツルメンツのウェブ・ページから無償でダウンロード可能です．執筆時点での最新版は，2.0.1.11577となります．

▶サンプル・コードはusb_dev_bulk

ダウンロードしたら適当なディレクトリにインストールします．インストールが終了したらCCSを起動してTivaWareのサンプル・コードをインポートします．使用するサンプル・コードは，TivaWare_C_Series-2.0.1.11577/examples/boards/ek-tm4c123gxl/usb_dev_bulkとなります．

TivaWareは，CCSでインポートするとプロジェクト一式を使用しているワークスペースにusb_dev_bulkフォルダのコピーを作成するので，編集作業はこちらのコピーに行うことになります．

サンプル・コードの変更点は，次の2項目となります．

1. UART0をUART1に書き換える
2. UART1のPinMuxを設定する

変更する項目は，startup_ccs.cとusb_dev_serial.cの二つのファイルとなります．

▶startup_ccs.cの変更

まず，startup_ccs.c内のg_pfnVectors[]を修正します（リスト1）．このg_pfnVectors[]は，各ペリフェラルの割り込みハンドラを格納するための関数ポインタのアドレスを格納しておくための配列です．

1. UART1の割り込みを使用するために，UART1の割り込みハンドラをIntDefaultHandler()からUSBUARTIntHandler()に置き換える
2. 念のためUART0の割り込みのハンドラをIntDefaultHandler()に変更しておく

▶usb_dev_serial.cの変更

次に，usb_dev_serial.c内でUART0をUART1に置換した後，UART1のPinMuxを変更し設定する関数追加します．

リスト1 割り込みハンドラの変更（startup_ccs.c）

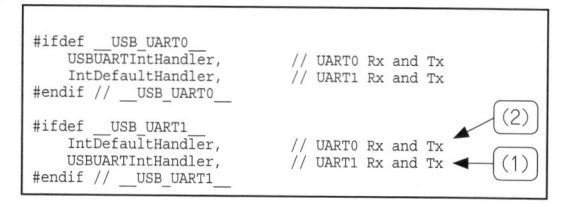

```
#ifdef __USB_UART0__
    USBUARTIntHandler,      // UART0 Rx and Tx
    IntDefaultHandler,      // UART1 Rx and Tx
#endif // __USB_UART0__

#ifdef __USB_UART1__
    IntDefaultHandler,      // UART0 Rx and Tx   ← (2)
    USBUARTIntHandler,      // UART1 Rx and Tx   ← (1)
#endif // __USB_UART1__
```

第4部 I/O制御，実験，製作コース

リスト2 UART1レジスタのベース・アドレスの宣言など（usb_dev_serial.cの112行～142行）

```
//*****************************************************
//
// The base address, peripheral ID and interrupt ID
// of the UART that is to be redirected.
//
//*****************************************************

// #define __USB_UART0__
#define __USB_UART1__

#ifdef __USB_UART0__
//*****************************************************
//
// Defines required to redirect UART0 via USB.
//
//*****************************************************
#define USB_UART_BASE           UART0_BASE
#define USB_UART_PERIPH         SYSCTL_PERIPH_UART0
#define USB_UART_INT            INT_UART0
#endif // __USB_UART0__

#ifdef __USB_UART1__
//*****************************************************
//
// Defines required to redirect UART1 via USB.
//
//*****************************************************
#define USB_UART_BASE           UART1_BASE
#define USB_UART_PERIPH         SYSCTL_PERIPH_UART1
#define USB_UART_INT            INT_UART1
#endif // __USB_UART1__
```

リスト3 PinMux処理を行うためのパラメータを変更（usb_dev_serial.cの161行～191行）

```
#ifdef __USB_UART0__
//*****************************************************
//
// Defines required to redirect UART0 via USB.
//
//*****************************************************
#define TX_GPIO_BASE            GPIO_PORTA_BASE
#define TX_GPIO_PERIPH          SYSCTL_PERIPH_GPIOA
#define TX_GPIO_PIN             GPIO_PIN_1

#define RX_GPIO_BASE            GPIO_PORTA_BASE
#define RX_GPIO_PERIPH          SYSCTL_PERIPH_GPIOA
#define RX_GPIO_PIN             GPIO_PIN_0
#endif // __USB_UART0__

#ifdef __USB_UART1__
//*****************************************************
//
// Defines required to redirect UART1 via USB.
//
//*****************************************************
#define TX_GPIO_BASE            GPIO_PORTB_BASE
#define TX_GPIO_PERIPH          SYSCTL_PERIPH_GPIOB
#define TX_GPIO_PIN             GPIO_PIN_1
#define TX_GPIO_PINMUX          GPIO_PB1_U1TX

#define RX_GPIO_BASE            GPIO_PORTB_BASE
#define RX_GPIO_PERIPH          SYSCTL_PERIPH_GPIOB
#define RX_GPIO_PIN             GPIO_PIN_0
#define RX_GPIO_PINMUX          GPIO_PB0_U1RX
#endif // __USB_UART1__
```

リスト4 ROM_GPIOPinConfigure()をコール（usb_dev_serial.cの1126行～1140行）

```
    //
    // Enable and configure the UART RX and TX pins
    //
    ROM_SysCtlPeripheralEnable(TX_GPIO_PERIPH);
    ROM_SysCtlPeripheralEnable(RX_GPIO_PERIPH);
    ROM_GPIOPinTypeUART(TX_GPIO_BASE, TX_GPIO_PIN);
    ROM_GPIOPinTypeUART(RX_GPIO_BASE, RX_GPIO_PIN);
#ifndef __USB_UART0__
    ROM_GPIOPinConfigure(TX_GPIO_PINMUX);
    ROM_GPIOPinConfigure(RX_GPIO_PINMUX);
#endif // !__USB_UART0__

    //
    // TODO: Add code to configure handshake
    //       GPIOs if required.
```

写真1 BeagleBone BlackとLaunchPadを接続した状態

UART1にアクセスするためにUART1レジスタのベース・アドレス，UART1のシステム・コントロール・レジスタのアドレス，UART1の割り込み番号をUART0の代わりに宣言します（**リスト2**）．

PinMux処理を行うための各パラメータを，UART0からUART1に変更します（**リスト3**）．

最後に，GPIOをUART1が使用できるように変更します．初期状態で使用できるUART0に対してUART1は追加でPinMuxのための関数ROM_GPIOPinConfigure()をコールする必要があります（**リスト4**）．

これだけの変更で，usb_dev_serialのサンプル・プログラムで使用するUARTを，UART0からUART1への変更が完了しました．

▶ **BeagleBone BlackとLaunchPadを接続**

接続は，LaunchPadのUART1_TxをBeagleBone BlackのUART0_Rxに，LaunchPadのUART1_Rxを

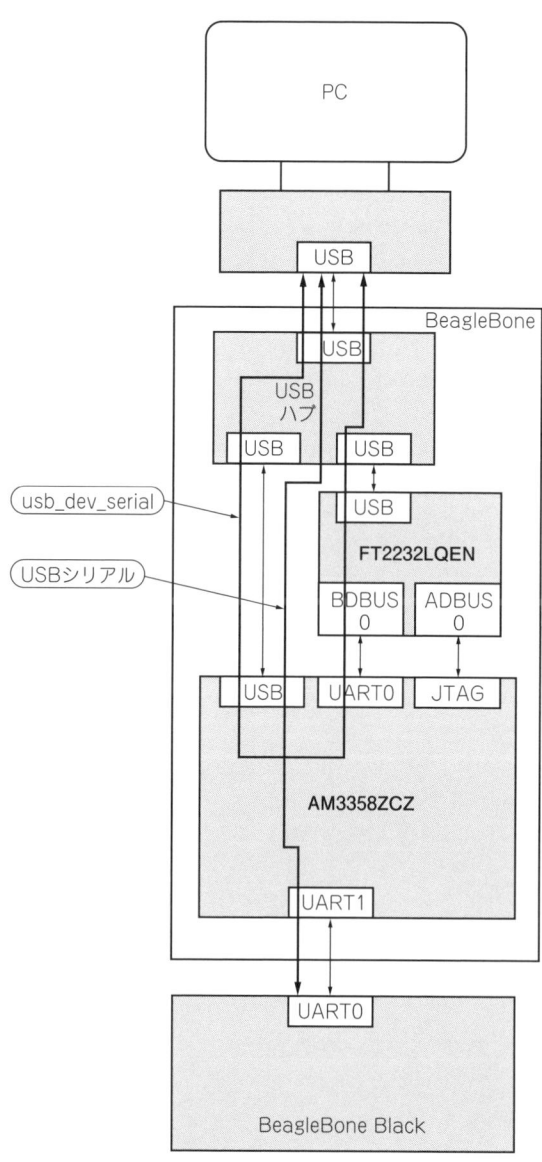

第3章 USBマイコン基板を使ったUSB-UART変換器の製作

図2 直結している2個のUARTを切り離しBeagleBone BlackのUARTに接続

写真2 BeagleBone BlackとBeagleBoneの接続状態

BeagleBone BlackのUART0_Txにクロス接続します．あとは，GNDを忘れずに接続すれば完了です（**写真1**）．

このような，16ビットないし32ビットのUSB deviceを搭載したマイコンは各マイコン・メーカがしのぎを削る競争の激しいマーケットなので，用意されているライブラリも各社洗練されたものがサンプル・コード付きでそろっています．

みなさんの手元にあるUSBマイコンでもUSB‐UART（シリアル）のサンプル・コードは用意されていると思うので，使い慣れた環境でささっと用意されるのもよいでしょう．

● BeagleBoneとStarterWareのサンプルを使う

BeagleBoneのNon-OS環境用のライブラリStarterWareにも，USB‐UARTを実装するサンプルが用意されています．

このサンプルも，AM3359内蔵のUSBデバイス・インターフェースとUART0を使用してAM3359をUSB‐UARTチップとして動作させます．AM3359のUART0は，基板上のFT2232に接続されているので，**図2**のような形でUART 2個をクロスケーブルで直結した状態になっています．

こちらも，サンプル・コードで使用している

195

UARTをUART0からUART1に変更することで直結している2個のUARTを切り離し，AM3359側のUARTをBeagleBone Blackのシリアル・コンソールに接続するイメージとなります（**写真2**）．

StarterWareの実装は，残念ながらTivaWareほど完成度が高くないのでBeagleBoneをすでに持っている方が新たにBeagleBone Blackを購入したためにBeaglBoneの使い道に困っている場合などにお勧めの方法です．

ただし，StaterWareは，TivaWareと異なり必要最低限のペリフェラル・ドライバしか実装されていません．LaunchPadのサンプル・コードと比較して必要なコーディングの量が多くなるのでサンプル・コードからの修正量は非常に多くなります．

ここでは詳細は説明できませんが，腕試しにチャレンジしてみていただければと思います．

第4章

AM3359内蔵マルチチャネル・オーディオ・インターフェース

McASP＋外付けコーデックを使ったオーディオ入出力

袴田 祐幸／菅原 大幸

　本章では，BeagleBone Blackにアナログ・オーディオ入出力機能を追加する方法を紹介します．BeagleBone Blackのオーディオ出力はHDMI経由なので，従来のアナログ入力タイプのヘッドホンやスピーカを直接接続することができません．

　オーディオ入出力を追加する方法として，USBスピーカやUSBマイクを接続する方法もありますが，今回はAM3359が内蔵しているオーディオ用のインターフェース「McASP」を使って回路を拡張し，アナログ・オーディオの入出力ができるようにします．

I2SやS/PDIFなどをサポートするMcASP

　McASP（Multichannel Audio Serial Port）とは，テキサス・インスツルメンツのCPUやDSPに搭載されている汎用オーディオ・シリアル・ポートで，I2SやS/PDIFのほか，複数の通信フォーマットをサポートしています．

　McASPの信号は，基本的にクロック，データ，フレーム同期信号で構成されます．**表1**に，AM3359のMcASPの端子一覧を記載します．

　McASPはあくまでディジタル・データの通信を行うためのものなので，アナログ・データとの変換を行うためにオーディオ・コーデックICに接続して使用します．

ハードウェアの構成

　今回は，BeagleBone Black拡張ボード「XG-BBEXT」（アルファプロジェクト）の構成を例に説明します．

　「XG-BBEXT」では，オーディオ・コーデックICにテキサス・インスツルメンツのTLV320AIC3106を使用しています．オーディオ・コーデックの選定にあたっては，McASPに対応していることと，Linux用のドライバが公開されていることを基準としました．公開されているドライバを利用することで，ソフトウェアの開発負担を大きく軽減することができます．

　図1に，AM3359とTLV320AIC3106の接続図を示します．BeagleBone BlackとTLV320AIC3106は，McASPとI²Cで接続します．

● McASPの接続

　今回は，McASPのマスタ・クロックにはCPUの内部クロックを使用するので，マスタ・クロック入出力端子（McASP0_AHCLKX/AHCLKR）は未接続としま

表1　McASP端子一覧

機　能	説　明	本章での使用例
McASPx_AXR[3:0]	オーディオ・データ信号の送受信	McASP0_AXR2 出力に設定して使用 McASP0_AXR0 入力に設定して使用
McASPx_ACLKX	送信ビット・クロック	McASP0_ACLKX 入力に設定して使用
McASPx_FSX	送信フレーム同期	McASP0_FSX 入力に設定して使用
McASPx_AHCLKX	送信マスタ・クロック	内部クロックを使用するため使用しない
McASPx_ACLKR	受信ビット・クロック	McASP0_ACLKX，McASP0_FSX と同期して動作する設定で使用するため使用しない
McASPx_FSR	受信フレーム同期	
McASPx_AHCLKR	受信マスタ・クロック	内部クロックを使用するため使用しない

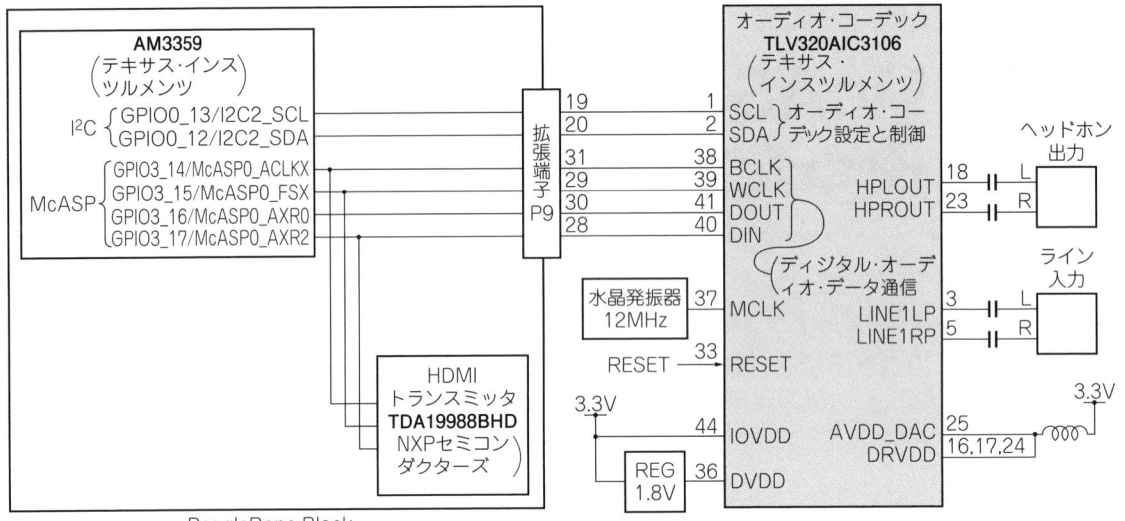

図1　AM3359とTLV320AIC3106の接続図

す．ビット・クロックMcASP0_ACLKXをBCLKに，McASP0_FSXをWCLKにそれぞれ接続します．

データ信号のMcASP0_AXR[3:0]は，設定次第で入力にも出力にも設定できるので，この信号のうちいずれかをDIN，DOUTに接続します．McASP0_AXR0をDOUTに，McASP0_AXR2をDINに接続しています．

McASPには受信用のビット・クロック，フレーム同期信号（McASP0_ACLKR, McASP0_FSR）がありますが，AM3359内部で送信用のビット・クロック，フレーム同期信号（McASP0_ACLKX, McASP0_FSX）と同期させる設定を行うことができるので，これらの端子は使用していません．

McASPの信号は，BeagleBone Blackの回路でHDMIトランスミッタ（TDA19988BHN）に接続されています．オーディオ・コーデックICとHDMIトランスミッタはMcASPが並列に接続されていることになりますが，同時に使用することはできません．

● I²Cの接続

オーディオ・コーデックICには，McASPのほかにI²Cインターフェースを接続します．

McASPはあくまでオーディオのストリーム・データをやり取りするインターフェースで，オーディオ・コーデックICのレジスタ設定は，このI²Cインターフェースを使用します．

● アナログ・オーディオ入出力

TLV320AIC3106は，いろいろなアナログ・オーディオ入出力に対応しています．今回はステレオ・ヘッドホン出力とステレオ・ライン入力を使用します．

TLV320AIC3106には，ヘッドホン・アンプが内蔵されているので，ヘッドホン出力に外付けのアンプは不要です．

ソフトウェアの構成

テキサス・インスツルメンツからBeagleBone Black向けに，Linux用のSDK「ti-sdk-am335x-evm」（以下Linux SDK）とAndroid用のSDK「TI_Android_JB_4.2.2_Devkit」（以下Android Devkit）が提供されています．

Linux SDKのURLは，http://downloads.ti.com/sitara_linux/esd/AM335xSDK/latest/index_FDS.html，Android DevkitのURLは，http://www.tij.co.jp/tool/jp/androidsdk-sitaraです．

今回はこれらのSDKを元に，カーネルのデバイス・

第4章 McASP＋外付けコーデックを使ったオーディオ入出力

図2 ソフトウェアの構成

```
ALSAユーティリティ（aplayなど）
         ↓
     ALSAライブラリ
         ↓
     Linuxカーネル
  SND_DAVINCI_SOC_MCASP
  SND_AM335X_SOC_EVM
  SND_SOC_I2C_AND_SPI
  SND_SOC_TLV320AIC3X
      I²C ↕    I2S ↕
       TLV320AICX
```

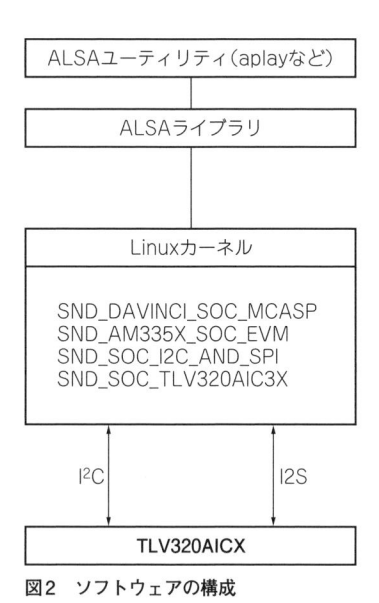

ドライバなどをハードウェアに合わせて修正し，オーディオの入出力機能を実装します．図2にオーディオ部分のソフトウェアの構成図を示します．

● ALSAドライバ，ライブラリ/ユーティリティ

ALSA（Advanced Linux Sound Architecture）とは，Linuxシステムにおいて，オーディオ，MIDI機能を提供するサウンド・システムです．ALSAはALSAドライバ，ALSAライブラリ，ALSAユーティリティで構成されています．ALSAドライバは多くのサウンド・カード/デバイスに対応したドライバです．

ALSAライブラリは，ユーザ空間よりALSAをコントロールするためのライブラリで，ALSAユーティリティはこのライブラリを使用したaplay/amixerなどをはじめとするサウンド関連のユーティリティです．

Androidでは，AudioFlingerというサウンド・システムを使う場合が多いですが，Android Devkitでは，今回使用するオーディオ・コーデックTLV320AIC3Xシリーズ向けにはALSAを使用しています．

● オーディオ関連のデバイス・ドライバ

オーディオ・コーデックを制御するためのデバイス・ドライバ類です．

ボリューム，ミキサ，チャネルなどの情報を管理するTLV320AIC3Xドライバ，オーディオ・コーデックとのI²C通信を行うI²C/SPIドライバ，時分割多重されたサウンド・データの入出力をするためのMcASPドライバなどを使用します．

ソフトウェアの編集

● ① HDMIトランスミッタからTLV320AIC3Xへの変更

編集対象ファイルは，kernel/sound/soc/davinci/davinci-evm.cです．リスト1〜リスト3に変更個所を示します．

BeagleBone BlackのオーディオはデフォルトでHDMIになっているので，TLV320AIC3Xに設定を変更する必要があります．

リスト1 HDMIからTLV320AIC3Xへ変更 ①（davinci-evm.c. Linux）

```
#ifdef CONFIG_XG_BBEXT
static struct snd_soc_dai_link am335x_bone_dai[] = {
    .name = "TLV320AIC3X",
    .stream_name = "AIC3X",
    .cpu_dai_name = "davinci-mcasp.0",
    .codec_dai_name = "tlv320aic3x-hifi",
    .codec_name = "tlv320aic3x-codec.3-001b",
    .platform_name = "davinci-pcm-audio",
    .init = evm_aic3x_init,
    .ops = &evm_ops,
};
#endif
```

リスト2 HDMIからTLV320AIC3Xへ変更 ②（davinci-evm.c. Android）

```
static struct snd_soc_dai_link am335x_bone_dai[] = {
#ifdef CONFIG_XG_BBEXT
    {
        .name = "TLV320AIC3X",
        .stream_name = "AIC3X",
        .cpu_dai_name = "davinci-mcasp.0",
        .codec_dai_name = "tlv320aic3x-hifi",
        .codec_name = "tlv320aic3x-codec.3-001b",
        .platform_name = "davinci-pcm-audio",
        .init = evm_aic3x_init,
        .ops = &evm_ops,
    },
#else
    {
        .name = "AM335X_HDMI",
        .stream_name = "HDMI",
        .cpu_dai_name = "davinci-mcasp.0",
        .codec_dai_name = "am335x-hdmi-hifi",
        .platform_name = "davinci-pcm-audio",
        .codec_name = "hdmi-audio-codec",
        .ops = &am335xevm_hdmi_pcm_ops,
    },
#endif
};
```

第4部 I/O制御，実験，製作コース

リスト3　HDMIからTLV320AIC3Xへ変更③（davinci-evm.c, Linux, Android）

```
static int __init evm_init(void)
{
    struct snd_soc_card *evm_snd_dev_data;
    int index;
    int ret;

    if (machine_is_davinci_evm()) {
        evm_snd_dev_data = &dm6446_snd_soc_card_evm;
        index = 0;
    } else if (machine_is_davinci_dm355_evm()) {
        evm_snd_dev_data = &dm355_snd_soc_card_evm;
        index = 1;
    } else if (machine_is_davinci_dm365_evm()) {
        evm_snd_dev_data = &dm365_snd_soc_card_evm;
        index = 0;
    } else if (machine_is_davinci_dm6467_evm()) {
        evm_snd_dev_data = &dm6467_snd_soc_card_evm;
        index = 0;
    } else if (machine_is_davinci_da830_evm()) {
        evm_snd_dev_data = &da830_snd_soc_card;
        index = 1;
    } else if (machine_is_davinci_da850_evm()) {
        evm_snd_dev_data = &da850_snd_soc_card;
        index = 0;
    } else if (machine_is_am335xevm()) {
        evm_snd_dev_data = &am335x_snd_soc_card;
#ifdef CONFIG_MACH_AM335XEVM
        if (am335x_evm_get_id() == EVM_SK)
            evm_snd_dev_data = &am335x_evm_sk_snd_soc_card;
        else if (am335x_evm_get_id() == BEAGLE_BONE_BLACK)
            evm_snd_dev_data = &am335x_bone_snd_soc_card;
#endif
        index = 0;
    } else
        return -EINVAL;

    evm_snd_device = platform_device_alloc("soc-audio", index);
    if (!evm_snd_device)
        return -ENOMEM;

    platform_set_drvdata(evm_snd_device, evm_snd_dev_data);
    ret = platform_device_add(evm_snd_device);
    if (ret)
        platform_device_put(evm_snd_device);

    return ret;
}
```

CONFIG_XG_BBEXTは今回実装するボード用に定義されたマクロです．

● ② AM335Xボードの初期化関連ソース・コードの編集

編集対象ファイルはkernel/arch/arm/mach-omap2/board-am335xevm.cです．**リスト4～リスト10**に変更個所を示します．I2CおよびMcASP関連の初期化の部分を追加します．

リスト4は，McASPのMCASP0_AXR0，MCASP0_AXR2を使用するため，iis_serializer_direction0で使用するピンと入出力を指定しています．

リスト5は，McASPで使用するピンの設定です．

リスト7，**リスト8**は，I²Cの設定にtlv320aic3xを

リスト4　M335Xボードの初期化関連ソース・コードの編集①（board-am335xevm.c, Linux, Android）

```
#ifdef CONFIG_XG_BBEXT

static u8 xg_bbext_iis_serializer_direction0[] = {
    RX_MODE,        INACTIVE_MODE,  TX_MODE,        INACTIVE_MODE,
    INACTIVE_MODE,  INACTIVE_MODE,  INACTIVE_MODE,  INACTIVE_MODE,
    INACTIVE_MODE,  INACTIVE_MODE,  INACTIVE_MODE,  INACTIVE_MODE,
    INACTIVE_MODE,  INACTIVE_MODE,  INACTIVE_MODE,  INACTIVE_MODE,
};

static struct snd_platform_data xg_bbext_snd_data0 = {
    .tx_dma_offset  = 0x46000000,   /* McASP0 */
    .rx_dma_offset  = 0x46000000,
    .op_mode        = DAVINCI_MCASP_IIS_MODE,
    .num_serializer = ARRAY_SIZE(xg_bbext_iis_serializer_direction0),
    .tdm_slots      = 2,
    .serial_dir     = xg_bbext_iis_serializer_direction0,
    .asp_chan_q     = EVENTQ_2,
    .version        = MCASP_VERSION_3,
    .txnumevt       = 1,
    .rxnumevt       = 1,
};
#endif
```

リスト5　AM335Xボードの初期化関連ソース・コードの編集②（board-am335xevm.c, Linux, Android）

```
#ifdef CONFIG_XG_BBEXT
/* Module pin mux for mcasp0 */
static struct pinmux_config xg_bbext_mcasp0_pin_mux[] = {
    {"mcasp0_aclkx.mcasp0_aclkx",   OMAP_MUX_MODE0 | AM33XX_PIN_INPUT_PULLDOWN },
    {"mcasp0_fsx.mcasp0_fsx",       OMAP_MUX_MODE0 | AM33XX_PIN_INPUT_PULLDOWN },
    {"mcasp0_ahclkr.mcasp0_axr2",   OMAP_MUX_MODE2 | AM33XX_PIN_OUTPUT_PULLUP },
    {"mcasp0_axr0.mcasp0_axr0",     OMAP_MUX_MODE0 | AM33XX_PIN_INPUT_PULLUP },
    {NULL, 0},
};
#endif
```

リスト6　AM335Xボードの初期化関連ソース・コードの編集③（board-am335xevm.c, Linux, Android）

```
#ifdef CONFIG_XG_BBEXT
/* BeagleBone Black tlv320aic3x Audio */
static struct platform_device tlv320aic3x_codec_device = {
    .name = "tlv320aic3x",
    .id   = -1,
};
#endif
```

リスト7　AM335Xボードの初期化関連ソース・コードの編集④（board-am335xevm.c, Linux）

```
static struct i2c_board_info am335x_i2c2_boardinfo[] = {
#ifdef CONFIG_XG_BBEXT
    { I2C_BOARD_INFO("tlv320aic3x",  0x1b), }, // TLV320AIC3106:audio [sound/soc/codecs/tlv320aic3x.c]
#endif
};
```

第4章　McASP＋外付けコーデックを使ったオーディオ入出力

リスト8　AM335Xボードの初期化関連ソース・コードの編集⑤（board-am335xevm.c．Android）

```
static struct i2c_board_info am335x_i2c2_boardinfo[] = {
#ifdef CONFIG_XG_BBEXT
    { I2C_BOARD_INFO("tlv320aic3x",    0x1b), }, // TLV320AIC3106:audio [sound/soc/codecs/tlv320aic3x.c]
#else
    {
        /* Cape EEPROM - Only for Display Capes */
        I2C_BOARD_INFO("24c256", DISPLAY_CAPE_I2C_ADDR),
        .platform_data   = &bone_display_daughter_board_eeprom_info,
    },
    {
        /* Cape EEPROM */
```

リスト9　AM335Xボードの初期化関連ソース・コードの編集⑥
（board-am335xevm.c．Linux，Android）

```
#ifdef CONFIG_XG_BBEXT
/* Setup McASP 0*/
static void mcasp0_init(int evm_id, int profile)
{
    printk(KERN_INFO "mcasp0_init( %d, %d )\n", evm_id, profile );
    /* Configure McASP */
    setup_pin_mux(xg_bbext_mcasp0_pin_mux);
    am335x_register_mcasp(&xg_bbext_snd_data0, 0);
    platform_device_register(&tlv320aic3x_codec_device);
    return;
}
#endif
```

リスト10　AM335Xボードの初期化関連ソース・コードの編集⑦（board-am335xevm.c．Linux，Android）

```
/* Setup McASP 0*/
static void mcasp0_init(int evm_id, int profile)
{
    printk(KERN_INFO "mcasp0_init( %d, %d )\n", evm_id, profile );
    /* Configure McASP */
    switch (evm_id) {
    case EVM_SK:
        setup_pin_mux(mcasp0_pin_mux);
        am335x_register_mcasp(&am335x_evm_sk_snd_data0, 0);
        break;
    case BEAGLE_BONE_BLACK:
#ifdef CONFIG_XG_BBEXT
        setup_pin_mux(xg_bbext_mcasp0_pin_mux);
        am335x_register_mcasp(&xg_bbext_snd_data0, 0);
        platform_device_register(&tlv320aic3x_codec_device);
#else
        gpio_request(GPIO_TO_PIN(1, 27), "BONE_AUDIO_CLOCK");
        gpio_direction_output(GPIO_TO_PIN(1, 27), 1);
        setup_pin_mux(bone_black_mcasp0_pin_mux);
        am335x_register_mcasp(&bone_black_snd_data0, 0);
        platform_device_register(&am335x_hdmi_codec_device);
#endif
        break;
    default:
        setup_pin_mux(mcasp0_pin_mux);
        am335x_register_mcasp(&am335x_evm_snd_data0, 0);
    }
    return;
}
```

追加しています．

リスト9，**リスト10**は，McASP0の初期化をしています．**リスト10**は，HDMIをtlv320aic3xに置き換えています．

● ③ オーディオ・コーデック関連ソース・コードの編集

編集対象ファイルはkernel/sound/soc/codecs/tlv320aic3x.cです．**リスト11**に変更個所を示します．

TLV320AIC3Xシリーズ用のオーディオ・コーデック・コントロール用ドライバです．今回の回路では低消費電力のためのパワー・コントロールはしていないので電源供給に関する制御を止めています．

● ④ コンフィグするためのデフォルト設定ファイルの作成

作成ファイルはkernel/arch/arm/configs/xg_bbext_defconfigです．**リスト12**に変更個所を示します．

Linix SDKではSND_SOC_TLV320AIC3Xはデフォルトで設定されていますが，Androidのカーネルでは設定されていません．

この項目は，make menuconfigでは選択できない

リスト11　オーディオ・コーデック関連ソース・コードの編集
（tlv320aic3x.c．Linux，Android）

```
#include "tlv320aic3x.h"

#ifdef CONFIG_XG_BBEXT
#define AIC3X_NUM_SUPPLIES    0
static const char *aic3x_supply_names[AIC3X_NUM_SUPPLIES] = {
};
#else
#define AIC3X_NUM_SUPPLIES    4
static const char *aic3x_supply_names[AIC3X_NUM_SUPPLIES] = {
    "IOVDD",    /* I/O Voltage */
    "DVDD",     /* Digital Core Voltage */
    "AVDD",     /* Analog DAC Voltage */
    "DRVDD",    /* ADC Analog and Output Driver Voltage */
};
#endif
```

リスト12　コンフィグするためのデフォルト設定ファイルの作成
（xg_bbext_defconf．Android）

```
# CONFIG_OMAP3_SDRC_AC_TIMING is not set
CONFIG_OMAP3_EDMA=y
CONFIG_XG_BBEXT=y
```

201

リスト13 menuconfig用メニューの追加（Kconfig）

```
config OMAP3_EDMA
    bool "OMAP3 EDMA support"
    default n
    depends on ARCH_OMAP3
    help
      Select this option if EDMA is used

config XG_BBEXT
    bool "Alphaproject XG-BBEXT for BeagleBone Black support"
    default n
    depends on ARCH_OMAP3
    help
      Select this option if Alphaproject XG-BBETX for BeagleBone Black is used

endmenu

endif
```

リスト14 カーネルのビルド

```
$ cd カーネル・ルート
$ make ARCH=arm CROSS_COMPILE=arm-eabi- distclean
$ make ARCH=arm CROSS_COMPILE=arm-eabi- xg_bbext_defconfig
$ make ARCH=arm CROSS_COMPILE=arm-eabi- menuconfig （またはxconfig）
$ make ARCH=arm CROSS_COMPILE=arm-eabi- uImage
```

リスト15 ALSAドライバをサポートできるように変更する

```
# These two variables are set first, so they can be overridden
# by BoardConfigVendor.mk
#BOARD_USES_GENERIC_AUDIO := true
BOARD_USES_ALSA_AUDIO := true
BUILD_WITH_ALSA_UTILS := true
```

ので，デフォルト設定ファイルを作成します．kernel/arch/arm/configsにあるBeagleBone Black用の設定ファイルam335x_evm_android_defconfigをxg_bbext_defconfigという名前でコピーして使用しています．

ここで，CONFIG_XG_BBEXTを定義しているため，ソース・プログラムにて#ifdef CONFIG_XG_BBEXTを使うことにより，XG-BBETXボード用のカスタマイズ・ソースを有効にしています．

● ⑤ menuconfig用メニューの追加

編集対象ファイルはkernel/arch/arm/mach-omap2/Kconfigです．リスト13に変更個所を示します．

make menuconfig（またはxconfig）で表示されるメニューにXG-BBEXTを追加します．

● ⑥ TLV320AIC3X対応カーネルのビルド

カーネルをビルドします（リスト14）．

カーネル・ルートは，Linux SDK，Android Dev kitのカーネルのルート・ディレクトリです．

distcleanはビルドした関連ファイルを完全にクリアします．以前make menuconfigで設定した内容もクリアされます（バックアップが必要なときは事前に.configファイルを保存する）．

makeターゲットにxg_bbext_defconfigを指定することにより，XG-BBEXT用のデフォルト設定をします．カスタマイズするときはmenuconfig（xconfig）を指定します．

● ⑦ Linuxルート・ファイル・システムのビルド

通常LinuxではALSA関連のドライバ，ライブラリ，ユーティリティはルート・ファイル・システムに組み込まれているので，そのまま使用できます．

● ⑧ Androidシステムのビルド

BeagleBone Blackの標準のAndroidシステムではHDMI専用にビルドされているため，ALSAドライバをサポートできるようにする必要があります．

修正対象ファイルは，TI_Android_JB_4.2.2_DevKit_4.1.1/device/ti/bealgeboneblack/BoardConfig.mkです（リスト15）．

ALSA関連のコメントになっている行の「#」を削除して，ALSAを有効にします．

動作確認

● Linuxでの動作確認

Linuxのコンソールからaplay（再生），arecord（録音）を使用して動作確認を行います（リスト16）．

arecordでサンプリング・レート44.1kHz，量子化ビット16ビットでtest.wavというファイル名に音声を保存し，保存した音声データをaplayで再生します．

録音を行わない場合には，あらかじめwavファイルを用意し，aplayで再生します．

● Androidでの動作確認

Androidでは，ADBを使用して動作確認を行います．ADB（Android Debug Bridge）は，Android SDK

リスト16　Linuxでの動作確認

```
# arecord --format=S16_LE --channel=2 --rate=44100 test.wav
Recording WAVE 'test.wav' : Signed 16 bit Little Endian, Rate 44100 Hz, Stereo
(Ctrl+Cキーを押すと，録音が終了します)
Aborted by signal Interrupt...
# aplay test.wav
Playing WAVE 'test.wav' : Signed 16 bit Little Endian, Rate 44100 Hz, Stereo
```

リスト17　Androidでの動作確認

```
guest@guest-virtual-machine:~/TI_Android_JB_4.2.2_DevKit_4.1.1$ adb shell
* daemon not running. starting it now on port 5037 *
* daemon started successfully *
root@android:/ # tinycap test.wav -n 16
Capturing sample: 2 ch, 44100 hz, 16 bit
```

に含まれているツールで，Android機器とPCをUSBで接続し，PCからシェル・コマンドを使った通信やファイル転送を行うことができ，Linuxでいうコンソールのような役割を果たします。

Android SDKは以下のページからダウンロードすることができます。

　　http://developer.android.com/sdk/index.html

ADBの環境設定，使用方法については，インターネット上のいろいろなところで紹介されているので，本章では省略します。

今回は，ADBシェルから，tinyplay（再生），tinycap（録音）を使用して動作確認を行います（**リスト17**）。tinycapでサンプリング・レート44.1kHz，量子化ビット16ビットでtest.wavというファイル名に音声を保存し，保存した音声データをtinyplayで再生します。録音を行わない場合には，あらかじめwavファイルを用意し，tinyplayで再生します。

● **あとがき**

今回紹介した手順は，BeagleBone Black拡張ボード「XG-BBEXT」（アルファプロジェクト製）を使って確認することができます。

XG-BBEXTには，今回紹介したオーディオ・コーデックのほか，各種センサ・デバイスが搭載されており，ソフトウェアも付属しているので，すぐに評価を行うことができます。

column BeagleBone Blackの機能を拡張する方法

写真A BeagleBone Black拡張ボードXG-BBEXT（発売時期：2014年2月20日，販売価格：59,800円，製品ページ：http://www.apnet.co.jp/product/xg/items/xg-bbext.html）

　BeagleBone Blackはイーサネット，HDMI，USB，microSDなどの機能が搭載されています．これら標準搭載の機能だけでも，小型のLinux端末などとしてさまざまな用途で利用することができますが，さらに応用範囲を広げるためにカメラやセンサ，LCD，無線LANなどがあったらいいのにと思った方もいるのではないでしょうか．
　それでは，どのように機能を追加したらよいのでしょうか？

● BeagleBone Capes

　BeagleBone Blackには，機能を拡張するためのコネクタ（P8，P9）が用意されています．この拡張端子には，AM3359のGPIO端子が接続されており，UART，I^2C，SPI，アナログ入力，LCD，McASP，MMC，タイマなどの機能と兼用になっています．
　ここに，外部回路やデバイスを接続することで，いろいろな機能を追加することができます．また，もっと手軽に機能を拡張したいという方は，市販のBeagleBone Capes（http://elinux.org/Beagleboard:BeagleBone_Capes）という拡張基板を利用することもできます．
　BeagleBone Capesは，BeagleBoneシリーズ専用の機能拡張基板で，Arduinoでいえばシールドにあたるものです．BeagleBone Capesには，さまざまな種類があり，BeagleBone Blackをスタッキング接続するだけで，LCDパネル，オーディオ，メモリ，カメラ，各種センサ，無線LANやBluetoothなどの機能を追加できます．
　バリエーションが豊富なので，自分で回路を製作しなくても，自分の欲しい機能が搭載されたCapeが見つかるかもしれません．

● BeagleBone Black拡張ボードXG-BBEXT

　「XG-BBEXT」（アルファプロジェクト）は，Beagle

第4章　McASP＋外付けコーデックを使ったオーディオ入出力

写真B　XG-BBEXTの各部の機能

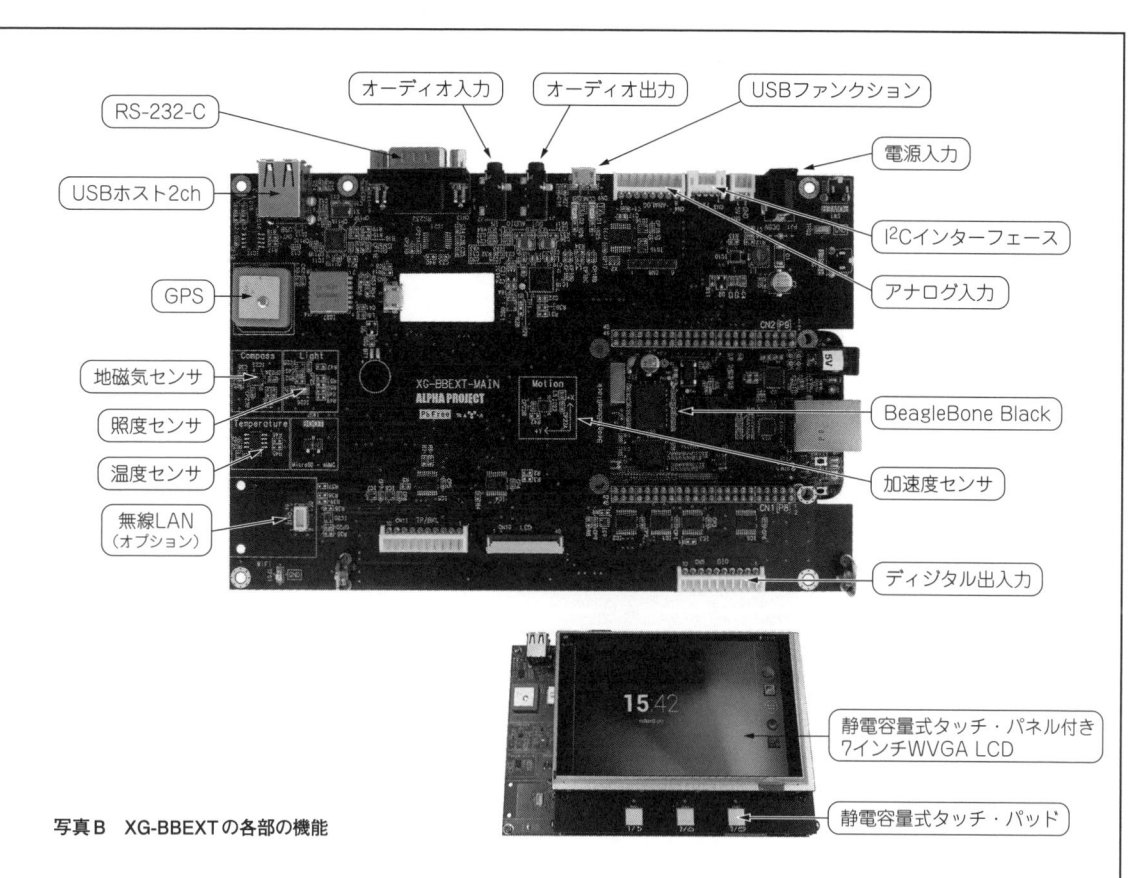

Bone Blackをベースにした多機能拡張ボードです（**表A**，**写真A**．BeagleBone Blackが付属する）．BeagleBone Capesでは，LCDやオーディオなどそれぞれ別々のCapeで提供されていますが，XG-BBEXTでは，7インチ静電容量式タッチ・パネルLCD，オーディオ入出力，RS-232-C，USB，無線LANなどのインターフェースに加え，GPS，加速度，地磁気，温度，照度など，最近のタブレット端末などに搭載されている機能のほとんどが搭載されています（**写真B**）．

また，標準OSとしてLinux 3.2とAndroid 4.2が付属しているほか，BeagleBone Blackのフォーラムで公開されているいろいろなOSやソフトウェアを移植，動作させることもできます．

LinuxやAndroidの習得，また回路図も付属しているのでハードウェアの機能評価や教育用などさまざまな用途で使用できます．

表A　BeagleBone Black拡張ボード XG-BBEXTの仕様

機　能	仕　様
LCD	TFT 7インチ・カラー LCD WVGA（800×480）LEDバックライト
タッチ・パネル	静電容量式タッチ・パネル マルチタッチ対応（2ポイント）
操作スイッチ	オンボード静電容量式タッチ・パッド3個
AUDIO	ステレオ出力 1ch，ステレオ入力 1ch
通信インターフェース	USBホスト2ch，USBファンクション（仮想COM）1ch，RS-232-C 1ch
無線LAN（オプション）	WM-RP-04S（アルファプロジェクト）対応，IEEE802.11b/g/n
GPS	GPS，Galileo，準天頂（みちびき），SBAS対応
センサ	加速度センサ，地磁気センサ，温度センサ，照度センサ
寸法	200mm × 130mm　高さ 最大 140mm
電源	ACアダプタ DC/ + 5V

第4部 I/O制御，実験，製作コース

50MHz，16チャンネル，Androidを使って波形表示

第5章 BeagleBone Black＋FPGAボードで作るロジック・アナライザ

岩田 利王

Androidで動く
ロジック・アナライザを作ろう！

 「組み込みAndroid」と聞くと何やらとっつきにくいイメージがあるかもしれませんが，BeagleBone Blackの登場によりそのハードルが一気に下がりました．

 今回はBeagleBone BlackとFPGA（Field Programmable Gate Array）を組み合わせることにより，直感的で分かりやすいGUI（Graphical User Interface）と，高速な信号処理機能とを兼ね備えたシステムを実現します．

BeagleBone Blackと
FPGAボードで作る理由と方法

 ロジック・アナライザのような測定器を実現するには，①信号をいかに高速に取り込むか，②GUIをいかに構築するか，が主なキーになります．

 今回は①を実現するのにFPGAボード，②を実現するのにBeagleBone Blackを使用します．本節ではこれら二つのボードを採用した理由，さらに双方のインターフェースをとるのに効率的な方法は何かを説明します．

写真1 何を作るか——こんなロジック・アナライザです
- これが今回製作する「BBBロジック・アナライザ」！
- BeagleBone BlackのUSBホスト・ポートは1個しかないのでハブ（3ポート以上）を介してマウス，キーボード，FPGAボードに繋ぐ
- FPGAボードはBeagleBone BlackからUSB経由で給電される
  このようすは以下のサイトで見ることができる
  http://www.youtube.com/watch?v=xMH5YJ3hof8

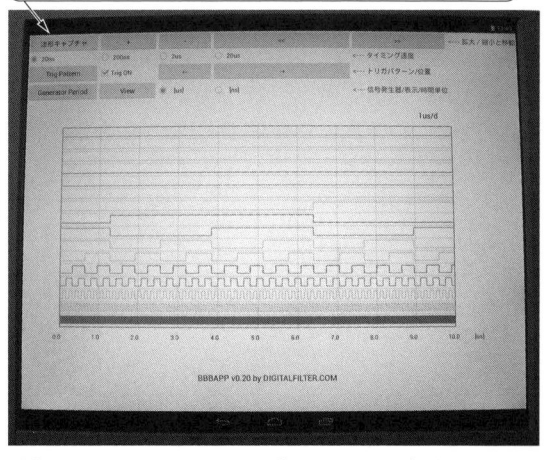

写真2 BeagleBone Black上で走るAndroidアプリケーションで波形描画
- これがロジック・アナライザ用Androidアプリケーション—BBB APP！
- BeagleBone Blackに搭載のmicroHDMIコネクタからHDMIケーブル→DVI変換アダプタを介してディスプレイに繋ぐ
- アプリケーションの［波形キャプチャ］ボタンを押すたびにロジック・アナライザの波形が更新される

第 5 章　BeagleBone Black ＋ FPGA ボードで作るロジック・アナライザ

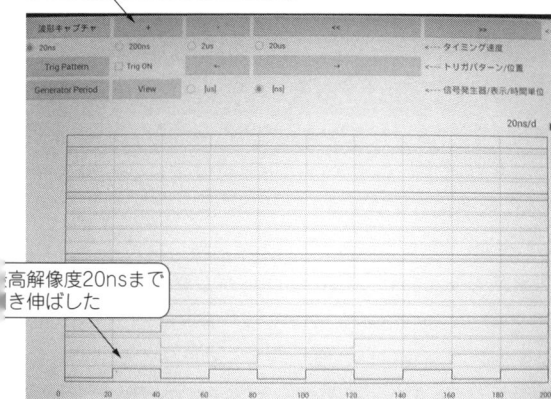

写真3　20nsの間隔で16ビットの信号を取り込むロジック・アナライザ

- ［＋］ボタンを押すと時間軸が拡大される
- 押し続けるとこのように最高解像度が20nsであることが分かる

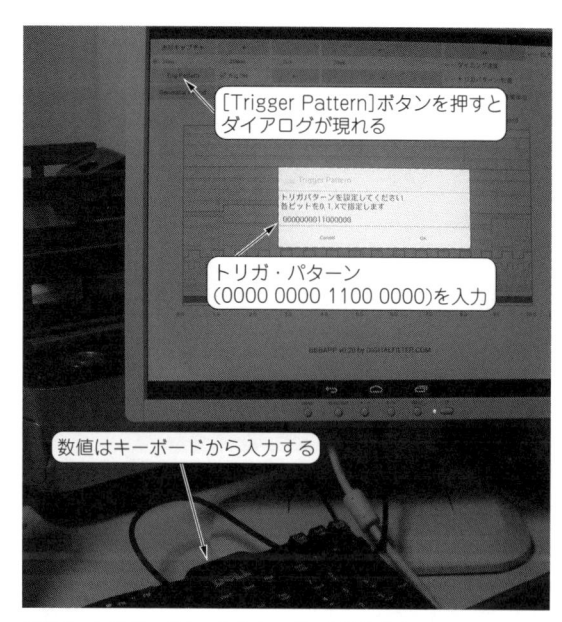

写真4　トリガ・パターンをキーボードから入力

- ［Trigger Pattern］ボタンを押すとダイアログが現れる
- キーボードから16ビットのパターンを入力する
- 値は2進数で0か1かXを入力．Xの場合そのビットは無視される

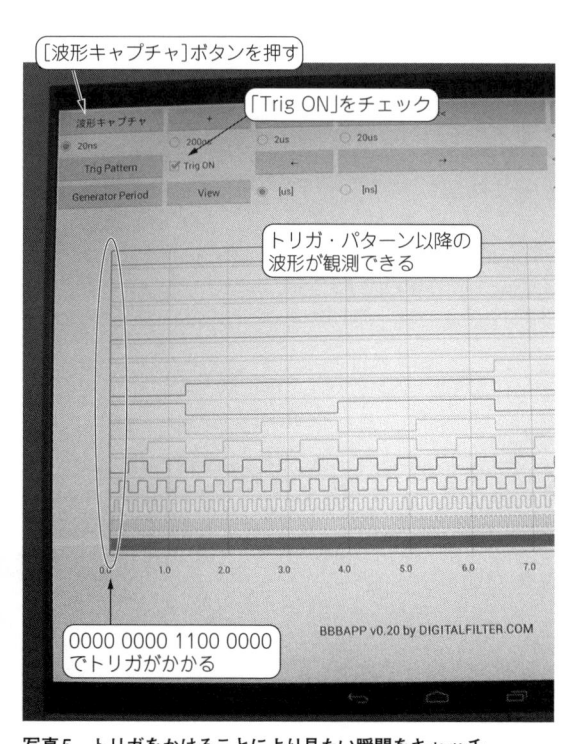

写真5　トリガをかけることにより見たい瞬間をキャッチ

- 「Trig ON」をチェック，さらに［波形キャプチャ］ボタンを押す
- パターン0000 0000 1100 0000からの波形が描画される

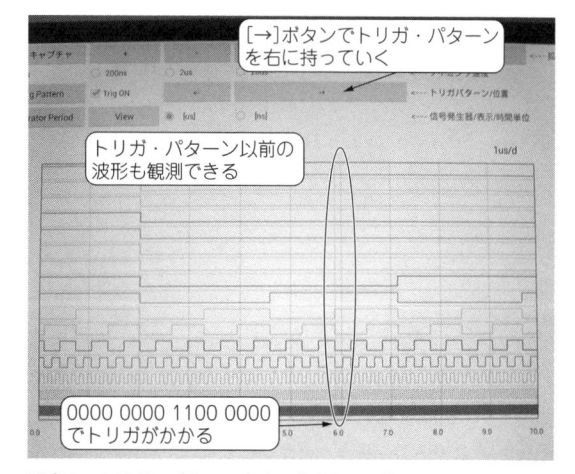

写真6　トリガ・パターンを真ん中あたりに移す

- ［→］ボタンを押した後，［波形キャプチャ］ボタンを押すとトリガ位置が右の方に移動する
- "トリガ・パターンより前に何が起こっているか"を知ることができる

207

● BeagleBone BlackとFPGAボードで作る理由

▶ AndroidのリッチなGUIを使うためのBeagleBone Black

BeagleBone Blackを使う理由はズバリ「AndroidのGUIを使うため」です．写真1～写真14に示すように，ユーザは「Androidアプリケーション」をマウスとキーボードによって操作し，アプリケーション上に表示される波形を観測します．

▶ BeagleBone BlackがFPGAボードを制御する

ユーザがAndroidアプリケーションを操作するたびにBeagleBone BlackからFPGAボードにコマンドが送られ，それに応じてロジック・アナライザは高速に16ビットの信号を取り込んだり，各種設定を切り替えたりします．このように主導権は常にBeagleBone Black側が握っています．

▶ BeagleBone Blackでは高速/並列な信号の取り込みができない - FPGAの助けが必要

BeagleBone Blackに搭載されているCPUは1GHzですから高速な信号の取り込みもできそうな気がします．しかし，1GHzのクロックはCPUのプログラムを実行するタイミングとして使われます．

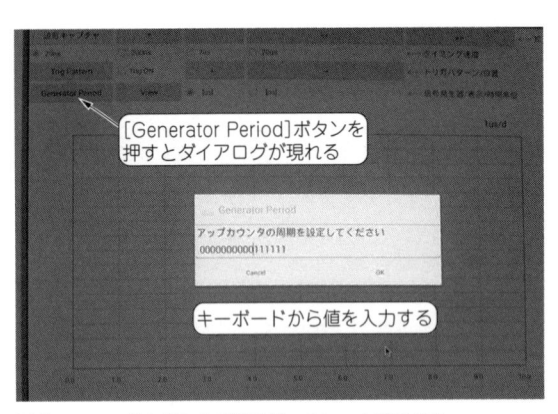

写真7　DUT代わりになる簡易ジェネレータ機能付き
- パターン・ジェネレータをDUT（測定対象）と見立ててロジック・アナライザのプローブで当たる
- デフォルトは16ビットのアップカウンタ．0～65535まで行って0に戻る
- [Generator Period]ボタンを押すと，このようなダイアログが現れる
- カウンタの周期をキーボードから入力する

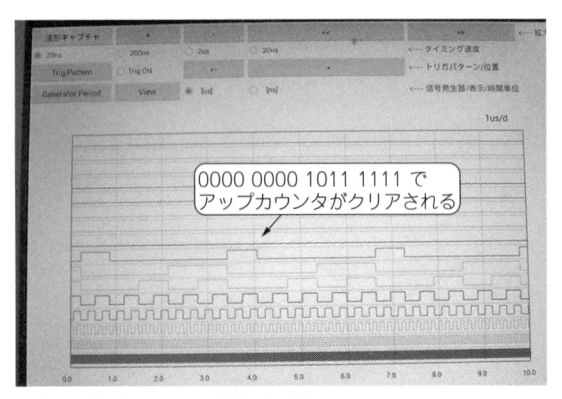

写真8　ジェネレータの周期が短くなる
- 0000 0000 1011 1111の次はオール0になる
- 任意の周期の信号を発生することができる

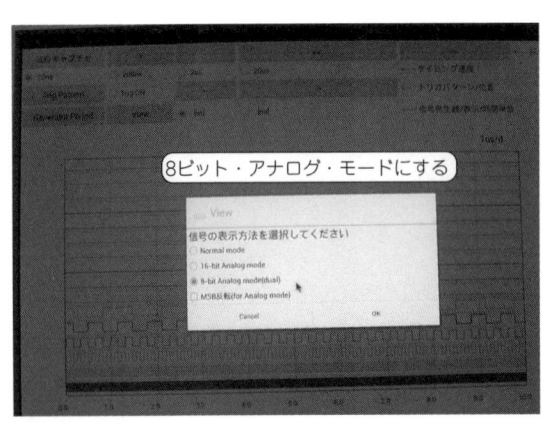

写真9　A-D/D-Aコンバータを見るときに役に立つアナログ・モード
- [View]ボタンを押すと，このようなダイアログが現れる
- 「波形の表示法」を変えることができる
- ここでは「8-bit Analog mode(dual)」を選択している

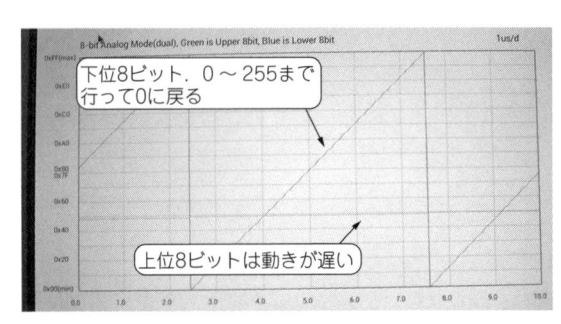

写真10　数値がグラフ表示される
- 上位8ビット，下位8ビットがそれぞれグラフ表示される
- 例えば，8ビットのA-D変換結果を見るときはこのモードで観測すると分かりやすくなる
- A-D変換前のアナログ波形と比較すれば，変換が正しく行われたか分かる．D-A変換も同様

第5章　BeagleBone Black ＋ FPGA ボードで作るロジック・アナライザ

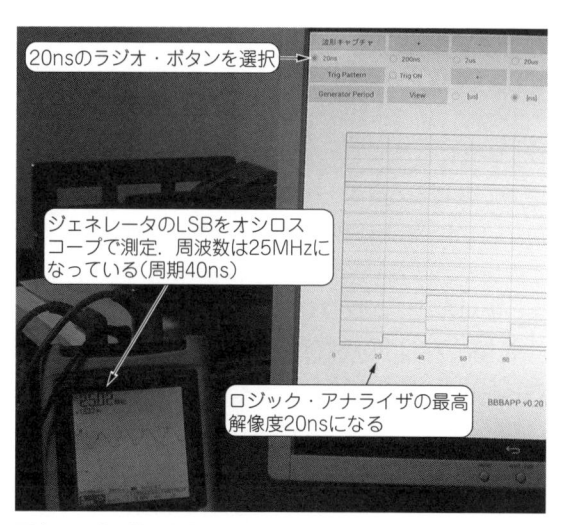

写真11　速い信号を見るのに適した「タイミング速度20ns」
- ラジオ・ボタンによりタイミング速度（ロジック・アナライザが信号を取り込む速度＝最高解像度）が可変になる
- デフォルトでは20nsになっている
- 高速な信号を観測するにはこれでよいが，遅い信号には適していない

（20nsのラジオ・ボタンを選択）
（ジェネレータのLSBをオシロスコープで測定．周波数は25MHzになっている（周期40ns））
（ロジック・アナライザの最高解像度20nsになる）

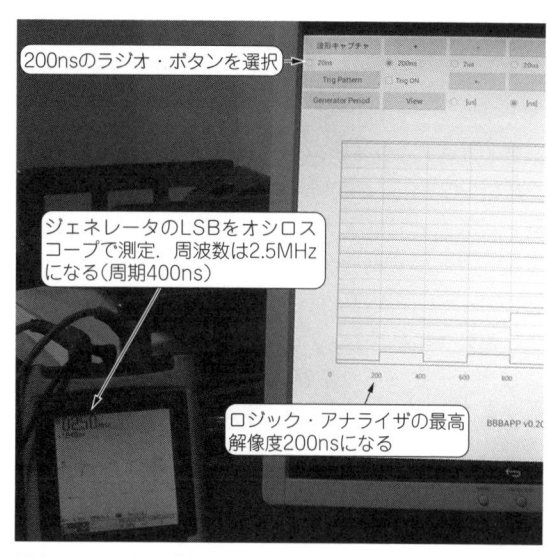

写真12　タイミング速度200nsの場合
- ロジック・アナライザのタイミング速度が遅く（200ns）になり，それが最高解像度になる
- それに連動してパターン・ジェネレータのカウントアップの間隔が200nsごとになる
- ジェネレータのLSBの周期が400nsになり，それをロジック・アナライザが200nsごとに取り込んでいる

（200nsのラジオ・ボタンを選択）
（ジェネレータのLSBをオシロスコープで測定．周波数は2.5MHzになる（周期400ns））
（ロジック・アナライザの最高解像度200nsになる）

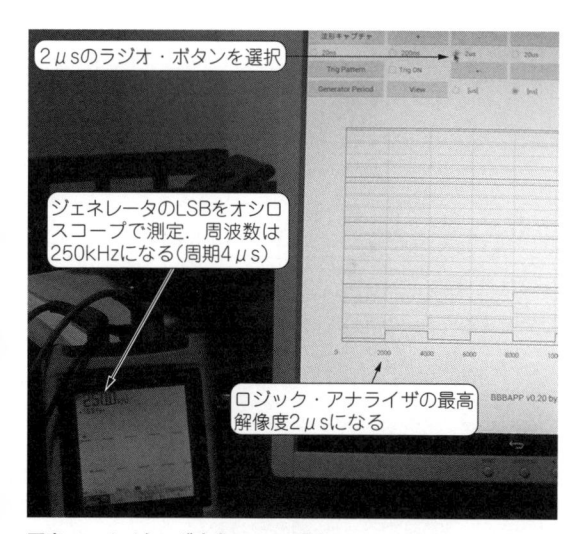

写真13　タイミング速度2μsの場合
- ロジック・アナライザのタイミング速度がさらに遅く（2μs）なり，それが最高解像度になる
- それに連動してパターン・ジェネレータのカウントアップの間隔が2μsごとになる
- ジェネレータのLSBの周期が4μsになり，それをロジック・アナライザが2μsごとに取り込む

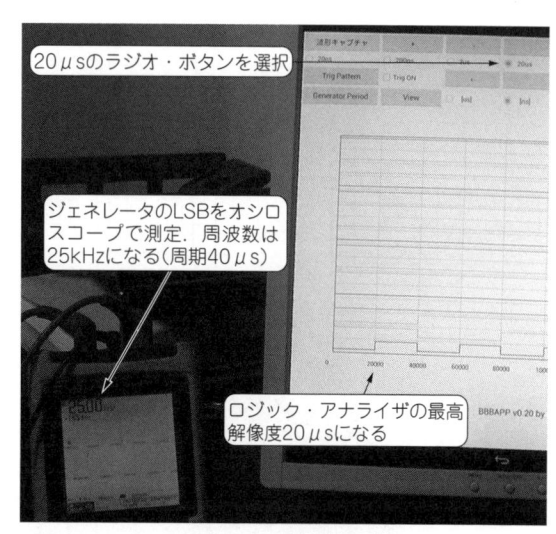

（2μsのラジオ・ボタンを選択）
（ジェネレータのLSBをオシロスコープで測定．周波数は250kHzになる（周期4μs））
（ロジック・アナライザの最高解像度2μsになる）

写真14　タイミング速度20μsの場合
- ロジック・アナライザのタイミング速度が最も遅く（20μs）になり，それが最大解像度になる
- それに連動してパターン・ジェネレータのカウントアップの間隔が20μsごとになる．
- ジェネレータのLSBの周期が40μsになり，それをロジック・アナライザが20μsごとに取り込む
- デフォルト（20ns）の1/1000の速度なので高速な信号から低速な信号まで幅広く観測可能

（20μsのラジオ・ボタンを選択）
（ジェネレータのLSBをオシロスコープで測定．周波数は25kHzになる（周期40μs））
（ロジック・アナライザの最高解像度20μsになる）

第4部 I/O制御，実験，製作コース

Androidのような複雑な仕組みを扱う場合，CPUのクロックを分周して20nsの周期を作り出し，そのタイミングで正確に16ビットの信号を取り込むのは実質不可能になります．従って，その作業を担う別の手段（FPGAボード）が必要になります．

▶ FPGAだけでリッチなGUIは作れない - BeagleBone Blackの助けが必要

FPGAボードだけではGUIが大変です．例えば画面上に配置されたボタンをマウスでクリックして波形を表示する…といった単純なことでもFPGAだけで達成するには大変な労力を要します．

従って，GUIだけを受け持つ別の手段（BeagleBone Black）があるととても助かります．

▶ 双方の弱点を補い合う名コンビ！

Androidはライセンス・フリーなので，BeagleBone Blackを5000円足らずで買うだけでそのリッチなGUIが手に入ることになります．

また，FPGAも年々コストダウンが進んでいます．また，その高い並列処理能力はCPUには取って代われないものがあります．

▶ USB接続だから使い回しが効く

BeagleBone BlackとFPGAボードとのインターフェースは「USB」にしました．その理由は「使い回しが効く技術」になると考えたからです．BeagleBone Black以外，例えばBeagleboard-xMやRaspberry Pi，その他のシングル・ボード・コンピュータでも，USBポートがあればこのFPGAボードを使い回せます．

また，このFPGAボードで間に合わない場合，例えば「Androidオシロスコープ」を作りたい場合は，A-Dコンバータなどを実装した別のボードを用意して，BeagleBone BlackとUSB接続すればよいと思います．

● BeagleBone BlackとFPGAボード，どうやって通信するのか

図1にBeagleBone Blackロジック・アナライザのコマンドやデータの流れを示します．キーワードは「JNI」と「Nios II」になります．

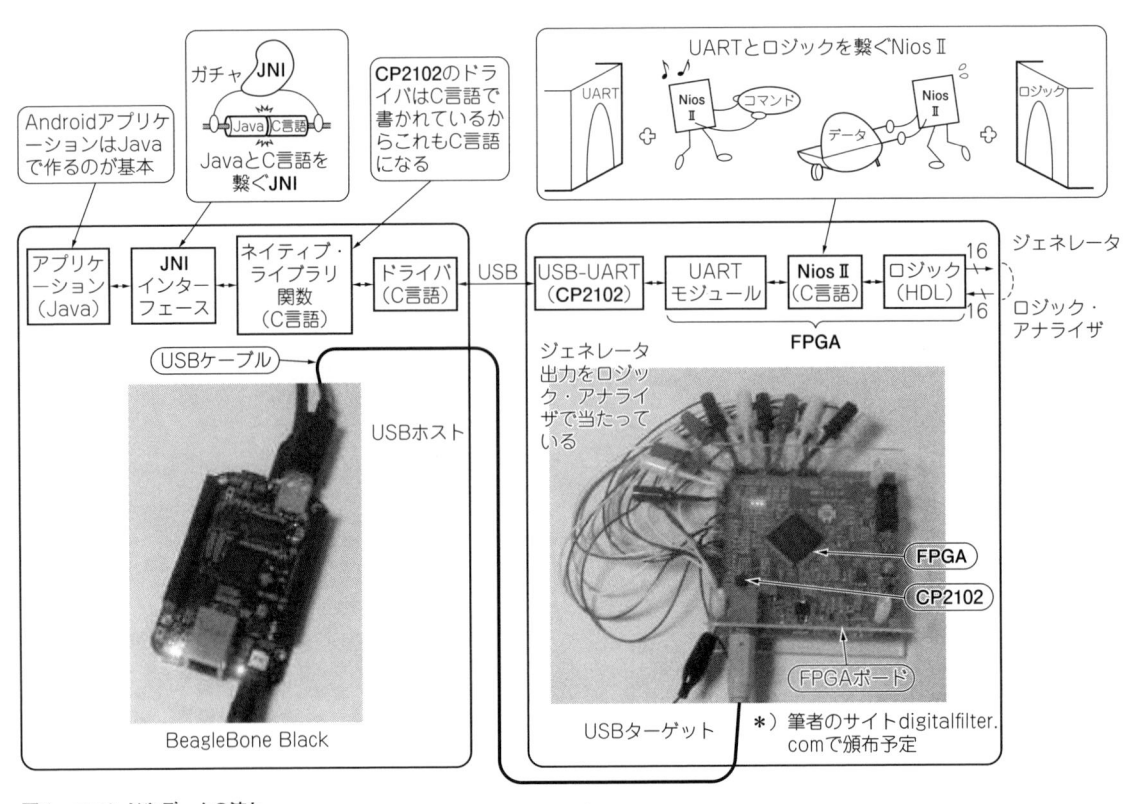

図1 コマンドやデータの流れ

▶ AndroidアプリケーションはJava＋C言語で開発する

Androidのアプリケーションは基本的にJavaで開発しますが，今回のように特殊なデバイスCP2102（シリコン・ラボラトリーズ）にアクセスする場合はJNI（Java Native Interface）という仕組みを使ってC言語でインターフェースをとります（column1参照）．

これは，CP2102のデバイス・ドライバ（以下ドライバ）がC言語で書かれていることに起因します．

▶ FPGAはHDL＋C言語で開発する

FPGA内部は主にロジック（ロジック・アナライザ＆パターン・ジェネレータの回路），マイコン（Nios II/e，無償のソフト・マクロ・マイコン），UART（Universal Asynchronous Receiver Transmitter）に分かれており，ロジックの開発はHDL（Hardware Description Language，ハードウェア記述言語）で行います．そしてマイコンの開発はC言語で行い，それによってロジックとUARTのインターフェースがとられます（column2参照）．

LinuxカーネルにCP2102のドライバを組み込む

BeagleBone BlackにはUSBホスト用コネクタ（Aタイプ）が搭載されているので，それにマウスやキーボードを繋げばすぐに使うことができます．

しかし，今回はUSBからCP2102という特殊なデバイスにアクセスするためAndroid（Linuxカーネル）の変更が必要になります．

● microSDカードにAndroidをインストールする

BeagleBone Blackにはフラッシュ・メモリが搭載されています．それにはÅngström Linuxがプレインストールされており，電源を立ち上げるとそのOSがブートします．

また，BeagleBone BlackにはmicroSDカードのスロットも搭載されており，そちらから別のOS，例えばAndroidをブートさせることもできます．

▶ AndroidのインストールはAndrew Henderson氏のサイトに倣った

筆者は以下のサイトを参考にAndroidをインストールしました．

http://icculus.org/~hendersa/android/

以下の点に注意してください．

・LinuxカーネルやAndroidファイル・システムをビルドするのにPCを使う
・PCのOSはLinuxである必要がある
・特に上記のサイトに倣う場合，PCのOSはUbuntu 12.04 LTS 64ビットである必要がある
・行き詰った場合はandrew henderson beaglebone blackなどでネット検索．氏が掲示板などでいろいろ発言されている．そのサイト以外では以下が参考になる．これらを参考にしてAndroidをインストールしてもよい

http://downloads.ti.com/sitara_android/esd/TI_Android_DevKit/TI_Android_JB_4_2_2_DevKit_4_1_1/index_FDS.html

http://blog.sola-dolphin-1.net/archives/4487695.html

▶ Androidのバージョンは4.2.2

前述のサイト（icculus.org）に倣うと，AndroidやLinuxカーネルのバージョンは以下のようになります．

・Android：4.2.2（いわゆるJelly Bean）
・Linuxカーネル：3.8.13-bone22.3

● USB通信のためにLinuxカーネルとAndroidファイル・システムを変更

BeagleBone Blackは，USBを介してマウスやキーボードが使えます．

しかし，肝心のFPGAボードとの通信はまだできません．そのためには，Linuxカーネルにドライバを追加する必要があります．

▶ CP2102のドライバが必要

マウスやキーボードが使えるのはLinuxカーネルにそれらのドライバが含まれているからです．FPGAボードとの通信はCP2102というUSB - UART変換ICを使うため（図1参照），そのドライバが必要になります．

しかし，前述のサイトに倣った結果のLinuxカーネルにはそれは含まれていません．

▶Linuxカーネルとandroidファイル・システムを作り直す

Androidのインストールには以下のステップがあります．

1. Androidのソース・コードの収得
2. Linuxカーネルのビルド
3. ブートローダのビルド
4. Androidファイル・システムのビルド
5. microSDカードにインストール

今回はLinuxカーネルに新規ドライバを組み込むので，2はやり直しが必要です．また，デバイス・ファイルのパーミッションを変更するために4も行いま

---

column1　JNIの決まりごと

リストAにcp2102-jni.cを示します．これはJNIの決まりごとに倣って書かれたネイティブ・ライブラリ関数です．特徴的なのはその関数宣言で，リストAのような書式で書かなくてはなりません．1文字でもまちがえるとJavaの方でエラー（アプリケーションが落ちる）になるので，特にパッケージ名（com_example_bbbapp）が正しいか注意が必要です．

リストBはCpThread.javaです．ここでは，先ほどのネイティブ・ライブラリ関数を実行しています．SETLED関数に引き数（on=1または0）を渡す

リストA　ネイティブ・ライブラリ関数本体のソース・コード（cp2102-jni.c, 抜粋）

```c
JNIEXPORT jstring JNICALL Java_com_example_bbbapp_CpThread_SETLED( JNIEnv* env, jobject thiz, jint on )
{
    char bufw[2];                      // 書き込みバッファ
    char bufr[64];                     // 読み出しバッファ
    int fd;                            // ファイル・ディスクリプタ
    int i, res;

    struct termios oldtio, newtio;     // シリアル通信の設定が入る構造体

    fd = open("/dev/ttyUSB0", O_RDWR | O_NOCTTY);  // デバイスを開く

    if(fd < 0) {
        return (*env)->NewStringUTF(env, "/dev/ttyUSB0 error");
    }

    tcgetattr(fd,&oldtio);             // 古い設定を退避させる
    bzero(&newtio, sizeof(newtio));

    newtio.c_cflag = B115200 | CS8 | CLOCAL | CREAD ;
            // 115200bps, 8bit, No parity, Local connection,
            // No modem control, Enable receiving characters

    newtio.c_iflag = IGNPAR;           // パリティ・エラー無視

    newtio.c_oflag = 0;
    newtio.c_lflag = 0;
    newtio.c_cc[VTIME] = 0;            // キャラクタ・タイマ使わない
    newtio.c_cc[VMIN]  = 1;            // 1文字受け取るまでブロックする

    tcflush(fd, TCIFLUSH);             // ポートのクリア
    tcsetattr(fd,TCSANOW,&newtio);     // ポートの設定を有効にする

    bufw[0] = 'L';

    if(on == 1) bufw[1] = '1';         // 引数のonが1ならL1コマンド
    else bufw[1] = '0';                // 引数のonが0ならL0コマンド

    write(fd, bufw, sizeof(bufw));     // コマンドのアサート
    res = read(fd, bufr, sizeof(bufr)); // アクナレッジを受け取る
    bufr[res] = 0;

    tcsetattr(fd,TCSANOW,&oldtio);     // 退避した設定を元に戻す
    close(fd);                         // デバイスを閉じる

    return (*env)->NewStringUTF(env, bufr);
}
```

注釈：
- 文字列を返すという意味．JavaではStringになる
- com.example.bbbapp パッケージの CpThread クラスの SETLED 関数という意味
- onという整数の引き数を持つ．Javaではintになる
- C言語
- ttyUSB0というデバイス・ファイルにアクセスする
- UART通信の設定
- コマンドは"L1"か"L0"
- アクナレッジは"No Switchpushed"，"SW2 pushed"といった文字列
- デバイスからのアクナレッジを戻り値として返す

す．その後，新しいLinuxカーネルとAndroidファイル・システムを使って5のインストール作業を行います．

● Linuxカーネルのリビルド

Linuxカーネルをビルドするためには Linux OSを載せたPCが必要です．基本的には端末（Terminal：Ubuntuにおけるコマンド入力によって操作を行うツール）画面を開き，コマンドをタイプして操作します．

▶ PCでカーネル設定メニューを立ち上げる

前述のサイトに倣う場合，Linuxカーネルをビルド

ことによりデバイス（CP2102）にコマンドを送り，FPGAボードはそれを受けてLEDをON/OFFします．引き数が1のときコマンドは"L1"，0のときは"L0"になります（**表A**）．

またその際，FPGAボードはプッシュ・スイッチの状態を見て，それに応じて文字列を戻り値として返します．すなわち，アプリケーションはアクナレッジ（応答データ）を受け取ることになります．それらは"No Switch pushed"，"SW2 pushed"といった文字列になります．このようなしくみによりAndroidアプリケーションとデバイスとの双方向通信が可能になります．

リストB ネイティブ・ライブラリ関数を使う側のソース・コード（CpThread.java，抜粋）

```java
package com.example.bbbapp;          ← com.example.bbbapp パッケージの下にCpThreadクラスがある

import android.os.Bundle;
import android.os.Handler;
import android.os.Message;
public class CpThread extends Thread
    implements Handler.Callback {
                                                           Java
    String mode = "initial";
        int Twait = 20;
        String ansstr = "";

    public void run() {
        while(true) {
            try {
                if(mode == "ledon") {          ← JNIライブラリ関数を引き数 on＝1で
                    ansstr = SETLED(1);              実行．ansstrに戻り値が入る
                }
                else if(mode == "ledoff") {
                    ansstr = SETLED(0);        ← 戻り値は"No Switch pushed"，
                }                                    "SW2 pushed"といった文字列
                mode = "initial";
                Thread.sleep(Twait);

            } catch (Exception e) {
            }
        }
    }
    public static native String SETLED(int on);   ← このように宣言すればリストAのネイ
    {                                                 ティブ・ライブラリ関数が使える
        System.loadLibrary("cp2102-jni");
    }

    public boolean handleMessage(Message msg) {
        // TODO Auto-generated method stub
        return false;
    }
}
```

表A ネイティブ・ライブラリ関数とそれに伴うコマンド

関数名	CP2102に送るコマンド	意味
SETLED(int on)	"L0"または"L1"を送信	FPGAボードのLEDをON/OFFする．FPGAボードのプッシュ・スイッチの状態を見る

213

column2　UARTとロジックの間に立つNios II

　Qsysで追加したUART通信モジュールはC言語で操作するのが前提であり，ロジック（HDL）から直接はアクセスできません．
　リストCのhello_world_small.cはNios IIのソフトウェアで，C言語で書かれています．Nios IIはUARTから受け取るコマンド（"L1"や"L0"）によってLEDをONするかOFFするかの条件分岐を行います．
　また，Nios IIはそれらコマンドを受け取る際，FPGAボードのプッシュ・スイッチの状態を見て，それに応じたアクナレッジ（"No Switch pushed"や"SW2 pushed"といった文字列）を速やかにUARTに送り返します．

リストC　hello_world_small.c（Nios IIのソフトウェア）

```c
#include "sys/alt_stdio.h"
#include "system.h"

int main()
{
    char firstchar, secondchar;
    unsigned long regval;
    int i;

    *(volatile unsigned long *)LEDS_BASE = 0x0;

    while (1) {
        regval = 0;
        while((regval & 0x0080) == 0) { // check RRDY
            regval = *(volatile unsigned long *)(UART_0_BASE+2*4); // one word is 32bit(4 byte)
        }
        firstchar = alt_getchar();          // RRDY=1のとき1文字読む

        regval = 0;
        while((regval & 0x0080) == 0) { // check RRDY
            regval = *(volatile unsigned long *)(UART_0_BASE+2*4); // one word is 32bit(4 byte)
        }
        secondchar = alt_getchar();         // もう1文字（計2文字）読む

        if(firstchar == 'L') {
            if( *(volatile unsigned long *)PUSH_BASE == 3) {
                alt_putstr("No Switch pushed\n");
            } else if( *(volatile unsigned long *)PUSH_BASE == 2) {
                alt_putstr("SW2 pushed      \n");
            } else if( *(volatile unsigned long *)PUSH_BASE == 1) {
                alt_putstr("SW4 pushed      \n");
            } else {
                alt_putstr("SW2 & SW4 pushed\n");
            }
            if(secondchar == '1') { // LED ON
                *(volatile unsigned long *)LEDS_BASE = 0xF;
            } else if(secondchar == '0') { // LED OFF
                *(volatile unsigned long *)LEDS_BASE = 0x0;
            }
        }
    }
    return 0;
}
```

注釈：
- UARTのレジスタを見ながらコマンドを待つ
- RRDY=1のとき1文字読む
- もう1文字（計2文字）読む
- プッシュ・スイッチのようすを送り返す（アクナレッジ）
- "L1"コマンドならLED全点灯，"L0"なら全消灯

するには以下のコマンドをタイプします．

　　`./build_kernel.sh`

　コマンドを実行してしばらくすると**図2**のようなカーネル設定メニューが現れるので，ハイライトを「Device Drivers」に持って行き，「Enter」キーを押します．
　「Device Drivers」の中から「USB support」を選択して「Enter」キーを押します（**図3**）．

「USB Serial Converter support」にハイライトを持って行き，「y」キーを押すとかっこ内がMから*に変わります（**図4**）．

▶ CP2102（USB‐UART変換IC）のドライバを選択する

　同様に，「USB CP210x family of UART Bridge Controllers」にハイライトを持って行き，「y」キーを押すとかっこ内がMから*に変わります（**図5**）．

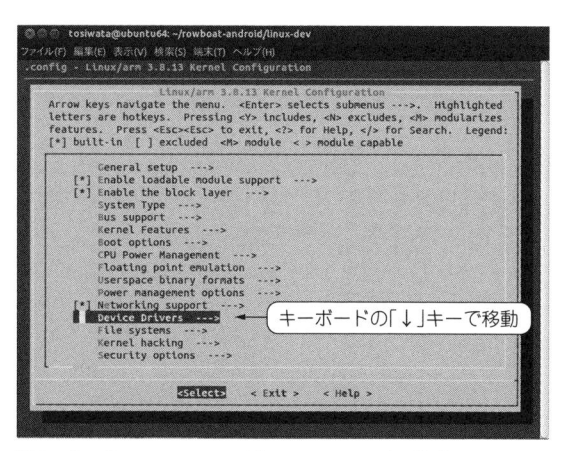

第5章 BeagleBone Black＋FPGA ボードで作るロジック・アナライザ

図2 カーネル・メニューで「Device Drivers」へ移動

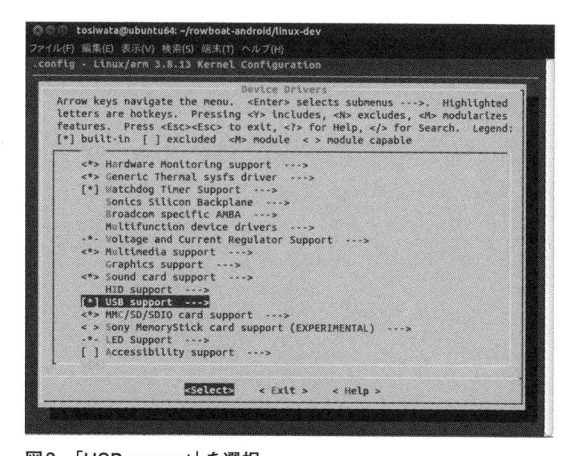

図3 「USB support」を選択

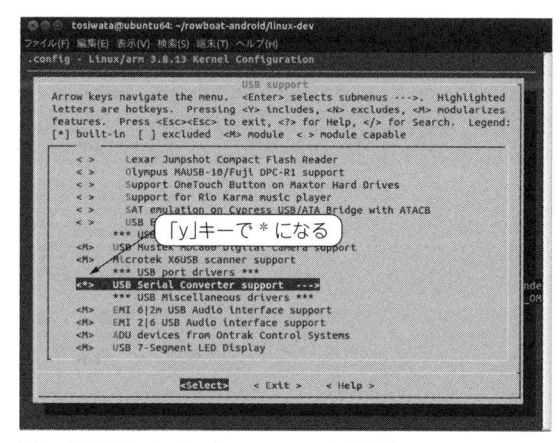

図4 「USB Serial Converter support」を選択

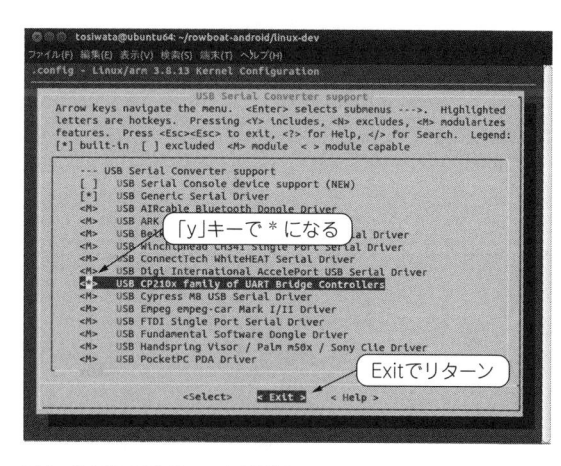

図5 「USB CP210x ...」を選択

「→」キーで「Exit」にハイライトを持っていきリターン，それを3回繰り返すと**図6**のようにセーブするか聞かれるので，「Yes」として「Enter」キーを押します．

すると，自動的にカーネルのビルドが始まります．10～20分で終了すると思います．新しいLinuxカーネルは，~/rowboat-android/linux-dev/KERNEL/arch/arm/boot/zImageです．

このカーネルにはCP2102のドライバが組み込まれています．

● Androidファイル・システムのリビルド

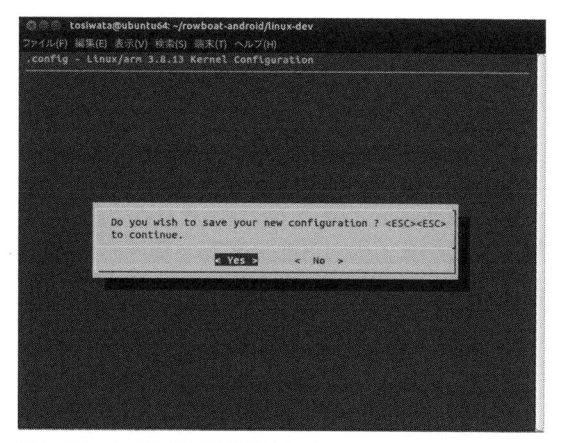

図6 「Yes」で変更個所が反映される

Androidアプリケーションは"ttyUSB0"というデバイス・ファイルにアクセスすることによりCP2102と

215

第4部 I/O制御，実験，製作コース

リスト1　init.am335xevm.rcに追加（一部抜粋）

```
on fs
    mount_all /fstab.am335xevm

    # This board does not have battery, force battery-level to 100%
    setprop hw.nobattery true

    # Set Camera permission
    chmod 0666 /dev/video0
    chown root root /dev/video0

    # Set USB-Serial permission
    chmod 0666 /dev/ttyUSB0     ← この行を追加
```

リスト2　Androidファイル・システムをリビルド

```
make TARGET_PRODUCT=beagleboneblack OMAPES=4.x droid -j4
```

通信します．

ただし，現状のままではアクセスできないので，そのファイルにパーミッションを与えます．

▶デバイス・ファイルの属性を変更

前述のサイトに倣ってAndroidをビルドする場合，~/rowboat-android/device/ti/beagleboneblackというディレクトリにinit.am335xevm.rcというファイルがあるのでそれを編集します．

リスト1のように，"on fs"のカテゴリに，

```
    chmod 0666 /dev/ttyUSB0
```

と書き加えます．これはデバイス・ファイルの属性を変更し，Androidアプリケーションからアクセスできるようパーミッションを与えるためです．

▶init.am335xevm.rcの変更を反映したAndroidファイル・システム

リスト2のコマンドでAndroidファイル・システムをリビルドします．

終了まで数十分〜数時間かかるかもしれません．その後は前述のサイトに倣ってtarballを作りましょう．結果的に~/rowboat-android/out/target/product/beagleboneblack/rootfs.tar.bz2のような新しいAndroidファイル・システムができ上がります．

このAndroidファイル・システムには先ほどinit.am335xevm.rcに施した変更が反映されており，デバイス・ファイルにパーミッションが与えられます．

● microSDカードにリインストール

Linuxカーネル（zImage）とAndroidファイル・システム（rootfs.tar.bz2）を新しいものと置き換えてmicroSDカードにインストールします．その他（ブートローダやシェル・スクリプト）は以前のままでかまいません．

▶microSDカードからのAndroidの立ち上げ

microSDカードをBeagleBone Blackのスロットに挿して電源を投入しましょう．最初の立ち上げには5分くらいかかるかと思います（2回目からは2分以内で立ち上がる）．

▶OI File Managerでデバイス・ファイルを確認

Androidが立ち上がったらアプリケーション・ボタンを押し，OI File Managerをクリックします．

次に，ホーム・ボタンを押し，devフォルダをクリックします．

下の方にスクロールして，ttyUSB0があることを確認します（**写真15**）．これがCP2102のデバイス・ファイルで，AndroidアプリケーションはこのファイルにアクセスすることによりCP2102を制御します．

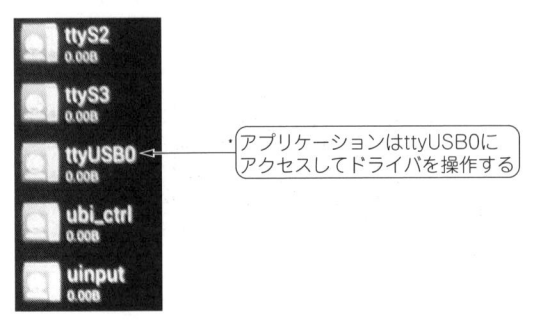

写真15　ttyUSB0を確認

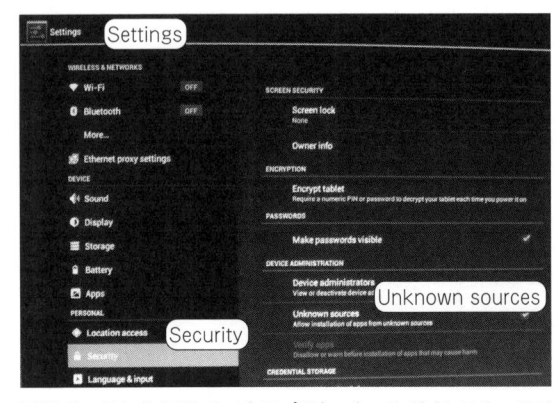

写真16　これをONしないとアプリケーションがインストールできない

第5章　BeagleBone Black ＋ FPGA ボードで作るロジック・アナライザ

▶後々アプリケーションをインストールするための設定変更

デフォルトの設定では自作のアプリケーションはインストールできないようになっています．Settingアイコンをクリックして「Security」-「Unknown sources」をチェックしておきましょう（**写真16**）．

■ Androidアプリケーションの開発手順

アプリケーションを開発するにはAndroid SDK（Software Development Kit）をインストールする必要があります．

また，アプリケーションからCP2102のドライバにアクセスするにはAndroid NDK（Native Development Kit）が必要になります．

● Androidアプリケーション全体はAndroid SDKで開発

「Eclipse」とは，オープン・ソースの統合開発環境であり，Java言語の開発によく使われます．そしてAndroid SDKとは，「EclipseにADTというAndroidアプリケーション開発用プラグインを組み込んだもの」と言えます．

▶Android SDKのインストール

http://developer.android.com/index.htmlに行き，adt-bundle-linux-x86_64_20130717.zipをダウンロードします．これにはEclipseとADT（Android Developer Tools：Eclipseプラグイン）が含まれており，Linux 64ビット用の最新版（執筆当時）です．ダウンロードの後，同サイトの指示に従ってインストールしてください．

● CP2102のドライバにアクセスするにはAndroid NDKも必要

単にスマートフォンやタブレットで動くアプリケーションを作るのなら，Android SDKだけで十分です．しかし，CP2102のドライバはC言語で書かれているため，JNI（C言語とJavaとのインターフェースを取る仕組み）が必要になります．そしてJNIを活用するにはAndroid NDKが必要になります．

つまり，Android NDKとは，「JNIというJava⇔C言語のインターフェースをAndroidアプリケーション開発で使えるようにしたもの」と言えます．

▶Android NDKのインストール

http://developer.android.com/tools/sdk/ndk/index.htmlに行き，android-ndk-r8e-linux-x86_64.tar.bz2をダウンロードします．Linux 64ビット用の最新版（執筆当時）です．ダウンロードの後，同サイトの指示に従ってインストールしてください．

● シンプルなAndroidアプリケーションの開発

写真19～**写真22**にこれから開発するアプリケーションの動作を示します．

Androidアプリケーションのボタンを押すたびにFPGAボードのLEDがON/OFFします（**写真20**）．また，そのたびにFPGAボードのプッシュ・スイッチの状態がアプリケーションに反映されます（**写真21**）．

まずは，このようなシンプルなアプリケーションから作成しましょう．

▶Android SDKやNDKをセットアップしたら開発スタート

Androidアプリケーション開発環境のセットアップが終了したらEclipseを立ち上げます．「Workspace」は，適当なディレクトリ（workspaceなど）を指定します．

▶BBBAPPプロジェクトにはJavaとC言語のファイルがある

本稿ダウンロード・アーカイブ（AndroidLogiana.zip）のAndroidApp¥LedSw¥BBBAPPにこれから作成するプロジェクトがあります．**表1**にその中の主な

表1　Java/C言語ファイルの概要（シンプルAndroidアプリケーション）

ファイル名	概　要	備　考
MainActivity.java	アプリケーション全体の構築と制御	ボタンやテキストの配置/表示
CpThread.java	cp2102-jni.cの関数を実行	ネイティブ・ライブラリ関数（**表A**）の実行
cp2102-jni.c	デバイス（CP2102）と通信	ネイティブ・ライブラリ関数の本体

第4部 I/O制御，実験，製作コース

ファイルを示します．

▶インポートするか，プロジェクトを一から作るか

BBBAPPフォルダを~/workspaceディレクトリに丸ごとコピーし，インポート（メニューの「File」-「import」から「Android」-「Existing Android Code into Workspace」でBBBAPPフォルダを指定してFinish）してもよいのですが，Android SDKのバージョンやOSなど，環境の違いでうまくインポートできない場合も考えられます．

その場合は，以下のステップに従ってプロジェクトを作成しましょう．

▶新規プロジェクトを作成

メニューの「File」-「New」から「Project」を選択します．「Android Application Project」を選択して[Next]ボタンを押します（図7）．

「Project Name」を"BBBAPP"，その他は図8のように設定して[Next]ボタンをクリックします．

その後，[Next]ボタンを3回クリックして[Finish]ボタンを押します．

▶メイン・クラスのJavaファイルの変更

srcの下，com.example.bbbappの下，MainActivity.javaをダブルクリックし，ダウンロード・アーカイブのAndroidApp¥LedSw¥BBBAPP¥src¥com¥example¥bbbapp¥MainActivity.javaの中身を丸ごとコピー＆ペーストします（図9）．

▶新規クラスの追加とJavaファイルの変更

その後，com.example.bbbapp上で右クリックし「New」-「Class」を選択します（図10）．

「Name」を"CpThread"として[Finish]ボタンをクリックします（図11）．

CpThread.javaを開き，ダウンロード・アーカイブのAndroidApp¥LedSw¥BBBAPP¥src¥com¥example¥bbbapp¥CpThread.javaの中身を丸ごとコピー＆ペーストします（図12）．

▶JNIフォルダとC，MKファイルの追加

BBBAPP上で右クリックし「New」-「Folder」を選択します（図13）．「Folder name」をjniとして

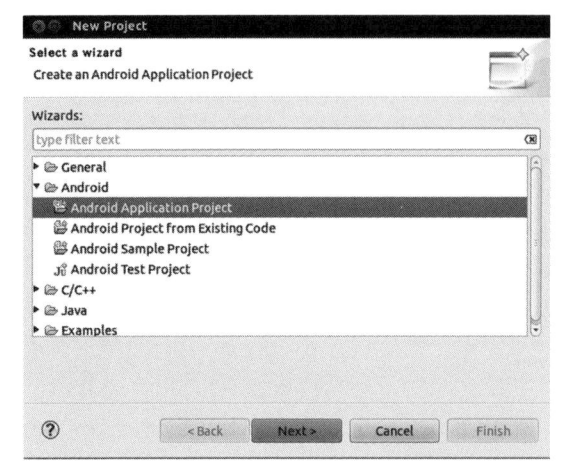

図7　Androidアプリケーション・プロジェクトを選択

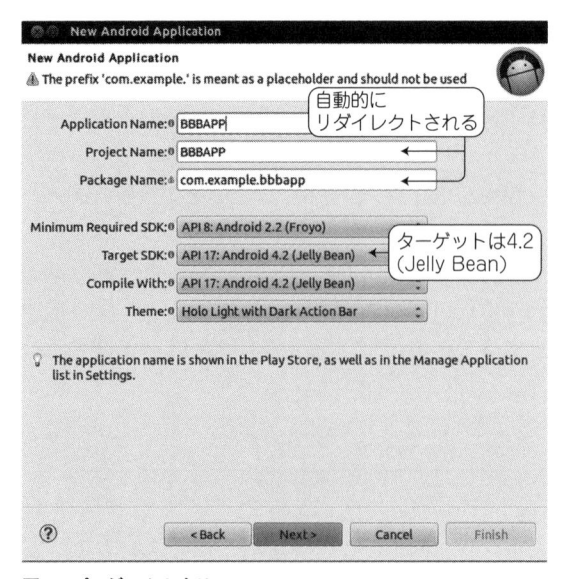

図8　プロジェクト名はBBBAPP

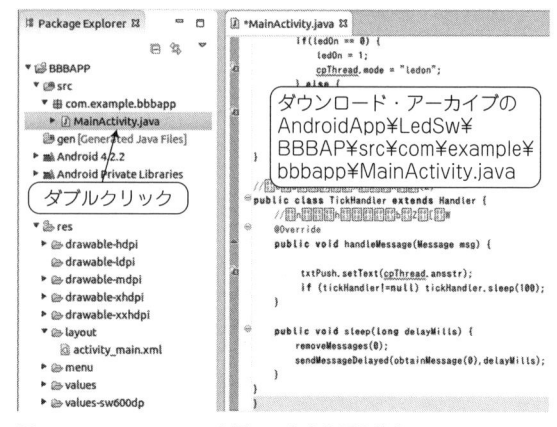

図9　MainActivity.javaを開いて内容を置き換え

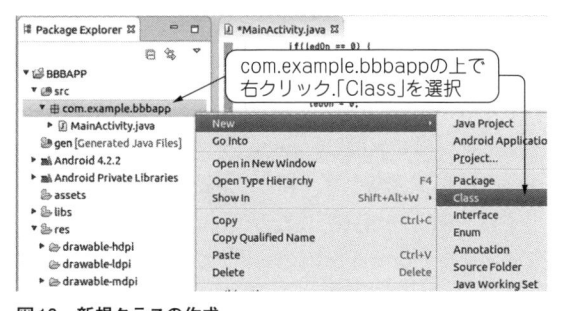

第 5 章　BeagleBone Black ＋ FPGA ボードで作るロジック・アナライザ

図10　新規クラスの作成

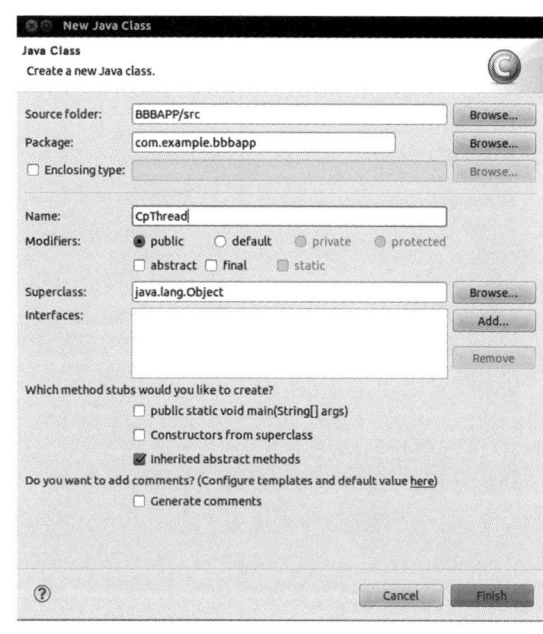

図11　クラス名は CpThread

図12　CpThread.java の中身を置き換える

［Finish］ボタンを押します（**図14**）．すると，~/workspace/BBBAPP/jni というフォルダができます．

ダウンロード・アーカイブの AndroidApp¥LedSw¥BBBAPP¥jni にある Android.mk と cp2102-jni.c を先ほど作成した jni フォルダにコピーします．

BBBAPP の上で右クリックし，「Refresh」を選択すると jni の下にそれらが反映されます（**図15**）．

▶ネイティブ・ライブラリを NDK でビルドする

cp2102-jni.c にはネイティブ・ライブラリ関数が含まれており，CP2102 のドライバを操作するコードが C 言語で書かれています．

端末（Terminal）を開いて ~/workspace/BBBAPP/jni に移動し，

```
ndk-build
```

とタイプします．数秒で**図16**のような文字がリダイレクトされればビルド成功です．

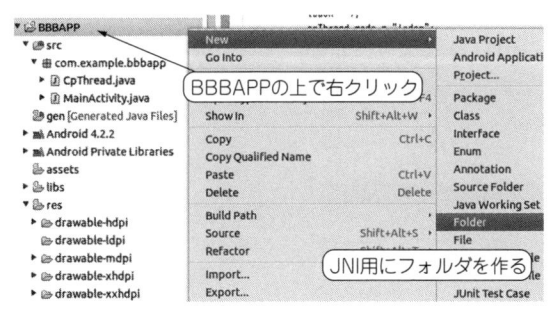

図13　フォルダの追加

図14　フォルダ名は jni とする

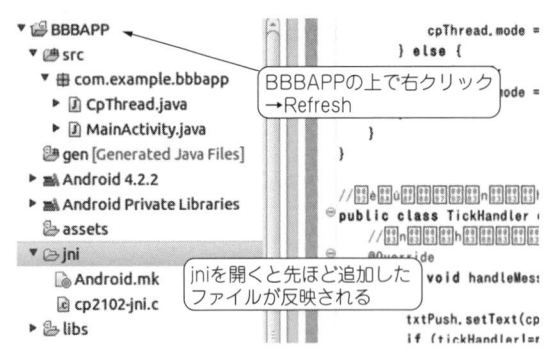

図15 Refreshで追加したファイルが反映される

▶プロジェクト全体のビルド

NDKでC言語ソースをビルドした後，Androidアプリケーションをビルドします．Javaソースをセーブした後，右クリックで「Run As」-「Android Application」を選択します．

BBBAPP.apkというファイルが˜/workspace/BBBAPP/binディレクトリの下に出来ていると思います（図17）．

▶AndroidアプリケーションをmicroSDカードにコピーする

microSDカードをPCに繋いでコピーを行います．端末画面を開き，BBBAPP.apkのディレクトリまで移動します．その後，以下のコマンドを実行します（図17）．

```
sudo cp BBBAPP.apk /media/rootfs
```

その後microSDカードを取り出し，BeagleBone Blackボードに挿しましょう．

▶アプリケーションをコピーしたら再びAndroidを起動

ここで，BeagleBone Blackの電源を入れてみましょう．1～2分でAndroidが立ち上がると思います．アプリケーション・ボタンを押して，その後OI File Managerをクリックします．

▶とりあえずインストールしておく（まだ動かないが）

その後，ホーム・ボタンをクリックすると写真17のようにBBBAPP.apkが現れるので，それをクリックします．次の画面で「Install」をクリックすると，アプリケーションのインストールが始まります．

インストールが終了したら，「Open」をクリックしてアプリケーションをスタートしてみましょう．写真18のようにボタン1個のアプリケーションが現れます．ただし，FPGAに回路が書き込まれていないのでクリックしても何も起こりません．

FPGAボードの開発手順

FPGAボードの開発にはQuartus II，Qsys，Nios II EDSといったツールが必要になります．

Quartus IIはHDLを使ったハードウェア開発，Nios II EDSはC言語を使ったソフトウェア開発，Qsysはそれら二つの橋渡しをするツールと考えてください．

▶FPGA開発ツールのダウンロード

アルテラのサイトwww.altera.co.jpから「ダウンロード」をクリックし，その後「Quartus IIウェブエディション」をクリックします．サインインを行った後，例えばQuartus-web-13.0.1.232-linux.tar（Linux用インストーラのアーカイブ，執筆時の最新版）をダウンロードします．

▶FPGA開発ツールのインストール

インストーラにはQuartus II，Qsys，Nios II EDSが含まれており，上記サイトの指示に従ってインストールすればそれら三つのツールが使用できるようになります．

▶インポートするか，プロジェクトを一から作るか

本稿ダウンロード・アーカイブAndroidLogiana.zipのFPGA¥LedSw¥VerilogHdl¥BBBLOGにこれから作成するプロジェクトがあります．表2に主なファイル

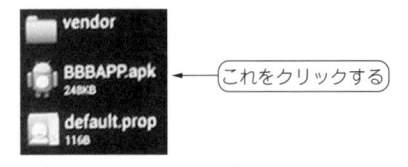

写真17 BBBAPP.apkが見つかる

写真18 ボタンが1個だけのアプリケーション

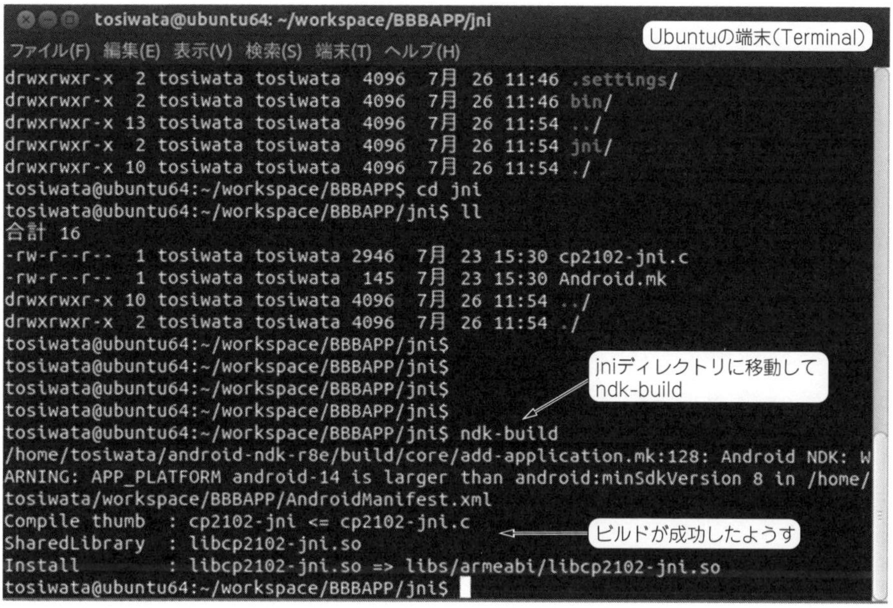

第5章　BeagleBone Black ＋ FPGA ボードで作るロジック・アナライザ

図16　cp2102-jni.c を Android NDK でビルド

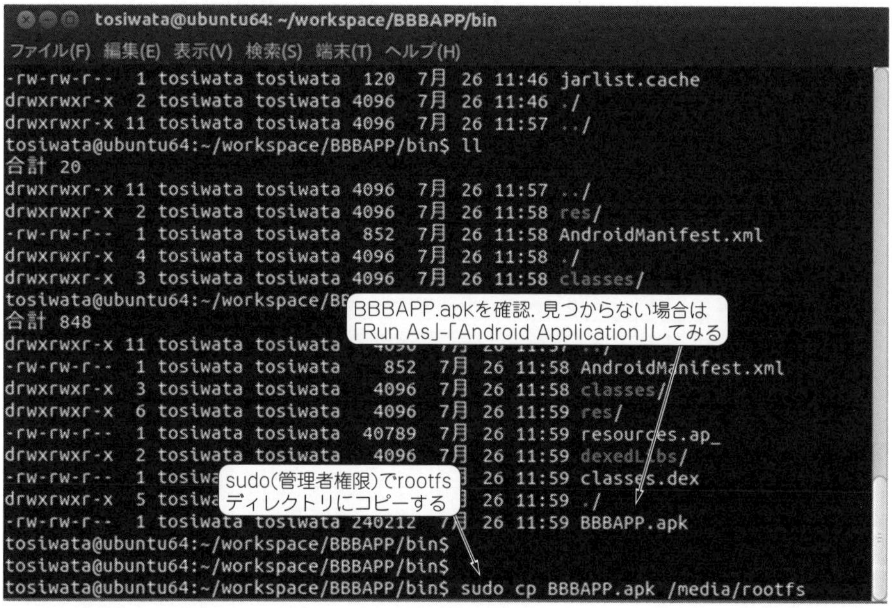

図17　BBBAPP.apk を確認．それを microSD カードにコピーする

表2　FPGA 開発に使用する主なファイル

ファイル名	概　要	備　考
BBBLOG.v	トップ・モジュール	Verilog HDL ファイル（VHDL 版は FPGA¥LedSw¥VHDL¥BBBLOG¥BBBLOG.vhd）
BBBLOG.qsf	ピン・アサインのファイル	クロック，リセット，プッシュ・スイッチ入力，LED 出力，UART 入出力など

221

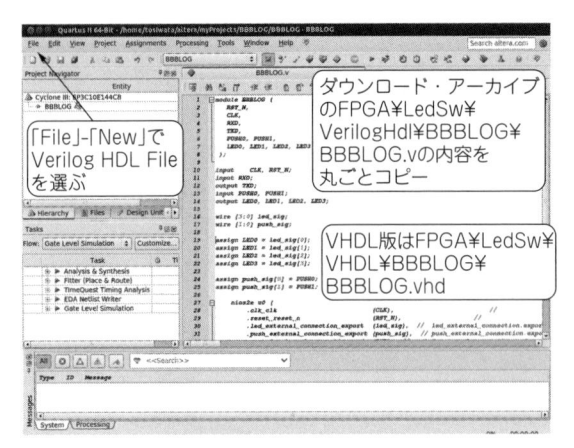

図18　HDLファイルの作成

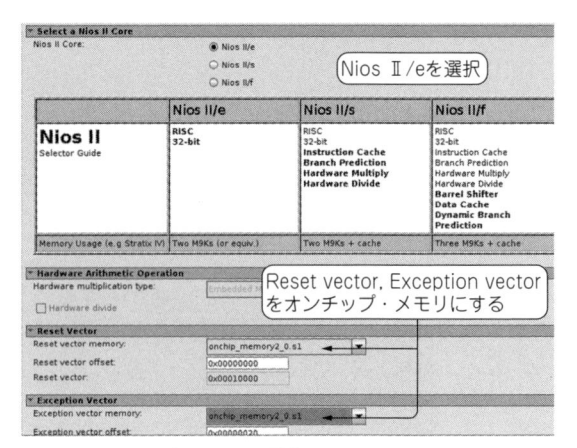

図20　Nios II/eプロセッサの設定

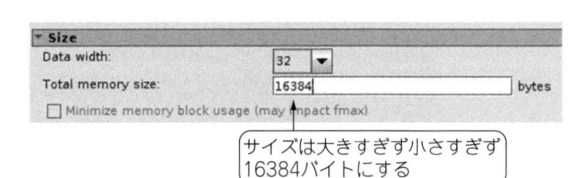

図21　オンチップ・メモリの設定

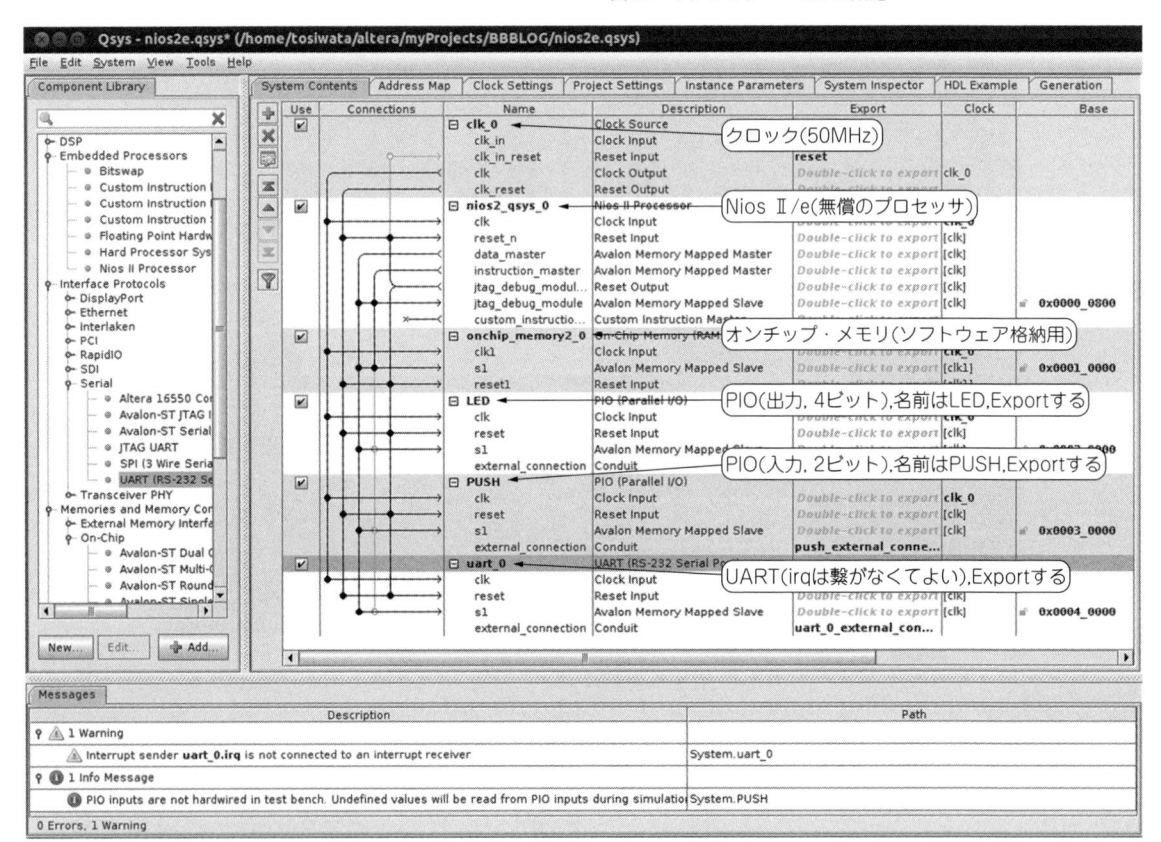

図19　QsysでNios IIシステムを構築する

を示します.

BBBLOGディレクトリを~/altera/myProjectsに丸ごとコピーし，インポート（メニューの「File」-「Open Project」でBBBLOGフォルダを指定してOpen）してもよいのですが，Quartus IIのバージョンやOSなど，環境の違いでエラーが出る場合も考えられます．その場合は，以下のステップに従ってプロジェクトを作成しましょう．

● Quartus IIでハードウェア開発

LEDを光らせるために出力を4個，プッシュ・スイッチ用に入力を2個，CP2102とUART通信するために入出力が1個ずつ必要になります．さらにクロックとリセット用に2個入力を設けます．そのような入出力ピンの設定やロジック（論理回路）のエントリを行うツールがQuartus IIです．

▶ 新規プロジェクトBBBLOGの作成

Quartus IIを立ち上げて，メニューの「File」-「New Project Wizard」で新規プロジェクトを作成します．「Project name」は"BBBLOG"とします．「Device」は"EP3C10E144C8"を選択します．

▶ トップ・モジュールをHDLで記述する

「File」-「New」で"Verilog HDL File"を選ぶと空のファイルが現れるので，ダウンロード・アーカイブのFPGA¥LedSw¥VerilogHdl¥BBBLOG¥BBBLOG.vの内容を丸ごとコピー&ペーストしてセーブします（図18）．

なお，同アーカイブにはVHDL版もあるのでVHDLで開発したい人はそちらを使用してください．

▶ QSFファイルをエディットして入出力ピンの割り当て

BBBLOG.qsfファイルを開き，リスト3のようにクロック，リセット，LED，プッシュ・スイッチ，UART入出力のピン割り当てをします．

● QsysでNios II/eマイコン・システムを作る

Quartus IIから「Qsys」アイコンをクリックして，図19のようなシステムを構築しましょう．無償で使えるマイコンNios II/eがPIOやUARTを制御します．

▶ オンチップ・メモリからソフトウェアを読み込むように指定

「Component Library」タブの「Embedded Processors」から「Nios II Processor」をダブルクリックし，図20のようにe（economy）を選択します．またReset vector，Exception vectorはオンチップ・メモリを指すようにします．

▶ オンチップ・メモリのサイズは16384バイトにする

このFPGA（EP3C10E144C8）では，最大414kbit（52Kバイト）のRAMが使用できます．今回はそのうち16384バイトをNios II用のメモリとして使用します．

「Memories and Memory Controllers」から「On-Chip」-「On-Chip Memory」をダブルクリックし，

リスト3 ピン・アサイン・ファイル（BBBLOG.qsf，抜粋）

ダウンロード・アーカイブのFPGA¥LedSw¥VerilogHdl¥BBBLOG¥BBBLOG.qsfのピンアサインの部分をコピー

```
set_location_assignment PIN_22 -to CLK
set_instance_assignment -name IO_STANDARD "3.3-V LVCMOS" -to CLK
set_location_assignment PIN_1 -to RST_N
set_instance_assignment -name IO_STANDARD "3.3-V LVCMOS" -to RST_N
```
クロックとリセット

```
set_location_assignment PIN_144 -to LED0
set_instance_assignment -name IO_STANDARD "3.3-V LVCMOS" -to LED0
set_location_assignment PIN_143 -to LED1
set_instance_assignment -name IO_STANDARD "3.3-V LVCMOS" -to LED1
set_location_assignment PIN_142 -to LED2
set_instance_assignment -name IO_STANDARD "3.3-V LVCMOS" -to LED2
set_location_assignment PIN_141 -to LED3
set_instance_assignment -name IO_STANDARD "3.3-V LVCMOS" -to LED3
```
LED4個

```
set_location_assignment PIN_104 -to TXD
set_instance_assignment -name IO_STANDARD "3.3-V LVCMOS" -to TXD
set_location_assignment PIN_105 -to RXD
set_instance_assignment -name IO_STANDARD "3.3-V LVCMOS" -to RXD
```
UART入出力

```
set_location_assignment PIN_84 -to PUSH0
set_instance_assignment -name IO_STANDARD "3.3-V LVCMOS" -to PUSH0
set_location_assignment PIN_85 -to PUSH1
set_instance_assignment -name IO_STANDARD "3.3-V LVCMOS" -to PUSH1
```
プッシュ・スイッチ2個

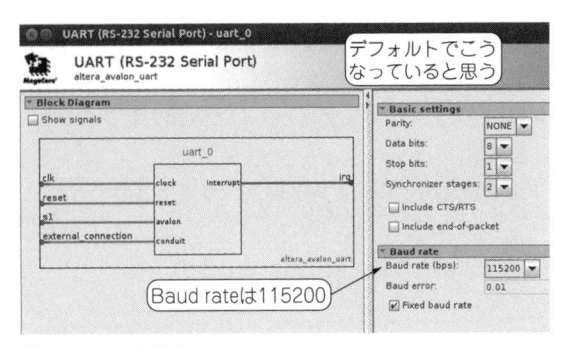

図22 UARTの設定

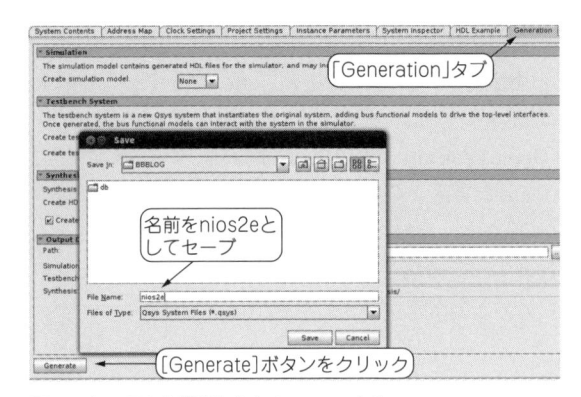

図23 システムを構築したらGenerateする

図21のように「Total memory size」を16384としま す．

▶ UARTは115200bpsで使う

「Interface Protocols」-「Serial」からUART（RS-232...）をダブルクリックします．設定は図22のようにデフォルトのままでよいと思います．また，今回はirqは使用しません．

▶ LEDはPIO出力で光らす

LEDの制御用にPIOを設けます．「Peripherals」から「Microprocessor Peripherals」- PIO（Parallel I/O）をダブルクリックしましょう．LEDは4個あるのでPIOの「Width」を4，「Direction」をOutputとします（表3）．

▶ PUSHはPIO入力で見る

プッシュ・スイッチ用にもう一つPIOを設けます．プッシュ・スイッチは2個なのでもう一つのPIOは「Width」を2，「Direction」をInputとします（表3）．

▶ 最後にGenerateしてQsysは終了

「Connection」や「Export」が図19のように，「Address」や名前が表3のようになっているか確認した後，「Generation」タブで[Generate]ボタンをクリッ

クします．

そのとき，図23のようにqsysファイルのセーブが促されるので名前をnios2eとしてセーブします．

● Quartus II に戻って qsys ファイルを追加

QsysでGenerateしたらQuartus IIに戻り，メニューの「Assignments」-「Settings」を選択します．ここで「Files」を選択し，nios2e.qsysをブラウズして[Add]ボタンを押します（図24）．

▶ Quartus II でコンパイルする

qsysファイルをAddしたら，「Start Compilation」アイコンをクリックしましょう．論理合成や配置配線が行われ，数分で終わると思います．成功すればBBBLOG/output_filesフォルダにBBBLOG.sofが出来ているはずです．

▶ FPGAにプログラム

コンパイルが終了したら，「Programmer」アイコン（右の方にある）をクリックしましょう．BBBLOG.sofを選択してFPGAにプログラムします．FPGAにプログラムするには，ダウンロード・ケーブル（USB BlasterやTerasic Blaster）が必要になります．

表3 Qsysで追加するコンポーネント

名前	Direction	Width	アドレス	動作
nios2_qsys_0	-	-	0000 0800	FPGA全体を制御するマイコン
onchip_memory2_0	-	-	0001 0000	マイコン・ソフトウェア（C言語）が入るメモリ
LED	Output	4	0002 0000	LEDをON/OFFする
PUSH	Input	2	0003 0000	プッシュ・スイッチの状態を見る
uart_0	-	-	0004 0000	UART（RS-232-C）通信コンポーネント

第5章 BeagleBone Black＋FPGAボードで作るロジック・アナライザ

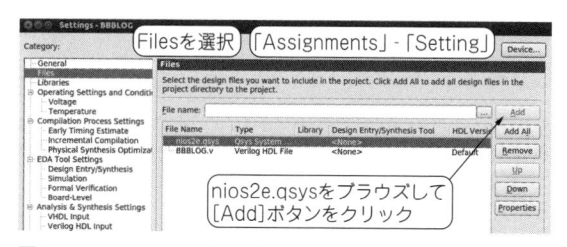

図24 nios2e.qsysを追加する

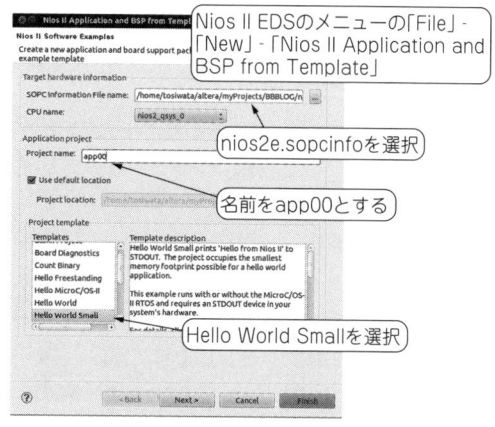

図25 プロジェクトのテンプレートを生成

● Nios II EDSでFPGA内蔵マイコンのソフトウェアを開発

Quartus IIのメニューから「Tools」-「Nios II Software Build Tools for Eclipse」を選択するとNios II EDSがスタートします．最初にWorkspace Launcherが現れるのでBBBLOGディレクトリを指定します．

▶プロジェクトのテンプレートを作成

「File」-「New」から「Nios II Application and BSP from Template」を選択し，図25のように設定します．[Finish]ボタンを押すと「Hello World Small」のテンプレートが生成されます．

▶C言語ソースを変更

app00の下にhello_world_small.cがあるのでダブルクリックで開き，その内容をすべてダウンロード・アーカイブのFPGA¥LedSw¥VerilogHdl¥BBBLOG¥software¥app00¥hello_world_small.cと置き換えてセーブします（図26）．

▶UART通信ができるようにする

次に，UARTのライブラリ・ファイルを追加します．BBBLOG/software/app00のディレクトリに，ダウンロード・アーカイブのFPGA¥LedSw¥VerilogHdl¥BBBLOG¥software¥app00にあるmy_uart.h，my_uart.cをコピーします．

app00の上で右クリックし「Refresh」を選択すると，先ほどコピーした二つのファイルがプロジェクトに反映されます（図27）．

▶プロジェクトのビルドとダウンロード

その後，app00の上で右クリックし「Build Project」でビルドします．成功したらもう一度右クリックし「Run As」-「Nios II Hardware」でプログラムがFPGAにダウンロードされます．

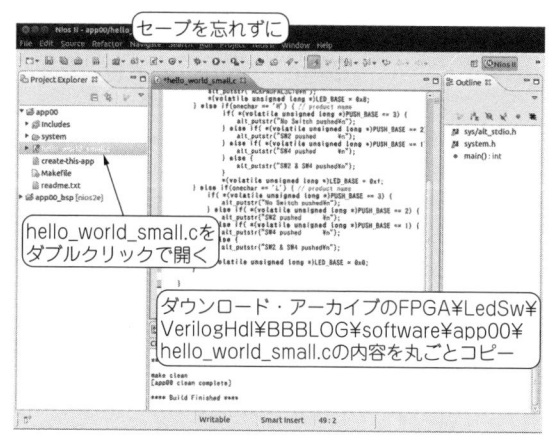

図26 C言語ソースの内容を置き換える

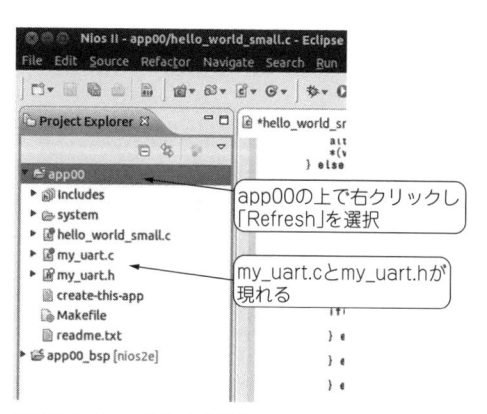

図27 Refreshでライブラリ・ファイルが反映される

Androidアプリケーションから FPGAを制御する

FPGAボードには先ほど開発したハードウェア(HDL)とソフトウェア(C言語)がプログラムされています．

また，BeagleBone BlackにはすでにAndroidアプリケーションがインストールされており，どちらも準備完了です．それではBBBAPP(Androidアプリケーション)をクリックしてスタートしましょう．

▶Androidアプリケーションから FPGAボードの LEDを光らす

アプリケーション上のLED ON/OFFボタンをクリックしてみましょう．写真19のように"No Switch pushed"と文字が現れます．

また，そのボタンをクリックするたびに，FPGAボードのLEDが点いたり消えたりします(写真20)．

▶FPGAボードのスイッチの状態を Androidアプリケーションに伝える

次に，写真21のようにFPGAボードのプッシュ・スイッチを押しながらクリックすると，写真22のようにSW2 pushedという文字が現れます．

☆このようすは以下のサイトで見ることができます．
http://www.youtube.com/watch?v=YouCZmu6ahA

▶Androidアプリケーションのコマンドに FPGAが反応する

一連の動作をまとめると図28のようになります．

1. Androidアプリケーション上の[LED ON/OFF]ボタンを押すと，BeagleBone BlackはFPGAボードに"L1"(LED点灯)というコマンドを送る
2. FPGAはそのコマンドを受けるとLEDを全点灯にする．また，プッシュ・スイッチが押されていないので，"No Switch pushed"というアクナレッジ(応答データ)をアプリケーションに送り返す
3. もう一度アプリケーションの[LED ON/OFF]ボタンを押すと，BeagleBone BlackはFPGAボードに今度は"L0"(LED消灯)というコマンドを送る
4. FPGAはそのコマンドを受けるとLEDを全消灯にする．またSW2が押されているので，"SW2 pushed"というアクナレッジをアプリケーションに送り返す．プッシュ・スイッチは2個(SW2と

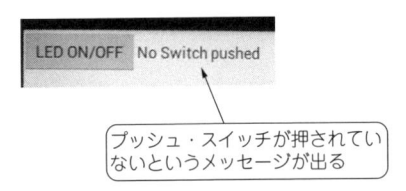

写真19　LED ON/OFFボタンを押す
(プッシュ・スイッチが押されていないというメッセージが出る)

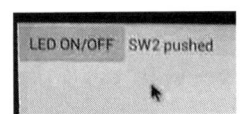

写真22　スイッチの状態がアプリケーションに反映される

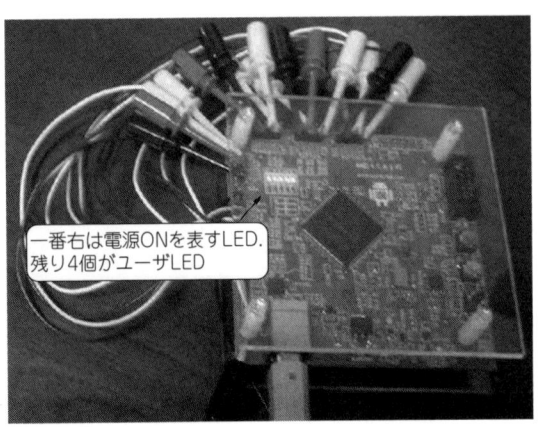

写真20　FPGAボードを見るとLEDが全部点いている
(一番右は電源ONを表すLED．残り4個がユーザLED)

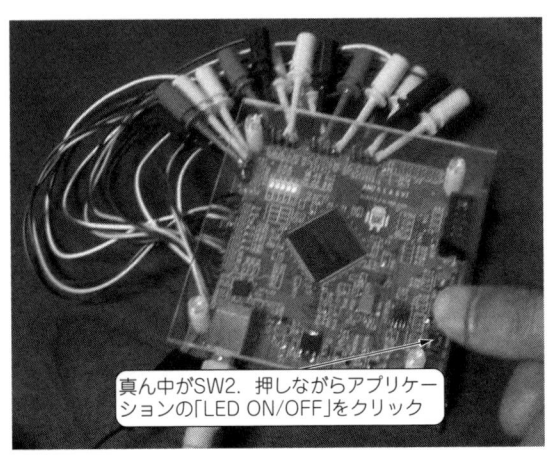

写真21　真ん中のプッシュ・スイッチを押してみる
(真ん中がSW2．押しながらアプリケーションの「LED ON/OFF」をクリック)

第5章 BeagleBone Black ＋ FPGA ボードで作るロジック・アナライザ

SW4）あり，SW4が押されていたら"SW4 pushed"，両方押されていたら"SW2 & SW4 pushed"を返す．

▶ちょっとしたロジック・アナライザのような振る舞いをしている

このシステムによってAndroidアプリケーションは2個のプッシュ・スイッチの状態（HighかLow）を知ることができます．

つまり，ビット数が2，データ長が1の超シンプルなロジック・アナライザがすでに出来ていることになります．

16ビット×256サンプルのデータをいったんRAMに取り込んで観測する

前節で作成したロジック・アナライザは，ビット数もデータ長も少なすぎて実用的ではありません．

本節では，ビット数16，データ長256のデータを取り込んでロジック・アナライザらしく描画します．また，測定対象として16ビットのテスト・パターン・ジェネレータも作成します．

● Androidアプリケーションを変更してロジック・アナライザ風に描画させる

FPGAボードにコマンドを出す関数をいくつかCpThreadクラスに追加します．また，描画用に新しいクラスSignalViewも作成します．

▶描画用にSignalView.java追加

ダウンロード・アーカイブのAndroidApp¥LogGen¥BBBAPPフォルダにAndroidアプリケーションのプロジェクトがあるのでそれをインポートするか，または「Androidアプリケーションの開発手順」を参考にしてプロジェクトを作成しましょう．Javaファイルは描画用に一つ追加して三つになります（**表4**）．

また，アプリケーションはFPGAに**表5**に示すコマンドを送信し，ロジック・アナライザやパターン・ジェネレータを操作します．ネイティブ・ライブラリ関数本体はC言語ファイル（cp2102-jni.c）にあり，それらをJavaファイル（CpThread.java）内でコールし

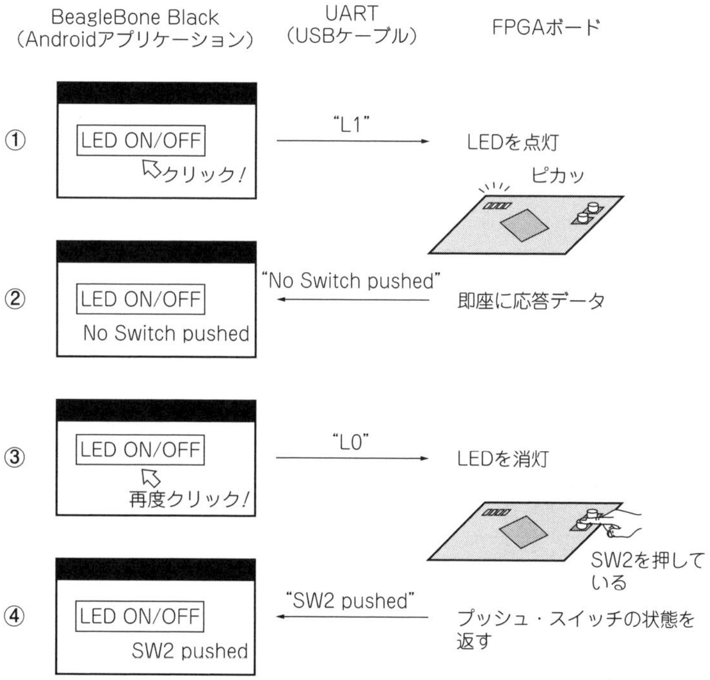

図28 USBケーブルを介してコマンドを送りアクナレッジを受け取る

第4部 I/O制御，実験，製作コース

表4 Java/C言語ファイルの概要（16ビット×256サンプルのロジック・アナライザ）

ファイル名	概要	備考
MainActivity.java	アプリケーション全体の構築と制御	ボタンや描画パネルを追加
CpThread.java	cp2102-jni.cの関数を実行	ネイティブ・ライブラリ関数（表5）の実行
SignalView.java	ロジック・アナライザ風に波形を描画	新規追加ファイル
cp2102-jni.c	デバイス（CP2102）と通信	ネイティブ・ライブラリ関数の本体

ます．

▶C言語ファイルも変更するのでndk-buildを忘れずに

表5の関数をC言語ファイル（cp2102-jni.c）に追加した後，忘れずにndk-buildでビルドし，その後Eclipseの方でJavaファイルをビルドしましょう．

▶アプリケーションをインストールする（まだ動かないが）

BBBAPP.apkを確認後，「Androidアプリケーションの開発手順」を参考にしてAPKファイルをBeagleBone Blackにインストールします．

ただし，この時点でアプリケーションを実行しても動作しません．正しく動かすにはFPGAボード側にも変更を加える必要があります．

● FPGA内部RAMにデータを書き込んで読み出す仕組み

Androidアプリケーションの方に複数のコマンドを追加したので，それらに応えるような仕組みをFPGAの方にも実装しなければなりません．

▶CAPTUREでRAM書き込み開始，DOWNLOADでストップ

図29はRAMにデータを書き込むようすです．書き込みイネーブルRAMWR_Nは，図29（a）のように，CAPTUREコマンドでLow（イネーブル）に，

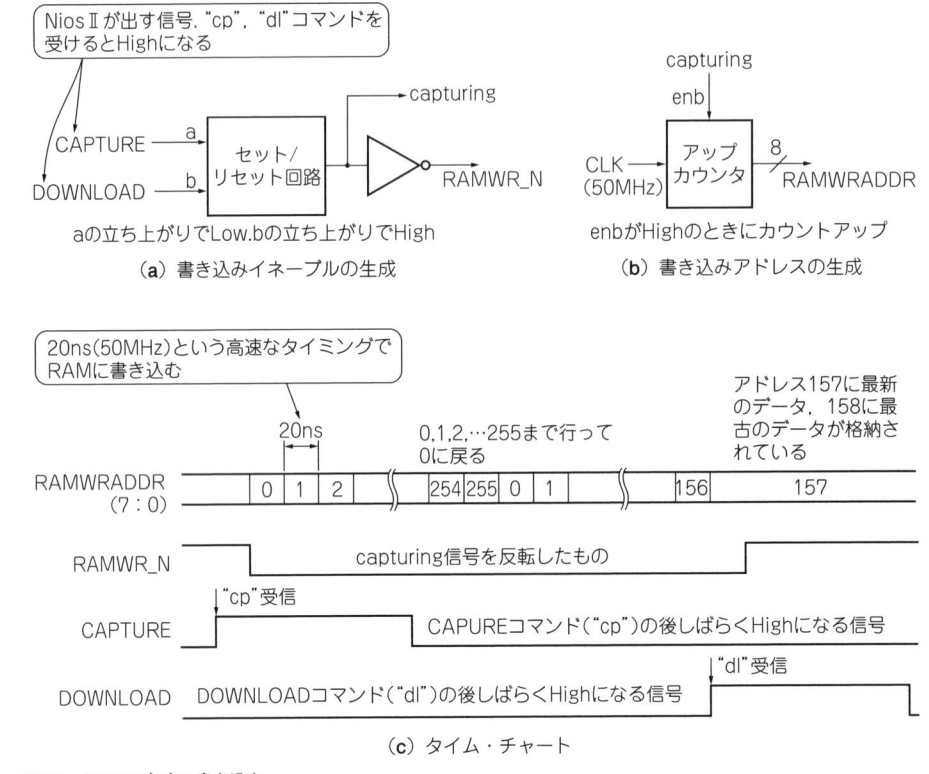

図29 RAMに高速に書き込む

(a) 書き込みイネーブルの生成
(b) 書き込みアドレスの生成
(c) タイム・チャート

表5 ネイティブ・ライブラリ関数とそれに伴うコマンド

関数名	CP2102に送るコマンド	意　味
CAPTURE()	"cp" を送信	波形キャプチャ開始
DOWNLOAD()	"dl" を送信	波形キャプチャ停止
PACKET()	"pk" を送信	1パケット（256×4キャラクタ）を戻り値として受け取る
SETGENMODE(int mode)	"g0" または "g1" を送信	ジェネレータのモード変更

DOWNLOADコマンドでHigh（ディセーブル）になるように生成されます．

つまり，FPGAボードは，CAPTUREコマンドを受け取ったらデータをFPGAの内部RAMに書き，DOWNLOADコマンドを受け取ったらその書き込みを停止します．

▶書き込み時はアドレスが20ns間隔で増え，書き込みが停止するとアドレスも停止する

図29（b）では，RAMWRADDRが50MHzのクロックでカウントアップされています．従って，RAMには20nsの間隔で16ビットのデータが順次書き込まれます．また，図29（c）のタイム・チャートに示すようにRAMWR_NがHigh（ディセーブル）のとき，RAMWRADDRは停止しています．

▶PACKETでRAM読み出し

図30はRAMからデータを読み出すようすです．図30（a）に示すように，PACKET信号がHighになるとSTROBE信号の立ち上がりがカウントされて

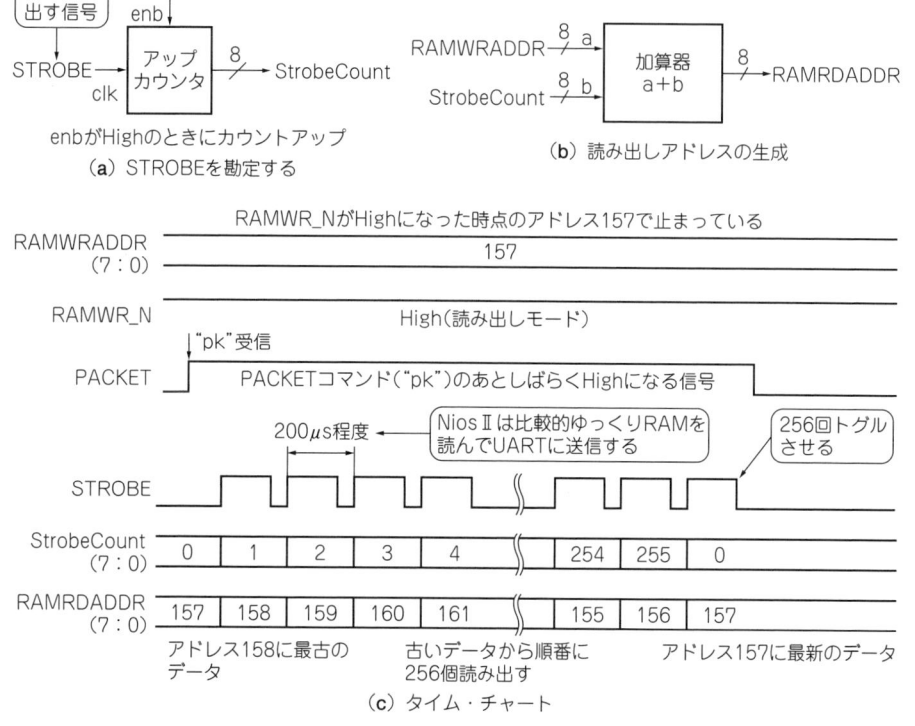

（a）STROBEを勘定する

（b）読み出しアドレスの生成

（c）タイム・チャート

図30　RAMからゆっくり読み出す

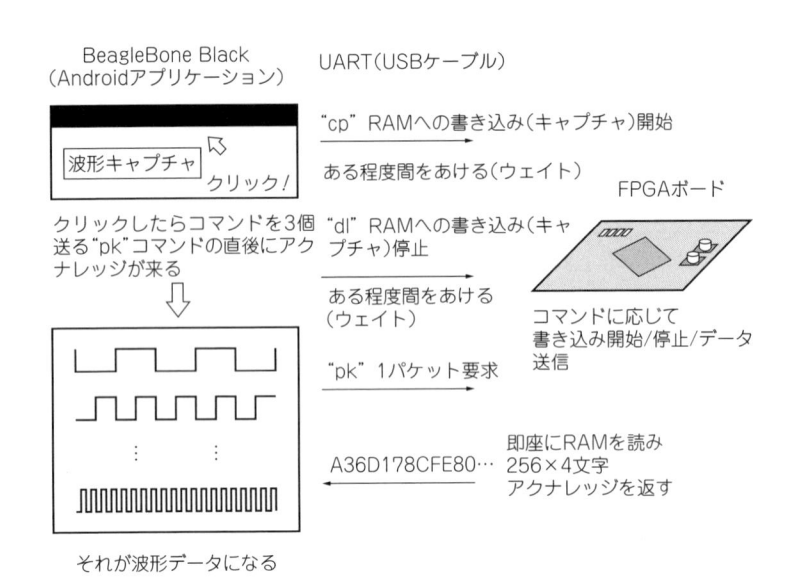

図31 波形キャプチャをクリックして描画されるまで

StrobeCount信号となります．

　その信号は，**図30(b)**のようにRAMの書き込みアドレスRAMWRADDRと加算され，読み出しアドレスRAMRDADDRとなります．なお，STROBE信号はNios IIが出しており，周期は**図30(a)**のように比較的長め（200μs程度）になります．

▶**STROBEのたびにRAMから1個ずつ読んでUARTに送る**

　Nios IIはSRAMから16ビットのデータを1回読むたびにUARTに送ります．そのデータが0xA36Dだったら"A36D"という4文字のキャラクタを送ります．

▶**RAMから256回読んでUARTに256回送って終わり**

　以上の所作を256回繰り返すことにより，FPGAからCP2102に256個のデータが送られます．1データは4文字のキャラクタで表されるので，計1024個のキャラクタを送ることになります．

▶**コマンドを出すのはBeagleBone Black**

　図31に示すように，主導権はAndroidアプリケーション側にあります．ユーザのクリックにより，アプリケーションはCAPTUREコマンド（"cp"というキャラクタ）を送ります．その後，DOWNLOADコマンド"dl"，さらにPACKETコマンド"pk"を送り，ある程度の間をおいてシリアル・ポートを読めば，1024個のキャラクタ（256×16ビットのデータ）が得られ，

それをロジック・アナライザ風に描画して終了です．

　なお，各コマンドの間にはウェイトが必要です．なぜかというとRAMにデータがたまるまでに時間がかかるのと，あまり高速にコマンドを送るとUARTが追従しきれない可能性があるからです．

● **Quartus IIプロジェクトに追加/変更を加える**

　前述のような仕組みをFPGA実装するためにはQuartus IIプロジェクトの変更が必要です．

　ダウンロード・アーカイブのFPGA¥LogGen¥VerilogHdl¥BBBLOGフォルダにプロジェクトがあり，それを丸ごと~/altera/myProjectsにコピーしてOpenしてもよいのですが，環境の違いなどでエラーになる場合は，以下の手順を参考にしてプロジェクトを作りましょう．

▶**Qsysで制御線を追加する**

　「FPGAボードの開発手順」で作成したBBBLOGプロジェクトをQuartus IIで開き，さらにQsysをスタートさせましょう．Androidアプリケーション側に複数のコマンドを追加したので，それらを処理するために**表6**のようにPIO出力，PIO入力を追加します．

　各PIOの入出力，ビット数，アドレス，配線，Exportなどを確認後，「Generation」タブで［Generate］ボタンをクリックして終了です．

第5章 BeagleBone Black + FPGA ボードで作るロジック・アナライザ

表6 ロジアナ制御用にPIO入出力追加

名 前	Direction	Width	アドレス	動 作
CAPTURE	Output	1	0005 0000	cp コマンドが来たら High にする
DOWNLOAD	Output	1	0006 0000	dl コマンドが来たら High にする
PACKET	Output	1	0007 0000	pk コマンドが来たら High にする
STROBE	Output	1	0008 0000	pk コマンドの後，256 回トグルさせる
GENTYPE	Output	1	0009 0000	g0 コマンド，g1 コマンドに応じてジェネレータのモードを変える
DATA2NIOS	Input	16	000a 0000	RAM から読みだされるデータ

表7 FPGA開発に使用する主なファイル（VHDL 版はFPGA¥LogGen¥VHDL¥BBBLOG）

ファイル名	概 要	備 考
BBBLOG.v	トップ・モジュール	下位モジュールの追加 / 変更に対応
LOGCORE.v	ロジック部トップ・モジュール	GEN_CTRL，SRAM_CTRL，SRAM を繋ぐ
GEN_CTRL.v	パターン発生	16 進アップカウンタ
SRAM_CTRL.v	データ取り込み	RAM を制御するロジック
SRAM.v	RAM	FPGA 内部のオンチップ・メモリを使ったSRAM（容量 256 × 16 ビット）
BBBLOG.qsf	ピン・アサインのファイル	ロジック・アナライザ入力，ジェネレータ出力など追加

▶ Quartus II に戻って変更を加える

「FPGA ボードの開発手順」ではHDLファイルは1個（BBBLOG.v）でしたが，表7のように4個追加して計5個になります．また，QSFファイルも変更します．

▶ 回路をコンパイルしてプログラム

HDLファイルを追加/変更し，QSFファイルにも変更を加えてセーブした後，「Start Compilation」アイコンで回路をコンパイルします．

コンパイルが成功したら今度は「Programmer」アイコンをクリックしてBBBLOG.sofを選択してFPGAにプログラムします．

● Nios II EDSでソフトウェア（C言語）の方も変更する

Quartus IIの「Tool」メニューから「Nios II 12.0sp2 Software Build Tools for Eclipse」を選択してNios II EDSをスタートしましょう．

▶ 新規プロジェクトのCソースを置き換える

「FPGA ボードの開発手順」ではapp00というプロジェクトを作りましたが，ここではapp01という新規プロジェクトを作成しましょう．その後，hello_world_small.cの中身をダウンロード・アーカイブのFPGA¥LogGen¥VerilogHdl¥BBBLOG¥software¥app01にある同じ名前のファイルと置き換えます．またmy_uart.h，my_uart.cも追加してRefreshします（図27）．

▶ Cソースの変更→セーブ→ビルド→実行

Cソースをセーブした後Build Project，その後「Run As」-「Nios II Hardware」でソフトウェアが走ります．これでFPGAボードも準備完了となり，あとはBeagleBone Blackと繋いでAndroidアプリケーションを走らせるだけです．

● ずいぶんロジック・アナライザらしくなった！

写真1のようにセットアップした後，Android（BBBAPP）アプリケーションを立ち上げます．

［波形キャプチャ］ボタンを押すと写真23のように16ビットのアップカウンタの波形が現れます．ボタンを押すたびに波形は更新されます．

▶ アプリケーションからのコマンドでFPGA内部回路のモードを変える

隣のラジオ・ボタンを「アップカウンタ（ビット逆順）」にするとジェネレータのモードが切り替わり，写真24のように16ビット・アップカウンタのビットが逆順になります．

☆このようすは以下のサイトで見ることができます．

http://www.youtube.com/watch?v=fUm6W3tnfJY

第 4 部　I/O 制御，実験，製作コース

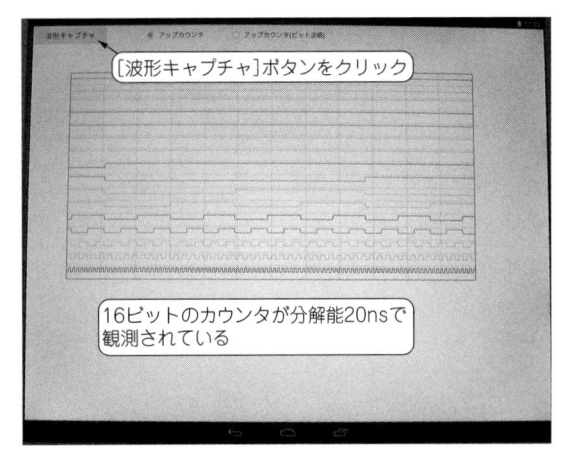

写真 23　アップカウンタが観測されている

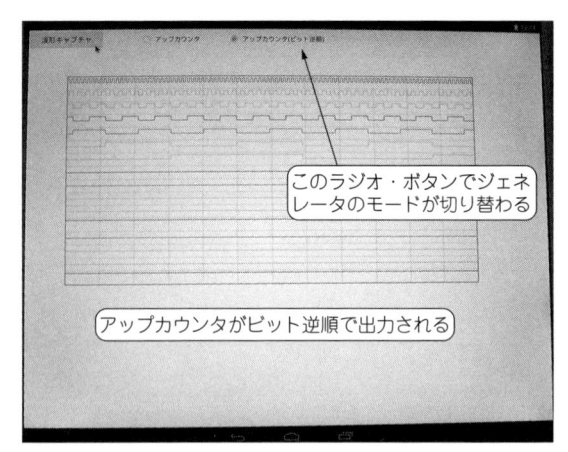

写真 24　ジェネレータのモードを変えてビット逆順に

▶ RAM に高速にデータをため込んでゆっくり読み出すのがミソ

図 32 に RAM 周辺（SRAM_CTRL→Nios Ⅱ→UART へのデータの流れ）を示します．

重要なのは同図の左側と右側でビット・レートが 4 けたほど違うことです．ロジック・アナライザですから当然高速にデータを RAM に書き込む必要があります．

それに対して，RAM から読み出して Android アプリケーションに送るのはそれほど高速に行う必要はありません．そもそも UART のビット・レートが 115200 なのでこの程度の速度で限界かと思います．

現場で使える実用的なロジック・アナライザにする

前節では，20ns の間隔で 16 ビット × 256 サンプルのデータをアプリケーション上に描画しました．

しかし，測定対象がゆっくりした信号の場合はもっと遅い間隔で取り込む必要があります．また見たい瞬間をキャッチする「トリガ機能」もあると便利です．それ以外にもいくつかの機能を盛り込んで，実用的なロジック・アナライザにしましょう．

● Android アプリケーションにいろいろな機能を追加する

本節では，写真 2 のようにアプリケーションに何個かボタン類を追加し，タイミング速度（ロジック・アナライザがデータを取り込む速度）を変えたり，トリガをかけたりできるようにします．

また，時間軸の目盛を追加し，それらを波形の伸縮に連動して適宜変化させます．

▶ DUT の動きが遅いと変化点を見ることができない

タイミング速度とは，データをロジック・アナライザに取り込む速度です．前節までそれは 20ns 固定な

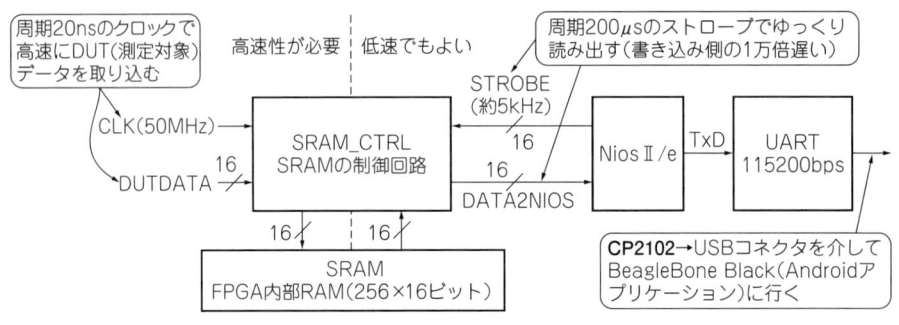

図 32　高速なロジックと柔軟なマイコンを適材適所で使う

ので取り込める期間は20ns×256個=5.12μsでした.

従って,例えば100kHzでHigh/Lowを繰り返す信号を観測する場合,その周期は10μsですから1周期分取り込めないことになります.

▶速い信号も遅い信号も見られるようにする

そこで,アプリケーションに「タイミング速度」という項目を持たせ,4個のラジオ・ボタンから択一させます(写真11～写真14).「200ns」とすれば20nsと比べて10倍長い期間,信号を観測することができます.

「2us」なら100倍,「20us」なら1000倍長い期間の信号を見ることができるので,1kHz以下の遅い信号でもなんとか観測できそうです.

▶トリガ・パターンを設定してトリガ機能有効にする

[Trig Pattern]ボタンを押すと写真4のようにダイアログが現れ,パターンを指定します.その右の「Trig ON」をチェックした後[波形キャプチャ]ボタンを押すと,写真5のようにそのパターンでトリガがかかります.

▶トリガ・パターン以降を見たり,以前を見たりできる

「Trig ON」の右の「←」「→」ボタンはトリガの位置を決めます.写真5ではその位置は一番左,つまりトリガ・パターンが見つかって以降の波形が描画されています.右に持っていくと写真6のようにトリガ・パターンが見つかる少し前のようすも観測できます.

▶時間軸の拡大と縮小

「波形キャプチャ」ボタンの隣の「+」は拡大ボタンで,波形が横に拡大して描画されます(写真3).「-」ボタンはその逆(縮小)です.

▶時間軸のシフト

アプリケーション上段右の方「<<」は波形全体を左方に持っていくボタン,「>>」ボタンはその逆(右方)です.これらのボタンと+/-ボタンを組み合わせることにより,波形の見たい部分を拡大して細かいところまで見ることができます.

▶ジェネレータを任意の周期で回せるようにする

「Generator Period」はパターン・ジェネレータ(16ビット・アップカウンタの値を出力)を変更するものです.クリックするとダイアログが現れ(写真7),その値でアップカウンタはクリアされます(写真8).

また,ジェネレータのカウントアップ周期は「タイミング速度」のラジオ・ボタンに連動して変化します(写真11～写真14).

▶A-D/D-Aコンバータの動作を見るのに便利なアナログ・モード

[View]ボタンを押すと写真9のような画面が現れます.例えば,「8-bit Analog mode」にすると写真10のように上位8ビット,下位8ビットの値がそれぞれグラフ表示されます.

その隣の「us」「ns」のラジオ・ボタンは時間軸の目盛の単位を設定するものです.

● ダイアログ用にXMLファイルが三つ加わった

本稿ダウンロード・アーカイブ(AndroidLogiana.zip)のAndroidApp¥Complete¥BBBAPPにこれから作成するプロジェクトがあります.表8にその中の主なファイルを示します.機能が増えてだいぶ複雑になっています.XMLファイルを3個追加しましたが,これらは各種設定用のダイアログを表示するためのものです.

機能が増えたことによりネイティブ・ライブラリ関数も増えました(表9).これらの関数本体はC言語

表8 Java/C言語ファイルの概要(現場で使える実用的なロジック・アナライザ)

ファイル名	概　要	備　考
MainActivity.java	アプリケーション全体の構築と制御	ボタン類を追加
CpThread.java	cp2102-jni.cの関数を実行	ネイティブ・ライブラリ関数(表9)の実行
SignalView.java	ロジック・アナライザ風に波形を描画	拡大/縮小/アナログ・モードなど対応
cp2102-jni.c	デバイス(CP2102)と通信	ネイティブ・ライブラリ関数の本体
trigpat_dialog.xml	トリガ・パターンの設定	[Trig Pattern]ボタンで開くダイアログ
period_dialog.xml	ジェネレータ周期の設定	[Generator]ボタンで開くダイアログ
view_dialog.xml	波形の表示法の変更	[View]ボタンで開くダイアログ

表9 ネイティブ・ライブラリ関数とそれに伴うコマンド

関数名	CP2102に送るコマンド	意味
CAPTURE()	"cp"を送信	波形キャプチャ開始
DOWNLOAD()	"dl"を送信	波形キャプチャ停止
PACKET()	"pk"を送信	パケット（256×4キャラクタ）受信
SETDIVIDE(int nx)	"n0","n1","n2"または"n3"を送信	タイミング速度の変更
FINDTRIG()	"ft"を送信	トリガが見つかったら"ACKTRY"そうでなければ"ACKTRN"受信
TRIGSET(int on)	"t0"または"t1"を送信	トリガ・モードのON/OFF
TRIGPATTERN()	"tp"を送信	トリガ・パターンの変更
TRIGMASK()	"tm"を送信	トリガ・マスク・パターンの変更
TRIGPOS()	"ts"を送信	トリガ位置の変更
GENPERIOD()	"gp"を送信	ジェネレータ周期の変更
BITVALUE(char val)	"0"または"1"を送信	tp, tm, ts, gpの後に続くビット値

リスト4 CpThread.javaでBITVALUE関数を実行する部分

```
        中略
            :
    } else if(mode == "trigpat") {
        accessOk = false;
        ansstr = TRIGPATTERN();        ◄── "tp"コマンドを送る
        Thread.sleep(10);
        for(i = 0; i < 16; i++) {
            ansstr = BITVALUE(trigpat[i]);   ◄── ビット値（0または1）を16個送る
            Thread.sleep(10);
        }
        Thread.sleep(50);
        ansstr = TRIGMASK();           ◄── "tm"コマンドを送る
        Thread.sleep(10);
        for(i = 0; i < 16; i++) {
            ansstr = BITVALUE(trigmask[i]);  ◄── ビット値（0または1）を16個送る
            Thread.sleep(10);
        }
        accessOk = true;
    } else if(mode == "genperiod") {
        accessOk = false;
        ansstr = GENPERIOD();          ◄── "gp"コマンドを送る
        Thread.sleep(10);
        for(i = 0; i < 16; i++) {
            ansstr = BITVALUE(genperiod[i]); ◄── ビット値（0または1）を16個送る
            Thread.sleep(10);
        }
        accessOk = true;
    } else if(mode == "trigpos") {
        accessOk = false;
        ansstr = TRIGPOS();            ◄── "ts"コマンドを送る
        Thread.sleep(10);
        for(i = 0; i < 2; i++) {
            ansstr = BITVALUE(trigpos[i]);   ◄── ビット値（0または1）を2個送る
            Thread.sleep(10);
        }
        accessOk = true;
    }
        中略
            :
```

ファイル（cp2102-jni.c）にあり，それらをJavaファイル（CpThread.java）内でコールしています．

▶ BITVALUE関数で1ビットずつ値を送る

表9のBITVALUE関数は，リスト4のように使用します．トリガ・パターンは16ビットなのでtpコマンドの後に同関数を16回繰り返して値を送ります．

tmコマンド（トリガ・マスク・パターン），gpコマンド（ジェネレータ周期）も同様に同関数を16回，tpコマンド（トリガ位置）は同関数を2回だけ繰り返します．

▶ Androidアプリケーションをインストールする手順

それでは，以下の手順でmicroSDカードにアプリケーションをインストールしましょう．

1. 端末でndk-buildでC言語ファイル（cp2102-jni.c）

(a) データ取り込み用イネーブル信号の生成

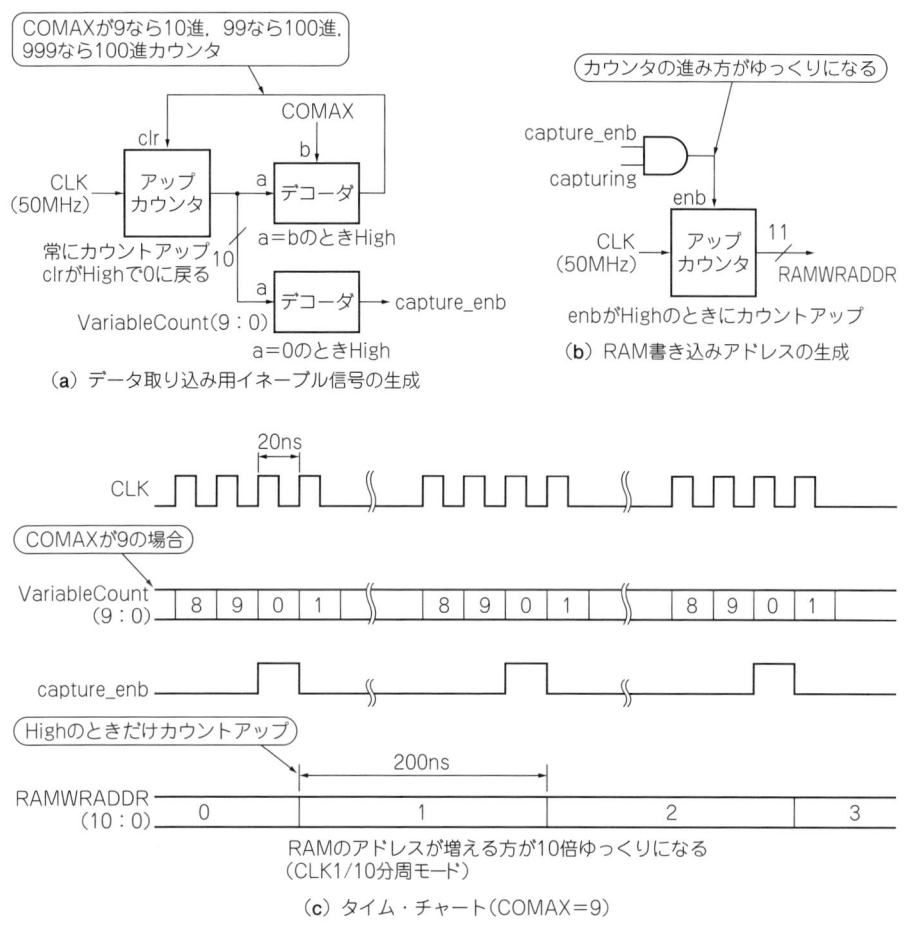

(b) RAM書き込みアドレスの生成

(c) タイム・チャート（COMAX＝9）

図33　データの取り込みをゆっくりにすれば遅い信号に対応できる

をビルドする
2. EclipseでJavaファイルをビルドする
3. BBBAPP.apkをmicroSDカードにコピーしてインストールする

この時点でアプリケーションを実行しても動作しません．正しく動かすにはFPGAボード側にも変更を加える必要があるからです．

● **FPGAに変更を加えてロジック・アナライザを完成させる**

Androidアプリケーションの方でいくつかコマンドを追加したので，FPGAの方もそれらに対応させる必要があります．

▶タイミング速度を可変にして遅い信号でも取り込めるようにする

アプリケーションの方でラジオ・ボタン（20ns，200ns，2us，20us）を変更するとコマンドが送られてきます．FPGAはそれを受けてタイミング速度（データを取り込む速さ）を変更する必要があります．

▶イネーブル信号を設けてゆっくりカウントアップさせる

図33（a）に示すVariableCount（9：0）は，50MHzのクロックを勘定するカウンタの出力です．それは，clr（クリア入力）を持ち，カウンタ値がCOMAXに達すると次のクロックで0になります．COMAXは0，9，99，999のいずれかです．

第4部 I/O制御，実験，製作コース

capture_enb信号はVariableCount（9：0）の値が0のときにHighになり，それが図33（b）のアップカウンタのenb（イネーブル入力）の条件となります．この例ではCOMAX＝9なので，RAMWRADDR（10：0）のカウントアップは図33（c）のように200ns周期（10倍ゆっくり）となります．

▶タイミング速度は最大1000倍遅くなり得る

もし，COMAX=99ならそれは$2\mu s$，COMAX=999ならば$20\mu s$，そしてCOMAX=0の場合はVariableCount（9：0）は常に0なのでcapture_enbは常にHighとなり，それは従来と同じ20nsとなります．

このようにタイミング速度を可変にすれば，高速な

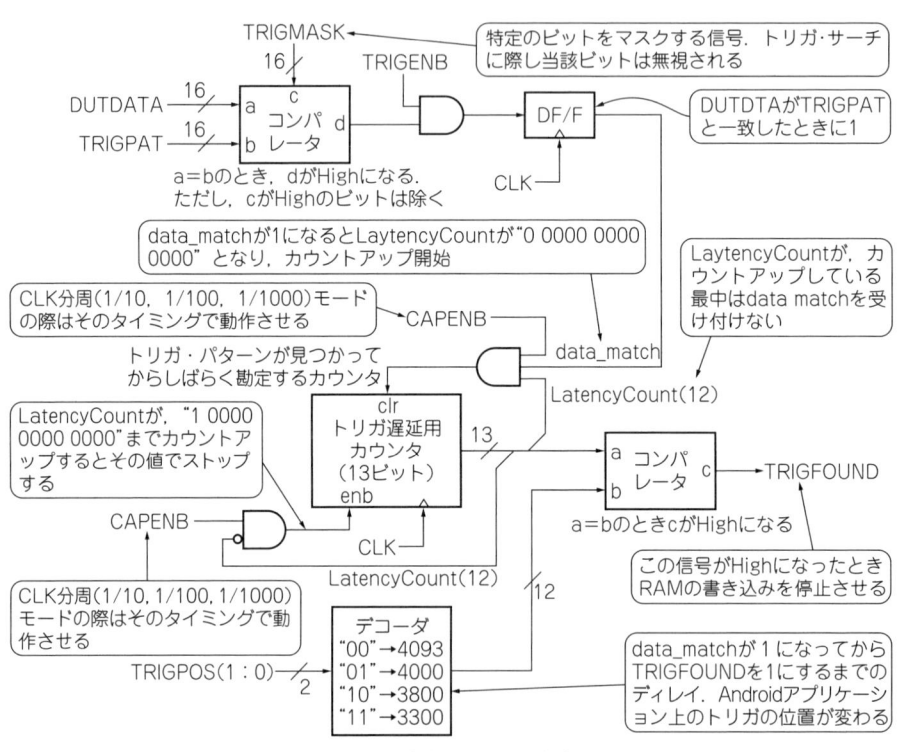

（a）RAM書き込みを停止する信号を生成

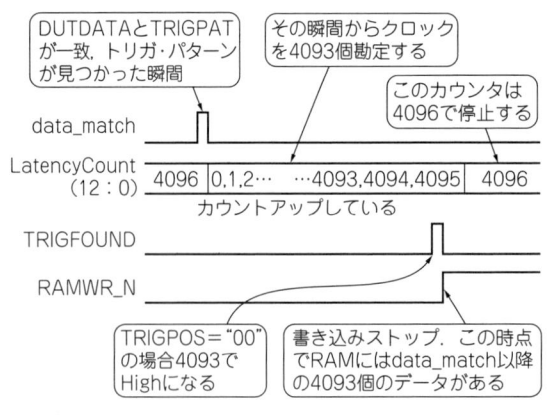

（b）タイム・チャート（TRIGPOS＝"00"）

図34　トリガ・パターンが見つかってしばらくしたら取り込みをストップ

信号から低速な信号まで幅広く観測できます．

▶見たい瞬間を見るためにトリガをかける

Androidアプリケーションの方で「Trig ON」をチェックするとコマンドが送られてきます．FPGAはそれを受けてトリガをかけるモードにします．

▶トリガ・パターンとDUTデータを比較するコンパレータ

図34(a)の左上にコンパレータがあり，これでTRIGPAT（トリガ・パターン）とDUTDATA（測定対象のデータ）を比較します．どちらも16ビットですが，TRIGMASK（トリガ・マスク・パターン，これも16ビット）が示すビットは除外して比較します．

▶アプリケーションの方で"X"としたビットはマスク（don't care）

例えば，アプリケーションの「Trigger Pattern」で"XXXX111111111111"と指定して[Trig ON]ボタンを押すと，TRIGMASKは1111000000000000となります．この場合，DUTDATAの下位12ビットが全部1のときに「トリガ・パターン発見」となります．その際DUTDATAの上位4ビットは除外されているので任意の値でかまいません．

▶パターンがマッチしてしばらく待ってからTRIGFOUNDを出す

コンパレータでパターンが一致するとdata_matchという信号がHighになります．その信号は13ビットのカウンタに行き，それによって一定期間遅延が施され，その結果TRIGFOUNDという信号が生成されます．

▶主にパターン・マッチの後のようすを見たいとき

遅延量は4種類用意されています［図34(a)のデコーダ参照，4093，4000，3800，3300］．図34(b)のタイム・チャートは4093の場合です．このようにdata_matchを4093サイクル遅延させてTRIGFOUNDとすれば「パターン・マッチ後の4093個のデータ」を観測できます．

▶パターン・マッチの前のようすも見たいとき

遅延量を3300に設定すれば「トリガ・パターン発見した後の3300個のデータ」に加えて「トリガ・パターン発見する前の793個のデータ」を観測できます．

▶アプリケーションの矢印ボタンを押すとコマンドが送られてくる

このような遅延量はAndroidアプリケーションの[←][→]ボタンで変更します．トリガ位置を画面の左に持っていきたい場合は[←]ボタン，右に持っていきたい場合は[→]ボタンを押します．Nios IIはそのとき送られるコマンドをを見てTRIGPOS(1:0)の値を変えます．

● Quartus IIプロジェクトに追加/変更を加える

前述のような仕組みをFPGA実装するためにはQuartus IIプロジェクトの変更が必要です．ダウンロード・アーカイブのFPGA¥Complet¥VerilogHdl¥BBBLOGフォルダにプロジェクトがあり，それを丸ごと~/altera/myProjectsにコピーしてオープンしてもよいのですが，環境の違いなどでエラーになる場合は，以下の手順を参考にしてプロジェクトを作りましょう．

▶Qsysで制御線を追加する

前節で作成したBBBLOGプロジェクトをQuartus IIで開き，さらにQsysをスタートさせましょう．Androidアプリケーション側に複数のコマンドを追加したので，それらを処理するために表10のように

表10 トリガ用PIO入出力など追加

名 前	Direction	Width	アドレス	動 作
TRIGENB	Output	1	000b 0000	t0，t1 コマンドに応じてトリガ・イネーブル操作
TRIGPOS	Output	2	000c 0000	ts コマンド後のビット値に応じてトリガ位置変更
TRIGPAT	Output	16	000d 0000	tp コマンド後のビット値に応じてトリガ・パターン変更
TRIGMASK	Output	16	000e 0000	tm コマンド後のビット値に応じてトリガ・マスク・パターン変更
GENPERIOD	Output	16	000f 0000	gp コマンド後のビット値に応じてジェネレータ周期変更
DIVIDE	Output	2	0010 0000	n0，n1，n2，n3 コマンドに応じてタイミング速度変更
READY	Input	1	0011 0000	ft コマンドを受けたら見に行く．High になったらトリガ発見
lcd_16207_0	-	-	0012 0000	デバッグ用 LCD コンポーネント（「Peripherals」-「Display」から選択）

表11 FPGA開発に使用する主なファイル（VHDL版はFPGA¥Complete¥VHDL¥BBBlog）

ファイル名	概　要	備　考
BBBLOG.v	FPGAトップ・モジュール	下位モジュールの追加/変更に対応
LOGCORE.v	ロジック部トップ・モジュール	GEN_CTRL, SRAM_CTRL, SRAM, TRIG_CTRLを繋ぐ
GEN_CTRL.v	パターン発生	タイミング速度可変，カウンタ周期可変
SRAM_CTRL.v	データ取り込み	タイミング速度可変
SRAM.v	RAM	FPGA内部のオンチップ・メモリを使ったSRAM（容量2048×16ビット）
TRIG_CTRL.v	トリガ制御	トリガ・パターンを探す
BBBLOG.qsf	ピン・アサインのファイル	LCD（デバッグ用）出力ピン追加

column3　LCDを使った効率的なデバッグ

　今回取り上げたロジック・アナライザの開発にはさまざまな言語やツールを使います．AndroidアプリケーションはJavaとC言語のソースをEclipseやNDKで開発し，FPGAボードはHDLとC言語のソースをQuartus IIやNios II EDSで開発する必要があります．

　従って，ひとたび不具合が起こると，それがアプリケーションによるのか，FPGAによるのか，JavaなのかC言語なのかHDLなのかどこに原因があるのか分からず，デバッグは困難を極めることが予想されます．

　今回使用したFPGAボードにはLCDを取り付けることができます．LCDは16文字×2行あるのでFPGA内部のさまざまな情報を表示させることができ，強力なデバッグ手段になるのでぜひ活用しましょう（**写真A**）．

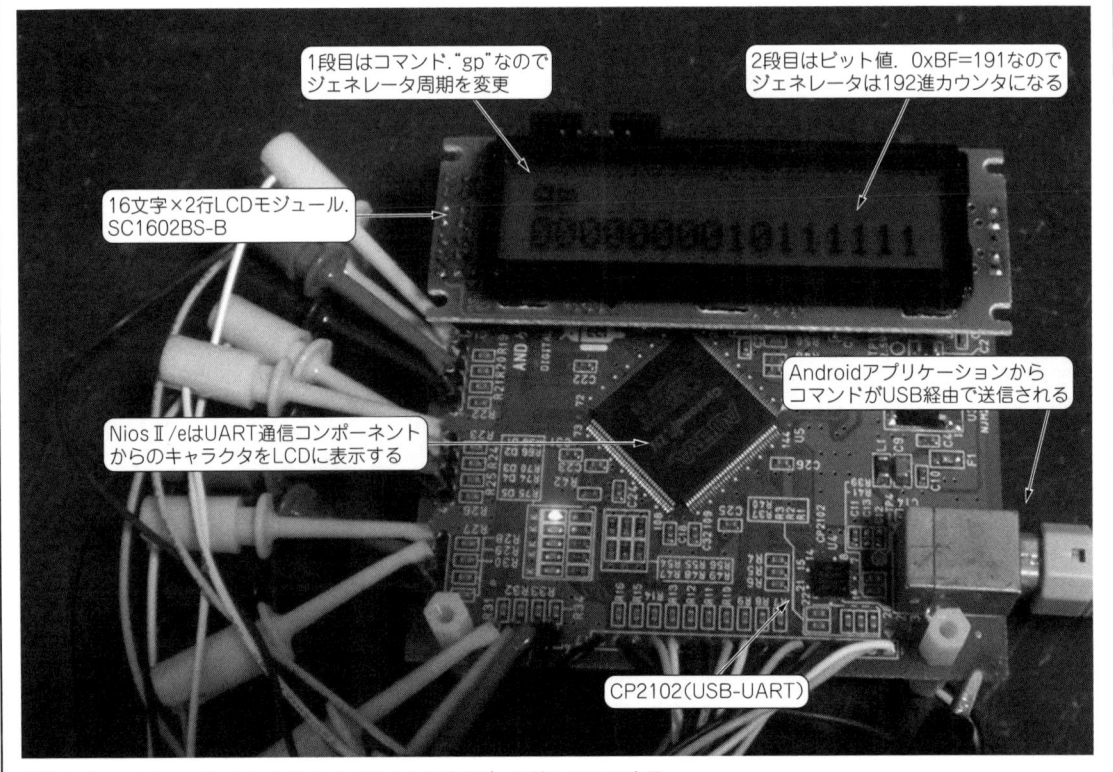

写真A　BeagleBone Blackからのコマンドとそれに続くビット値をLCDに表示

第5章 BeagleBone Black＋FPGAボードで作るロジック・アナライザ

PIO出力，PIO入力を追加します．

▶ **Quartus IIに戻って変更を加える**

HDLファイルは**表11**のようにTRIG_CTRL.vを追加して計6個になります．また，デバッグ用にLCD（液晶ディスプレイ）のピンをQSFファイルに追加します（**column3参照**）．

▶ **完成したロジック・アナライザを走らせる手順**

それでは，以下の手順でロジック・アナライザをセットアップしましょう．

1. HDLファイルを追加・変更し，QSFファイルにも変更を加えてコンパイル
2. 「Programmer」アイコンをクリックしてBBBLOG.sofをFPGAにプログラム
3. Nios II EDSでhello_world_small.cを置き換え→セーブ→ビルド→実行
4. Androidアプリケーションを走らせる

▶ **BeagleBone BlackとFPGAボードで作るロジック・アナライザ完成！**

写真1〜**写真14**にロジック・アナライザが動作するようすを示します．DUTの信号が速くても遅くても観測できます．

また，トリガをかけたり，波形を拡大/縮小することにより，見たい部分を観測することができます．

さらに，パターン・ジェネレータとして，任意の周期の信号を発生することができます．

☆ロジック・アナライザが動作するようすを以下のサイトで見ることができます．

　　http://www.youtube.com/watch?v=xMH5YJ3hof8

▶ **手のひらサイズのシングル・ボード・コンピュータで作る測定器**

操作はマウスとキーボード，表示はPCモニタですから，手近に眠っている資産を有効に活用できます．安価でコンパクト，しかも高性能で使いやすい測定器ができ上がりました．

▶ **BeagleBone Blackが切り開く組み込みAndroidワールド！**

BeagleBone BlackのおかげでAndroidのリッチなGUIが安価に手に入ります．

また，FPGAボードによって高速/並列な信号の取り込みが可能になります．お互いに足りない部分を補い合う名コンビ，BeagleBone Black＋FPGAボードで作るロジック・アナライザでした！

☆本稿で使用するソース・コード類をまとめたアーカイブ（AndroidLogiana.zip）はhttp://www.cqpub.co.jp/toragi/bbb/index.htmからダウンロードできます．
☆本稿で使用するFPGAボードは著者のウェブ・サイト（http://digitalfilter.com）から有償頒布の予定です．

- ●本書記載の社名，製品名について — 本書に記載されている社名および製品名は，一般に開発メーカーの登録商標です．なお，本文中では™，®，©の各表示を明記していません．
- ●本書掲載記事の利用についてのご注意 — 本書掲載記事は著作権法により保護され，また産業財産権が確立されている場合があります．したがって，記事として掲載された技術情報をもとに製品化をするには，著作権者および産業財産権者の許可が必要です．また，掲載された技術情報を利用することにより発生した損害などに関して，CQ出版社および著作権者ならびに産業財産権者は責任を負いかねますのでご了承ください．
- ●本書に関するご質問について — 文章，数式などの記述上の不明点についてのご質問は，必ず往復はがきか返信用封筒を同封した封書でお願いいたします．勝手ながら，電話でのご質問にはお答えできません．ご質問は著者に回送し回答していただきますので，多少時間がかかります．また，本書の記載範囲を越えるご質問には応じられませんので，ご了承ください．
- ●本書の複製等について — 本書のコピー，スキャン，デジタル化等の無断複製は著作権法上での例外を除き禁じられています．本書を代行業者等の第三者に依頼してスキャンやデジタル化することは，たとえ個人や家庭内の利用でも認められておりません．

Ⓡ〈日本複製権センター委託出版物〉
本書の全部または一部を無断で複写複製（コピー）することは，著作権法上での例外を除き，禁じられています．本書からの複製を希望される場合は，日本複製権センター（TEL：03-3401-2382）にご連絡ください．

インターフェースSPECIAL
Linux ガジェット BeagleBone Black で I/O

2014年3月1日 発行　　　　　　　　　　　　　　　　　　　　　　　　　　　　　　　　　©CQ出版株式会社　2014
（無断転載を禁じます）

編　集　インターフェース編集部
発行人　寺　前　裕　司
発行所　ＣＱ出版株式会社
〒170-8461　東京都豊島区巣鴨1-14-2
電話　編集　03-5395-2122
　　　広告　03-5395-2131
　　　営業　03-5395-2141
振替　00100-7-10665

定価は表四に表示してあります
乱丁，落丁本はお取り替えします

編集担当　熊谷秀幸
DTP　有限会社オフィス安藤
印刷・製本　三晃印刷株式会社
Printed in Japan